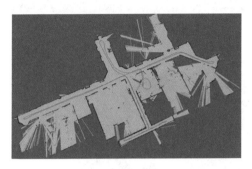
2D栅格地图

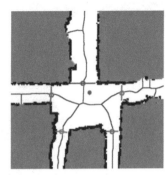
2D拓扑地图

3D点云地图

3D网格地图

图2-10　形形色色的地图

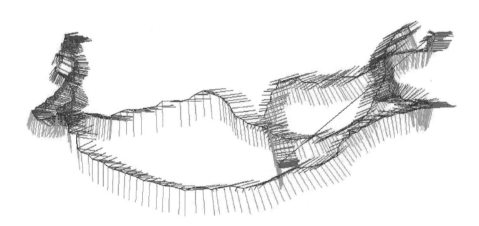
图3-3　位姿可视化的结果

图5-10　拼合的点云地图

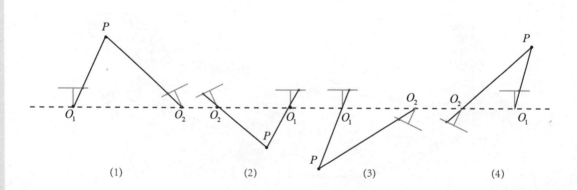

图7-10　分解本质矩阵得到的4个解。在保持投影点（红色点）不变的情况下，两个相机及空间点一共有4种可能的情况

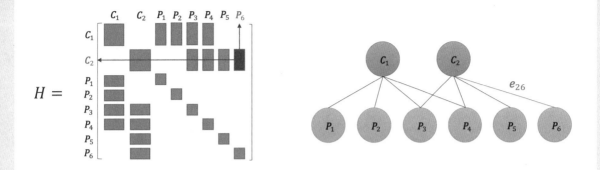

图9-7　H矩阵中非零矩阵块和图中边的对应关系。如左图H矩阵中右侧的红色矩阵块，表示在右图中其对应的变量C_2和P_6之间存在一条边e_{26}

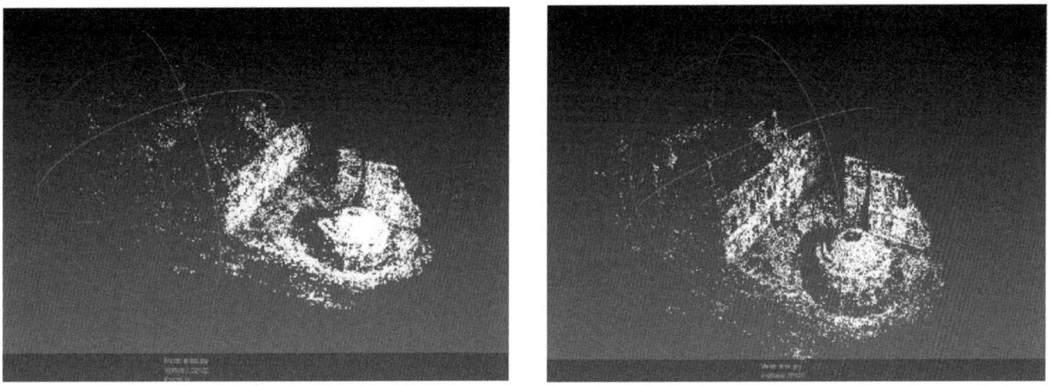

（a）　　　　　　　　　　　　（b）

图9-13　优化前后的可视化点云。（a）为优化前的初始值；（b）为优化后的优化值

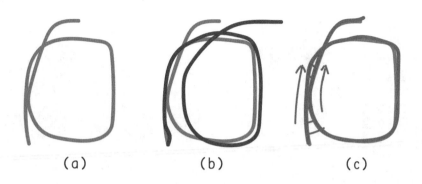

图11-1　漂移示意图。（a）真实轨迹；（b）由于前端只给出相邻帧间的估计，优化后的
位姿图出现漂移；（c）添加回环检测后的位姿图可以消除累积误差

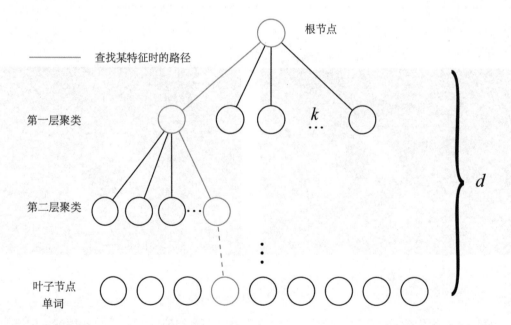

图11-4　K叉树字典示意图。训练字典时，逐层使用K-means聚类。根据已知特征查找单词时，
可逐层比对，找到对应的单词

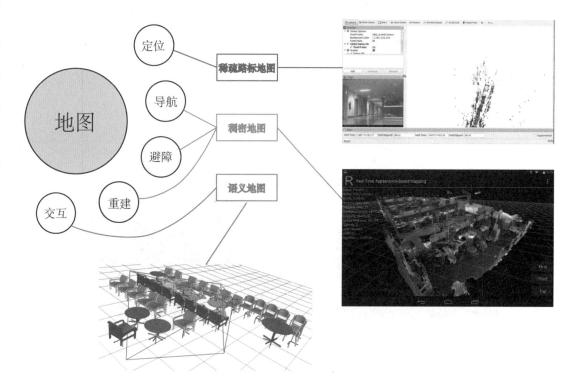

图12-1　各种地图的示意图。例子分别来自参考文献[88, 119, 120]

图13-1　从简单的事物出发，逐渐搭建复杂但优秀的作品

图13-4　视觉里程计运行截图

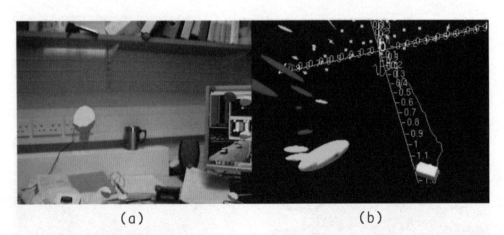

（a）　　　　　　　　　　　　　　　（b）

图14-1　MonoSLAM 的运行时截图。（a）追踪特征点在图像中的表示；（b）特征点在三维空间中的表示

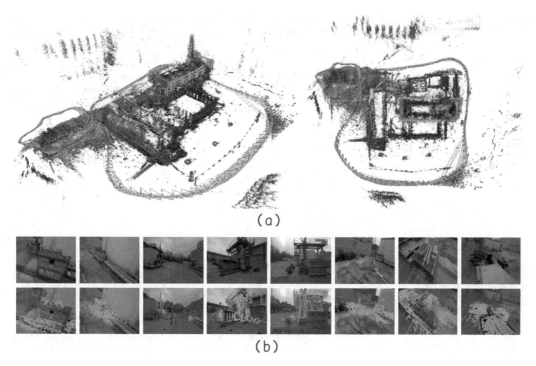

（a）

（b）

图14-4　LSD-SLAM 的运行情况。（a）为估计的轨迹与地图；（b）为图像中被建模的
　　　　部分，即具有较好的像素梯度的部分

图14-5　SVO 跟踪关键点的图片

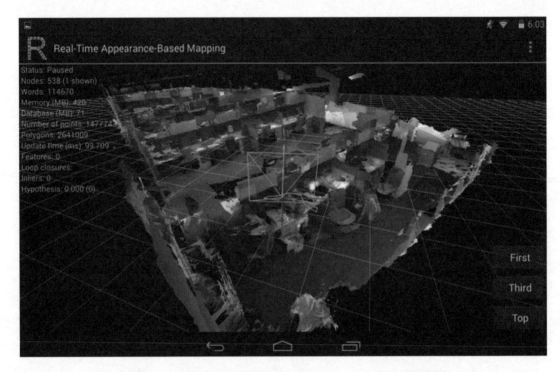

图14-6　RTAB-MAP 在Google Project Tango 上的运行样例

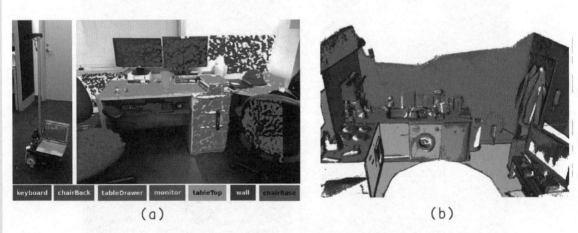

（a） 　　　　　　　　　　 （b）

图14-8　语义SLAM 的一些结果，（a）和（b）分别来自文献[152, 154]

视觉SLAM十四讲

从理论到实践

第2版

高翔　张涛　刘毅　颜沁睿　著

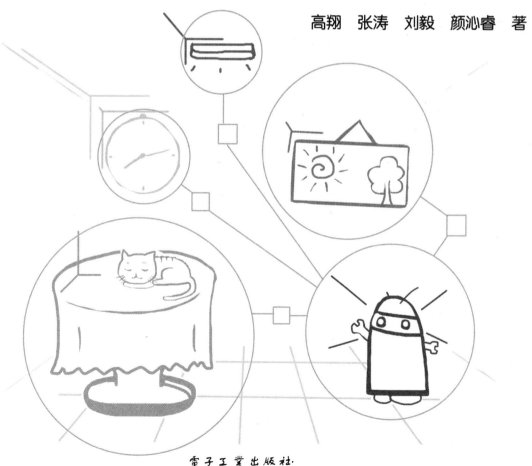

电子工业出版社

Publishing House of Electronics Industry

北京·BEIJING

内 容 简 介

本书系统介绍了视觉SLAM（同时定位与地图构建）所需的基本知识与核心算法，既包括数学理论基础，如三维空间的刚体运动、非线性优化，又包括计算机视觉的算法实现，如多视图几何、回环检测等。此外，本书还提供了大量的实例代码供读者学习研究，从而更深入地掌握这些内容。

本书可以作为对SLAM感兴趣的研究人员的入门自学材料，也可以作为高等院校相关专业的本科生或研究生教材。

未经许可，不得以任何方式复制或抄袭本书之部分或全部内容。

版权所有，侵权必究。

图书在版编目（CIP）数据

视觉SLAM十四讲：从理论到实践 / 高翔等著. — 2 版. —北京：电子工业出版社，2019.8
ISBN 978-7-121-36942-1

I. ①视…II. ①高…III. ①人工智能—视觉跟踪—研究 IV. ①TP18

中国版本图书馆 CIP 数据核字（2019）第 125604 号

责任编辑：郑柳洁
印　　刷：天津千鹤文化传播有限公司
装　　订：天津千鹤文化传播有限公司
出版发行：电子工业出版社
　　　　　北京市海淀区万寿路 173 信箱　　邮编：100036
开　　本：787×980　1/16　印张：25.5　字数：576.8 千字　彩插：4
版　　次：2017 年 3 月第 1 版
　　　　　2019 年 8 月第 2 版
印　　次：2025 年 5 月第 20 次印刷
定　　价：108.00 元

凡所购买电子工业出版社图书有缺损问题，请向购买书店调换。若书店售缺，请与本社发行部联系，联系及邮购电话：（010）88254888，88258888。

质量投诉请发邮件至 zlts@phei.com.cn，盗版侵权举报请发邮件至 dbqq@phei.com.cn。

本书咨询联系方式：（010）51260888-819，faq@phei.com.cn。

第二版序

《视觉 SLAM 十四讲：从理论到实践》出版已经两年多。两年来，这本书经历了 13 次重印，在 GitHub 上拥有 2500 个星星，也在业界引起了广泛的关注和讨论。大多数读者评价是正面的，当然，书中也有些地方不够令人满意。例如，这本书面向初学者，有些应该深入的地方讲得不够深入；书中的数学符号不够统一，有些地方容易令读者产生误解；工程实践章节内容不够丰富，介绍较浅，等等。实际上，我在 2016 年中期开始创作第 1 版，所有文字、图片和代码都是从零开始准备的，再加上当时在读博士，也是第一次写这么厚的书，错漏在所难免。2018 年，我在慕尼黑工大给学生讲 SLAM 课程，期间又积累了一些材料，所以本书从内容上更丰富、更合理。在第 1 版的基础上做了如下改动：

1. **更多的实例**。增加了一些实验代码来介绍算法的原理。在第 1 版中，多数实践代码调用了各种库中的内置函数，现在我认为更深入地介绍底层计算会更好，所以本书中的许多代码，除了调用库函数，还提供了底层的实现。

2. **更深入的内容**。主要是从第 7 讲至第 12 讲的部分，同时删除了一些泛泛而谈的边角料（比如 GTSAM 相关内容[①]）。对第 1 版大部分数学公式进行了审查，重写了那些容易引起误解的内容。

3. **更完善的工程项目**。将第 1 版的第 9 讲移至第 13 讲。于是，我们可以在介绍了所有必要知识之后，向大家展现一个完整的 SLAM 系统是如何工作的。相比于第 1 版，我在本书的项目中将追求以精简的代码实现完整的功能，你会得到一个由几百行代码实现的、有完整前后端的 SLAM 系统。

4. **更通俗、简洁的表达**。我觉得这是一本好书的标准，特别是当介绍一些看起来高深莫测的数学知识时。我重新制作了部分插图，使它们即使在黑白印刷条件下也能看起来很清楚。

当然，每讲前的简笔画我是不会改的！

总之，我尽量做到深入浅出，也希望本书能够给你带来更加舒适的阅读体验。

[①] 因子图优化现在已有完整的书籍《机器人感知：因子图在 SLAM 中的应用》，用一小节很难介绍清楚。

目录

预备知识

1.1 本书讲什么

这是一本介绍视觉 SLAM 的书。

那么，SLAM 是什么？

SLAM 是 **S**imultaneous **L**ocalization **a**nd **M**apping 的缩写，中文译作"**同时定位与地图构建**"[1]。它是指搭载特定**传感器**的主体，在**没有环境先验信息**的情况下，于**运动过程中建立环境**的模型，同时估计自己的**运动**[2]。如果这里的传感器主要为相机，那就称为"**视觉 SLAM**"。

本书的主题就是视觉 SLAM。这里我们刻意把许多定义放到一句话中，希望帮助读者建立一个较明确的概念。首先，SLAM 的目的是解决"定位"与"地图构建"这两个问题。也就是说，一边要估计传感器自身的位置，一边要建立周围环境的模型。那么怎么解决呢？这需要用到传感器的信息。传感器以一定形式观察外部世界，但不同传感器观察的方式不同。之所以要花一本书的篇幅讨论这个问题，是因为它很难——特别是我们希望**实时地**、在**没有先验知识**的情况下进行 SLAM。当用相机作为传感器时，我们要做的就是根据一张张连续运动的图像（它们形成了一段视频），从中推断相机的运动，以及周围环境的情况。

这似乎是个很直观的问题。我们自己走进陌生的环境时不就是这么做的吗？

在计算机视觉（Computer Vision）创立之初，人们就想象着有朝一日计算机将和人一样，通过眼睛去观察世界，理解周遭的物体，探索未知的领域——这是一个美妙而又浪漫的梦想，吸引了无数的科研人员日夜为之奋斗[3]。我们曾经以为这件事情并不困难，然而进展却远不如预想的那么顺利。我们眼中的花草树木、虫鱼鸟兽，在计算机中却是那样的不同：它们只是一个个由数字排列而成的矩阵。让计算机理解图像的内容，就像让我们自己理解这些数字一样困难。我们既不了解自己如何理解图像，也不知道计算机该如何理解、探索这个世界。于是我们困惑了很久，直到几十年后的今天，才发现了一点点成功的迹象：通过人工智能（Artificial Intelligence）中的机器学习（Machine Learning）技术，一方面，计算机渐渐能够辨别出物体、人脸、声音、文字——尽管它所用的方式（统计建模）与我们是如此不同。另一方面，在 SLAM 发展了将近 30 年之后，我们的相机才渐渐开始能够认识到自身的位置，发觉自己在运动——虽然方式还是和人类有巨大的差异。不过，至少研究者们已经成功地搭建出种种实时 SLAM 系统，有的能够快速跟踪自身位置，有的甚至能够进行实时的三维重建。

这件事情确实很困难，但我们已经有了很大的进展。更令人兴奋的是，近年来随着科技的发展，涌现出了一大批与 SLAM 相关的应用点。在许多地方，我们都希望知道自身的位置：室内的扫地机和移动机器人需要定位，野外的自动驾驶汽车需要定位，空中的无人机需要定位，虚拟现实和增强现实的设备也需要定位。SLAM 是那样重要，没有它，扫地机就无法在房间自主地移动，只能盲目地游荡；家用机器人就无法按照指令准确到达某个房间；虚拟现实也将永远固定在座椅之上①——所有这些新奇的事物都无法出现在现实生活中，那将多么令人遗憾。

今天的研究者和应用开发人员逐渐意识到了 SLAM 技术的重要性。在国际上，SLAM 已经有近三十年的研究历史，也一直是机器人和计算机视觉的研究热点。21 世纪以来，以视觉传感器为中心的**视觉 SLAM 技术**，在理论和实践上都经历了明显的转变与突破，正逐步从实验室研究迈向市场应用。同时，我们又遗憾地发现，至少在国内，与 SLAM 相关的论文、书籍仍然非常匮乏，让许多对 SLAM 技术感兴趣的初学者无从一窥门径。虽然 SLAM 的理论框架基本趋于稳定，但其编程实现仍然较为复杂，有着较高的技术门槛。刚步入 SLAM 领域的研究者，不得不花很长的时间，学习大量的知识，走许多弯路才得以接近 SLAM 技术的核心。

本书全面系统地介绍了以视觉传感器为主体的视觉 SLAM 技术，我们希望它能（部分地）填补这方面资料的空白。我们会详细地介绍 SLAM 的理论背景、系统架构，以及各个模块的主流做法。同时，**极其重视实践**：本书介绍的**所有**重要算法，都将给出可以运行的实际代码，以求加深读者的理解。在第 2 版中，我们会讨论大多数算法的内在原理，而非简单地从函数库中进行调用。之所以这么做，主要是考虑到 SLAM 是一项和实践紧密相关的技术。再漂亮的数学理论，如果不能转化为可以运行的代码，就仍是可望而不可及的空中楼阁，没有实际意义。我们相信，实践出真知，实践出真爱。只有实际地演算过各种算法，你才能真正认识 SLAM，真正地喜欢上科研。

SLAM 自 1986 年提出以来[4]，关于它的文献数以千计，想要对 SLAM 发展史上的所有算法及变种做一个完整的说明，是十分困难而且没有必要的。本书会介绍 SLAM 所牵涉的背景知识，例如射影几何、计算机视觉、状态估计理论、李群与李代数等，并在这些背景知识之上，给出 SLAM 这棵大树的主干，而略去一部分形状奇特、纹理复杂的枝叶。我们认为这种做法是有效的。如果读者能够掌握主干的精髓，那么自然会有能力去探索那些边缘的、细节的、错综复杂的前沿知识。所以，我们的目的是，让 SLAM 的初学者通过阅读本书快速地成长为能够探索这个领域边

---

①目前，虚拟现实头盔普遍只追踪原地旋转运动，而无法追踪更大范围内的平移运动。

缘的研究者。即便你已经是 SLAM 领域的研究人员，本书的一些内容也可能让你觉得陌生，甚至产生新的见解。

目前，与 SLAM 相关的书籍主要有《概率机器人》（ *Probabilistic Robotics* ）[5]、《计算机视觉中的多视图几何》（ *Multiple View Geometry in Computer Vision* ）[3]、《机器人学中的状态估计》（ *State Estimation for Robotics: A Matrix-Lie-Group Approach* ）[6]①等。它们内容丰富、论述全面、推导严谨，是 SLAM 研究者中脍炙人口的经典教材。然而就目前来看，还存在两个重要的问题。其一，这些图书的目的在于介绍基础理论，SLAM 只是其应用之一。因此，它们并不能算是专门讲解 SLAM 的书籍。其二，它们的内容偏重于数学理论，基本不涉及编程实现，导致读者经常出现"书能看懂却不会编程"的情况。而我们认为，只有读者亲自实现了算法，调试了各个参数，才能谈得上真正理解了问题本身。

本书内容会涉及 SLAM 的历史、理论、算法、现状，并把完整的 SLAM 系统分成几个模块：视觉里程计、后端优化、建图，以及回环检测。我们将陪着读者一点点实现这些模块中的核心部分，探讨它们在什么情况下有效，什么情况下会出问题，并指导大家在自己的机器上运行这些代码。你会接触到一些**必要的**数学理论和许多编程知识，会用到 Eigen、OpenCV、PCL、g2o、Ceres 等库②，掌握它们在 Linux 操作系统中的使用方法。

在写作风格上，我们不想把本书写成枯燥的理论书籍。技术类图书应该是严谨可靠的，但严谨不意味着刻板。一本优秀的技术书应该是生动有趣且易于理解的。如果你觉得"这个作者怎么这么不正经"，敬请原谅，因为笔者不是一个非常严肃的人③。无论如何，有一件事是可以肯定的：只要你对这门新技术感兴趣，在学习本书的过程中肯定会有所收获！你会掌握与 SLAM 相关的理论知识，你的编程能力也将有明显的进步。在很多时候，你会有一种"我们在陪你一起做科研"的感觉，这正是笔者希望的。但愿你能在此过程中发现研究的乐趣，喜欢这种"通过一番努力，看到事情顺利运行"的成就感。

好了，话不多说，祝你旅行愉快！

1.2　如何使用本书

1.2.1　组织方式

本书名为"视觉 SLAM 十四讲"。顾名思义，我们会像在学校里讲课那样，以"讲"作为本书的基本单元。每一讲都对应一个固定的主题，其中会穿插"理论部分"和"实践部分"两种内容。通常是理论部分在前，实践部分在后。在理论部分中，我们将介绍**理解算法所必需**的数学知

---

①已有中文版，笔者也参与了翻译。
②如果你完全没有听说过它们，那么应该感到兴奋，这说明你会从本书中收获很多知识。
③你会经常在脚注中发现一些神奇的东西。

识，并且大多数时候以叙述的方式，而不是像数学教科书那样用"定义—定理—推论"的方式，因为我们觉得这样的方式阅读起来更容易一些，尽管有时候显得不那么严谨。实践部分主要是编程实现，讨论程序里各部分的含义及实验结果。看到标题中带有"实践"两个字的章节，你就应该（兴致勃勃地）打开电脑，和我们一起愉快地编写代码。

值得一提的是，我们只会把与解决问题相关的数学知识放在书里，并尽量保持浅显。因为笔者是工科生，所以要勇敢地承认，某些做法只要经验上够用，没必要非得在数学上追求完备。只要我们知道这些算法在绝大多数实际场景下能够工作，并且数学家们（通过冗长而且复杂的证明和讨论）说明在什么情况下可能不工作，那么笔者就表示满意，而不刻意追究那些看似完美的证明（当然，它们固有自己不可否认的价值）。由于 SLAM 牵涉到了太多数学背景，为了防止使本书变成数学教科书，我们把一些细节上的推导和证明留作习题和补充阅读材料，方便感兴趣的读者进一步阅读参考文献，更深入地掌握相关细节。

在每一讲的最后，我们设计了一些习题。其中，带 * 号的习题是具有一定难度的。我们强烈建议读者把习题都练习一遍，这对你掌握这些知识很有帮助[①]。

全书内容主要分为两个部分。

第一部分为**数学基础**篇，我们会以浅显易懂的方式，铺垫与视觉 SLAM 相关的数学知识，包括：

- 第 1 讲是预备知识，介绍本书的基本信息，习题部分主要包括一些自测题。
- 第 2 讲为 SLAM 系统概述，介绍一个 SLAM 系统由哪些模块组成，各模块的具体工作是什么。实践部分介绍编程环境的搭建过程及 IDE 的使用。
- 第 3 讲介绍三维空间刚体运动，你将接触到旋转矩阵、欧拉角、四元数的相关知识，并且在 Eigen 中使用它们。
- 第 4 讲介绍李群与李代数。即便你现在不懂李代数为何物，也没有关系。你将学到李代数的定义和使用方式，然后通过 Sophus 操作它们。
- 第 5 讲介绍针孔相机模型及图像在计算机中的表达。你将用 OpenCV 调取相机的内外参数。
- 第 6 讲介绍非线性优化，包括状态估计理论基础、最小二乘问题、梯度下降方法。你会完成一个使用 Ceres 和 g2o 进行曲线拟合的实验。

这些就是我们要用到的所有数学知识。当然，其中还隐含了你以前学过的高等数学和线性代数。笔者保证它们看起来都不会很难，至少没有听上去那么难。当然，若你想进一步深入挖掘，我们会提供一些参考资料供你阅读，那些材料可能会比正文里讲的知识难一些。

第二部分为**实践应用**篇。我们会使用第一部分介绍的理论，讲述视觉 SLAM 中各个模块的工作原理。

---

①它们也可能成为今后相关行业的面试题，或许还能帮你在找工作时给面试官留个好印象。

- 第 7 讲为特征点法的视觉里程计。该讲内容比较多,包括特征提取与匹配、对极几何约束的计算、PnP 和 ICP 等。在实践中,你将用这些方法估计两个图像之间的运动。

- 第 8 讲为直接法的视觉里程计。你将学习光流和直接法的原理,然后实现一个简单的直接法运动估计。

- 第 9 讲为后端优化,主要为对 Bundle Adjustment(BA)的深入讨论,包括基本的 BA,以及如何利用稀疏性加速求解过程。你将用 Ceres 和 g2o 分别书写一个 BA 程序。

- 第 10 讲主要介绍后端优化中的位姿图。位姿图是表达关键帧之间约束的一种更紧凑的形式。我们会介绍 SE(3) 和 Sim(3) 的位姿图,同时你将使用 g2o 对一个位姿球进行优化。

- 第 11 讲为回环检测,主要介绍以词袋方法为主的回环检测。你将使用 DBoW3 书写字典训练程序和回环检测程序。

- 第 12 讲为地图构建。我们会讨论如何使用单目进行稠密深度图的估计(以及这是多么不可靠),然后讨论 RGB-D 的稠密地图构建过程。你会书写极线搜索与块匹配的程序,然后在 RGB-D 中遇到点云地图和八叉树地图的构建问题。

- 第 13 讲是工程实践,你将搭建一个双目视觉里程计框架,综合运用先前学过的知识,实现它的基本功能。在这个过程中,你会碰到一些问题,例如优化的必要性、关键帧的选择等。我们会在 Kitti 数据集上测试它的性能,讨论一些改进的手段。

- 第 14 讲主要介绍当前的开源 SLAM 方案及未来的发展方向。相信在阅读了前面的知识之后,你会更容易理解它们的原理,实现自己的新想法。

最后,如果你完全看不懂上面在说什么,那么恭喜你! 这本书很适合你! 加油!

1.2.2　代码

本书所有源代码均托管在 GitHub 上:

https://github.com/gaoxiang12/slambook2

注意后面有一个 2,表示这是本书的代码。笔者强烈建议读者下载代码以供随时查看。代码是按章节划分的,比如,第 7 讲的内容就会放在 ch7 文件夹中。此外,对于书中用到的一些小型库,会以压缩包的形式放在 3rdparty 文件夹下。在第 2 版中,我们用 git submodule 工具来保证读者使用的软件版本与书中的完全一致,所以读者不必担心软件版本问题。对于像 OpenCV 那样的大中型库,我们会在它们第一次出现时介绍其安装方法。如果你对代码有任何疑问,请单击 GitHub 上的 Issues 按钮,提交问题。如果确实是代码出现问题,我们会及时进行修改;即使是你的理解有偏差,笔者也会尽量回复。如果你不习惯使用 GitHub,那么单击右侧包含 download 字样的按钮,将代码下载至本地即可。

1.2.3　面向的读者

本书面向对 SLAM 感兴趣的学生和研究人员。阅读本书需要一定的基础，我们假设你具备以下知识：

- **高等数学、线性代数、概率论。** 这些是大部分读者应该在大学本科阶段接触过的基本数学知识[①]。你应当明白矩阵和向量是什么，或者做微分和积分是什么意思。对于 SLAM 中用到的专业知识，我们会单独介绍。
- **C++ 语言基础。** 因为我们采用 C++ 作为编码语言，所以建议读者至少熟悉这门语言的语法。比如，你应该知道类是什么，如何使用 C++ 标准库，模板类如何使用，等等。我们会避免过多地使用技巧，但有些地方确实无法避免。此外，我们还使用了一些 C++ 11 标准的内容，不过，我们会在用到的地方加以解释。
- **Linux 基础。** 我们的开发环境是 Linux 而非 Windows，并且只提供 Linux 下的源程序，**不会再提供 Windows 下的开发方法介绍。我们认为，掌握 Linux 是一个 SLAM 研究人员所必需的，请初学者暂时不要问为什么，把本书的知识学好之后相信你会和我们有同样的想法。** 各种程序库在 Linux 下的配置都非常便捷，你也会在此过程中体会到 Linux 的便利。如果读者此前从未使用过 Linux，那么最好找一本 Linux 的教材稍加学习（掌握基本知识即可，一般就是相关图书的前面几章内容）。我们不要求读者具备多么高超的 Linux 操作技能，但希望读者至少知道"打开终端，进入代码目录"是如何操作的。本讲的习题里有一些 Linux 知识自测题，如果你清楚自测题的答案，那么阅读本书代码不会有任何问题。

对 SLAM 感兴趣但不具备上述知识的读者，可能在阅读本书时会感到困难。如果你不了解 C++ 的基本知识，可以读一点 *C++ Primer Plus* 之类的图书入门；如果你缺少相关的数学知识，也可以先阅读一些相关数学教材补充知识，不过我们认为，对大多数大学本科水平的朋友，读懂本书所需的数学背景肯定是具备了。代码方面，你最好花点时间亲自输入一遍，再调节里面的参数，看看效果会发生怎样的改变。这会对学习很有帮助。

本书可作为 SLAM 相关课程的教材，也可作为课外自学材料使用。

1.3　风格约定

本书既有数学理论介绍，也有编程实现，因此，为方便阅读，对不同内容采用了不同排版方式加以区分。

[①]实际上，每个人都至少需要学三遍线性代数：本科一遍，研究生一遍，工作时期一遍。

1. 数学公式单独列出，重要的公式还在右侧标了序号，例如：

$$y = Ax. \tag{1.1}$$

数学字体采用国标风格。标量使用斜体字（如 a, α），向量和矩阵使用粗斜体（如 a, A, Σ，希腊字母除外）。空心粗体代表特殊集合，如实数集 $\mathbb{R}$、整数集 $\mathbb{Z}$。李代数部分使用哥特体，如 $\mathfrak{so}(3), \mathfrak{se}(3)$。

2. 程序代码以方框框出，使用不同的字体和小一些的字号，左侧带有行号。如果程序较长，方框会延续到下一页。总之，看起来像这样：

示例代码

```
1  #include <iostream>
2  using namespace std;
3
4  int main ( int argc, char** argv )
5  {
6      cout<<"Hello"<<endl;
7      return 0;
8  }
```

3. 当代码数量较多或有的部分与之前列出的重复，不适合完全列在书中时，我们会**仅给出重要片段**，并以"片段"二字注明。因此，再说一遍，我们强烈建议读者到 GitHub 上下载所有源代码，完成练习，以更好地掌握本书知识。

4. 由于排版原因，书中展示的代码可能与 GitHub 中的代码有稍许不同，请以 GitHub 上的代码为准。

5. 我们用到的每个库，在第一次出现时会有比较详细的安装和使用说明，在后续的使用中不再赘述。所以，建议读者按章节顺序阅读本书内容。

6. 每一讲的开头会列出本讲的内容提要，而末尾会有小结和练习题。引用的参考文献在全书末尾列出。

7. 以星号开头的章节是选读部分，读者可以根据兴趣阅读。跳过它们不会对理解后续章节产生影响。

8. 文中重要的内容以**黑体**标出，相信你已经习惯了。

9. 我们设计的实验大多数是演示性质的。看懂了它们不代表你已经熟悉整个库的使用。所以我们建议你在课外花一点时间，对本书经常用的几个库进行深入学习。

10. 本书的习题和选读内容可能需要你自己搜索额外材料，所以你需要学会使用搜索引擎。

1.4 致谢和声明

在本书漫长的写作过程中，笔者得到了许多人的帮助，包括但不限于：

- 毕业于中科院的贺一家博士为第 5 讲的相机模型部分提供了材料。
- 颜沁睿提供了第 7 讲的公式推导材料。
- 毕业于华中科大的刘毅博士为本书第 6 讲和第 10 讲提供了材料。
- 众多的老师、同学为本书提供了修改意见：肖锡臻、谢晓佳、张明明、耿欣、李帅杰、刘富强、袁梦、孙志明、陈昊升、王京、朱晏辰、丁文东、范帝楷、衡昱帆、高扬、李少朋、吴博、闫雪娇、张腾、郑帆、卢美奇、杨楠，等等。在此向他们表示感谢。

此外，感谢笔者的导师张涛教授一直以来对笔者的支持和帮助。感谢电子工业出版社郑柳洁编辑的支持。没有他们的帮助，本书不可能以现在的面貌来到读者面前。本书的成书与出版是所有人共同努力的结晶，尽管笔者没法把他们都列在作者列表中，但是它的出版离不开他们的工作。①

本书写作过程中参考了大量文献和论文。其中大部分数学理论知识是前人研究的成果，并非笔者的原创。一小部分实验设计来自各开源代码的演示程序，不过大部分是笔者自己编写的。此外，也有一些图片摘自公开发表的期刊或会议论文，文中均已注明。未做说明的图像，或为原创，或来自网络，恕不一一列举。如有问题，请与我们联系，我们会在第一时间加以修正。

本书涉及的知识点众多，错漏在所难免。如有疑问，欢迎通过电子邮件与笔者联系。

笔者的邮箱是：gao.xiang.thu@gmail.com。深蓝学院官网也有 SLAM 课程。

感谢笔者的爱人刘丽莲女士长期的理解和支持。本书是献给她的。

习题（基本知识自测题）

1. 有线性方程 $Ax = b$，若已知 A, b，需要求解 x，该如何求解？这对 A 和 b 有哪些要求？提示：从 A 的维度和秩角度来分析。

2. 高斯分布是什么？它的一维形式是什么样子？它的高维形式是什么样子？

3. 你知道 C++ 中的**类**吗？你知道 STL 吗？你使用过它们吗？

4. 你以前怎样书写 C++ 程序？（你完全可以说只在 Visual C++ 6.0 下写过 C++ 工程，只要你有写 C++ 和 C 语言的经验就行。）

5. 你知道 C++11 标准吗？你听说过或用过其中哪些新特性？有没有其他的标准？

6. 你知道 Linux 吗？你有没有至少使用过一种（不算安卓）操作系统，比如 Ubuntu？

7. Linux 的目录结构是什么样的？你知道哪些基本命令，比如 ls, cat 等？

---

① "笔者" 指高翔，前面说 "笔者" 不正经不包括上述其他作者。他们都是敬业乐群的好同志。

8. 如何在 Ubuntu 系统中安装软件（不打开软件中心的情况下）？这些软件被安装在什么地方？如果只知道模糊的软件名称（比如想要装一个名称中含有 Eigen 的库），应该如何安装它？

9.* 花一个小时学习 Vim，因为你迟早会用它。你可以在终端中输入 vimtutor 阅读一遍所有内容。我们不需要你非常熟练地操作它，只要能够在学习本书的过程中使用它输入代码即可。**不要在它的插件上浪费时间，不要想着把 Vim 用成 IDE，我们只用它做文本编辑的工作。**

第1部分

数学基础

初识 SLAM

主要目标

1. 理解一个视觉 SLAM 框架由哪几个模块组成，各模块的任务是什么。

2. 搭建编程环境，为开发和实验做准备。

3. 理解如何在 Linux 下编译并运行一个程序，如果程序出了问题，又该如何调试它。

4. 掌握 cmake 的基本使用方法。

　　本讲概括地介绍了一个视觉 SLAM 系统的结构，作为后续内容的大纲。实践部分介绍环境搭建、程序基本知识，最后完成一个"Hello SLAM"程序。

2.1　引子：小萝卜的例子

假设我们组装了一台叫作"小萝卜"的机器人，大概的样子如图 2-1 所示。

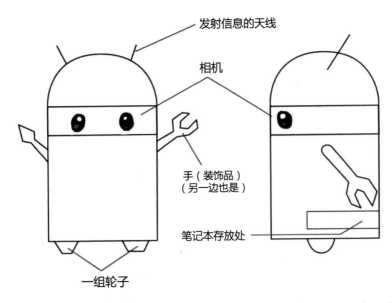

图 2-1　小萝卜设计图。左边：正视图；右边：侧视图。设备有相机、轮子、笔记本，手是装饰品

先不要管它这个简笔画的风格。另外，虽然有点像"安卓"，但它并不是靠安卓系统来计算的。我们把一台笔记本塞进了它的后备箱内（方便我们随时拿出来调试程序）。它能做点什么呢？

我们希望小萝卜具有**自主运动能力**，这是非常基本的功能。虽然世界上也有放在桌面像摆件一样的机器人，能够和人说话或播放音乐（听说还卖得不错），但是一台平板电脑完全可以胜任这些事情。作为机器人，我们希望小萝卜能够在房间里自由移动。不管我们在哪里招呼一声，它都会滴溜溜地走过来。

你会发现自主运动能力是许多高级功能的前提。不管是扫地还是搬东西，首先要让它动起来。要移动就得有轮子和电机，所以我们在小萝卜的下方安装了轮子（足式机器人步态很复杂）。有了轮子，机器人就能够四处行动了，但不加规划和控制的话，小萝卜不知道行动的目标，就只能四处乱走，更糟糕的情况下会撞上墙造成损毁。而要规划和控制，首先需要**感知**周边的环境。为此，我们在它的脑袋上安装了一个相机。安装相机的主要动机，是考虑到这样一个机器人和**人类非常相似**——从画面上一眼就能看出。有眼睛、大脑和四肢的人类，能够在任意环境里轻松自在地行走、探索，我们（天真地）觉得机器人也能够完成这件事。为了使小萝卜能够探索一个房间，它至少需要知道两件事：

1. 我在什么地方？——定位。

2. 周围环境是什么样？——建图。

"定位"和"建图"，可以看成感知的"内外之分"。作为一个"内外兼修"的小萝卜，一方面要明白自身的**状态**（即位置），另一方面也要了解外在的**环境**（即地图）。当然，解决这两个问题的方法非常多。例如，我们可以在房间地板上铺设导引线，在墙壁上贴识别二维码，在桌子上放置无线电定位设备（这其实是现在很多仓储物流机器人的做法）。如果在室外，还可以在小萝卜脑袋上安装 GPS 信号接收器（像手机或汽车一样）。有了这些东西，定位问题是否就解决了呢？我们不妨把这些传感器（如图 2-2 所示）分为两类。

一类传感器是**携带于机器人本体上**的，例如机器人的轮式编码器、相机、激光传感器，等等。另一类是**安装于环境中**的，例如前面讲的导轨、二维码标志，等等。安装于环境中的传感设备，通常能够直接测量机器人的位置信息，简单有效地解决定位问题。然而，由于它们要求环境必须由人工布置，在一定程度上限制了机器人的使用范围。例如，室内环境往往没有 GPS 信号，绝大多数园区无法铺设导轨，这时该怎么定位呢？

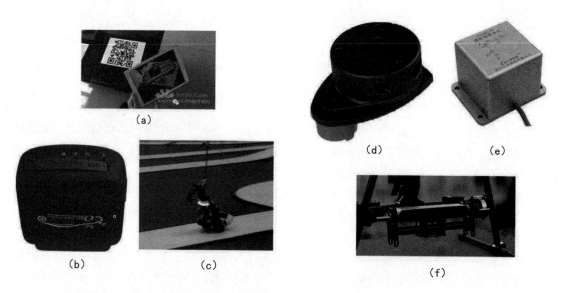

图 2-2　一些传感器。（a）利用二维码进行定位的增强现实软件；（b）GPS 定位装置；（c）铺设导轨的小车；（d）激光雷达；（e）IMU 单元；（f）双目相机

我们看到，这类传感器**约束**了外部环境。只有在这些约束满足时，基于它们的定位方案才能工作。反之，当约束无法满足时，我们就无法进行定位。所以，虽然这类传感器简单可靠，但它们无法提供一个普遍的、通用的解决方案。相对地，那些携带于机器人本体上的传感器，比如激光传感器、相机、轮式编码器、惯性测量单元（Inertial Measurement Unit，IMU）等，它们测量的通常都是一些间接的物理量而不是直接的位置数据。例如，轮式编码器会测量轮子转动的角度，

IMU 测量运动的角速度和加速度，相机和激光传感器则读取外部环境的某种观测数据。我们只能通过一些间接的手段，从这些数据推算自己的位置。虽然听上去这是一种迂回战术，但更明显的好处是，它们没有对环境提出任何要求[①]，从而使得这种定位方案可适用于未知环境。

回顾前面讨论过的 SLAM 定义，我们在 SLAM 中非常强调未知环境。所以理论上，我们不限制小萝卜的使用环境[②]，这意味着我们没法假设像 GPS 或导轨这样的外部传感器都能顺利工作。因此，使用携带式的传感器来完成 SLAM 是我们重点关心的问题。特别地，当谈论视觉 SLAM 时，我们主要是指如何用**相机**解决定位和建图问题。同样，如果传感器主要是激光，那就称为激光 SLAM。激光 SLAM 相对成熟，比如 2005 年出版的《概率机器人》[5] 中就介绍了许多关于激光 SLAM 的知识，在 ROS 里也能找到许多关于激光定位、激光建图的现成软件。

视觉 SLAM 是本书的主题，所以我们尤其关心小萝卜的眼睛能够做些什么事。SLAM 中使用的相机与我们平时见到的单反摄像头并不是同一个东西。它更加简单，通常不携带昂贵的镜头，而是以一定速率拍摄周围的环境，形成一个连续的视频流。普通的摄像头能以每秒钟拍摄 30 张图片的速度采集图像，高速相机则更快一些。按照工作方式的不同，相机可以分为单目（Monocular）相机、双目（Stereo）相机和深度（RGB-D）相机三大类，如图 2-3 所示。直观看来，单目相机只有一个摄像头，双目有两个，而 RGB-D 的原理较复杂，除了能够采集到彩色图片，还能读出每个像素与相机之间的距离。深度相机通常携带多个摄像头，工作原理和普通相机不尽相同，在第 5 讲会详细介绍其工作原理，此处读者只需有一个直观概念即可。此外，SLAM 中还有全景相机[7]、Event 相机[8] 等特殊或新兴的种类。虽然偶尔能看到它们在 SLAM 中的应用，不过到目前为止还没有成为主流。从样子上看，小萝卜使用的似乎是水平的双目相机。

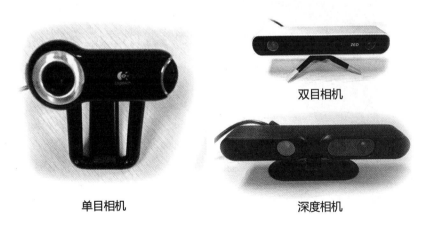

图 2-3　形形色色的相机：单目、双目和深度相机

我们来分别看一看各种相机用来做 SLAM 时有什么特点。

单目相机

只使用一个摄像头进行 SLAM 的做法称为单目 SLAM（Monocular SLAM）。这种传感器结构特别简单，成本特别低，所以单目 SLAM 非常受研究者关注。你肯定见过单目相机的数据：照片。是的，作为一张照片，它有什么特点呢？

照片本质上是拍摄某个场景（Scene）在相机的成像平面上留下的一个**投影**。**它以二维的形式记录了三维的世界**。显然，这个过程丢掉了场景的一个维度，也就是所谓的深度（或距离）。在单目相机中，我们无法通过单张图片计算场景中物体与相机之间的**距离**（远近）。之后我们会看到，这个距离将是 SLAM 中非常关键的信息。我们见过大量的图像，形成了一种天生的直觉，对大部分场景都有一个直观的**距离感（空间感）**，它可以帮助我们判断图像中物体的远近关系。例如，我们能够辨认出图像中的物体，并且知道其大致的大小；近处的物体会挡住远处的物体，而太阳、月亮等天体一般在很远的地方；物体受光照后会留下影子，等等。这些信息都可以帮助我们判断物体的远近，但也存在一些情况会使这种距离感失效，这时我们就无法判断物体的远近及其真实大小了。图 2-4 就是这样一个例子，我们无法仅通过这张图像判断后面那些小人是真实的人，还是小型模型。除非我们转换视角，观察场景的三维结构。换言之，在单张图像里，你无法确定一个物体的真实大小。它可能是一个**很大但很远**的物体，也可能是一个**很近但很小**的物体。由于近大远小的透视关系，它们可能在图像中变成同样大小的样子。

图 2-4　单目视觉中的尴尬：不知道深度时，手掌上的人是真人还是模型呢

由于单目相机拍摄的图像只是三维空间的二维投影，所以，如果真想恢复三维结构，必须改变相机的视角。在单目 SLAM 中也是同样的原理。我们必须移动相机，才能估计它的**运动**（Motion），同时估计场景中物体的远近和大小，不妨称之为**结构**（Structure）。那么，怎么估计这些运动和结构呢？想象你坐在一辆运动的列车中。一方面，如果列车往右边移动，那么我们看到的东西就会

往左边移动——这就给我们推测运动带来了信息。另一方面，我们还知道：**近处的物体移动快，远处的物体移动慢，极远处（无穷远处）的物体（如太阳、月亮）看上去是不动的**。于是，当相机移动时，这些物体在图像上的运动就形成了**视差**（Disparity）。通过视差，我们就能定量地判断哪些物体离得远，哪些物体离得近。

然而，即使我们知道了物体远近，它们仍然只是一个相对的值。比如我们在看电影时，虽然能够知道电影场景中哪些物体比另一些大，但无法确定电影里那些物体的"真实尺度"：那些大楼是真实的高楼大厦，还是放在桌上的模型？而摧毁大厦的是真实怪兽，还是穿着特摄服装的演员？如果把相机的运动和场景大小同时放大两倍，单目相机所看到的像是一样的。同样地，把这个大小乘以任意倍数，我们都将看到一样的景象。这说明，单目 SLAM 估计的轨迹和地图将与真实的轨迹和地图相差一个因子，也就是所谓的**尺度**（Scale）[①]。由于单目 SLAM 无法仅凭图像确定这个真实尺度，所以又称为**尺度不确定性**（Scale Ambiguity）。

平移之后才能计算深度，以及无法确定真实尺度，这两件事情给单目 SLAM 的应用造成了很大的麻烦。其根本原因是通过单张图像无法确定深度。所以，为了得到这个深度，人们开始使用双目相机和深度相机。

双目相机和深度相机

使用双目相机和深度相机的目的是通过某种手段测量物体与相机之间的距离，克服单目相机无法知道距离的缺点。一旦知道了距离，场景的三维结构就可以通过单个图像恢复，同时消除尺度不确定性。尽管都是为了测量距离，但双目相机与深度相机测量深度的原理是不一样的。双目相机由两个单目相机组成，但这两个相机之间的距离〔称为**基线**（Baseline）〕是已知的。我们通过这个基线来估计每个像素的空间位置——这和人眼非常相似。我们人类可以通过左右眼图像的差异判断物体的远近，在计算机上也是同样的道理（如图 2-5 所示）。如果对双目相机进行拓展，则可以搭建多目相机，不过本质上并没有什么不同。

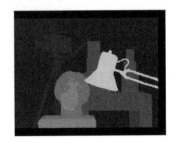

图 2-5　双目相机的数据：左眼图像，右眼图像。通过左右眼的差异，能够判断场景中物体与相机之间的距离

---

①数学上的原因将会在视觉里程计一讲中解释。

计算机上的双目相机需要大量的计算才能（不太可靠地）估计每一个像素点的深度，相比于人类真是非常笨拙[1]。双目相机测量到的深度范围与基线相关。基线距离越大，能够测量到的物体就越远，所以无人车上搭载的双目相机通常会是个很大的家伙。双目相机的距离估计是比较左右眼的图像获得的，并不依赖其他传感设备，所以它既可以应用在室内，又可应用于室外。双目或多目相机的缺点是配置与标定均较为复杂，其深度量程和精度受双目的基线与分辨率所限，而且视差的计算非常消耗计算资源，需要使用 GPU 和 FPGA 设备加速，才能实时输出整张图像的距离信息。因此在现有的条件下，计算量是双目的主要问题之一。

深度相机（又称 RGB-D 相机，在本书中主要使用 RGB-D 这个名称）是 2010 年前后兴起的一种相机，它最大的特点是可以通过红外结构光或 Time-of-Flight（ToF）原理，像激光传感器那样，通过主动向物体发射光并接收返回的光，测出物体与相机之间的距离。它并不像双目相机那样通过软件计算来解决，而是通过物理的测量手段，所以相比于双目相机可节省大量的计算资源（如图 2-6 所示）。目前常用的 RGB-D 相机包括 Kinect/Kinect V2、Xtion Pro Live、RealSense 等，在一些手机上人们也用它来识别人脸。不过，现在多数 RGB-D 相机还存在测量范围窄、噪声大、视野小、易受日光干扰、无法测量透射材质等诸多问题，在 SLAM 方面，主要用于室内，室外则较难应用。

图 2-6   RGB-D 数据：深度相机可以直接测量物体的图像和距离，从而恢复三维结构

我们讨论了几种常见的相机，相信通过以上的说明，你已经对它们有了直观的了解。现在，想象相机在场景中运动的过程，我们将得到一系列连续变化的图像[2]。视觉 SLAM 的目标，是通过这样的一些图像，进行定位和地图构建。这件事情并没有想象的那么简单。它不是某种算法，

---

[1]笔者女儿三个月大时已经能够辨认并抓取放在她面前的玩具了，笔者觉得她比许多大学实验室里的机器人都要智能。
[2]你可以用手机录个小视频试试。

只要我们输入数据，就可以往外不断地输出定位和地图信息。SLAM 需要一个完善的算法框架，而经过研究者们长期的努力工作，我们已经发展出了一套比较成熟的框架。

2.2　经典视觉 SLAM 框架

下面来看经典的视觉 SLAM 框架（如图 2-7 所示），我们来了解视觉 SLAM 究竟由哪几个模块组成。

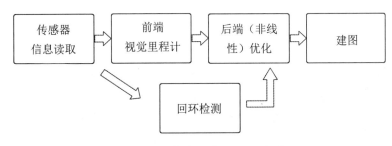

图 2-7　经典的视觉 SLAM 框架

整个视觉 SLAM 流程包括以下步骤。

1. **传感器信息读取**。在视觉 SLAM 中主要为相机图像信息的读取和预处理。如果是在机器人中，还可能有码盘、惯性传感器等信息的读取和同步。

2. **前端视觉里程计**（Visual Odometry，VO）。视觉里程计的任务是估算相邻图像间相机的运动，以及局部地图的样子。VO 又称为前端（Front End）。

3. **后端（非线性）优化**（Optimization）。后端接受不同时刻视觉里程计测量的相机位姿，以及回环检测的信息，对它们进行优化，得到全局一致的轨迹和地图。由于接在 VO 之后，又称为后端（Back End）。

4. **回环检测**（Loop Closure Detection）。回环检测判断机器人是否到达过先前的位置。如果检测到回环，它会把信息提供给后端进行处理。

5. **建图**（Mapping）。它根据估计的轨迹，建立与任务要求对应的地图。

经典的视觉 SLAM 框架是过去十几年的研究成果。这个框架本身及其包含的算法已经基本定型，并且已经在许多视觉程序库和机器人程序库中提供。依靠这些算法，我们能够构建一个视觉 SLAM 系统，使之在正常的工作环境里实时定位与建图。因此，我们说，**如果把工作环境限定在静态、刚体、光照变化不明显、没有人为干扰的场景**，那么这种场景下的 SLAM 技术已经相当成熟[9]。

读者可能还没有理解上面几个模块的概念，下面就来详细介绍各个模块具体的任务。但是，准确理解其工作原理需要一些数学知识，我们将放到本书的第二部分进行介绍。目前读者只需对各模块有一个直观的、定性的理解即可。

2.2.1 视觉里程计

视觉里程计关心**相邻图像**之间的相机运动，最简单的情况当然是两张图像之间的运动关系。例如，当看到图 2-8 时，我们会自然地反应出右图应该是左图向左旋转一定角度的结果（在视频情况下感觉会更自然）。我们不妨思考：自己是怎么知道"向左旋转"这件事情的呢？人类早已习惯于用眼睛探索世界，估计自己的位置，但又往往难以用理性的语言描述我们的直觉[1]。看到图 2-8 时，我们会自然地认为，这个场景中离我们近的是吧台，远处是墙壁和黑板。当相机向左转动时，吧台离我们近的部分出现在视野中，而右侧远处的柜子则移出了视野。通过这些信息，我们判断相机应该是向左旋转了。

人眼反应的运动方向

图 2-8　相机拍摄到的图片与人眼反应的运动方向

如果进一步问：能否确定旋转了多少度，平移了多少厘米？我们就很难给出一个确切的答案了。因为我们的直觉对这些具体的数字并不敏感。但是，在计算机中，又必须精确地测量这段运动信息。所以我们要问：**计算机是如何通过图像确定相机的运动的呢？**

前面也提过，在计算机视觉领域，人类在直觉上看来十分自然的事情，在计算机视觉中却非常困难。图像在计算机里只是一个数值矩阵。这个矩阵里表达着什么东西，计算机毫无概念（这也正是现在机器学习要解决的问题）。而在视觉 SLAM 中，我们只能看到一个个像素，知道它们是某些空间点在相机的成像平面上投影的结果。所以，为了定量地估计相机运动，必须先**了解相机与空间点的几何关系**。

要讲清这个几何关系及视觉里程计的实现方法，需要铺垫一些背景知识。读者现在只需知道，视觉里程计能够通过相邻帧间的图像估计相机运动，并恢复场景的空间结构。称它为"里程计"是因为它和实际的里程计一样，只计算相邻时刻的运动，而和过去的信息没有关联。在这一点上，视觉里程计就像一种只有短时记忆的物种（不过可以不限于两帧，数量可以更多一些，例如 5~10 帧）。

---

[1] 在很多涉及计算机视觉和机器学习的任务中，情况都是这样。拜近几年深度学习崛起所赐，我们连机器是怎么计算的都已经看不懂了。

　　现在，假定我们已有了一个视觉里程计，估计了两张图像间的相机运动。那么，一方面，只要把相邻时刻的运动"串"起来，就构成了机器人的运动轨迹，从而解决了定位问题。另一方面，我们根据每个时刻的相机位置，计算出各像素对应的空间点的位置，就得到了地图。这么说来，有了视觉里程计，是不是就解决了 SLAM 问题呢？

　　视觉里程计确实是 SLAM 的关键，我们也会花大量的篇幅来介绍它。然而，仅通过视觉里程计来估计轨迹，将不可避免地出现**累积漂移**（Accumulating Drift）。这是由于视觉里程计在最简单的情况下只估计两个图像间的运动造成的。我们知道，每次估计都带有一定的误差，而由于里程计的工作方式，先前时刻的误差将会传递到下一时刻，导致经过一段时间之后，估计的轨迹将不再准确（如图 2-9 所示）。例如，机器人先向左转 90°，再向右转 90°。由于误差，我们把第一个 90° 估计成了 89°。那我们就会尴尬地发现，向右转之后机器人的估计位置并没有回到原点。更糟糕的是，即使之后的估计完全准确，与真实值相比，都会带上这 −1° 的误差。

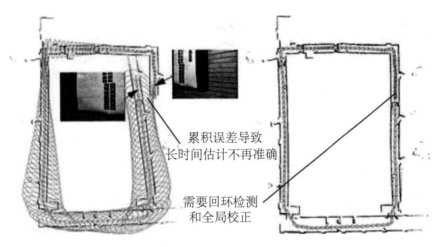

累积误差导致
长时间估计不再准确

需要回环检测
和全局校正

图 2-9　累积误差与回环检测的校正结果[10]

　　这也就是所谓的**漂移**（Drift）。它将导致我们无法建立一致的地图。你会发现原本直的走廊变成了斜的，而原本 90° 的直角不再是 90°——这实在是一件令人难以忍受的事情！为了解决漂移问题，我们还需要两种技术：**后端优化**①和**回环检测**。回环检测负责把"机器人回到原始位置"的事情检测出来，而后端优化则根据该信息，校正整个轨迹的形状。

2.2.2　后端优化

　　笼统地说，后端优化主要指处理 SLAM 过程中的**噪声**问题。虽然我们很希望所有的数据都是准确的，但是在现实中，再精确的传感器也带有一定的噪声。便宜的传感器测量误差较大，昂

---

①更多时候称为后端。由于主要使用的是优化方法，故称为后端优化。

贵的可能会小一些，有的传感器还会受磁场、温度的影响。所以，除了解决"如何从图像估计出相机运动"，我们还要关心这个估计带有多大的噪声，这些噪声是如何从上一时刻传递到下一时刻的，而我们又对当前的估计有多大的自信。后端优化要考虑的问题，就是如何从这些带有噪声的数据中估计整个系统的状态，以及这个状态估计的不确定性有多大——这称为最大后验概率估计（Maximum-a-Posteriori，MAP）。这里的状态既包括机器人自身的轨迹，也包含地图。

相对地，视觉里程计部分有时被称为"前端"。在 SLAM 框架中，前端给后端提供待优化的数据，以及这些数据的初始值。而后端负责整体的优化过程，它往往面对的只有数据，不必关心这些数据到底来自什么传感器。**在视觉 SLAM 中，前端和计算机视觉研究领域更为相关，比如图像的特征提取与匹配等，后端则主要是滤波与非线性优化算法。**

从历史意义上来说，现在我们称为后端优化的部分，在很长一段时间内直接被称为"SLAM 研究"。早期的 SLAM 问题是一个**状态估计**问题——正是后端优化要解决的。在最早提出 SLAM 的一系列论文中，当时的人们称它为"空间状态不确定性的估计"（Spatial Uncertainty）[4, 11]。虽然有些晦涩，但也确实反映出了 SLAM 问题的本质：**对运动主体自身和周围环境空间不确定性的估计**。为了解决 SLAM 问题，我们需要状态估计理论，把定位和建图的不确定性表达出来，然后采用滤波器或非线性优化，估计状态的均值和不确定性（方差）。状态估计与非线性优化的具体内容将在第 6 讲、第 9 讲和第 10 讲介绍。让我们暂时跳过它的原理说明，继续往下介绍。

2.2.3　回环检测

回环检测，又称闭环检测，主要解决位置估计**随时间漂移**的问题。怎么解决呢？假设实际情况下机器人经过一段时间的运动后回到了原点，但是由于漂移，它的位置估计值却没有回到原点。怎么办呢？如果有某种手段，让机器人知道"回到了原点"这件事，或者把"原点"识别出来，我们再把位置估计值"拉"过去，就可以消除漂移了。这就是所谓的回环检测。

回环检测与"定位"和"建图"二者都有密切的关系。事实上，我们认为，地图存在的主要意义是让机器人知晓自己到过的地方。为了实现回环检测，我们需要让机器人具有**识别到过的场景**的能力。它的实现手段有很多。例如像前面说的那样，我们可以在机器人下方设置一个标志物（如一张二维码图片）。它只要看到了这个标志，就知道自己回到了原点。该标志物实质上是一种环境中的传感器，对应用环境做了限制（万一不能贴二维码怎么办？）。我们更希望机器人能使用携带的传感器——也就是图像本身，来完成这一任务。例如，可以判断**图像间的相似性**来完成回环检测。这一点和人是相似的。当我们看到两张相似的图片时，容易辨认它们来自同一个地方。如果回环检测成功，则可以显著地减小累积误差。所以，视觉回环检测实质上是一种计算图像数据相似性的算法。由于图像的信息非常丰富，使得正确检测回环的难度降低了不少。

在检测到回环之后，我们会把"A 与 B 是同一个点"这样的信息告诉后端优化算法。然后，后端根据这些新的信息，把轨迹和地图调整到符合回环检测结果的样子。这样，如果我们有充分而且正确的回环检测，则可以消除累积误差，得到全局一致的轨迹和地图。

2.2.4 建图

建图是指构建地图的过程。地图（如图 2-10 所示）是对环境的描述，但这个描述并不是固定的，需要视 SLAM 的应用而定。

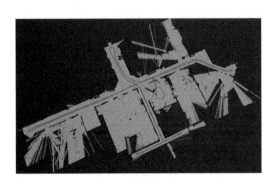

2D 栅格地图

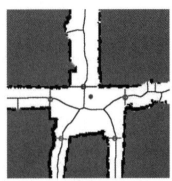

2D 拓扑地图

3D 点云地图

3D 网格地图

图 2-10　形形色色的地图[12]（见彩插）

对家用扫地机器人这种主要在低矮平面里运动的机器人来说，只需要一个二维的地图，标记哪里可以通过，哪里存在障碍物，就够它在一定范围内导航了。而对相机而言，它有 6 自由度的运动，我们至少需要一张三维的地图。有时，我们想要一个漂亮的重建结果，不仅是一组空间点，还需要带纹理的三角面片。有时，我们又不关心地图的样子，只需要知道"A 点到 B 点可通过，而 B 点到 C 点不行"这样的事情。甚至，有时不需要地图，或者地图可以由其他人提供，例如，行驶的车辆往往可以得到已绘制好的当地地图。

对于地图，我们有太多的想法和需求。因此，相比于前面提到的视觉里程计、后端优化和回环检测，建图并没有一个固定的形式和算法。一组空间点的集合可以称为地图，一个漂亮的 3D 模型也是地图，一个标记着城市、村庄、铁路、河道的图片还是地图。地图的形式随 SLAM 的应用场合而定。大体上讲，可以分为**度量地图**与**拓扑地图**两种。

度量地图（Metric Map）

度量地图强调精确地表示地图中物体的位置关系，通常用稀疏（Sparse）与稠密（Dense）对其分类。稀疏地图进行了一定程度的抽象，并不需要表达所有的物体。例如，我们选择一部分具有代表意义的东西，称之为路标（Landmark），那么一张稀疏地图就是由路标组成的地图，而不是路标的部分就可以忽略。相对地，稠密地图着重于建模所有看到的东西。定位时用稀疏路标地图就足够了。而用于导航时，则往往需要稠密地图（否则撞上两个路标之间的墙怎么办？）。稠密地图通常按照某种分辨率，由许多个小块组成，在二维度量地图中体现为许多个小格子（Grid），而在三维度量地图中则体现为许多小方块（Voxel）。通常，一个小块含有占据、空闲、未知三种状态，以表达该格内是否有物体。当查询某个空间位置时，地图能够给出该位置是否可以通过的信息。这样的地图可以用于各种导航算法，如 A*、D*[①]等，为机器人研究者所重视。但是我们也看到，一方面，这种地图需要存储每一个格点的状态，会耗费大量的存储空间，而且多数情况下地图的许多细节部分是无用的。另一方面，大规模度量地图有时会出现一致性问题。很小的一点转向误差，可能会导致两间屋子的墙出现重叠，使地图失效。

拓扑地图（Topological Map）

相比于度量地图的精确性，拓扑地图更强调地图元素之间的关系。拓扑地图是一个图（Graph），由节点和边组成，只考虑节点间的连通性，例如只关注 A、B 点是连通的，而不考虑如何从 A 点到达 B 点。它放松了地图对精确位置的需要，去掉了地图的细节，是一种更为紧凑的表达方式。然而，拓扑地图不擅长表达具有复杂结构的地图。如何对地图进行分割，形成节点与边，又如何使用拓扑地图进行导航与路径规划，仍是有待研究的问题。

2.3 SLAM 问题的数学表述

通过前面的介绍，读者应该对 SLAM 中各个模块的组成和主要功能有了直观的了解，但仅靠直观印象并不能帮助我们写出可以运行的程序。我们要把它上升到理性层次，也就是用数学语言来描述 SLAM 的过程。我们会用到一些变量和公式，但请读者放心，笔者会尽量让它保持足够地清楚。

假设小萝卜正携带着某种传感器在未知环境里运动，怎么用数学语言描述这件事呢？首先，由于相机通常是在某些时刻采集数据的，所以我们也只关心这些时刻的位置和地图。这就把一段连续时间的运动变成了离散时刻 $t = 1, \cdots, K$ 当中发生的事情。在这些时刻，用 x 表示小萝卜自身的位置。于是各时刻的位置就记为 $x_1, \cdots, x_K$，它们构成了小萝卜的轨迹。地图方面，我们假设地图是由许多个**路标**组成的，而每个时刻，传感器会测量到一部分路标点，得到它们的观测数

[①]https://en.wikipedia.org/wiki/A*_search_algorithm

据。不妨设路标点一共有 N 个，用 $\boldsymbol{y}_1, \cdots, \boldsymbol{y}_N$ 表示它们。

在这样的设定中，"小萝卜携带着传感器在环境中运动"，由如下两件事情描述：

1. 什么是**运动**？我们要考察从 $k-1$ 时刻到 k 时刻，小萝卜的位置 $\boldsymbol{x}$ 是如何变化的。
2. 什么是**观测**？假设小萝卜在 k 时刻于 $\boldsymbol{x}_k$ 处探测到了某一个路标 $\boldsymbol{y}_j$，我们要考察如何用数学语言来描述这件事情。

先来看运动。通常，机器人会携带一个测量自身运动的传感器，例如码盘或惯性传感器。这个传感器可以测量有关运动的读数，但不一定直接就是位置之差，还可能是加速度、角速度等信息。有时我们也给小萝卜发送指令，例如"前进 1 米""左转 90°"，或者"油门踩到底""刹车"等。无论是何种情况，我们都能使用一个通用的、抽象的数学模型来说明此事：

$$\boldsymbol{x}_k = f\left(\boldsymbol{x}_{k-1}, \boldsymbol{u}_k, \boldsymbol{w}_k\right). \tag{2.1}$$

这里，$\boldsymbol{u}_k$ 是运动传感器的读数或者输入[①]，$\boldsymbol{w}_k$ 为该过程中加入的噪声。注意，我们用一个一般函数 f 来描述这个过程，而不指明 f 具体的作用方式。这使得整个函数可以指代任意的运动传感器/输入，成为一个通用的方程，而不必限定于某个特殊的传感器上。我们把它称为**运动方程**。

噪声的存在使得这个模型变成了随机模型。换句话说，即使我们下达"前进 1 米"的命令，也不代表小萝卜真的前进了 1 米。如果所有指令都是准确的，也就没必要**估计**了。事实上，小萝卜可能某次只前进了 0.9 米，另一次前进了 1.1 米，再一次可能由于轮胎打滑，干脆没有前进。于是，每次运动过程中的噪声是随机的。如果我们不理会这个噪声，那么只根据指令来确定的位置可能与实际位置相差十万八千里。

与运动方程相对应，还有一个**观测方程**。观测方程描述的是，当小萝卜在 $\boldsymbol{x}_k$ 位置上看到某个路标点 $\boldsymbol{y}_j$ 时，产生了一个观测数据 $\boldsymbol{z}_{k,j}$。同样，用一个抽象的函数 h 来描述这个关系：

$$\boldsymbol{z}_{k,j} = h\left(\boldsymbol{y}_j, \boldsymbol{x}_k, \boldsymbol{v}_{k,j}\right). \tag{2.2}$$

这里，$\boldsymbol{v}_{k,j}$ 是这次观测里的噪声。由于观测所用的传感器形式更多，这里的观测数据 $\boldsymbol{z}$ 及观测方程 h 也有许多不同的形式。

读者或许会说，我们用的函数 f, h，似乎并没有具体地说明运动和观测是怎么回事？同时，这里的 $\boldsymbol{x}, \boldsymbol{y}, \boldsymbol{z}$ 又是什么呢？事实上，根据小萝卜的真实运动和传感器的种类，存在着若干种**参数化**（Parameterization）方式。什么叫参数化呢？举例来说，假设小萝卜在平面中运动，那么，它的位姿[②]由两个位置和一个转角来描述，即 $\boldsymbol{x}_k = [x_1, x_2, \theta]_k^{\mathrm{T}}$，其中 x_1, x_2 是两个轴上的位置而 θ 为转角。同时，输入的指令是两个时间间隔位置和转角的变化量 $\boldsymbol{u}_k = [\Delta x_1, \Delta x_2, \Delta \theta]_k^{\mathrm{T}}$，于是，此

[①]有些研究者认为运动传感器的输入应该放到观测方程，但是在实践中这两种做法基本是一样的。
[②]在本书中，我们以"位姿"这个词表示"位置"加上"姿态"。

时运动方程就可以具体化为

$$
\begin{bmatrix} x_1 \\ x_2 \\ \theta \end{bmatrix}_k = \begin{bmatrix} x_1 \\ x_2 \\ \theta \end{bmatrix}_{k-1} + \begin{bmatrix} \Delta x_1 \\ \Delta x_2 \\ \Delta \theta \end{bmatrix}_k + \boldsymbol{w}_k. \tag{2.3}
$$

这是简单的线性关系。不过，并不是所有的输入指令都是位移和角度的变化量，例如"油门"或者"控制杆"的输入就是速度或加速度量，所以也存在着其他形式更加复杂的运动方程，那时我们可能需要进行动力学分析。

关于观测方程，以小萝卜携带着的一个二维激光传感器为例。我们知道激光传感器观测一个 2D 路标点时，能够测到两个量：路标点与小萝卜本体之间的距离 r 和夹角 ϕ。记路标点为 $\boldsymbol{y}_j = [y_1, y_2]_j^\mathrm{T}$，位姿为 $\boldsymbol{x}_k = [x_1, x_2]_k^\mathrm{T}$，观测数据为 $\boldsymbol{z}_{k,j} = [r_{k,j}, \phi_{k,j}]^\mathrm{T}$，那么观测方程就写为

$$
\begin{bmatrix} r_{k,j} \\ \phi_{k,j} \end{bmatrix} = \begin{bmatrix} \sqrt{\left(y_{1,j} - x_{1,k}\right)^2 + \left(y_{2,j} - x_{2,k}\right)^2} \\ \arctan\left(\dfrac{y_{2,j} - x_{2,k}}{y_{1,j} - x_{1,k}}\right) \end{bmatrix} + \boldsymbol{v}. \tag{2.4}
$$

考虑视觉 SLAM 时，传感器是相机，那么观测方程就是"对路标点拍摄后，得到图像中的像素"的过程。这个过程牵涉相机模型的描述，将在第 5 讲中详细介绍，这里暂且略过。

可见，针对不同的传感器，这两个方程有不同的参数化形式。如果我们保持通用性，把它们取成通用的抽象形式，那么 SLAM 过程可总结为两个基本方程：

$$
\begin{cases} \boldsymbol{x}_k = f\left(\boldsymbol{x}_{k-1}, \boldsymbol{u}_k, \boldsymbol{w}_k\right), & k = 1, \cdots, K \\ \boldsymbol{z}_{k,j} = h\left(\boldsymbol{y}_j, \boldsymbol{x}_k, \boldsymbol{v}_{k,j}\right), & (k,j) \in \mathcal{O} \end{cases}. \tag{2.5}
$$

其中 $\mathcal{O}$ 是一个集合，记录着在哪个时刻观察到了哪个路标（通常不是每个路标在每个时刻都能看到的——我们在单个时刻很可能只看到一小部分）。这两个方程描述了最基本的 SLAM 问题：当知道运动测量的读数 $\boldsymbol{u}$，以及传感器的读数 $\boldsymbol{z}$ 时，如何求解定位问题（估计 $\boldsymbol{x}$）和建图问题（估计 $\boldsymbol{y}$）？这时，我们就把 SLAM 问题建模成了一个**状态估计问题**：如何通过带有噪声的测量数据，估计内部的、隐藏着的状态变量？

状态估计问题的求解，与两个方程的具体形式，以及噪声服从哪种分布有关。按照运动和观测方程是否为线性，噪声是否服从高斯分布进行分类，分为**线性/非线性**和**高斯/非高斯**系统。其中线性高斯系统（Linear Gaussian，LG 系统）是最简单的，它的无偏的最优估计可以由卡尔曼滤波器（Kalman Filter，KF）给出。而在复杂的非线性非高斯系统（Non-Linear Non-Gaussian，NLNG 系统）中，我们会使用以扩展卡尔曼滤波器（Extended Kalman Filter，EKF）和非线性优化两大

类方法去求解。直至 21 世纪早期，以 EKF 为主的滤波器方法在 SLAM 中占据了主导地位。我们会在工作点处把系统线性化，并以预测—更新两大步骤进行求解（见第 10 讲）。最早的实时视觉 SLAM 系统就是基于 EKF[2] 开发的。随后，为了克服 EKF 的缺点（例如线性化误差和噪声高斯分布假设），人们开始使用粒子滤波器（Particle Filter）等其他滤波器，乃至使用非线性优化的方法。时至今日，主流视觉 SLAM 使用以图优化（Graph Optimization）为代表的优化技术进行状态估计[13]。我们认为优化技术已经明显优于滤波器技术，只要计算资源允许，通常都偏向于使用优化方法（见第 10 讲和第 11 讲）。

　　相信读者已经对 SLAM 的数学模型有了大致的了解，然而我们仍需澄清一些问题。首先，要说明机器人**位置** x **是什么**。我们还未明确解释**位置**的意义。也许读者能够理解，在平面中运动的小萝卜可以用两个坐标加一个转角的形式将位置参数化。笔者的漫画风格有些二次元，小萝卜在更多时候是一个三维空间里的机器人。其次，我们知道三维空间的运动由 3 个轴构成，所以小萝卜的运动要由 3 个轴上的平移，以及绕着 3 个轴的旋转来描述，一共有 6 个自由度。那是否意味着随便用一个 $\mathbb{R}^6$ 中的向量就能描述它了呢？我们将发现事情并没有那么简单。对 6 自由度的**位姿**①，如何表达它，如何优化它，都需要一定篇幅来介绍，这将是第 3 讲和第 4 讲的主要内容。随后，我们要说明在视觉 SLAM 中，**观测方程**如何参数化。换句话说，空间中的路标点是如何投影到一张照片上的。这需要解释相机的成像模型，我们将在第 5 讲介绍。最后，当知道了这些信息，**怎么求解上述方程**？这需要非线性优化的知识，是第 6 讲的内容。

　　这些内容组成了本书数学知识的部分。在对它们进行铺垫之后，我们就能仔细讨论视觉里程计、后端优化等更详细的知识了。可以看到，本讲介绍的内容构成了本书的提要。如果读者还没有很好地理解上面的概念，不妨回过头再阅读一遍。下面就要开始介绍程序啦！

2.4　实践：编程基础

2.4.1　安装 Linux 操作系统

　　终于到了令人兴奋的实践环节啦！你是否准备好了呢？为了完成本书的实践环节，我们需要准备一台电脑。你可以使用笔记本或台式机，最好是你个人的电脑，因为我们需要在上面安装操作系统进行实验。

　　我们的程序以 Linux 上的 C++ 程序为主。在实验过程中，我们会使用大量程序库。大部分程序库只对 Linux 提供了较好的支持，而在 Windows 上的配置则相对（相当）麻烦。因此，我们不得不假定你已经具备 Linux 的基本知识（参见第 1 讲的练习题），包括使用基本的命令，了解软件如何安装。当然，你不必了解如何在 Linux 下开发 C++ 程序，这正是下面要详细谈的。

　　我们先来搭建本书所需的实验环境。作为一本面向初学者的书，我们使用 Ubuntu 系统作为

---

①我们以后称它为位姿（Pose），以与位置进行区别。我们说的位姿，包含了旋转（Rotation）和平移（Translation）。

开发环境。在 Linux 的各大发行版中，Ubuntu 及其衍生版本一直享有对新手用户友好的美誉。Ubuntu 是一个开源操作系统，它的系统和软件可以在官方网站（http://cn.ubuntu.com）免费下载，并且提供了详细的安装方式说明。同时，清华、中科大等国内高校也提供了 Ubuntu 软件源，使软件的安装十分便捷。

本书的第 1 版使用 Ubuntu 14.04 作为默认开发环境。在本书中，我们将默认版本更新至较新的 **Ubuntu 18.04**（如图 2-11 所示），以便研究者使用。如果你想换换风格，那么 Ubuntu Kylin、Debian、Deepin 和 Linux Mint 也是不错的选择。笔者保证书中所有代码在 Ubuntu 18.04 下经过了良好的测试，但如果你选择其他发行版，笔者无法确定是否会遇到问题。你可能需要花费一些时间解决问题（不过也可以把它们当作锻炼自己的机会）。大体来说，Ubuntu 对各种库的支持均较为完善，软件也非常丰富。尽管我们不限制你具体使用哪种 Linux 发行版，但在讲解中，**我们会以 Ubuntu 18.04 为例**，且主要使用 Ubuntu 下的命令（例如 apt-get），所以在其他版本的 Ubuntu 下面不会有明显的区别。一般情况下，程序在 Linux 间移植不会非常烦琐。如果你想在 Windows 或 OS X 下使用本书中的程序，则需要有一定的移植经验。

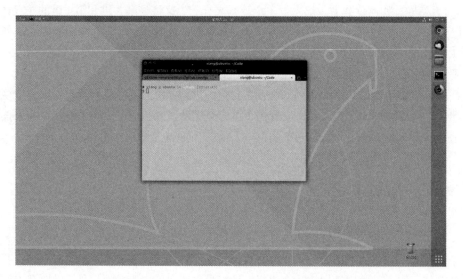

图 2-11   一个运行在虚拟机中的 Ubuntu 18.04

现在，请大家在自己的电脑上安装好 Ubuntu 18.04。关于 Ubuntu 的安装，可以在网上搜到大量教程，只要照做即可，此处略过。最简单的方式是使用虚拟机（如图 2-11 所示），但需要占用大量内存（我们的经验是 4GB 以上）和 CPU 才能保持流畅；你也可以安装双系统，这样运行速度会快一些，但需要一个空白的 U 盘作为启动盘。另外，虚拟机软件对外部硬件的支持往往不够好，如果希望使用实际的传感器（双目、Kinect 等），则建议使用双系统。

关于安装的小提示：

• 安装操作系统时请断开网络连接，并且不要选择"安装中下载更新"，这样可以提高安装速度。可以在系统安装完毕后再更新。如果你有 SSD 硬盘，这个过程大概用时 15 分钟。

- 安装完成后，请务必把软件源设置到离你较近的服务器上，以获得更快的下载速度。例如，笔者使用清华的软件源通常能以每秒 10MB 的速度安装软件[①]。

现在，假设你已经成功安装好 Ubuntu，无论是使用虚拟机还是双系统的方式。如果你还不熟悉 Ubuntu，则可以试试它的各种软件，体验它的界面和交互方式[②]。不过笔者必须**提醒**你，特别是新手朋友：不要在 Ubuntu 的用户界面上花费太多时间！Linux 有许多可能浪费时间的地方，你可能会找到某些小众的软件、一些游戏，甚至会为找一张壁纸花费不少时间。但是请记住，你是用 Linux 来工作的。特别是在本书中，你是用 Linux 来学习 SLAM 的，所以要尽量把时间花在学习 SLAM 上。

我们选择一个目录，放置本书中 SLAM 程序的代码。例如，可以将代码放到家目录（/home）的"slambook2"下。以后，我们将把这个目录称为"**代码根目录**"。同时，可以另外选择一个目录，把本书的 Git 代码复制下来，方便做实验时随时对照。本书的代码是按章节划分的。例如，本讲的代码将在 slambook2/ch2 下，第 3 讲的代码则在 slambook2/ch3 下。所以，现在请读者进入 slambook2/ch2 下（你应该会新建文件夹并进入该文件夹了吧）。

2.4.2　Hello SLAM

我们从最基本的程序开始。与许多计算机类书籍一样，我们来书写一个 Hello SLAM 程序。不过在做这件事之前，我们先来聊聊程序是什么。

在 Linux 中，程序是一个具有执行权限的文件。它可以是一个脚本，也可以是一个二进制文件，不过我们不限定它的后缀名（不像 Windows 那样需要指定成.exe 文件）。我们常用的 cd、ls 等命令，就是位于/bin 目录下的可执行文件。而对于其他地方的可执行程序，只要它有可执行权限，当我们在终端中输入程序名时，它就会运行。在使用 C++ 编程时，我们先书写一个文本文件：

📖 slambook2/ch2/helloSLAM.cpp

```cpp
#include <iostream>
using namespace std;

int main(int argc, char **argv) {
    cout << "Hello SLAM!" << endl;
    return 0;
}
```

然后用一个叫作**编译器**的程序，把这个文本文件编译成可执行程序。显然，这是一个非常简单的程序。你应该能毫不费力地看懂它，所以这里不多加解释——如果实际情况不是这样，请你

---

① 感谢 TUNA 同学们的维护！
② 大多数人第一次看到 Ubuntu 系统都觉得很漂亮。

先补习 C++ 的基本知识。这个程序只是把一个字符串输出到屏幕上而已。你可以用文本编辑器 gedit（或 Vim，如果你在上一讲学习了 Vim）输入这些代码，并保存在上面列出的路径下。现在，我们用编译器 g++（g++ 是一个 C++ 编译器）把它编译成一个可执行文件。输入：

终端输入：

```
1  g++ helloSLAM.cpp
```

如果顺利，那么这条命令应该没有任何输出。如果计算机上出现"command not found"的错误信息，则说明你可能还没有安装 g++，请用如下命令进行安装：

终端输入：

```
1  sudo apt-get install g++
```

如果出现别的错误，请再检查一遍刚才的程序是否输入正确。

刚才这条编译命令把 helloSLAM.cpp 文本文件编译成了一个可执行程序。我们检查当前目录，会发现多了一个 a.out 文件，而且它具有执行权限（终端里颜色不同）。我们输入./a.out 即可运行此程序[①]：

终端输入：

```
1  % ./a.out
2  Hello SLAM!
```

如我们所想，这个程序输出"Hello SLAM!"，告诉我们它在正确运行。

请回顾我们之前做的事情。在这个例子中，我们用编辑器输入了 helloSLAM.cpp 的源代码，然后调用 g++ 编译器对它进行编译，得到了可执行文件。g++ 默认把源文件编译成 a.out 这个名字的程序（虽然有些古怪，但是可以接受的）。如果我们愿意，也可以指定这个输出的文件名（留作习题）。这是一个极其简单的例子，我们**使用了大量的默认参数，几乎省略了所有中间步骤**，为的是给读者一个简洁的印象（虽然你可能没有体会到）。下面我们要用 cmake 来编译这个程序。

2.4.3 使用 cmake

理论上，任意一个 C++ 程序都可以用 g++ 来编译。但当程序规模越来越大时，一个工程可能有许多个文件夹和源文件，这时输入的编译命令将越来越长。通常，一个小型 C++ 项目可能含有十几个类，各类间还存在着复杂的依赖关系。其中一部分要编译成可执行文件，另一部分编译成库文件。如果仅靠 g++ 命令，则需要输入大量的编译指令，整个编译过程会变得异常烦琐。因此，对于 C++ 项目，使用一些工程管理工具会更加高效。在历史上，工程师们曾使用 makefile

---

①程序前头的% 为提示符，不要连这个也打进去。

进行自动编译，但下面要谈的 cmake 比它更加方便。并且 cmake 在工程上广泛使用，我们会看到后面提到的大多数库都使用 cmake 管理源代码。

在一个 cmake 工程中，我们会用 cmake 命令生成一个 makefile 文件，然后，用 make 命令根据这个 makefile 文件的内容编译整个工程。读者可能还不知道 makefile 是什么，不过没关系，我们会通过例子来学习。仍然以上面的 helloSLAM.cpp 为例，这次我们不是直接使用 g++，而是用 cmake 来制作一个工程，然后编译它。在 slambook2/ch2/ 中新建一个 CMakeLists.txt 文件，内容如下：

slambook2/ch2/CMakeLists.txt

```
1  # 声明要求的cmake最低版本
2  cmake_minimum_required( VERSION 2.8 )
3
4  # 声明一个cmake工程
5  project( HelloSLAM )
6
7  # 添加一个可执行程序
8  # 语法：add_executable( 程序名  源代码文件 )
9  add_executable( helloSLAM helloSLAM.cpp )
```

CMakeLists.txt 文件用于告诉 cmake 要对这个目录下的文件做什么事情。CMakeLists.txt 文件的内容需要遵守 cmake 的语法。在这个示例中，我们演示了最基本的工程：指定一个工程名和一个可执行程序。根据注释，读者应该理解每句话做了些什么。

现在，在当前目录下（slambook2/ch2/），调用 cmake 对该工程进行 cmake 编译[①]：

终端输入：

```
1  cmake .
```

cmake 会输出一些编译信息，然后在当前目录下生成一些中间文件，其中最重要的就是 Make-File[②]。由于 MakeFile 是自动生成的，我们不必修改它。现在，用 make 命令对工程进行编译：

终端输入：

```
1  % make
2  Scanning dependencies of target helloSLAM
3  [100%] Building CXX object CMakeFiles/helloSLAM.dir/helloSLAM.cpp.o
4  Linking CXX executable helloSLAM
5  [100%] Built target helloSLAM
```

---

①指令最后有一个句点，请不要忘记，这表示在当前目录下进行 cmake。
②MakeFile 是一个自动化编译的脚本，读者现在可以将它理解成一系列自动生成的编译指令，无须理会其内容。

在编译过程中会输出一个编译进度。如果顺利通过，我们就可以得到在 CMakeLists.txt 中声明的那个可执行程序 helloSLAM。执行它：

终端输入：

```
1  % ./helloSLAM
2  Hello SLAM!
```

因为我们并没有修改源代码，所以得到的结果和之前是一样的。请读者想想这种做法和之前直接使用 g++ 编译的区别。这次我们使用了先执行 cmake 再执行 make 的做法，执行 cmake 的过程处理了工程文件之间的关系，而执行 make 过程实际调用了 g++ 来编译程序。虽然这个过程中多了调用 cmake 和 make 的步骤，但我们对项目的编译管理工作，**从输入一串 g++ 命令，变成了维护若干个比较直观的 CMakeLists.txt 文件**，这将明显降低维护整个工程的难度。例如，如果想新增一个可执行文件，只需在 CMakeLists.txt 中添加一行 "add_executable" 命令即可，而后续的步骤是不变的。cmake 会帮我们解决代码的依赖关系，无须输入一大串 g++ 命令。

现在这个过程中唯一让我们不满的是，cmake 生成的中间文件还留在我们的代码文件中。当想要发布代码时，我们并不希望把这些中间文件一同发布出去。这时我们还需要把它们一个个地删除，十分不便。一种更好的做法是让这些中间文件都放在一个中间目录中，在编译成功后，把这个中间目录删除即可。所以，更常见的编译 cmake 工程的做法如下：

终端输入：

```
1  mkdir build
2  cd build
3  cmake ..
4  make
```

我们新建了一个中间文件夹 "build"，然后进入 build 文件夹，通过 cmake .. 命令对上一层文件夹，也就是代码所在的文件夹进行编译。这样，cmake 产生的中间文件就会生成在 build 文件夹中，与源代码分开。当发布源代码时，只要把 build 文件夹删掉即可。请读者自行按照这种方式对 ch2 中的代码进行编译，然后调用生成的可执行程序（请记得把上一步产生的中间文件删除）。

2.4.4　使用库

在一个 C++ 工程中，并不是所有代码都会编译成可执行文件。只有带有 main 函数的文件才会生成可执行程序。而另一些代码，我们只想把它们打包成一个东西，供其他程序调用。这个东西叫作**库**（Library）。

一个库往往是许多算法、程序的集合，我们会在之后的练习中接触到许多库。例如，OpenCV 库提供了许多计算机视觉相关的算法，而 Eigen 库提供了矩阵代数的计算。因此，我们要学习如何用 cmake 生成库，并且使用库中的函数。现在我们演示如何自己编写一个库。书写如下 libHelloSLAM.cpp 文件：

slambook2/ch2/libHelloSLAM.cpp

```
1  //这是一个库文件
2  #include <iostream>
3  using namespace std;
4
5  void printHello() {
6      cout << "Hello SLAM" << endl;
7  }
```

这个库提供了一个 printHello 函数，调用此函数将输出一条信息。但是它没有 main 函数，这意味着这个库中没有可执行文件。我们在 CMakeLists.txt 里加上如下内容：

slambook2/ch2/CMakeLists.txt

```
1  add_library( hello libHelloSLAM.cpp )
```

这条命令告诉 cmake，我们想把这个文件编译成一个叫作"hello"的库。然后，和上面一样，使用 cmake 编译整个工程：

终端输入：

```
1  cd build
2  cmake ..
3  make
```

这时，在 build 文件夹中就会生成一个 libhello.a 文件，这就是我们得到的库。

在 Linux 中，库文件分成**静态库**和**共享库**两种[1]。静态库以.a 作为后缀名，共享库以.so 结尾。所有库都是一些函数打包后的集合，差别在于**静态库每次被调用都会生成一个副本，而共享库则只有一个副本**，更省空间。如果想生成共享库而不是静态库，只需使用以下语句即可。

slambook2/ch2/CMakeLists.txt

```
1  add_library( hello_shared SHARED libHelloSLAM.cpp )
```

此时得到的文件就是 libhello_shared.so。

库文件是一个压缩包，里面有编译好的二进制函数。如果仅有.a 或.so 库文件，那么我们并不知道里面的函数到底是什么，调用的形式又是什么样的。为了让别人（或者自己）使用这个库，

---

①你多半猜错了，它并不叫作动态库。

我们需要提供一个**头文件**，说明这些库里都有些什么。因此，对于库的使用者，**只要拿到了头文件和库文件，就可以调用这个库**。下面编写 libhello 的头文件。

📖 **slambook2/ch2/libHelloSLAM.h**

```
1  #ifndef LIBHELLOSLAM_H_
2  #define LIBHELLOSLAM_H_
3  // 上面的宏定义是为了防止重复引用这个头文件而引起的重定义错误
4
5  // 打印一句Hello的函数
6  void printHello();
7
8  #endif
```

这样，根据这个文件和我们刚才编译得到的库文件，就可以使用 printHello 函数了。最后，我们写一个可执行程序来调用这个简单的函数：

📖 **slambook2/ch2/useHello.cpp**

```
1  #include "libHelloSLAM.h"
2
3  // 使用libHelloSLAM.h中的printHello()函数
4  int main(int argc, char **argv) {
5      printHello();
6      return 0;
7  }
```

然后，在 CMakeLists.txt 中添加一个可执行程序的生成命令，**链接**到刚才使用的库上：

📖 **slambook2/ch2/CMakeLists.txt**

```
1  add_executable( useHello useHello.cpp )
2  target_link_libraries( useHello hello_shared )
```

通过这两行语句，useHello 程序就能顺利使用 hello_shared 库中的代码了。这个小例子演示了如何生成并调用一个库。请注意，对于他人提供的库，我们也可用同样的方式对它们进行调用，整合到自己的程序中。

除了已经演示的功能，cmake 还有许多语法和选项，这里不一一列举。实际上，cmake 很像一个正常的编程语言，有变量、条件控制语句，所以你也可以像学习编程一样学习 cmake。习题中包含了一些 cmake 的阅读材料，感兴趣的读者可自行阅读。现在，简单回顾我们之前做了哪些事：

1. 程序代码由头文件和源文件组成。
2. 带有 main 函数的源文件编译成可执行程序，其他的编译成库文件。

3. 如果可执行程序想调用库文件中的函数，则它需要参考该库提供的头文件，以明白调用的格式。同时，要把可执行程序链接到库文件上。

这几个步骤应该是简单清楚的，但实际操作中你可能会遇到一些问题。例如，如果代码里引用了库的函数，但忘了把程序链接到库上，会发生什么呢？请试着把 CMakeLists.txt 中的链接部分去掉，看看会发生什么情况。你能看懂 cmake 报告的错误消息吗？

2.4.5　使用 IDE

最后，我们来谈谈如何使用集成开发环境（Integrated Development Environment，IDE）。前面的编程完全可以用一个简单的文本编辑器来完成。然而，你可能需要在各个文件之间跳转，查询某个函数的声明和实现。当文件很多时，这仍然很烦琐。IDE 为开发者提供了跳转、补全、断点调试等很多方便的功能，所以，我们建议读者选择一个 IDE 进行开发。

Linux 下的 IDE 有很多种。虽然与 Windows 下的 Visual Studio 还有一些差距，不过支持 C++ 开发的也有好几种，例如 Eclipse、Qt Creator、Code::Blocks、Clion、Visual Studio Code，等等。同样，我们不强制读者使用某种特定的 IDE，而仅给出我们的建议。我们使用的是 KDevelop 和 Clion（如图 2-12 和图 2-15 所示）[1]。KDevelop 是一款免费软件，位于 Ubuntu 系统的软件仓库中，意味着你可以用 apt-get 来安装它；而 Clion 则是收费软件，但持有学生邮箱可以免费使用一年。二者都是很好的 C++ 开发环境，优点列举如下：

1. 支持 cmake 工程。
2. 对 C++ 支持较好（包括 11 及之后的标准）。有高亮、跳转、补全等功能，能自动排版代码。
3. 能方便地看到各个文件和目录树。
4. 有一键编译、断点调试等功能。

基本上，它们都具备人们对 IDE 的正常功能要求，所以读者不妨尝试一下。下面我们稍微花一点篇幅介绍 KDevelop 和 Clion。

KDevelop 的使用

KDevelop 原生支持 cmake 工程。具体做法是，在终端建立 CMakeLists.txt 后，用 KDevelop 中的"工程 → 打开/导入工程"打开 CMakeLists.txt。软件会询问你几个问题，并默认建立一个 build 文件夹，帮你调用刚才的 cmake 和 make 命令。只要按下快捷键 F8，这些都可以自动完成。图 2-12 中界面的下面部分就显示了编译信息。

我们把适应 IDE 的任务交给读者自己来完成。如果你是从 Windows 转过来的，会觉得它的界面与 Visual C++ 或 Visual Studio 挺相似。请用 KDevelop 打开刚才的工程然后进行编译，看看它输出什么信息。相信你会觉得比打开终端更方便。

---

[1] Visual Studio Code 日趋完善，本身又免费，在开发者中大受欢迎，你不妨试试。

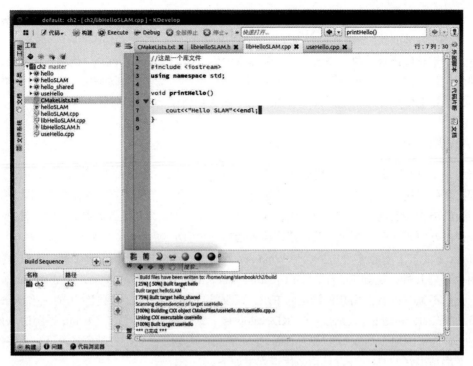

图 2-12　KDevelop 界面

本节重点讲如何在 IDE 中进行调试。在 Windows 下编程的同学多半会有在 Visual Studio 下断点调试的经历。不过在 Linux 中，默认的调试工具 gdb 只提供了文本界面，对新手来讲不太方便。有些 IDE 提供了断点调试功能（底层仍旧是 gdb），KDevelop 就是其中之一。要使用 KDevelop 的断点调试功能，你需要完成以下几件事：

1. 在 CMakeLists.txt 中把工程调为 Debug 编译模式，同时不要使用优化选项（默认不使用）。
2. 告诉 KDevelop 你想运行哪个程序。如果有参数，则要配置它的参数和工作目录。
3. 进入断点调试界面就可以单步运行，看到中间变量的值。

第一步，在 CMakeLists.txt 中加入下面的命令来设置编译模式：

🎴 **slambook2/ch2/CMakeLists.txt**

```
set( CMAKE_BUILD_TYPE "Debug" )
```

cmake 自带一些编译相关的内部变量，它们可以对编译过程进行更精细的控制。对于编译类型，通常有调试用的 Debug 模式与发布用的 Release 模式。在 Debug 模式中，程序运行较慢，但可以进行断点调试；而 Release 模式的运行速度较快，但没有调试信息。我们把程序设置成 Debug 模式，就能放置断点了。接下来，告诉 KDevelop 你想启动哪个程序。

第二步，打开"运行 → 配置启动器"，然后单击左侧的"Add New→ 应用程序"。在这一步中，我们的任务是告诉 KDevelop 想要启动哪一个程序。如图 2-13 所示，既可以选择一个 cmake 的工程目标（也就是我们用 add_executable 指令构建的可执行程序），也可以直接指向一个二进制文件。建议使用第二种方式，根据我们的经验，出现的问题更少。

图 2-13　启动器设置界面

在第二栏里，可以设置程序的运行参数和工作目录。有时程序是有运行参数的，它们会作为 main 函数的参数被传入。如果没有则可以留空，对于工作目录也是如此。配置好这两项后，单击"OK"按钮保存配置结果。

刚才这几步我们配置了一个应用程序的启动项。对于每一个启动项，我们可以单击"Execute"按钮直接启动这个程序，也可以单击"Debug"按钮对它进行断点调试。读者可以试着单击"Execute"按钮，查看输出的结果。现在，为了调试这个程序，单击 printHello 那行的左侧，增加一个断点。然后单击"Debug"按钮，程序会停留在断点处等待，如图 2-14 所示。

调试时，KDevelop 会切换到调试模式，界面会发生一点变化。在断点处，可以用单步运行（F10 键）、单步跟进（F11 键）、单步跳出（F12 键）功能控制程序的运行。同时，可以展开左侧的界面，查看局部变量的值。或者单击"停止"按钮，结束调试。调试结束后，KDevelop 会回到正常的开发界面。

现在，你应该熟悉了整个断点调试的流程。今后，如果在程序运行阶段发生错误，导致程序崩溃，就可以用断点调试确定出错的位置，然后加以修正[①]。

---

①而不是直接给我们发邮件询问怎么处理遇到的问题。

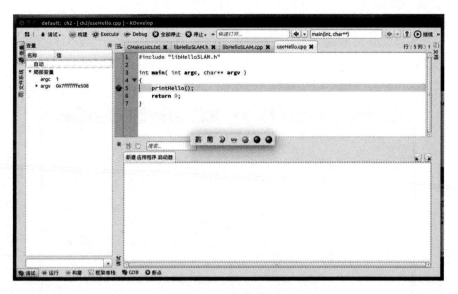

图 2-14　调试界面

Clion 的使用

Clion 与 KDevelop 相比更加完善，但是它需要正版账号，同时对主机的要求也更高①。在 Clion 中，你同样可以打开一个 CMakeLists.txt，或者指定目录。Clion 会替你完成 cmake-make 的过程。它的运行界面如图 2-15 所示。

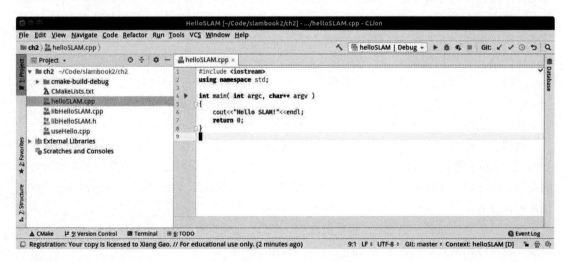

图 2-15　Clion 运行界面

———————————
①Clion 在 2018 年之后的版本异常卡顿，推荐用 2017 年前后的发布版。

同样地，在打开 Clion 之后，可以在界面右上角处选择你想运行或调试的程序，调整它们的启动参数和工作目录。单击该栏的小甲虫按钮可以启动断点调试模式。Clion 还有许多方便的功能，例如自动创建类、函数改名、自动调整编码风格等，请一定要试一试。

好了，如果你已经熟悉了 IDE 的使用，那么入门章节也就到此为止。你或许已经觉得笔者有些话唠了，所以在今后的实践部分中，我们不会再介绍怎么新建 build 文件夹，调用 cmake 和 make 命令来编译程序。笔者相信读者应该掌握了这些简单的步骤。同样地，由于本书用到的大多数第三方库都是 cmake 工程，你也会不断熟悉这个编译过程。

习题

1. 阅读文献 [1] 和 [14]，你能看懂其中的内容吗？
2.* 阅读 SLAM 的综述文献，例如 [9, 15–18] 等。这些文献中关于 SLAM 的看法与本书有何异同？
3. g++ 命令有哪些参数？怎么填写参数可以更改生成的程序文件名？
4. 使用 build 文件夹来编译你的 cmake 工程，然后在 KDevelop 中试试。
5. 刻意在代码中添加一些语法错误，看看编译会生成什么样的信息。你能看懂 g++ 的错误信息吗？
6. 如果忘了把库链接到可执行程序上，编译会报错吗？报什么样的错？
7.* 阅读《cmake 实践》，了解 cmake 的其他语法。
8.* 完善 Hello SLAM 小程序，把它做成一个小程序库，安装到本地硬盘中。然后，新建一个工程，使用 find_package 找这个库并调用。
9.* 阅读其他 cmake 教学材料，例如 https://github.com/TheErk/CMake-tutorial。
10. 找到 KDevelop 的官方网站，看看它还有哪些特性。你都用上了吗？
11. 如果在第 1 讲学习了 Vim，那么请试试 KDevelop 的 Vim 编辑功能。

第3讲
三维空间刚体运动

主要目标

1. 理解三维空间的刚体运动描述方式：旋转矩阵、变换矩阵、四元数和欧拉角。
2. 掌握 Eigen 库的矩阵、几何模块的使用方法。

在第 2 讲中，我们讲解了视觉 SLAM 的框架与内容。本讲将介绍视觉 SLAM 的基本问题之一：**如何描述刚体在三维空间中的运动**？直观上看，我们当然知道这由一次旋转加一次平移组成。平移确实没有太大问题，但旋转的处理是件麻烦事。我们将介绍旋转矩阵、四元数、欧拉角的意义，以及它们是如何运算和转换的。在实践部分，我们将介绍线性代数库 Eigen。它提供了 C++ 中的矩阵运算，并且它的 Geometry 模块还提供了四元数等描述刚体运动的结构。Eigen 的优化非常完善，但是它的使用方法有一些特殊的地方，我们留到程序中再介绍。

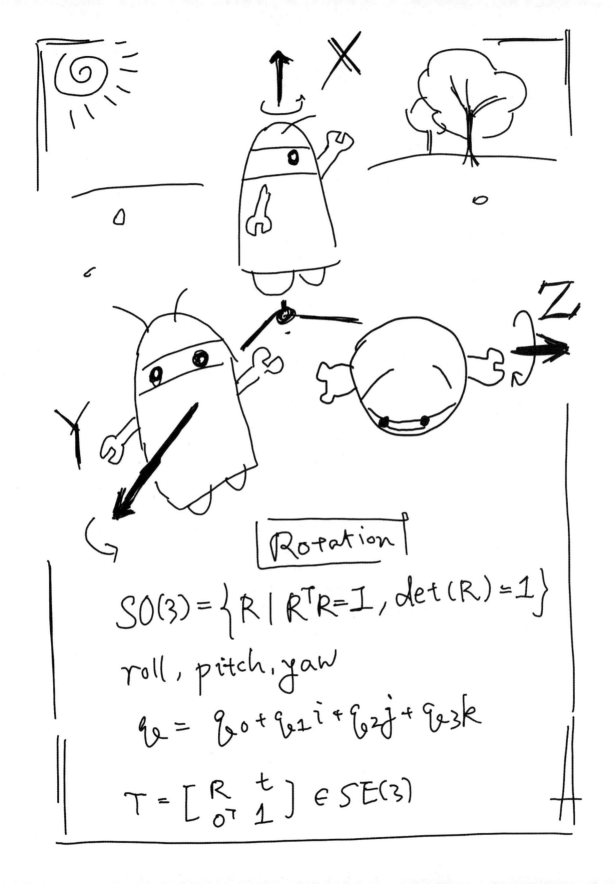

Rotation

$$SO(3) = \{R \mid R^T R = I, \det(R) = 1\}$$

roll, pitch, yaw

$$q = q_0 + q_1 i + q_2 j + q_3 k$$

$$T = \begin{bmatrix} R & t \\ 0^T & 1 \end{bmatrix} \in SE(3)$$

3.1 旋转矩阵

3.1.1 点、向量和坐标系

我们日常生活的空间是三维的，因此我们生来就习惯于三维空间的运动。三维空间由 3 个轴组成，所以一个空间点的位置可以由 3 个坐标指定。不过，我们现在要考虑的是**刚体**，它不光有位置，还有自身的姿态。相机也可以看成三维空间的刚体，于是位置是指相机在空间中的哪个地方，而姿态则是指相机的朝向。结合起来，我们可以说，"相机正处于空间 $(0,0,0)$ 点处，朝向正前方"这样的话。但是这种自然语言很烦琐，我们更喜欢用数学语言来描述它。

我们从最基本的内容讲起：**点和向量**。点就是空间中的基本元素，没有长度，没有体积。把两个点连接起来，就构成了向量。向量可以看成从某点指向另一点的一个箭头。需要提醒读者的是，请不要把向量与它的**坐标**这两个概念混淆。一个向量是空间当中的一样东西，比如 a。这里的 a 并不需要和若干个实数相关联。只有当我们指定这个三维空间中的某个**坐标系**时，才可以谈论该向量在此坐标系下的坐标，也就是找到若干个实数对应这个向量。

用线性代数的知识来说，三维空间中的某个点的坐标也可以用 $\mathbb{R}^3$ 来描述。怎么描述呢？假设在这个线性空间内，我们找到了该空间的一组**基**[①](e_1, e_2, e_3)，那么，任意向量 a 在这组基下就有一个**坐标**：

$$a = [e_1, e_2, e_3] \begin{bmatrix} a_1 \\ a_2 \\ a_3 \end{bmatrix} = a_1 e_1 + a_2 e_2 + a_3 e_3. \tag{3.1}$$

这里 $(a_1, a_2, a_3)^\mathsf{T}$ 称为 a 在此基下的坐标[②]。坐标的具体取值，一是和向量本身有关，二是和坐标系（基）的选取有关。坐标系通常由 3 个正交的坐标轴组成（尽管也可以有非正交的，但实际中很少见）。例如，当给定 x 和 y 轴时，z 轴就可以通过右手（或左手）法则由 $x \times y$ 定义出来。根据定义方式的不同，坐标系又分为左手系和右手系。左手系的第 3 个轴与右手系方向相反。大部分 3D 程序库使用右手系（如 OpenGL、3D Max 等），也有部分库使用左手系（如 Unity、Direct3D 等）。

根据基本的线性代数知识，我们可以谈论向量与向量，以及向量与数之间的运算，例如数乘、加法、减法、内积、外积等。数乘和加减法都是相当基本的内容，也符合直观想象。例如，两个向量相加的结果就是把它们各自的坐标相加，减法亦然，等等。这里不再赘述。内外积对读者来说可能有些陌生，这里给出它们的运算方式。对于 $a, b \in \mathbb{R}^3$，通常意义下[③]的内积可以写成

[①] 以防读者忘记，基就是张成这个空间的一组线性无关的向量，有些书里也叫**基底**。
[②] 本书的向量为列向量，这和一般的数学书籍类似。
[③] 内积也有形式化的法则，但本书只讨论通常定义的内积。

$$\boldsymbol{a} \cdot \boldsymbol{b} = \boldsymbol{a}^{\mathrm{T}} \boldsymbol{b} = \sum_{i=1}^{3} a_i b_i = |\boldsymbol{a}|\,|\boldsymbol{b}| \cos \langle \boldsymbol{a}, \boldsymbol{b} \rangle. \tag{3.2}$$

其中 $\langle \boldsymbol{a}, \boldsymbol{b} \rangle$ 指向量 $\boldsymbol{a}, \boldsymbol{b}$ 的夹角。内积也可以描述向量间的投影关系。而外积则是这个样子：

$$\boldsymbol{a} \times \boldsymbol{b} = \begin{Vmatrix} \boldsymbol{e}_1 & \boldsymbol{e}_2 & \boldsymbol{e}_3 \\ a_1 & a_2 & a_3 \\ b_1 & b_2 & b_3 \end{Vmatrix} = \begin{bmatrix} a_2 b_3 - a_3 b_2 \\ a_3 b_1 - a_1 b_3 \\ a_1 b_2 - a_2 b_1 \end{bmatrix} = \begin{bmatrix} 0 & -a_3 & a_2 \\ a_3 & 0 & -a_1 \\ -a_2 & a_1 & 0 \end{bmatrix} \boldsymbol{b} \stackrel{\mathrm{def}}{=} \boldsymbol{a}^{\wedge} \boldsymbol{b}. \tag{3.3}$$

外积的结果是一个向量，它的方向垂直于这两个向量，大小为 $|\boldsymbol{a}|\,|\boldsymbol{b}| \sin \langle \boldsymbol{a}, \boldsymbol{b} \rangle$，是两个向量组成的四边形的有向面积。对于外积运算，我们引入 $\wedge$ 符号，把 $\boldsymbol{a}$ 写成一个矩阵。事实上是一个**反对称矩阵**（Skew-symmetric Matrix）①，你可以将 $\wedge$ 记成一个反对称符号。这样就把外积 $\boldsymbol{a} \times \boldsymbol{b}$ 写成了矩阵与向量的乘法 $\boldsymbol{a}^{\wedge} \boldsymbol{b}$，把它变成了线性运算。这个符号将在后文经常用到，请记住它，并且此符号是一个一一映射，意味着任意向量都对应着唯一的一个反对称矩阵，反之亦然：

$$\boldsymbol{a}^{\wedge} = \begin{bmatrix} 0 & -a_3 & a_2 \\ a_3 & 0 & -a_1 \\ -a_2 & a_1 & 0 \end{bmatrix}. \tag{3.4}$$

同时，需要提醒读者的是，向量和加减法、内外积，即使在不谈论它们的坐标时也可以计算。例如，虽然内积在有坐标时，可以用两个向量的分量乘积之和表达，但是即使不知道它们的坐标，也可以通过长度和夹角来计算二者的内积。所以两个向量的内积结果和坐标系的选取是无关的。

3.1.2　坐标系间的欧氏变换

我们经常在实际场景中定义各种各样的坐标系。在机器人学中，你会给每一个连杆和关节定义它们的坐标系；在 3D 作图时，我们也会定义每一个长方体、圆柱体的坐标系。如果考虑运动的机器人，那么常见的做法是设定一个惯性坐标系（或者叫世界坐标系），可以认为它是固定不动的，例如图 3-1 中的 $x_{\mathrm{W}}, y_{\mathrm{W}}, z_{\mathrm{W}}$ 定义的坐标系。同时，相机或机器人是一个移动坐标系，例如 $x_{\mathrm{C}}, y_{\mathrm{C}}, z_{\mathrm{C}}$ 定义的坐标系。读者可能会问：相机视野中某个向量 $\boldsymbol{p}$，它在相机坐标系下的坐标为 $\boldsymbol{p}_{\mathrm{c}}$，而从世界坐标系下看，它的坐标为 $\boldsymbol{p}_{\mathrm{w}}$，那么，这两个坐标之间是如何转换的呢？这时，就需要先得到该点针对机器人坐标系的坐标值，再根据机器人位姿**变换**到世界坐标系中。我们需要一种数学手段来描述这个变换关系，稍后我们会看到，可以用一个矩阵 $\boldsymbol{T}$ 来描述它。

两个坐标系之间的运动由一个旋转加上一个平移组成，这种运动称为**刚体运动**。相机运动就

---

①反对称矩阵 $\boldsymbol{A}$ 满足 $\boldsymbol{A}^{\mathrm{T}} = -\boldsymbol{A}$。

是一个刚体运动。刚体运动过程中，同一个向量在各个坐标系下的长度和夹角都不会发生变化。想象你把手机抛到空中，在它落地摔碎之前[①]，只可能有空间位置和姿态的不同，而它自己的长度、各个面的角度等性质不会有任何变化。手机并不会像橡皮那样一会儿被挤扁，一会儿被拉长。此时，我们说手机坐标系到世界坐标之间，相差了一个**欧氏变换**（Euclidean Transform）。

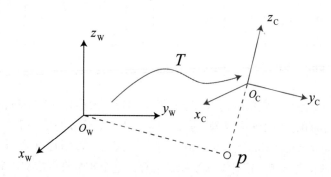

图 3-1　坐标变换。对于同一个向量 $\boldsymbol{p}$，它在世界坐标系下的坐标 $\boldsymbol{p}_{\mathrm{w}}$ 和在相机坐标系下的坐标 $\boldsymbol{p}_{\mathrm{c}}$ 是不同的。这个变换关系由变换矩阵 $\boldsymbol{T}$ 来描述

　　欧氏变换由旋转和平移组成。我们首先考虑旋转。设某个单位正交基 $(\boldsymbol{e}_1, \boldsymbol{e}_2, \boldsymbol{e}_3)$ 经过一次旋转变成了 $(\boldsymbol{e}_1', \boldsymbol{e}_2', \boldsymbol{e}_3')$。那么，对于同一个向量 $\boldsymbol{a}$（该向量并没有随着坐标系的旋转而发生运动），它在两个坐标系下的坐标为 $[a_1, a_2, a_3]^{\mathrm{T}}$ 和 $[a_1', a_2', a_3']^{\mathrm{T}}$。因为向量本身没变，所以根据坐标的定义，有

$$[\boldsymbol{e}_1, \boldsymbol{e}_2, \boldsymbol{e}_3]\begin{bmatrix} a_1 \\ a_2 \\ a_3 \end{bmatrix} = [\boldsymbol{e}_1', \boldsymbol{e}_2', \boldsymbol{e}_3']\begin{bmatrix} a_1' \\ a_2' \\ a_3' \end{bmatrix}. \tag{3.5}$$

　　为了描述两个坐标之间的关系，我们对上述等式的左右两边同时左乘 $\begin{bmatrix} \boldsymbol{e}_1^{\mathrm{T}} \\ \boldsymbol{e}_2^{\mathrm{T}} \\ \boldsymbol{e}_3^{\mathrm{T}} \end{bmatrix}$，那么左边的系

数就变成了单位矩阵，所以：

$$\begin{bmatrix} a_1 \\ a_2 \\ a_3 \end{bmatrix} = \begin{bmatrix} \boldsymbol{e}_1^{\mathrm{T}}\boldsymbol{e}_1' & \boldsymbol{e}_1^{\mathrm{T}}\boldsymbol{e}_2' & \boldsymbol{e}_1^{\mathrm{T}}\boldsymbol{e}_3' \\ \boldsymbol{e}_2^{\mathrm{T}}\boldsymbol{e}_1' & \boldsymbol{e}_2^{\mathrm{T}}\boldsymbol{e}_2' & \boldsymbol{e}_2^{\mathrm{T}}\boldsymbol{e}_3' \\ \boldsymbol{e}_3^{\mathrm{T}}\boldsymbol{e}_1' & \boldsymbol{e}_3^{\mathrm{T}}\boldsymbol{e}_2' & \boldsymbol{e}_3^{\mathrm{T}}\boldsymbol{e}_3' \end{bmatrix}\begin{bmatrix} a_1' \\ a_2' \\ a_3' \end{bmatrix} \stackrel{\text{def}}{=} \boldsymbol{R}\boldsymbol{a}'. \tag{3.6}$$

我们把中间的矩阵拿出来，定义成一个矩阵 $\boldsymbol{R}$。这个矩阵由两组基之间的内积组成，刻画了旋转

[①]请不要付诸实践。

前后同一个向量的坐标变换关系。只要旋转是一样的，这个矩阵就是一样的。可以说，矩阵 $\boldsymbol{R}$ 描述了旋转本身。因此，称为**旋转矩阵**（Rotation Matrix）。同时，该矩阵各分量是两个坐标系基的内积，由于基向量的长度为 1，所以实际上是各基向量夹角的余弦值。所以这个矩阵也叫**方向余弦矩阵**（Direction Cosine Matrix）。我们后文统一称它为旋转矩阵。

旋转矩阵有一些特别的性质。事实上，它是一个行列式为 1 的正交矩阵[①][②]。反之，行列式为 1 的正交矩阵也是一个旋转矩阵。所以，可以将 n 维旋转矩阵的集合定义如下：

$$\mathrm{SO}(n) = \{ \boldsymbol{R} \in \mathbb{R}^{n \times n} | \boldsymbol{R}\boldsymbol{R}^{\mathrm{T}} = \boldsymbol{I}, \det(\boldsymbol{R}) = 1 \}. \tag{3.7}$$

$\mathrm{SO}(n)$ 是**特殊正交群**（Special Orthogonal Group）的意思。我们把 "群" 的内容留到下一讲。这个集合由 n 维空间的旋转矩阵组成，特别地，$\mathrm{SO}(3)$ 就是指三维空间的旋转。通过旋转矩阵，我们可以直接谈论两个坐标系之间的旋转变换，而不用再从基开始谈起。

由于旋转矩阵为正交矩阵，它的逆（即转置）描述了一个相反的旋转。按照上面的定义方式，有

$$\boldsymbol{a}' = \boldsymbol{R}^{-1}\boldsymbol{a} = \boldsymbol{R}^{\mathrm{T}}\boldsymbol{a}. \tag{3.8}$$

显然，$\boldsymbol{R}^{\mathrm{T}}$ 刻画了一个相反的旋转。

在欧氏变换中，除了旋转还有平移。考虑世界坐标系中的向量 $\boldsymbol{a}$，经过一次旋转（用 $\boldsymbol{R}$ 描述）和一次平移 $\boldsymbol{t}$ 后，得到了 $\boldsymbol{a}'$，那么把旋转和平移合到一起，有

$$\boldsymbol{a}' = \boldsymbol{R}\boldsymbol{a} + \boldsymbol{t}. \tag{3.9}$$

其中，$\boldsymbol{t}$ 称为平移向量。相比于旋转，平移部分只需把平移向量加到旋转之后的坐标上，非常简单。通过上式，我们用一个旋转矩阵 $\boldsymbol{R}$ 和一个平移向量 $\boldsymbol{t}$ 完整地描述了一个欧氏空间的坐标变换关系。实际当中，我们会定义坐标系 1、坐标系 2，那么向量 $\boldsymbol{a}$ 在两个坐标系下的坐标为 $\boldsymbol{a}_1, \boldsymbol{a}_2$，它们之间的关系应该是：

$$\boldsymbol{a}_1 = \boldsymbol{R}_{12}\boldsymbol{a}_2 + \boldsymbol{t}_{12}. \tag{3.10}$$

这里的 $\boldsymbol{R}_{12}$ 是指 "把坐标系 2 的向量变换到坐标系 1" 中。由于向量乘在这个矩阵的右边，它的**下标是从右读到左**的。这也是本书的习惯写法。坐标变换很容易搞混，特别是存在多个坐标系的情况下。同理，如果我们要表达 "从 1 到 2 的旋转矩阵" 时，就写成 $\boldsymbol{R}_{21}$。请读者务必清楚本书的记法，因为不同书籍里写法不同，有的会记成左上/下标，而本书写在右侧下标。

关于平移 $\boldsymbol{t}_{12}$，它实际对应的是坐标系 1 原点指向坐标系 2 原点的向量，**在坐标系 1 下取的**

[①] 正交矩阵即逆为自身转置的矩阵。旋转矩阵的正交性可以直接由定义得出。

[②] 行列式为 1 是人为定义的，实际上只要求它的行列式为 ±1，但行列式为 −1 的称为瑕旋转，即一次旋转加一次反射。

坐标，所以笔者建议读者把它记作"从 1 到 2 的向量"。但是反过来的 t_{21}，即从 2 指向 1 的向量在坐标系 2 下的坐标，却并不等于 $-t_{12}$，而是和两个系的旋转还有关系[①]。所以，当初学者问"我的坐标在哪里"这样的问题时，我们需要清楚地说明这句话的含义。这里"我的坐标"实际上指从世界坐标系指向自己坐标系原点的向量，在世界坐标系下取到的坐标。对应到数学符号上，应该是 t_{WC} 的取值。同理，它也不是 $-t_{\mathrm{CW}}$。

3.1.3 变换矩阵与齐次坐标

式 (3.9) 完整地表达了欧氏空间的旋转与平移，不过还存在一个小问题：这里的变换关系不是一个线性关系。假设我们进行了两次变换：R_1, t_1 和 R_2, t_2：

$$b = R_1 a + t_1, \quad c = R_2 b + t_2.$$

那么，从 a 到 c 的变换为

$$c = R_2 \left(R_1 a + t_1 \right) + t_2.$$

这样的形式在变换多次之后会显得很啰嗦。因此，我们引入齐次坐标和变换矩阵，重写式 (3.9)：

$$\begin{bmatrix} a' \\ 1 \end{bmatrix} = \begin{bmatrix} R & t \\ 0^{\mathrm{T}} & 1 \end{bmatrix} \begin{bmatrix} a \\ 1 \end{bmatrix} \overset{\mathrm{def}}{=} T \begin{bmatrix} a \\ 1 \end{bmatrix}. \tag{3.11}$$

这是一个数学技巧：我们在一个三维向量的末尾添加 1，将其变成了四维向量，称为**齐次坐标**。对于这个四维向量，我们可以把旋转和平移写在一个矩阵里，使得整个关系变成线性关系。该式中，矩阵 T 称为**变换矩阵（Transform Matrix）**。

我们暂时用 $\tilde{a}$ 表示 a 的齐次坐标。那么依靠齐次坐标和变换矩阵，两次变换的叠加就可以有很好的形式：

$$\tilde{b} = T_1 \tilde{a}, \ \tilde{c} = T_2 \tilde{b} \quad \Rightarrow \tilde{c} = T_2 T_1 \tilde{a}. \tag{3.12}$$

但是区分齐次和非齐次坐标的符号令我们感到厌烦，因为此处只需要在向量末尾添加 1 或者去掉 1[②]。所以，在不引起歧义的情况下，以后我们就直接把它写成 $b = Ta$ 的样子，默认其中进行了齐次坐标的转换[③]。

关于变换矩阵 T，它具有比较特别的结构：左上角为旋转矩阵，右侧为平移向量，左下角为

[①]尽管从向量层面来看，它们确实是反向的关系，但这两个向量的坐标值并不是相反数。你能想清楚这是为什么吗？
[②]但齐次坐标的用途不止于此，我们在第 7 讲还会再介绍。
[③]注意，不进行齐次坐标转换时，这边的乘法在矩阵维度上是不成立的。

0 向量，右下角为 1。这种矩阵又称为特殊欧氏群（Special Euclidean Group）：

$$\mathrm{SE}(3) = \left\{ \boldsymbol{T} = \begin{bmatrix} \boldsymbol{R} & \boldsymbol{t} \\ \boldsymbol{0}^{\mathrm{T}} & 1 \end{bmatrix} \in \mathbb{R}^{4 \times 4} | \boldsymbol{R} \in \mathrm{SO}(3), \boldsymbol{t} \in \mathbb{R}^3 \right\}. \tag{3.13}$$

与 SO(3) 一样，求解该矩阵的逆表示一个反向的变换：

$$\boldsymbol{T}^{-1} = \begin{bmatrix} \boldsymbol{R}^{\mathrm{T}} & -\boldsymbol{R}^{\mathrm{T}} \boldsymbol{t} \\ \boldsymbol{0}^{\mathrm{T}} & 1 \end{bmatrix}. \tag{3.14}$$

同样，我们用 $\boldsymbol{T}_{12}$ 这样的写法来表示从 2 到 1 的变换。并且，为了保持符号的简洁，在不引起歧义的情况下，以后不刻意区别齐次坐标与普通坐标的符号，**默认使用的是符合运算法则的那一种**。例如，当我们写 $\boldsymbol{T}\boldsymbol{a}$ 时，使用的是齐次坐标（不然没法计算）。而写 $\boldsymbol{R}\boldsymbol{a}$ 时，使用的是非齐次坐标。如果写在一个等式中，就假设齐次坐标到普通坐标的转换是已经做好了的——因为齐次坐标和非齐次坐标之间的转换事实上非常容易，而在 C++ 程序中你可以使用**运算符重载**来完成这个功能，保证在程序中看到的运算是统一的。

回顾：首先，我们介绍了向量及其坐标表示，并介绍了向量间的运算；然后，坐标系之间的运动由欧氏变换描述，它由平移和旋转组成。旋转可以由旋转矩阵 SO(3) 描述，而平移直接由一个 $\mathbb{R}^3$ 向量描述。最后，如果将平移和旋转放在一个矩阵中，就形成了变换矩阵 SE(3)。

3.2　实践：Eigen

本讲的实践部分有两节。本节将讲解如何使用 Eigen 表示矩阵和向量，随后，引申至旋转矩阵与变换矩阵的计算。本节的代码在 slambook2/ch3/useEigen 中。

Eigen[①]是一个 C++ 开源线性代数库。它提供了快速的有关矩阵的线性代数运算，还包括解方程等功能。许多上层的软件库也使用 Eigen 进行矩阵运算，包括 g2o、Sophus 等。呼应本讲的理论部分，我们来学习 Eigen 的编程。

你的电脑上可能还没有安装 Eigen。请输入以下命令进行安装：

🔧 终端输入：

```
sudo apt-get install libeigen3-dev
```

大部分常用的库都已在 Ubuntu 软件源中提供。若想安装某个库，不妨先搜索 Ubuntu 的软件源中是否已提供。通过 apt 命令，我们能够方便地安装 Eigen。回顾第 2 讲的知识，我们知道一

---

①官方主页：`http://eigen.tuxfamily.org/index.php?title=Main_Page`。

个库由头文件和库文件组成。Eigen 头文件的默认位置在 "/usr/include/eigen3/" 中。如果不确定，则可以输入以下命令查找：

📝 终端输入：

```
1  sudo updatedb
2  locate eigen3
```

与其他库相比，Eigen 的特殊之处在于，它是一个纯用头文件搭建起来的库（这非常神奇！）。这意味着你只能找到它的头文件，而没有类似 .so 或 .a 的二进制文件。在使用时，只需引入 Eigen 的头文件即可，不需要链接库文件（因为它没有库文件）。下面写一段代码来实际练习 Eigen 的使用：

📝 **slambook2/ch3/useEigen/eigenMatrix.cpp**

```cpp
1  #include <iostream>
2  using namespace std;
3
4  #include <ctime>
5  // Eigen核心部分
6  #include <Eigen/Core>
7  // 稠密矩阵的代数运算（逆、特征值等）
8  #include <Eigen/Dense>
9  using namespace Eigen;
10
11 #define MATRIX_SIZE 50
12
13 /****************************
14 * 本程序演示了Eigen基本类型的使用
15 ****************************/
16
17 int main(int argc, char **argv) {
18     // Eigen中所有向量和矩阵都是Eigen::Matrix，它是一个模板类。它的前三个参数为数据类型、行、
        列
19     // 声明一个2*3的float矩阵
20     Matrix<float, 2, 3> matrix_23;
21
22     // 同时，Eigen通过typedef提供了许多内置类型，不过底层仍是Eigen::Matrix
23     // 例如，Vector3d实质上是Eigen::Matrix<double, 3, 1>，即三维向量
24     Vector3d v_3d;
25     // 这是一样的
26     Matrix<float, 3, 1> vd_3d;
27
28     // Matrix3d实质上是Eigen::Matrix<double, 3, 3>
```

```
29    Matrix3d matrix_33 = Matrix3d::Zero(); //初始化为零
30    // 如果不确定矩阵大小，可以使用动态大小的矩阵
31    Matrix<double, Dynamic, Dynamic> matrix_dynamic;
32    // 更简单的
33    MatrixXd matrix_x;
34    // 这种类型还有很多，我们不一一列举
35
36    // 下面是对Eigen阵的操作
37    // 输入数据（初始化）
38    matrix_23 << 1, 2, 3, 4, 5, 6;
39    // 输出
40    cout << "matrix 2x3 from 1 to 6: \n" << matrix_23 << endl;
41
42    // 用()访问矩阵中的元素
43    cout << "print matrix 2x3: " << endl;
44    for (int i = 0; i < 2; i++) {
45        for (int j = 0; j < 3; j++) cout << matrix_23(i, j) << "\t";
46        cout << endl;
47    }
48
49    // 矩阵和向量相乘（实际上仍是矩阵和矩阵）
50    v_3d << 3, 2, 1;
51    vd_3d << 4, 5, 6;
52
53    // 但是在Eigen里你不能混合两种不同类型的矩阵，像这样是错的
54    // Matrix<double, 2, 1> result_wrong_type = matrix_23 * v_3d;
55    // 应该显式转换
56    Matrix<double, 2, 1> result = matrix_23.cast<double>() * v_3d;
57    cout << "[1,2,3;4,5,6]*[3,2,1]=" << result.transpose() << endl;
58
59    Matrix<float, 2, 1> result2 = matrix_23 * vd_3d;
60    cout << "[1,2,3;4,5,6]*[4,5,6]: " << result2.transpose() << endl;
61
62    // 同样，你不能搞错矩阵的维度
63    // 试着取消下面的注释，看看Eigen会报什么错
64    // Eigen::Matrix<double, 2, 3> result_wrong_dimension = matrix_23.cast<double>() * v_3d;
65
66    // 一些矩阵运算
67    // 四则运算就不演示了，直接用+-*/即可
68    matrix_33 = Matrix3d::Random();      // 随机数矩阵
69    cout << "random matrix: \n" << matrix_33 << endl;
70    cout << "transpose: \n" << matrix_33.transpose() << endl; // 转置
71    cout << "sum: " << matrix_33.sum() << endl;                // 各元素和
```

```cpp
72      cout << "trace: " << matrix_33.trace() << endl;              // 迹
73      cout << "times 10: \n" << 10 * matrix_33 << endl;            // 数乘
74      cout << "inverse: \n" << matrix_33.inverse() << endl;        // 逆
75      cout << "det: " << matrix_33.determinant() << endl;          // 行列式
76
77      // 特征值
78      // 实对称矩阵可以保证对角化成功
79      SelfAdjointEigenSolver<Matrix3d> eigen_solver(matrix_33.transpose() * matrix_33);
80      cout << "Eigen values = \n" << eigen_solver.eigenvalues() << endl;
81      cout << "Eigen vectors = \n" << eigen_solver.eigenvectors() << endl;
82
83      // 解方程
84      // 我们求解 matrix_NN * x = v_Nd 方程
85      // N的大小在前边的宏里定义，它由随机数生成
86      // 直接求逆自然是最直接的，但是运算量大
87
88      Matrix<double, MATRIX_SIZE, MATRIX_SIZE> matrix_NN
89          = MatrixXd::Random(MATRIX_SIZE, MATRIX_SIZE);
90      matrix_NN = matrix_NN * matrix_NN.transpose();  // 保证半正定
91      Matrix<double, MATRIX_SIZE, 1> v_Nd = MatrixXd::Random(MATRIX_SIZE, 1);
92
93      clock_t time_stt = clock(); // 计时
94      // 直接求逆
95      Matrix<double, MATRIX_SIZE, 1> x = matrix_NN.inverse() * v_Nd;
96      cout << "time of normal inverse is "
97          << 1000 * (clock() - time_stt) / (double) CLOCKS_PER_SEC << "ms" << endl;
98      cout << "x = " << x.transpose() << endl;
99
100     // 通常用矩阵分解来求解，例如QR分解，速度会快很多
101     time_stt = clock();
102     x = matrix_NN.colPivHouseholderQr().solve(v_Nd);
103     cout << "time of Qr decomposition is "
104         << 1000 * (clock() - time_stt) / (double) CLOCKS_PER_SEC << "ms" << endl;
105     cout << "x = " << x.transpose() << endl;
106
107     // 对于正定矩阵，还可以用cholesky分解来解方程
108     time_stt = clock();
109     x = matrix_NN.ldlt().solve(v_Nd);
110     cout << "time of ldlt decomposition is "
111         << 1000 * (clock() - time_stt) / (double) CLOCKS_PER_SEC << "ms" << endl;
112     cout << "x = " << x.transpose() << endl;
113
114     return 0;
```

```
115  }
```

这个例程演示了 Eigen 矩阵的基本操作与运算。要编译它，需要在 CMakeLists.txt 里指定 Eigen 的头文件目录：

📖 **slambook2/ch3/useEigen/CMakeLists.txt**

```
1  # 添加头文件
2  include_directories( "/usr/include/eigen3" )
```

重复一遍，因为 Eigen 库只有头文件，所以不需要再用 target_link_libraries 语句将程序链接到库上。不过，对于其他大部分库，大多数情况需要用到链接命令。这里的做法并不见得是最好的，因为其他人可能把 Eigen 安装在了不同位置，那么就必须手动修改头文件目录。在之后的工作中，我们会使用 find_package 命令搜索库，不过在本讲中暂时保持现在的样子。编译好程序后，运行它，可以看到各矩阵的输出结果。

📖 终端输入：

```
1   % build/eigenMatrix
2   matrix 2x3 from 1 to 6:
3   1 2 3
4   4 5 6
5   print matrix 2x3:
6   1   2   3
7   4   5   6
8   [1,2,3;4,5,6]*[3,2,1]=10 28
9   [1,2,3;4,5,6]*[4,5,6]: 32 77
10  random matrix:
11  0.680375   0.59688 -0.329554
12  -0.211234  0.823295  0.536459
13  0.566198 -0.604897 -0.444451
14  transpose:
15  0.680375 -0.211234   0.566198
16  0.59688   0.823295 -0.604897
17  -0.329554  0.536459 -0.444451
18  sum: 1.61307
19  trace: 1.05922
20  times 10:
21  6.80375    5.9688 -3.29554
22  -2.11234   8.23295  5.36459
23  5.66198 -6.04897 -4.44451
24  inverse:
25  -0.198521   2.22739    2.8357
26  1.00605 -0.555135  -1.41603
```

```
27    -1.62213    3.59308    3.28973
28    det: 0.208598
29    ……
```

　　由于在代码中给出了详细的注释，在此就不一一解释每行语句了。在本书中，我们将仅给出几处重要地方的说明（后面的实践部分也保持这个风格）。

1. 读者最好亲手输入一遍上面的代码（不包括注释）。至少要编译运行一遍程序。

2. Kdevelop 可能不会提示 C++ 成员运算。请照着上面的内容输入即可，不必理会它是否提示错误。Clion 则会完整地给出提示。

3. Eigen 提供的矩阵和 MATLAB 很相似，几乎所有的数据都当作矩阵来处理。但是，为了达到更高的效率，在 Eigen 中需要指定矩阵的大小和类型。对于在编译时期就知道大小的矩阵，处理起来会比动态变化大小的矩阵更快。因此，对于旋转矩阵、变换矩阵，完全可在编译时确定它们的大小和数据类型。

4. Eigen 内部的矩阵实现比较复杂，这里不做介绍，我们希望你像使用 float、double 等内置数据类型那样使用 Eigen 的矩阵。这应该是符合其设计初衷的。

5. Eigen 矩阵不支持自动类型提升，这和 C++ 的内建数据类型有较大差异。在 C++ 程序中，我们可以把一个 float 数据和 double 数据相加、相乘，**编译器会自动把数据类型转换为最合适的那种**。而在 Eigen 中，出于性能的考虑，必须**显式地**对矩阵类型进行转换。而如果忘了这样做，则 Eigen 会（不太友好地）提示你一个 "YOU MIXED DIFFERENT NUMERIC TYPES …" 的编译错误。你可以尝试找到这条信息出现在错误提示的哪个部分。如果错误信息太长最好保存到一个文件里再找。

6. 同理，在计算过程中也需要保证矩阵维数的正确性，否则会出现 "YOU MIXED MATRICES OF DIFFERENT SIZES" 错误。请不要抱怨这种错误提示方式，对于 C++ 模板元编程，能够提示出可以阅读的信息已经是很幸运的了。以后，若发现 Eigen 出错，你可以直接寻找大写的部分，推测出了什么问题。

7. 我们的例程只介绍了基本的矩阵运算。你可以阅读 Eigen 官网教程：http://eigen.tuxfamily.org/dox-devel/modules.html 学习更多的 Eigen 知识。本节只演示了最简单的部分，能看懂演示程序不等于你已经能够熟练操作 Eigen。

　　最后一段代码中比较了求逆与求 QR 分解的运行效率，你可以在自己的计算机上比较它们的运行时间，两种方法是否有明显的差异？

3.3　旋转向量和欧拉角

3.3.1　旋转向量

我们重新回到理论部分。有了旋转矩阵来描述旋转，有了变换矩阵描述一个 6 自由度的三维刚体运动，是不是已经足够了呢？矩阵表示方式至少有以下两个缺点：

1. SO(3) 的旋转矩阵有 9 个量，但一次旋转只有 3 个自由度。因此这种表达方式是冗余的。同理，变换矩阵用 16 个量表达了 6 自由度的变换。那么，是否有更紧凑的表示呢？
2. 旋转矩阵自身带有约束：它必须是个正交矩阵，且行列式为 1。变换矩阵也是如此。当想估计或优化一个旋转矩阵或变换矩阵时，这些约束会使得求解变得更困难。

因此，我们希望有一种方式能够紧凑地描述旋转和平移。例如，用一个三维向量表达旋转，用一个六维向量表达变换，可行吗？事实上，任意旋转都可以用**一个旋转轴和一个旋转角**来刻画。于是，我们可以使用一个向量，其方向与旋转轴一致，而长度等于旋转角。这种向量称为**旋转向量**（或轴角/角轴，Axis-Angle），只需一个三维向量即可描述旋转。同样，对于变换矩阵，我们使用一个旋转向量和一个平移向量即可表达一次变换。这时的变量维数正好是六维。

考虑某个用 $\boldsymbol{R}$ 表示的旋转。如果用旋转向量来描述，假设旋转轴为一个单位长度的向量 $\boldsymbol{n}$，角度为 θ，那么向量 $\theta\boldsymbol{n}$ 也可以描述这个旋转。于是，我们要问，两种表达方式之间有什么联系吗？事实上推导它们的转换关系并不难。从旋转向量到旋转矩阵的转换过程由**罗德里格斯公式**（Rodrigues's Formula）表明，由于推导过程比较复杂，这里不做描述，只给出转换的结果[①]：

$$\boldsymbol{R} = \cos\theta \boldsymbol{I} + (1 - \cos\theta)\, \boldsymbol{n}\boldsymbol{n}^{\mathrm{T}} + \sin\theta \boldsymbol{n}^{\wedge}. \tag{3.15}$$

符号 ∧ 是向量到反对称矩阵的转换符，见式 (3.3)。反之，我们也可以计算从一个旋转矩阵到旋转向量的转换。对于转角 θ，取两边的**迹**[②]，有

$$\begin{aligned}
\operatorname{tr}(\boldsymbol{R}) &= \cos\theta\operatorname{tr}(\boldsymbol{I}) + (1 - \cos\theta)\operatorname{tr}\left(\boldsymbol{n}\boldsymbol{n}^{\mathrm{T}}\right) + \sin\theta\operatorname{tr}(\boldsymbol{n}^{\wedge}) \\
&= 3\cos\theta + (1 - \cos\theta) \\
&= 1 + 2\cos\theta
\end{aligned} \tag{3.16}$$

因此：

$$\theta = \arccos\frac{\operatorname{tr}(\boldsymbol{R}) - 1}{2}. \tag{3.17}$$

[①]感兴趣的读者请参见https://en.wikipedia.org/wiki/Rodrigues%27_rotation_formula，事实上第 4 讲会从李代数层面给出一个证明。

[②]求迹（trace）即是求矩阵的对角线元素之和。

关于转轴 n，旋转轴上的向量在旋转后不发生改变，说明：

$$Rn = n. \tag{3.18}$$

因此，转轴 n 是矩阵 R 特征值 1 对应的特征向量。求解此方程，再归一化，就得到了旋转轴。读者也可以从"旋转轴经过旋转之后不变"的几何角度看待这个方程。顺便提一下，这里的两个转换公式在第 4 讲仍将出现，你会发现它们正是 SO(3) 上李群与李代数的对应关系。

3.3.2　欧拉角

下面来介绍欧拉角。

无论是旋转矩阵还是旋转向量，它们虽然能描述旋转，但对人类来说是非常不直观的。当我们看到一个旋转矩阵或旋转向量时，很难想象出这个旋转究竟是什么样的。当它们变换时，我们也不知道物体是在向哪个方向转动。而欧拉角则提供了一种非常直观的方式来描述旋转——它使用了 **3 个分离的转角**，把一个旋转分解成 3 次绕不同轴的旋转。而人类很容易理解绕单个轴旋转的过程。但是，由于分解方式有许多种，所以欧拉角也存在着众多不同的、易于混淆的定义方法。例如，先绕 X 轴，再绕 Y 轴，最后绕 Z 轴旋转，就得到了一个 XYZ 轴的旋转。同理，可以定义 ZYZ、ZYX 等旋转方式。如果讨论得更细一些，则还需要区分每次是绕**固定轴**旋转的，还是**绕旋转之后的轴**旋转的，这也会给出不一样的定义方式。

这种定义方式上的不确定性带来了很多实际当中的困难，所幸在特定领域内，欧拉角通常有统一的定义方式。你或许在航空、航模中听说过"俯仰角""偏航角"这些词。欧拉角当中比较常用的一种，便是用"偏航 - 俯仰 - 滚转"（yaw-pitch-roll）3 个角度来描述一个旋转。它等价于 ZYX 轴的旋转，因此就以 ZYX 为例。假设一个刚体的前方（朝向我们的方向）为 X 轴，右侧为 Y 轴，上方为 Z 轴，如图 3-2 所示。那么，ZYX 转角相当于把任意旋转分解成以下 3 个轴上的转角：

1. 绕物体的 Z 轴旋转，得到偏航角 yaw。
2. 绕**旋转之后的** Y 轴旋转，得到俯仰角 pitch。
3. 绕**旋转之后的** X 轴旋转，得到滚转角 roll。

此时，可以使用 $[r, p, y]^\mathrm{T}$ 这样一个三维的向量描述任意旋转。这个向量十分直观，我们可以从这个向量想象出旋转的过程。其他的欧拉角也是通过这种方式，把旋转分解到 3 个轴上，得到一个三维的向量，只不过选用的轴及顺序不一样。这里介绍的 rpy 角是比较常用的一种，只有很少的欧拉角种类会有 rpy 这样脍炙人口的名字。不同的欧拉角是按照旋转轴的顺序来称呼的。例如，rpy 角的旋转顺序是 ZYX。同样，也有 XYZ、ZYZ 这样的欧拉角——但是它们就没有专门的名字了。值得一提的是，大部分领域在使用欧拉角时都有各自的坐标方向和顺序上的习惯，不一定和我们这里说的相同。

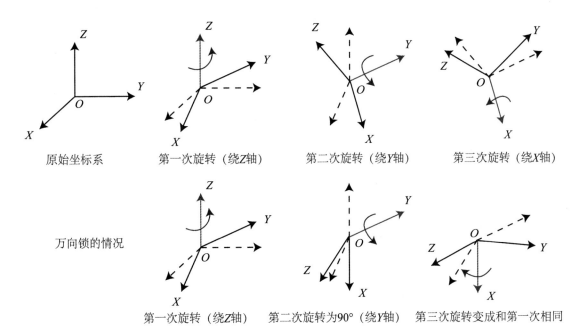

图 3-2　欧拉角的旋转示意图。上方为 *ZYX* 转角定义。下方为 pitch = 90° 时，第三次旋转与第一次滚转角相同，使得系统丢失了一个自由度。如果你还没有理解万向锁，则可以看看相关视频，理解起来会更方便

　　欧拉角的一个重大缺点是会碰到著名的**万向锁问题**（Gimbal Lock[1]）：在俯仰角为 ±90° 时，第一次旋转与第三次旋转将使用同一个轴，使得系统丢失了一个自由度（由 3 次旋转变成了 2 次旋转）。这被称为奇异性问题，在其他形式的欧拉角中也同样存在。理论上可以证明，只要想用 3 个实数来表达三维旋转，都会不可避免地碰到奇异性问题[2]。由于这种原理，欧拉角不适用于插值和迭代，往往只用于人机交互中。我们也很少在 SLAM 程序中直接使用欧拉角表达姿态，同样不会在滤波或优化中使用欧拉角表达旋转（因为它具有奇异性）。不过，若你想验证自己的算法是否有错，转换成欧拉角能够帮你快速分辨结果是否正确。在某些主体主要为 2D 运动的场合（例如扫地机、自动驾驶车辆），我们也可以把旋转分解成三个欧拉角，然后把其中一个（例如偏航角）拿出来作为定位信息输出。

---

[1] https://en.wikipedia.org/wiki/Gimbal_lock。
[2] 旋转向量也有奇异性，发生在转角 θ 超过 2π 而产生周期性时。

3.4 四元数

3.4.1 四元数的定义

旋转矩阵用 9 个量描述 3 自由度的旋转，具有冗余性；欧拉角和旋转向量是紧凑的，但具有奇异性。事实上，我们**找不到不带奇异性的三维向量描述方式**[19]。这有点类似于用两个坐标表示地球表面（如经度和纬度），将必定存在奇异性（纬度为 ±90° 时经度无意义）。

回忆以前学习过的复数。我们用复数集 $\mathbb{C}$ 表示复平面上的向量，而复数的乘法则表示复平面上的旋转：例如，乘上复数 i 相当于逆时针把一个复向量旋转 90°。类似地，在表达三维空间旋转时，也有一种类似于复数的代数：**四元数**（Quaternion）。四元数是 Hamilton 找到的一种扩展的复数。它**既是紧凑的，也没有奇异性**。如果说缺点，四元数不够直观，其运算稍复杂些。

把四元数与复数类比可以帮助你更快地理解四元数。例如，当我们想要将复平面的向量旋转 θ 角时，可以给这个复向量乘以 $\mathrm{e}^{\mathrm{i}\theta}$。这是极坐标表示的复数，它也可以写成普通的形式，只要使用欧拉公式即可：

$$\mathrm{e}^{\mathrm{i}\theta} = \cos\theta + \mathrm{i}\sin\theta. \tag{3.19}$$

这正是一个单位长度的复数。所以，在二维情况下，旋转可以由**单位复数**来描述。类似地，我们会看到，三维旋转可以由**单位四元数**来描述。

一个四元数 $\boldsymbol{q}$ 拥有一个实部和三个虚部。本书把实部写在前面（也有地方把实部写在后面），像下面这样：

$$\boldsymbol{q} = q_0 + q_1\mathrm{i} + q_2\mathrm{j} + q_3\mathrm{k}, \tag{3.20}$$

其中，i, j, k 为四元数的三个虚部。这三个虚部满足以下关系式：

$$\begin{cases} \mathrm{i}^2 = \mathrm{j}^2 = \mathrm{k}^2 = -1 \\ \mathrm{ij} = \mathrm{k}, \mathrm{ji} = -\mathrm{k} \\ \mathrm{jk} = \mathrm{i}, \mathrm{kj} = -\mathrm{i} \\ \mathrm{ki} = \mathrm{j}, \mathrm{ik} = -\mathrm{j} \end{cases} \tag{3.21}$$

如果把 i, j, k 看成三个坐标轴，那么它们与自己的乘法和复数一样，相互之间的乘法和外积一样。有时，人们也用一个标量和一个向量来表达四元数：

$$\boldsymbol{q} = [s, \boldsymbol{v}]^{\mathrm{T}}, \quad s = q_0 \in \mathbb{R}, \quad \boldsymbol{v} = [q_1, q_2, q_3]^{\mathrm{T}} \in \mathbb{R}^3.$$

这里，s 称为四元数的实部，而 $\boldsymbol{v}$ 称为它的虚部。如果一个四元数的虚部为 $\boldsymbol{0}$，则称为**实四元数**；反之，若它的实部为 0，则称为**虚四元数**。

可以用**单位四元数**表示三维空间中任意一个旋转，不过这种表达方式和复数有着微妙的不同。在复数中，乘以 i 意味着旋转 90°。这是否意味着四元数中，乘 i 就是绕 i 轴旋转 90°？那么，ij = k 是否意味着，先绕 i 轴转 90°，再绕 j 轴转 90°，就等于绕 k 轴转 90°？读者可以找一部手机比划一下——然后你会发现情况并不是这样的。正确的情形应该是，乘以 i 对应着旋转 180°，这样才能保证 ij = k 的性质。而 $i^2 = -1$，意味着绕 i 轴旋转 360° 后得到一个相反的东西。这个东西要旋转两周才会和它原先的样子相等。

这似乎有些玄妙了，完整的解释需要引入太多额外的东西，我们还是冷静一下回到眼前。至少，我们知道单位四元数能够表达三维空间的旋转。那么四元数本身有些什么性质，它们互相之间又可以做哪些运算呢？下面我们先考察四元数之间的运算法则。

3.4.2　四元数的运算

四元数和通常的复数一样，可以进行一系列的运算。常见的有四则运算、共轭、求逆、数乘等。下面分别介绍。

现有两个四元数 $\boldsymbol{q}_a, \boldsymbol{q}_b$，它们的向量表示为 $[s_a, \boldsymbol{v}_a]^{\mathrm{T}}$, $[s_b, \boldsymbol{v}_b]^{\mathrm{T}}$，或者原始四元数表示为

$$\boldsymbol{q}_a = s_a + x_a\mathrm{i} + y_a\mathrm{j} + z_a\mathrm{k}, \quad \mathrm{q}_b = \mathrm{s}_b + \mathrm{x}_b\mathrm{i} + \mathrm{y}_b\mathrm{j} + \mathrm{z}_b\mathrm{k}.$$

那么，其运算可表示如下。

1. 加法和减法

四元数 $\boldsymbol{q}_a, \boldsymbol{q}_b$ 的加减运算为

$$\boldsymbol{q}_a \pm \boldsymbol{q}_b = [s_a \pm s_b, \boldsymbol{v}_a \pm \boldsymbol{v}_b]^{\mathrm{T}}. \tag{3.22}$$

2. 乘法

乘法是把 $\boldsymbol{q}_a$ 的每一项与 $\boldsymbol{q}_b$ 的每项相乘，最后相加，虚部要按照式 (3.21) 进行。整理可得

$$\begin{aligned}
\boldsymbol{q}_a\boldsymbol{q}_b = {} & s_as_b - x_ax_b - y_ay_b - z_az_b \\
& + (s_ax_b + x_as_b + y_az_b - z_ay_b)\,\mathrm{i} \\
& + (s_ay_b - x_az_b + y_as_b + z_ax_b)\,\mathrm{j} \\
& + (s_az_b + x_ay_b - y_ax_b + z_as_b)\,\mathrm{k}.
\end{aligned} \tag{3.23}$$

虽然稍为复杂，但形式上是整齐有序的。如果写成向量形式并利用内外积运算，该表达会更加简洁：

$$\boldsymbol{q}_a\boldsymbol{q}_b = \left[s_as_b - \boldsymbol{v}_a^{\mathrm{T}}\boldsymbol{v}_b, s_a\boldsymbol{v}_b + s_b\boldsymbol{v}_a + \boldsymbol{v}_a \times \boldsymbol{v}_b\right]^{\mathrm{T}}. \tag{3.24}$$

在该乘法定义下，两个实四元数乘积仍是实的，这与复数是一致的。然而，我们注意到，由于最后一项外积的存在，四元数乘法通常是不可交换的，除非 v_a 和 v_b 在 $\mathbb{R}^3$ 中共线，此时外积项为零。

3. 模长

四元数的模长定义为

$$\|\boldsymbol{q}_a\| = \sqrt{s_a^2 + x_a^2 + y_a^2 + z_a^2}. \tag{3.25}$$

可以验证，两个四元数乘积的模即模的乘积。这使得单位四元数相乘后仍是单位四元数。

$$\|\boldsymbol{q}_a\boldsymbol{q}_b\| = \|\boldsymbol{q}_a\|\|\boldsymbol{q}_b\|. \tag{3.26}$$

4. 共轭

四元数的共轭是把虚部取成相反数：

$$\boldsymbol{q}_a^* = s_a - x_a\mathrm{i} - y_a\mathrm{j} - z_a\mathrm{k} = [s_a, -v_a]^\mathrm{T}. \tag{3.27}$$

四元数共轭与其本身相乘，会得到一个实四元数，其实部为模长的平方：

$$\boldsymbol{q}^*\boldsymbol{q} = \boldsymbol{q}\boldsymbol{q}^* = [s_a^2 + \boldsymbol{v}^\mathrm{T}\boldsymbol{v}, \boldsymbol{0}]^\mathrm{T}. \tag{3.28}$$

5. 逆

一个四元数的逆为

$$\boldsymbol{q}^{-1} = \boldsymbol{q}^*/\|\boldsymbol{q}\|^2. \tag{3.29}$$

按此定义，四元数和自己的逆的乘积为实四元数 $\boldsymbol{1}$：

$$\boldsymbol{q}\boldsymbol{q}^{-1} = \boldsymbol{q}^{-1}\boldsymbol{q} = \boldsymbol{1}. \tag{3.30}$$

如果 $\boldsymbol{q}$ 为单位四元数，其逆和共轭就是同一个量。同时，乘积的逆具有和矩阵相似的性质：

$$(\boldsymbol{q}_a\boldsymbol{q}_b)^{-1} = \boldsymbol{q}_b^{-1}\boldsymbol{q}_a^{-1}. \tag{3.31}$$

6. 数乘

和向量相似，四元数可以与数相乘：

$$k\boldsymbol{q} = [ks, k\boldsymbol{v}]^\mathrm{T}. \tag{3.32}$$

3.4.3　用四元数表示旋转

我们可以用四元数表达对一个点的旋转。假设有一个空间三维点 $\boldsymbol{p} = [x, y, z] \in \mathbb{R}^3$，以及一个由单位四元数 $\boldsymbol{q}$ 指定的旋转。三维点 $\boldsymbol{p}$ 经过旋转之后变为 $\boldsymbol{p}'$。如果使用矩阵描述，那么有 $\boldsymbol{p}' = \boldsymbol{Rp}$。而如果用四元数描述旋转，它们的关系又如何表达呢？

首先，把三维空间点用一个虚四元数来描述：

$$\boldsymbol{p} = [0, x, y, z]^{\mathrm{T}} = [0, \boldsymbol{v}]^{\mathrm{T}}.$$

相当于把四元数的 3 个虚部与空间中的 3 个轴相对应。那么，旋转后的点 $\boldsymbol{p}'$ 可表示为这样的乘积：

$$\boldsymbol{p}' = \boldsymbol{qpq}^{-1}. \tag{3.33}$$

这里的乘法均为四元数乘法，结果也是四元数。最后把 $\boldsymbol{p}'$ 的虚部取出，即得旋转之后点的坐标。并且，可以验证（留作习题），计算结果的实部为 0，故为纯虚四元数。

3.4.4　四元数到其他旋转表示的转换

任意单位四元数描述了一个旋转，该旋转也可用旋转矩阵或旋转向量描述。现在来考察四元数与旋转向量、旋转矩阵之间的转换关系。在此之前，我们要说，四元数乘法也可以写成一种矩阵的乘法。设 $\boldsymbol{q} = [s, \boldsymbol{v}]^{\mathrm{T}}$，那么，定义如下的符号 $^{+}$ 和 $^{\oplus}$ 为[20]

$$\boldsymbol{q}^{+} = \begin{bmatrix} s & -\boldsymbol{v}^{\mathrm{T}} \\ \boldsymbol{v} & s\boldsymbol{I} + \boldsymbol{v}^{\wedge} \end{bmatrix}, \quad \boldsymbol{q}^{\oplus} = \begin{bmatrix} s & -\boldsymbol{v}^{\mathrm{T}} \\ \boldsymbol{v} & s\boldsymbol{I} - \boldsymbol{v}^{\wedge} \end{bmatrix}. \tag{3.34}$$

这两个符号将四元数映射成为一个 4×4 的矩阵。于是四元数乘法可以写成矩阵的形式：

$$\boldsymbol{q}_1^{+} \boldsymbol{q}_2 = \begin{bmatrix} s_1 & -\boldsymbol{v}_1^{\mathrm{T}} \\ \boldsymbol{v}_1 & s_1\boldsymbol{I} + \boldsymbol{v}_1^{\wedge} \end{bmatrix} \begin{bmatrix} s_2 \\ \boldsymbol{v}_2 \end{bmatrix} = \begin{bmatrix} -\boldsymbol{v}_1^{\mathrm{T}} \boldsymbol{v}_2 + s_1 s_2 \\ s_1 \boldsymbol{v}_2 + s_2 \boldsymbol{v}_1 + \boldsymbol{v}_1^{\wedge} \boldsymbol{v}_2 \end{bmatrix} = \boldsymbol{q}_1 \boldsymbol{q}_2. \tag{3.35}$$

同理亦可证：

$$\boldsymbol{q}_1 \boldsymbol{q}_2 = \boldsymbol{q}_1^{+} \boldsymbol{q}_2 = \boldsymbol{q}_2^{\oplus} \boldsymbol{q}_1. \tag{3.36}$$

然后，考虑使用四元数对空间点进行旋转的问题。根据前面的说法，有

$$\begin{aligned} \boldsymbol{p}' = \boldsymbol{qpq}^{-1} &= \boldsymbol{q}^{+} \boldsymbol{p}^{+} \boldsymbol{q}^{-1} \\ &= \boldsymbol{q}^{+} \boldsymbol{q}^{-1\oplus} \boldsymbol{p}. \end{aligned} \tag{3.37}$$

代入两个符号对应的矩阵，得

$$\boldsymbol{q}^+(\boldsymbol{q}^{-1})^{\oplus} = \begin{bmatrix} s & -\boldsymbol{v}^{\mathrm{T}} \\ \boldsymbol{v} & s\boldsymbol{I} + \boldsymbol{v}^{\wedge} \end{bmatrix} \begin{bmatrix} s & \boldsymbol{v}^{\mathrm{T}} \\ -\boldsymbol{v} & s\boldsymbol{I} + \boldsymbol{v}^{\wedge} \end{bmatrix} = \begin{bmatrix} 1 & \boldsymbol{0} \\ \boldsymbol{0}^{\mathrm{T}} & \boldsymbol{v}\boldsymbol{v}^{\mathrm{T}} + s^2\boldsymbol{I} + 2s\boldsymbol{v}^{\wedge} + (\boldsymbol{v}^{\wedge})^2 \end{bmatrix}. \tag{3.38}$$

因为 $\boldsymbol{p}'$ 和 $\boldsymbol{p}$ 都是虚四元数，所以事实上该矩阵的右下角即给出了**从四元数到旋转矩阵**的变换关系：

$$\boldsymbol{R} = \boldsymbol{v}\boldsymbol{v}^{\mathrm{T}} + s^2\boldsymbol{I} + 2s\boldsymbol{v}^{\wedge} + (\boldsymbol{v}^{\wedge})^2. \tag{3.39}$$

为了得到四元数到旋转向量的转换公式，对上式两侧求迹，得

$$\begin{aligned} \mathrm{tr}(\boldsymbol{R}) &= \mathrm{tr}(\boldsymbol{v}\boldsymbol{v}^{\mathrm{T}} + 3s^2 + 2s \cdot 0 + \mathrm{tr}((\boldsymbol{v}^{\wedge})^2) \\ &= v_1^2 + v_2^2 + v_3^2 + 3s^2 - 2(v_1^2 + v_2^2 + v_3^2) \\ &= (1 - s^2) + 3s^2 - 2(1 - s^2) \\ &= 4s^2 - 1. \end{aligned} \tag{3.40}$$

又由式 (3.17) 得

$$\begin{aligned} \theta &= \arccos(\frac{\mathrm{tr}(\boldsymbol{R}) - 1}{2}) \\ &= \arccos(2s^2 - 1). \end{aligned} \tag{3.41}$$

即

$$\cos\theta = 2s^2 - 1 = 2\cos^2\frac{\theta}{2} - 1, \tag{3.42}$$

所以：

$$\theta = 2\arccos s. \tag{3.43}$$

至于旋转轴，如果在式 (3.38) 中用 $\boldsymbol{q}$ 的虚部代替 $\boldsymbol{p}$，易知 $\boldsymbol{q}$ 的虚部组成的向量在旋转时是不动的，即构成旋转轴。于是只要将它除掉它的模长，即得。总而言之，四元数到旋转向量的转换公式如下：

$$\begin{cases} \theta = 2\arccos q_0 \\ [n_x, n_y, n_z]^{\mathrm{T}} = [q_1, q_2, q_3]^{\mathrm{T}}/\sin\dfrac{\theta}{2} \end{cases}. \tag{3.44}$$

　　至于如何从其他方式转换到四元数，只须把上述步骤倒过来处理即可。在实际编程中，程序库通常会为我们准备好各种形式之间的转换。无论是四元数、旋转矩阵还是轴角，它们都可以用来描述同一个旋转。我们应该在实际中选择最方便的形式，而不必拘泥于某种特定的形式。在随后的实践和习题中，我们会演示各种表达方式之间的转换，以加深读者的印象。

3.5　* 相似、仿射、射影变换

除了欧氏变换，3D 空间还存在其他几种变换方式，只不过欧氏变换是最简单的。它们一部分和测量几何有关，因为在之后的讲解中可能会提到，所以先罗列出来。欧氏变换保持了向量的长度和夹角，相当于我们把一个刚体原封不动地进行了移动或旋转，不改变它自身的样子。其他几种变换则会改变它的外形。它们都拥有类似的矩阵表示。

1. 相似变换

相似变换比欧氏变换多了一个自由度，它允许物体进行均匀缩放，其矩阵表示为

$$T_S = \begin{bmatrix} s\boldsymbol{R} & \boldsymbol{t} \\ \boldsymbol{0}^{\mathrm{T}} & 1 \end{bmatrix}. \tag{3.45}$$

注意，旋转部分多了一个缩放因子 s，表示我们在对向量旋转之后，可以在 x, y, z 三个坐标上进行均匀缩放。由于含有缩放，相似变换不再保持图形的面积不变。你可以想象一个边长为 1 的立方体通过相似变换后，变成边长为 10 的样子（但仍然是立方体）。三维相似变换的集合也叫作**相似变换群**，记作 Sim(3)。

2. 仿射变换

仿射变换的矩阵形式如下：

$$T_A = \begin{bmatrix} \boldsymbol{A} & \boldsymbol{t} \\ \boldsymbol{0}^{\mathrm{T}} & 1 \end{bmatrix}. \tag{3.46}$$

与欧氏变换不同的是，仿射变换只要求 $\boldsymbol{A}$ 是一个可逆矩阵，而不必是正交矩阵。仿射变换也叫正交投影。经过仿射变换之后，立方体就不再是方的了，但是各个面仍然是平行四边形。

3. 射影变换

射影变换是最一般的变换，它的矩阵形式为

$$T_P = \begin{bmatrix} \boldsymbol{A} & \boldsymbol{t} \\ \boldsymbol{a}^{\mathrm{T}} & v \end{bmatrix}. \tag{3.47}$$

它的左上角为可逆矩阵 $\boldsymbol{A}$，右上角为平移 $\boldsymbol{t}$，左下角为缩放 $\boldsymbol{a}^{\mathrm{T}}$。由于采用了齐次坐标，当 $v \neq 0$ 时，我们可以对整个矩阵除以 v 得到一个右下角为 1 的矩阵；否则得到右下角为 0 的矩阵。因此，2D 的射影变换一共有 8 个自由度，3D 则共有 15 个自由度。射影变换是现在讲过的变换中，形式最为一般的。从真实世界到相机照片的变换可以看成一个射影变换。读者可以想象一个原本方形的地板砖，在照片中是什么样子：首先，它不再是方

形的。由于近大远小的关系，它甚至不是平行四边形，而是一个不规则的四边形。

表 3-1 总结了目前讲到的几种变换的性质。注意在"不变性质"中，从上到下是有包含关系的。例如，欧氏变换除了保体积，也具有保平行、相交等性质。

表 3-1 常见变换的性质比较

变换名称	矩阵形式	自由度	不变性质
欧氏变换	$\begin{bmatrix} R & t \\ 0^T & 1 \end{bmatrix}$	6	长度、夹角、体积
相似变换	$\begin{bmatrix} sR & t \\ 0^T & 1 \end{bmatrix}$	7	体积比
仿射变换	$\begin{bmatrix} A & t \\ 0^T & 1 \end{bmatrix}$	12	平行性、体积比
射影变换	$\begin{bmatrix} A & t \\ a^T & v \end{bmatrix}$	15	接触平面的相交和相切

我们之后会讲到，从真实世界到相机照片的变换是一个射影变换。如果相机的焦距为无穷远，那么这个变换为仿射变换。不过，在详细讲述相机模型之前，我们只要对它们有个大致的印象即可。

3.6 实践：Eigen 几何模块

3.6.1 Eigen 几何模块的数据演示

现在，我们来实际演练前面讲到的各种旋转表达方式。我们将在 Eigen 中使用四元数、欧拉角和旋转矩阵，演示它们之间的变换方式。我们还会给出一个可视化程序，帮助读者理解这几个变换的关系。

📄 **slambook2/ch3/useGeometry/useGeometry.cpp**

```cpp
#include <iostream>
#include <cmath>
using namespace std;

#include <Eigen/Core>
#include <Eigen/Geometry>

using namespace Eigen;
// 本程序演示了Eigen几何模块的使用方法
```

```
10
11   int main(int argc, char **argv) {
12       // Eigen/Geometry模块提供了各种旋转和平移的表示
13       // 3D旋转矩阵直接使用Matrix3d或Matrix3f
14       Matrix3d rotation_matrix = Matrix3d::Identity();
15       // 旋转向量使用AngleAxis, 它底层不直接是Matrix, 但运算可以当作矩阵(因为重载了运算符)
16       AngleAxisd rotation_vector(M_PI / 4, Vector3d(0, 0, 1));       //沿Z轴旋转45°
17       cout.precision(3);
18       cout << "rotation matrix =\n" << rotation_vector.matrix() << endl;    //用matrix()转换成矩
19       // 阵也可以直接赋值
20       rotation_matrix = rotation_vector.toRotationMatrix();
21       // 用AngleAxis可以进行坐标变换
22       Vector3d v(1, 0, 0);
23       Vector3d v_rotated = rotation_vector * v;
24       cout << "(1,0,0) after rotation (by angle axis) = " << v_rotated.transpose() << endl;
25       // 或者用旋转矩阵
26       v_rotated = rotation_matrix * v;
27       cout << "(1,0,0) after rotation (by matrix) = " << v_rotated.transpose() << endl;
28
29       // 欧拉角: 可以将旋转矩阵直接转换成欧拉角
30       Vector3d euler_angles = rotation_matrix.eulerAngles(2, 1, 0); // ZYX顺序, 即roll pitch
         yaw顺序
31       cout << "yaw pitch roll = " << euler_angles.transpose() << endl;
32
33       // 欧氏变换矩阵使用Eigen::Isometry
34       Isometry3d T = Isometry3d::Identity();                // 虽然称为3D, 实质上是4*4的矩阵
35       T.rotate(rotation_vector);                            // 按照rotation_vector进行旋转
36       T.pretranslate(Vector3d(1, 3, 4));                    // 把平移向量设成(1,3,4)
37       cout << "Transform matrix = \n" << T.matrix() << endl;
38
39       // 用变换矩阵进行坐标变换
40       Vector3d v_transformed = T * v;                       // 相当于R*v+t
41       cout << "v tranformed = " << v_transformed.transpose() << endl;
42
43       // 对于仿射变换和射影变换, 使用Eigen::Affine3d和Eigen::Projective3d即可, 略
44
45       // 四元数
46       // 可以直接把AngleAxis赋值给四元数, 反之亦然
47       Quaterniond q = Quaterniond(rotation_vector);
48       cout << "quaternion from rotation vector = " << q.coeffs().transpose()
49       << endl;   // 请注意coeffs的顺序是(x,y,z,w), w为实部, 前三者为虚部
50       // 也可以把旋转矩阵赋给它
51       q = Quaterniond(rotation_matrix);
```

```
52    cout << "quaternion from rotation matrix = " << q.coeffs().transpose() << endl;
53    // 使用四元数旋转一个向量，使用重载的乘法即可
54    v_rotated = q * v; // 注意数学上是qvq^{-1}
55    cout << "(1,0,0) after rotation = " << v_rotated.transpose() << endl;
56    // 用常规向量乘法表示，则计算如下
57    cout << "should be equal to " << (q * Quaterniond(0, 1, 0, 0) * q.inverse()).coeffs().
      transpose() << endl;
58
59    return 0;
60 }
```

Eigen 中对各种形式的表达方式总结如下。请注意每种类型都有单精度和双精度两种数据类型，而且和之前一样，不能由编译器自动转换。下面以双精度为例，你可以把最后的 d 改成 f，即得到单精度的数据结构。

- 旋转矩阵（3×3）：Eigen::Matrix3d。
- 旋转向量（3×1）：Eigen::AngleAxisd。
- 欧拉角（3×1）：Eigen::Vector3d。
- 四元数（4×1）：Eigen::Quaterniond。
- 欧氏变换矩阵（4×4）：Eigen::Isometry3d。
- 仿射变换（4×4）：Eigen::Affine3d。
- 射影变换（4×4）：Eigen::Projective3d。

参考代码中对应的 CMakeLists 即可编译此程序。在这个程序中，演示了如何使用 Eigen 中的旋转矩阵、旋转向量、欧拉角和四元数。我们用这几种旋转方式旋转一个向量 v，发现结果是一样的（不一样就真是见鬼了）。同时，也演示了如何在程序中转换这几种表达方式。想进一步了解 Eigen 的几何模块的读者可以参考（`http://eigen.tuxfamily.org/dox/group__TutorialGeometry.html`）。

请读者注意，**程序代码通常和数学表示有一些细微的差别**。例如，通过运算符重载，四元数和三维向量可以直接计算乘法，但在数学上则需要先把向量转成虚四元数，再利用四元数乘法进行计算，同样的情况也适用于变换矩阵乘三维向量的情况。总体而言，程序中的用法会比数学公式更灵活。

3.6.2　实际的坐标变换例子

下面我们举一个小例子来演示坐标变换。

例子　设有小萝卜一号和小萝卜二号位于世界坐标系中。记世界坐标系为 W，小萝卜们的坐标系为 R_1 和 R_2。小萝卜一号的位姿为 $q_1 = [0.35, 0.2, 0.3, 0.1]^{\mathrm{T}}$，$t_1 = [0.3, 0.1, 0.1]^{\mathrm{T}}$。小萝卜二号的位姿为 $q_2 = [-0.5, 0.4, -0.1, 0.2]^{\mathrm{T}}$，$t_2 = [-0.1, 0.5, 0.3]^{\mathrm{T}}$。这里的 q 和 t 表达的是 $T_{R_k, W}, k = 1, 2$，

也就是世界坐标系到相机坐标系的变换关系。现在，小萝卜一号看到某个点在自身的坐标系下坐标为 $\boldsymbol{p}_{R_1} = [0.5, 0, 0.2]^{\mathrm{T}}$，求该向量在小萝卜二号坐标系下的坐标。

　　这是一个非常简单，但又具有代表性的例子。在实际场景中你经常需要在同一个机器人的不同部分，或者不同机器人之间转换坐标。下面我们写一段程序来演示这个计算。

📖 **slambook2/ch3/examples/coordinateTransform.cpp**

```cpp
#include <iostream>
#include <vector>
#include <algorithm>
#include <Eigen/Core>
#include <Eigen/Geometry>

using namespace std;
using namespace Eigen;

int main(int argc, char** argv) {
    Quaterniond q1(0.35, 0.2, 0.3, 0.1), q2(-0.5, 0.4, -0.1, 0.2);
    q1.normalize();
    q2.normalize();
    Vector3d t1(0.3, 0.1, 0.1), t2(-0.1, 0.5, 0.3);
    Vector3d p1(0.5, 0, 0.2);

    Isometry3d T1w(q1), T2w(q2);
    T1w.pretranslate(t1);
    T2w.pretranslate(t2);

    Vector3d p2 = T2w * T1w.inverse() * p1;
    cout << endl << p2.transpose() << endl;
    return 0;
}
```

程序输出的答案是 $[-0.0309731, 0.73499, 0.296108]^{\mathrm{T}}$，计算过程也十分简单，只需计算

$$\boldsymbol{p}_{R_2} = \boldsymbol{T}_{R_2,W} \boldsymbol{T}_{W,R_1} \boldsymbol{p}_{R_1}$$

即可。注意四元数使用之前需要归一化。

3.7 可视化演示

3.7.1 显示运动轨迹

如果你是第一次接触旋转和平移这些概念，可能会觉得它们的形式看起来很复杂，因为毕竟每种表达方式都可以与其他方式互相转换，而转换公式有时还比较长。虽然旋转矩阵、变换矩阵的数值可能不够直观，但我们可以很容易地把它们画在窗口里。

本节我们演示两个可视化的例子。首先，假设我们通过某种方式记录了一个机器人的运动轨迹，现在想把它画到一个窗口中。假设轨迹文件存储于 trajectory.txt，每一行用下面的格式存储：

$$\text{time}, t_x, t_y, t_z, q_x, q_y, q_z, q_w,$$

其中，time 指该位姿的记录时间，t 为平移，q 为旋转四元数，均是以世界坐标系到机器人坐标系记录。下面我们从文件中读取这些轨迹，并显示到一个窗口中。原则上，如果只是谈论"机器人的位姿"，那么你可以使用 T_{WR} 或者 T_{RW}，事实上它们也只差一个逆而已，这意味着知道其中一个就可以很轻松地得到另一个。如果你想要存储机器人的轨迹，那么可以存储所有时刻的 T_{WR} 或者 T_{RW}，这并没有太大的差别。

在画轨迹的时候，我们可以把"轨迹"画成一系列点组成的序列，这和我们想象中的"轨迹"比较相似。严格说来，这其实是机器人（相机）坐标系的原点在世界坐标系中的坐标。考虑机器人坐标系的原点 O_{R}，此时的 O_{W} 就是这个原点在世界坐标系下的坐标：

$$O_{\text{W}} = T_{\text{WR}} O_{\text{R}} = t_{\text{WR}}. \tag{3.48}$$

这正是 T_{WR} 的平移部分。因此，可以从 T_{WR} 中直接看到相机在何处，这也是我们说 T_{WR} 更为直观的原因。因此，在可视化程序里，轨迹文件存储了 T_{WR} 而不是 T_{RW}。

最后，我们需要一个支持 3D 绘图的程序库。有许多库都支持 3D 绘图，比如大家熟悉的 MATLAB, Python 的 Matplotlib、OpenGL 等。在 Linux 中，一个常见的库是基于 OpenGL 的 Pangolin 库[①]，它在支持 OpenGL 的绘图操作基础之上还提供了一些 GUI 的功能。本书中，我们使用 Git 的 submodule 功能管理本书依赖的第三方库。读者可以进入 3rdparty 文件夹直接安装所需的库，Git 保证了笔者和你使用的版本是一致的。

📓 **slambook2/ch3/examples/plotTrajectory.cpp**

```cpp
#include <pangolin/pangolin.h>
#include <Eigen/Core>
#include <unistd.h>
```

---

①https://github.com/stevenlovegrove/Pangolin

```
4
5   using namespace std;
6   using namespace Eigen;
7
8   // path to trajectory file
9   string trajectory_file = "./examples/trajectory.txt";
10
11  void DrawTrajectory(vector<Isometry3d, Eigen::aligned_allocator<Isometry3d>>);
12
13  int main(int argc, char **argv) {
14      vector<Isometry3d, Eigen::aligned_allocator<Isometry3d>> poses;
15      ifstream fin(trajectory_file);
16      if (!fin) {
17          cout << "cannot find trajectory file at " << trajectory_file << endl;
18          return 1;
19      }
20
21      while (!fin.eof()) {
22          double time, tx, ty, tz, qx, qy, qz, qw;
23          fin >> time >> tx >> ty >> tz >> qx >> qy >> qz >> qw;
24          Isometry3d Twr(Quaterniond(qw, qx, qy, qz));
25          Twr.pretranslate(Vector3d(tx, ty, tz));
26          poses.push_back(Twr);
27      }
28      cout << "read total " << poses.size() << " pose entries" << endl;
29
30      // draw trajectory in pangolin
31      DrawTrajectory(poses);
32      return 0;
33  }
34
35  void DrawTrajectory(vector<Isometry3d, Eigen::aligned_allocator<Isometry3d>> poses) {
36      // create pangolin window and plot the trajectory
37      pangolin::CreateWindowAndBind("Trajectory Viewer", 1024, 768);
38      glEnable(GL_DEPTH_TEST);
39      glEnable(GL_BLEND);
40      glBlendFunc(GL_SRC_ALPHA, GL_ONE_MINUS_SRC_ALPHA);
41
42      pangolin::OpenGlRenderState s_cam(
43      pangolin::ProjectionMatrix(1024, 768, 500, 500, 512, 389, 0.1, 1000),
44      pangolin::ModelViewLookAt(0, -0.1, -1.8, 0, 0, 0, 0.0, -1.0, 0.0)
45      );
46
```

```
47    pangolin::View &d_cam = pangolin::CreateDisplay()
48        .SetBounds(0.0, 1.0, 0.0, 1.0, -1024.0f / 768.0f)
49        .SetHandler(new pangolin::Handler3D(s_cam));
50
51    while (pangolin::ShouldQuit() == false) {
52        glClear(GL_COLOR_BUFFER_BIT | GL_DEPTH_BUFFER_BIT);
53        d_cam.Activate(s_cam);
54        glClearColor(1.0f, 1.0f, 1.0f, 1.0f);
55        glLineWidth(2);
56        for (size_t i = 0; i < poses.size(); i++) {
57            // 画每个位姿的三个坐标轴
58            Vector3d Ow = poses[i].translation();
59            Vector3d Xw = poses[i] * (0.1 * Vector3d(1, 0, 0));
60            Vector3d Yw = poses[i] * (0.1 * Vector3d(0, 1, 0));
61            Vector3d Zw = poses[i] * (0.1 * Vector3d(0, 0, 1));
62            glBegin(GL_LINES);
63            glColor3f(1.0, 0.0, 0.0);
64            glVertex3d(Ow[0], Ow[1], Ow[2]);
65            glVertex3d(Xw[0], Xw[1], Xw[2]);
66            glColor3f(0.0, 1.0, 0.0);
67            glVertex3d(Ow[0], Ow[1], Ow[2]);
68            glVertex3d(Yw[0], Yw[1], Yw[2]);
69            glColor3f(0.0, 0.0, 1.0);
70            glVertex3d(Ow[0], Ow[1], Ow[2]);
71            glVertex3d(Zw[0], Zw[1], Zw[2]);
72            glEnd();
73        }
74        // 画出连线
75        for (size_t i = 0; i < poses.size(); i++) {
76            glColor3f(0.0, 0.0, 0.0);
77            glBegin(GL_LINES);
78            auto p1 = poses[i], p2 = poses[i + 1];
79            glVertex3d(p1.translation()[0], p1.translation()[1], p1.translation()[2]);
80            glVertex3d(p2.translation()[0], p2.translation()[1], p2.translation()[2]);
81            glEnd();
82        }
83        pangolin::FinishFrame();
84        usleep(5000);   // sleep 5 ms
85    }
86 }
```

　　该程序演示了如何在 Panglin 中画出 3D 的位姿。我们用红、绿、蓝三种颜色画出每个位姿的
三个坐标轴（实际上我们计算了各坐标轴的世界坐标），然后用黑色线将轨迹连起来。位姿可视

化的结果如图 3-3 所示。

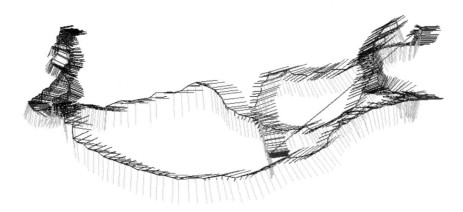

图 3-3　位姿可视化的结果（见彩插）

3.7.2　显示相机的位姿

除了显示轨迹，我们也可以显示 3D 窗口中相机的位姿。在 slambook2/ch3/visualizeGeometry 中，我们以可视化的形式演示相机位姿的各种表达方式（如图 3-4 所示）。当读者用鼠标操作相机时，左侧的方框里会实时显示相机位姿对应的旋转矩阵、平移、欧拉角和四元数，你可以看到数据是如何变化的。根据我们的经验，除了欧拉角，你应该看不出它们直观的含义。尽管旋转矩阵或变换矩阵并不直观，但是将它们可视化地显示出来并不困难。该程序使用 Pangolin 库作为 3D 显示库，请参考 Readme.txt 来编译该程序。

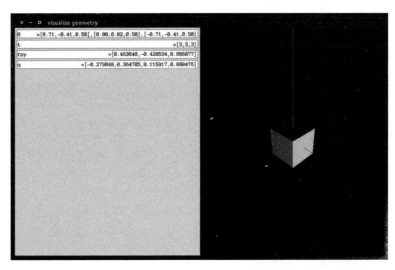

图 3-4　旋转矩阵、平移、欧拉角、四元数的可视化程序

习题

1. 验证旋转矩阵是正交矩阵。

2.* 寻找罗德里格斯公式的推导过程并加以理解。

3. 验证四元数旋转某个点后，结果是一个虚四元数（实部为零），所以仍然对应到一个三维空间点，见式 (3.33)。

4. 画表总结旋转矩阵、轴角、欧拉角、四元数的转换关系。

5. 假设有一个大的 Eigen 矩阵，想把它的左上角 3×3 的块取出来，然后赋值为 $I_{3 \times 3}$。请编程实现。

6.* 一般线性方程 $Ax = b$ 有哪几种做法？你能在 Eigen 中实现吗？

李群与李代数

主要目标

1. 理解李群与李代数的概念，掌握 SO(3)、SE(3) 与对应李代数的表示方式。

2. 理解 BCH 近似的意义。

3. 学会在李代数上的扰动模型。

4. 使用 Sophus 对李代数进行运算。

第 3 讲，我们介绍了三维世界中刚体运动的描述方式，包括旋转矩阵、旋转向量、欧拉角、四元数等若干种方式。我们重点介绍了旋转的表示，但是在 SLAM 中，除了表示，我们还要对它们进行估计和优化。因为在 SLAM 中位姿是未知的，而我们需要解决形如**"什么样的相机位姿最符合当前观测数据"**这样的问题。一种典型的方式是把它构建成一个优化问题，求解最优的 R, t，使得误差最小化。

如前所言，旋转矩阵自身是带有约束的（正交且行列式为 1）。它们作为优化变量时，会引入额外的约束，使优化变得困难。通过李群—李代数间的转换关系，我们希望把位姿估计变成无约束的优化问题，简化求解方式。考虑到读者可能还没有李群与李代数的基本知识，我们将从最基本的知识讲起。

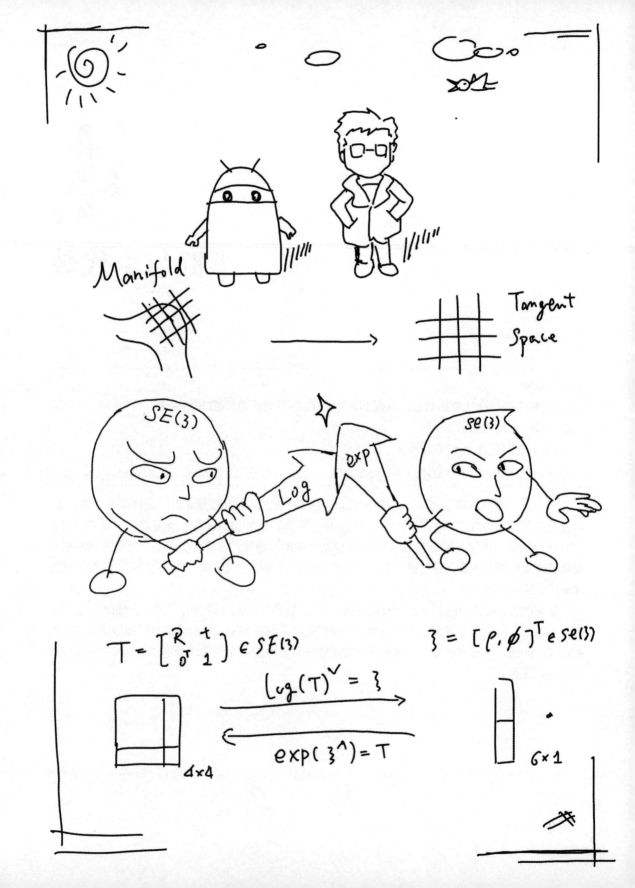

4.1　李群与李代数基础

第 3 讲中，我们介绍了旋转矩阵和变换矩阵的定义。当时，我们说三维旋转矩阵构成了**特殊正交群** SO(3)，而变换矩阵构成了**特殊欧氏群** SE(3)。它们写起来像这样：

$$\mathrm{SO}(3) = \{\boldsymbol{R} \in \mathbb{R}^{3\times3} | \boldsymbol{R}\boldsymbol{R}^{\mathrm{T}} = \boldsymbol{I}, \det(\boldsymbol{R}) = 1\}, \tag{4.1}$$

$$\mathrm{SE}(3) = \left\{ \boldsymbol{T} = \begin{bmatrix} \boldsymbol{R} & \boldsymbol{t} \\ \boldsymbol{0}^{\mathrm{T}} & 1 \end{bmatrix} \in \mathbb{R}^{4\times4} | \boldsymbol{R} \in \mathrm{SO}(3), \boldsymbol{t} \in \mathbb{R}^3 \right\}. \tag{4.2}$$

不过，当时我们并未详细解释**群**的含义。细心的读者应该会注意到，旋转矩阵也好，变换矩阵也好，**它们对加法是不封闭的**。换句话说，对于任意两个旋转矩阵 $\boldsymbol{R}_1, \boldsymbol{R}_2$，按照矩阵加法的定义，和不再是一个旋转矩阵：

$$\boldsymbol{R}_1 + \boldsymbol{R}_2 \notin \mathrm{SO}(3), \quad \boldsymbol{T}_1 + \boldsymbol{T}_2 \notin \mathrm{SE}(3). \tag{4.3}$$

你也可以说两种矩阵并没有良好定义的加法，或者通常矩阵加法对这两个集合不封闭。相对地，它们只有一种较好的运算：乘法。SO(3) 和 SE(3) 关于乘法是封闭的：

$$\boldsymbol{R}_1\boldsymbol{R}_2 \in \mathrm{SO}(3), \quad \boldsymbol{T}_1\boldsymbol{T}_2 \in \mathrm{SE}(3). \tag{4.4}$$

同时，我们也可以对任何一个旋转或变换矩阵（在乘法的意义上）求逆。我们知道，乘法对应着旋转或变换的复合，两个旋转矩阵相乘表示做了两次旋转。对于这种只有一个（良好的）运算的集合，我们称之为**群**。

4.1.1　群

接下来，我们要稍微涉及一些抽象代数方面的知识。笔者觉得这是讨论李群与李代数的必要条件，但实际上除了数学、物理系的同学，大部分同学在本科学习中并不会接触这方面的知识。所以我们先来看一些基本的知识。

群（Group）是**一种集合**加上**一种运算**的代数结构。我们把集合记作 A，运算记作 $\cdot$，那么群可以记作 $G = (A, \cdot)$。群要求这个运算满足以下几个条件：

1. 封闭性：　$\forall a_1, a_2 \in A, \quad a_1 \cdot a_2 \in A.$
2. 结合律：　$\forall a_1, a_2, a_3 \in A, \quad (a_1 \cdot a_2) \cdot a_3 = a_1 \cdot (a_2 \cdot a_3).$
3. 幺元：　$\exists a_0 \in A, \quad \text{s.t.} \quad \forall a \in A, \quad a_0 \cdot a = a \cdot a_0 = a.$
4. 逆：　$\forall a \in A, \quad \exists a^{-1} \in A, \quad \text{s.t.} \quad a \cdot a^{-1} = a_0.$

读者可以将其记作"封结幺逆"[①]。容易验证，旋转矩阵集合和矩阵乘法构成群，同样，变换矩阵和矩阵乘法也构成群（因此才能称它们为旋转矩阵群和变换矩阵群）。其他常见的群包括整数的加法 $(\mathbb{Z}, +)$，去掉 0 后的有理数的乘法（幺元为 1）$(\mathbb{Q}\backslash 0, \cdot)$，等等。矩阵中常见的群有：

- **一般线性群** $GL(n)$　　指 $n \times n$ 的可逆矩阵，它们对矩阵乘法成群。
- **特殊正交群** $SO(n)$　　也就是所谓的旋转矩阵群，其中 $SO(2)$ 和 $SO(3)$ 最为常见。
- **特殊欧氏群** $SE(n)$　　也就是前面提到的 n 维欧氏变换，如 $SE(2)$ 和 $SE(3)$。

群结构保证了在群上的运算具有良好的性质，群论则是研究群的各种结构和性质的理论。对群论感兴趣的读者可以参考任意一本近世代数教材。**李群**是指具有连续（光滑）性质的群。像整数群 $\mathbb{Z}$ 那样离散的群没有连续性质，所以不是李群。而 $SO(n)$ 和 $SE(n)$ 在实数空间上是连续的。我们能够直观地想象一个刚体能够连续地在空间中运动，所以它们都是李群。由于 $SO(3)$ 和 $SE(3)$ 对于相机姿态估计尤其重要，所以我们主要讨论这两个李群。然而，严格地讨论"连续""光滑"这些概念需要具备分析和拓扑学的知识，但我们不是数学书，所以只介绍一些重要的、与 SLAM 直接相关的结论。如果读者对李群的理论性质感兴趣，请参考文献 [21]。

通常有两种思路来介绍李群与李代数，一种是直接引入李群和李代数，然后告诉读者每个李群对应着一个李代数之类的事实，但这样的话，读者会觉得李代数似乎是一个从天而降的符号，不知道它有什么物理意义。所以，笔者准备稍微花一点时间从旋转矩阵引出李代数，类似于参考文献 [22] 的做法。我们先从较简单的 $SO(3)$ 开始讨论，引出 $SO(3)$ 上面的李代数 $\mathfrak{so}(3)$。

4.1.2　李代数的引出

考虑任意旋转矩阵 $\boldsymbol{R}$，我们知道它满足：

$$\boldsymbol{R}\boldsymbol{R}^{\mathrm{T}} = \boldsymbol{I}. \tag{4.5}$$

现在，我们说，$\boldsymbol{R}$ 是某个相机的旋转，它会随时间连续地变化，即为时间的函数：$\boldsymbol{R}(t)$。由于它仍是旋转矩阵，有

$$\boldsymbol{R}(t)\boldsymbol{R}(t)^{\mathrm{T}} = \boldsymbol{I}.$$

在等式两边对时间求导，得到

$$\dot{\boldsymbol{R}}(t)\boldsymbol{R}(t)^{\mathrm{T}} + \boldsymbol{R}(t)\dot{\boldsymbol{R}}(t)^{\mathrm{T}} = 0.$$

整理得

$$\dot{\boldsymbol{R}}(t)\boldsymbol{R}(t)^{\mathrm{T}} = -\left(\dot{\boldsymbol{R}}(t)\boldsymbol{R}(t)^{\mathrm{T}}\right)^{\mathrm{T}}. \tag{4.6}$$

[①]谐音"丰俭由你"。

可以看出，$\dot{R}(t)R(t)^{\mathrm{T}}$ 是一个**反对称**矩阵。回忆一下，我们在式 (3.3) 介绍叉积时，引入了 $\wedge$ 符号，将一个向量变成了反对称矩阵。同理，对于任意反对称矩阵，我们也能找到唯一与之对应的向量。把这个运算用符号 $\vee$ 表示：

$$
\boldsymbol{a}^{\wedge} = \boldsymbol{A} = \begin{bmatrix} 0 & -a_3 & a_2 \\ a_3 & 0 & -a_1 \\ -a_2 & a_1 & 0 \end{bmatrix}, \quad \boldsymbol{A}^{\vee} = \boldsymbol{a}. \tag{4.7}
$$

于是，由于 $\dot{R}(t)R(t)^{\mathrm{T}}$ 是一个反对称矩阵，我们可以找到一个三维向量 $\phi(t) \in \mathbb{R}^3$ 与之对应：

$$
\dot{R}(t)R(t)^{\mathrm{T}} = \phi(t)^{\wedge}.
$$

等式两边右乘 $R(t)$，由于 R 为正交阵，有

$$
\dot{R}(t) = \phi(t)^{\wedge}R(t) = \begin{bmatrix} 0 & -\phi_3 & \phi_2 \\ \phi_3 & 0 & -\phi_1 \\ -\phi_2 & \phi_1 & 0 \end{bmatrix} R(t). \tag{4.8}
$$

可以看到，每对旋转矩阵求一次导数，只需左乘一个 $\phi^{\wedge}(t)$ 矩阵即可。考虑 $t_0 = 0$ 时，设此时旋转矩阵为 $R(0) = I$。按照导数定义，可以把 $R(t)$ 在 $t = 0$ 附近进行一阶泰勒展开：

$$
\begin{aligned}
R(t) &\approx R(t_0) + \dot{R}(t_0)(t - t_0) \\
&= I + \phi(t_0)^{\wedge}(t).
\end{aligned} \tag{4.9}
$$

我们看到 ϕ 反映了 R 的导数性质，故称它在 SO(3) 原点附近的正切空间（Tangent Space）上。同时在 t_0 附近，设 ϕ 保持为常数 $\phi(t_0) = \phi_0$。那么根据式 (4.8)，有

$$
\dot{R}(t) = \phi(t_0)^{\wedge}R(t) = \phi_0^{\wedge}R(t).
$$

上式是一个关于 R 的微分方程，而且有初始值 $R(0) = I$，解得

$$
R(t) = \exp\left(\phi_0^{\wedge}t\right). \tag{4.10}
$$

读者可以验证上式对微分方程和初始值均成立。这说明在 $t = 0$ 附近，旋转矩阵可以由

$\exp(\phi_0^\wedge t)$ 计算出来[①]。我们看到，旋转矩阵 $\boldsymbol{R}$ 与另一个反对称矩阵 $\phi_0^\wedge t$ 通过指数关系发生了联系。但是矩阵的指数是什么呢？这里我们有两个问题需要澄清：

1. 给定某时刻的 $\boldsymbol{R}$，我们就能求得一个 ϕ，它描述了 $\boldsymbol{R}$ 在局部的导数关系。与 $\boldsymbol{R}$ 对应的 ϕ 有什么含义呢？我们说，ϕ 正是对应到 SO(3) 上的李代数 $\mathfrak{so}(3)$；

2. 其次，给定某个向量 ϕ 时，矩阵指数 $\exp(\phi^\wedge)$ 如何计算？反之，给定 $\boldsymbol{R}$ 时，能否有相反的运算来计算 ϕ？事实上，这正是李群与李代数间的指数/对数映射。

下面，我们来解决这两个问题。

4.1.3　李代数的定义

每个李群都有与之对应的李代数。李代数描述了李群的局部性质，准确地说，是单位元附近的正切空间。一般的李代数的定义如下：

李代数由一个集合 $\mathbb{V}$、一个数域 $\mathbb{F}$ 和一个二元运算 $[,]$ 组成。如果它们满足以下几条性质，则称 $(\mathbb{V}, \mathbb{F}, [,])$ 为一个李代数，记作 $\mathfrak{g}$。

1. 封闭性　$\forall \boldsymbol{X}, \boldsymbol{Y} \in \mathbb{V}, [\boldsymbol{X}, \boldsymbol{Y}] \in \mathbb{V}.$
2. 双线性　$\forall \boldsymbol{X}, \boldsymbol{Y}, \boldsymbol{Z} \in \mathbb{V}, a, b \in \mathbb{F}$，有

$$[a\boldsymbol{X} + b\boldsymbol{Y}, \boldsymbol{Z}] = a[\boldsymbol{X}, \boldsymbol{Z}] + b[\boldsymbol{Y}, \boldsymbol{Z}], \quad [\boldsymbol{Z}, a\boldsymbol{X} + b\boldsymbol{Y}] = a[\boldsymbol{Z}, \boldsymbol{X}] + b[\boldsymbol{Z}, \boldsymbol{Y}].$$

3. 自反性[②]　$\forall \boldsymbol{X} \in \mathbb{V}, [\boldsymbol{X}, \boldsymbol{X}] = \boldsymbol{0}.$
4. 雅可比等价　$\forall \boldsymbol{X}, \boldsymbol{Y}, \boldsymbol{Z} \in \mathbb{V}, [\boldsymbol{X}, [\boldsymbol{Y}, \boldsymbol{Z}]] + [\boldsymbol{Z}, [\boldsymbol{X}, \boldsymbol{Y}]] + [\boldsymbol{Y}, [\boldsymbol{Z}, \boldsymbol{X}]] = \boldsymbol{0}.$

其中二元运算被称为**李括号**。从表面上看，李代数所需要的性质还是挺多的。相比于群中的较为简单的二元运算，李括号表达了两个元素的差异。它不要求结合律，而要求元素和自己做李括号之后为零的性质。作为例子，三维向量 $\mathbb{R}^3$ 上定义的叉积 $\times$ 是一种李括号，因此 $\mathfrak{g} = (\mathbb{R}^3, \mathbb{R}, \times)$ 构成了一个李代数。读者可以尝试将叉积的性质代入上面四条性质中。

4.1.4　李代数 $\mathfrak{so}(3)$

之前提到的 ϕ，事实上是一种李代数。SO(3) 对应的李代数是定义在 $\mathbb{R}^3$ 上的向量，我们记作 ϕ。根据前面的推导，每个 ϕ 都可以生成一个反对称矩阵：

$$\boldsymbol{\Phi} = \phi^\wedge = \begin{bmatrix} 0 & -\phi_3 & \phi_2 \\ \phi_3 & 0 & -\phi_1 \\ -\phi_2 & \phi_1 & 0 \end{bmatrix} \in \mathbb{R}^{3\times3}. \tag{4.11}$$

---

①此时，我们还没有说明 exp 是如何起作用的。我们马上会看到它的定义和计算过程。
②自反性是指自己与自己的运算为零。

在此定义下，两个向量 ϕ_1, ϕ_2 的李括号为

$$[\phi_1, \phi_2] = (\boldsymbol{\Phi}_1 \boldsymbol{\Phi}_2 - \boldsymbol{\Phi}_2 \boldsymbol{\Phi}_1)^{\vee}. \tag{4.12}$$

读者可以验证该定义下的李括号是否满足上面的四条性质。由于向量 ϕ 与反对称矩阵是一一对应的，在不引起歧义的情况下，就说 $\mathfrak{so}(3)$ 的元素是三维向量或者三维反对称矩阵，不加区别：

$$\mathfrak{so}(3) = \left\{ \phi \in \mathbb{R}^3, \boldsymbol{\Phi} = \phi^{\wedge} \in \mathbb{R}^{3 \times 3} \right\}. \tag{4.13}$$

有些书里也会用 $\widehat{\phi}$ 这样的符号表示反对称，但意义是一样的。至此，我们已清楚了 $\mathfrak{so}(3)$ 的内容。它们是一个由**三维向量**组成的集合，每个向量对应一个反对称矩阵，可以用于表达旋转矩阵的导数。它与 SO(3) 的关系由指数映射给定：

$$\boldsymbol{R} = \exp(\phi^{\wedge}). \tag{4.14}$$

指数映射会在稍后介绍。由于已经介绍了 $\mathfrak{so}(3)$，我们顺带先来看 SE(3) 上对应的李代数。

4.1.5　李代数 $\mathfrak{se}(3)$

对于 SE(3)，它也有对应的李代数 $\mathfrak{se}(3)$。为节省篇幅，这里就不介绍如何引出 $\mathfrak{se}(3)$ 了。与 $\mathfrak{so}(3)$ 相似，$\mathfrak{se}(3)$ 位于 $\mathbb{R}^6$ 空间中：

$$\mathfrak{se}(3) = \left\{ \boldsymbol{\xi} = \begin{bmatrix} \boldsymbol{\rho} \\ \phi \end{bmatrix} \in \mathbb{R}^6, \boldsymbol{\rho} \in \mathbb{R}^3, \phi \in \mathfrak{so}(3), \boldsymbol{\xi}^{\wedge} = \begin{bmatrix} \phi^{\wedge} & \boldsymbol{\rho} \\ \mathbf{0}^{\mathrm{T}} & 0 \end{bmatrix} \in \mathbb{R}^{4 \times 4} \right\}. \tag{4.15}$$

我们把每个 $\mathfrak{se}(3)$ 元素记作 $\boldsymbol{\xi}$，它是一个六维向量。前三维为平移（但含义与变换矩阵中的平移不同，分析见后），记作 $\boldsymbol{\rho}$；后三维为旋转，记作 ϕ，实质上是 $\mathfrak{so}(3)$ 元素[①]。同时，我们拓展了 $\wedge$ 符号的含义。在 $\mathfrak{se}(3)$ 中，同样使用 $\wedge$ 符号，将一个六维向量转换成四维矩阵，但这里不再表示反对称：

$$\boldsymbol{\xi}^{\wedge} = \begin{bmatrix} \phi^{\wedge} & \boldsymbol{\rho} \\ \mathbf{0}^{\mathrm{T}} & 0 \end{bmatrix} \in \mathbb{R}^{4 \times 4}. \tag{4.16}$$

我们仍使用 $\wedge$ 和 $\vee$ 符号指代 "从向量到矩阵" 和 "从矩阵到向量" 的关系，以保持和 $\mathfrak{so}(3)$ 上的一致性。它们依旧是一一对应的。读者可以简单地把 $\mathfrak{se}(3)$ 理解成 "由一个平移加上一个 $\mathfrak{so}(3)$ 元素构成的向量"（尽管这里的 $\boldsymbol{\rho}$ 还不直接是平移）。同样，李代数 $\mathfrak{se}(3)$ 也有类似于 $\mathfrak{so}(3)$ 的李

[①] 请注意有些地方把旋转放前面，平移放后面，也是可行的。在程序里则无所谓前后，它们都存储在一个结构体中。

括号：

$$[\xi_1, \xi_2] = (\xi_1^\wedge \xi_2^\wedge - \xi_2^\wedge \xi_1^\wedge)^\vee. \tag{4.17}$$

读者可以验证它是否满足李代数的定义（留作习题）。至此，我们已经见过两种重要的李代数 $\mathfrak{so}(3)$ 和 $\mathfrak{se}(3)$ 了。

4.2　指数与对数映射

4.2.1　SO(3) 上的指数映射

现在来考虑第二个问题：如何计算 $\exp(\phi^\wedge)$？显然它是一个矩阵的指数，在李群和李代数中，称为指数映射（Exponential Map）。同样，我们会先讨论 $\mathfrak{so}(3)$ 的指数映射，再讨论 $\mathfrak{se}(3)$ 的情形。

任意矩阵的指数映射可以写成一个泰勒展开，但是只有在收敛的情况下才会有结果，其结果仍是一个矩阵：

$$\exp(\boldsymbol{A}) = \sum_{n=0}^{\infty} \frac{1}{n!} \boldsymbol{A}^n. \tag{4.18}$$

同样地，对 $\mathfrak{so}(3)$ 中的任意元素 ϕ，我们也可按此方式定义它的指数映射：

$$\exp(\phi^\wedge) = \sum_{n=0}^{\infty} \frac{1}{n!} (\phi^\wedge)^n. \tag{4.19}$$

但这个定义没法直接计算，因为我们不想计算矩阵的无穷次幂。下面我们推导一种计算指数映射的简便方法。由于 ϕ 是三维向量，我们可以定义它的模长和方向，分别记作 θ 和 $\boldsymbol{a}$，于是有 $\phi = \theta \boldsymbol{a}$。这里 $\boldsymbol{a}$ 是一个长度为 1 的方向向量，即 $\|\boldsymbol{a}\| = 1$。首先，对于 $\boldsymbol{a}^\wedge$，有以下两条性质：

$$\boldsymbol{a}^\wedge \boldsymbol{a}^\wedge = \begin{bmatrix} -a_2^2 - a_3^2 & a_1 a_2 & a_1 a_3 \\ a_1 a_2 & -a_1^2 - a_3^2 & a_2 a_3 \\ a_1 a_3 & a_2 a_3 & -a_1^2 - a_2^2 \end{bmatrix} = \boldsymbol{a}\boldsymbol{a}^\mathsf{T} - \boldsymbol{I}, \tag{4.20}$$

以及

$$\boldsymbol{a}^\wedge \boldsymbol{a}^\wedge \boldsymbol{a}^\wedge = \boldsymbol{a}^\wedge (\boldsymbol{a}\boldsymbol{a}^\mathsf{T} - \boldsymbol{I}) = -\boldsymbol{a}^\wedge. \tag{4.21}$$

这两个式子提供了处理 $\boldsymbol{a}^\wedge$ 高阶项的方法。我们可以把指数映射写成

$$\exp(\phi^\wedge) = \exp(\theta \boldsymbol{a}^\wedge) = \sum_{n=0}^{\infty} \frac{1}{n!} (\theta \boldsymbol{a}^\wedge)^n$$

$$
\begin{aligned}
&= \boldsymbol{I} + \theta \boldsymbol{a}^\wedge + \frac{1}{2!}\theta^2 \boldsymbol{a}^\wedge \boldsymbol{a}^\wedge + \frac{1}{3!}\theta^3 \boldsymbol{a}^\wedge \boldsymbol{a}^\wedge \boldsymbol{a}^\wedge + \frac{1}{4!}\theta^4 (\boldsymbol{a}^\wedge)^4 + \cdots \\
&= \boldsymbol{a}\boldsymbol{a}^{\mathrm{T}} - \boldsymbol{a}^\wedge \boldsymbol{a}^\wedge + \theta \boldsymbol{a}^\wedge + \frac{1}{2!}\theta^2 \boldsymbol{a}^\wedge - \frac{1}{3!}\theta^3 \boldsymbol{a}^\wedge - \frac{1}{4!}\theta^4 (\boldsymbol{a}^\wedge)^2 + \cdots \\
&= \boldsymbol{a}\boldsymbol{a}^{\mathrm{T}} + \underbrace{\left(\theta - \frac{1}{3!}\theta^3 + \frac{1}{5!}\theta^5 - \cdots\right)}_{\sin\theta} \boldsymbol{a}^\wedge - \underbrace{\left(1 - \frac{1}{2!}\theta^2 + \frac{1}{4!}\theta^4 - \cdots\right)}_{\cos\theta} \boldsymbol{a}^\wedge \boldsymbol{a}^\wedge \\
&= \boldsymbol{a}^\wedge \boldsymbol{a}^\wedge + \boldsymbol{I} + \sin\theta \boldsymbol{a}^\wedge - \cos\theta \boldsymbol{a}^\wedge \boldsymbol{a}^\wedge \\
&= (1 - \cos\theta)\boldsymbol{a}^\wedge \boldsymbol{a}^\wedge + \boldsymbol{I} + \sin\theta \boldsymbol{a}^\wedge \\
&= \cos\theta \boldsymbol{I} + (1 - \cos\theta)\boldsymbol{a}\boldsymbol{a}^{\mathrm{T}} + \sin\theta \boldsymbol{a}^\wedge.
\end{aligned}
$$

最后，得到一个似曾相识的式子：

$$
\exp(\theta \boldsymbol{a}^\wedge) = \cos\theta \boldsymbol{I} + (1 - \cos\theta)\boldsymbol{a}\boldsymbol{a}^{\mathrm{T}} + \sin\theta \boldsymbol{a}^\wedge. \tag{4.22}
$$

回想第 3 讲的内容，它和罗德里格斯公式，即式 (3.15) 如出一辙。这表明，$\mathfrak{so}(3)$ 实际上就是由所谓的**旋转向量**组成的空间，而指数映射即罗德里格斯公式。通过它们，我们把 $\mathfrak{so}(3)$ 中任意一个向量对应到了一个位于 SO(3) 中的旋转矩阵。反之，如果定义对数映射，也能把 SO(3) 中的元素对应到 $\mathfrak{so}(3)$ 中：

$$
\boldsymbol{\phi} = \ln(\boldsymbol{R})^\vee = \left(\sum_{n=0}^{\infty} \frac{(-1)^n}{n+1}(\boldsymbol{R} - \boldsymbol{I})^{n+1}\right)^\vee. \tag{4.23}
$$

和指数映射一样，我们没必要直接用泰勒展开计算对数映射。在第 3 讲中，我们介绍过如何根据旋转矩阵计算对应的李代数，即使用式 (3.17)，利用迹的性质分别求解转角和转轴，采用这种方式更省事。

现在，我们介绍了指数映射的计算方法。读者可能会问，指数映射有何性质呢？是否对于任意的 $\boldsymbol{R}$ 都能找到一个唯一的 $\boldsymbol{\phi}$？很遗憾，指数映射只是一个满射，并不是单射。这意味着每个 SO(3) 中的元素，都可以找到一个 $\mathfrak{so}(3)$ 元素与之对应；但是可能存在多个 $\mathfrak{so}(3)$ 中的元素，对应到同一个 SO(3)。至少对于旋转角 θ，我们知道多转 360° 和没有转是一样的——它具有周期性。但是，如果我们把旋转角度固定在 $\pm\pi$ 之间，那么李群和李代数元素是一一对应的。

SO(3) 与 $\mathfrak{so}(3)$ 的结论似乎在我们的意料之中。它和我们前面讲的旋转向量与旋转矩阵很相似，而指数映射即罗德里格斯公式。旋转矩阵的导数可以由旋转向量指定，指导着如何在旋转矩阵中进行微积分运算。

4.2.2　SE(3) 上的指数映射

下面介绍 $\mathfrak{se}(3)$ 上的指数映射。为了节省篇幅，我们不再像 $\mathfrak{so}(3)$ 那样详细推导指数映射。$\mathfrak{se}(3)$ 上的指数映射形式如下：

$$
\exp\left(\boldsymbol{\xi}^{\wedge}\right) = \begin{bmatrix} \displaystyle\sum_{n=0}^{\infty} \frac{1}{n!}(\boldsymbol{\phi}^{\wedge})^n & \displaystyle\sum_{n=0}^{\infty} \frac{1}{(n+1)!}(\boldsymbol{\phi}^{\wedge})^n \boldsymbol{\rho} \\ \mathbf{0}^{\mathrm{T}} & 1 \end{bmatrix} \tag{4.24}
$$

$$
\triangleq \begin{bmatrix} \boldsymbol{R} & \boldsymbol{J}\boldsymbol{\rho} \\ \mathbf{0}^{\mathrm{T}} & 1 \end{bmatrix} = \boldsymbol{T}. \tag{4.25}
$$

只要有一点耐心，可以照着 $\mathfrak{so}(3)$ 上的做法推导，把 exp 进行泰勒展开推导此式。令 $\boldsymbol{\phi} = \theta \boldsymbol{a}$，其中 $\boldsymbol{a}$ 为单位向量，则

$$
\begin{aligned}
\sum_{n=0}^{\infty} \frac{1}{(n+1)!}(\boldsymbol{\phi}^{\wedge})^n &= \boldsymbol{I} + \frac{1}{2!}\theta \boldsymbol{a}^{\wedge} + \frac{1}{3!}\theta^2 (\boldsymbol{a}^{\wedge})^2 + \frac{1}{4!}\theta^3 (\boldsymbol{a}^{\wedge})^3 + \frac{1}{5!}\theta^4 (\boldsymbol{a}^{\wedge})^4 \cdots \\
&= \frac{1}{\theta}\left(\frac{1}{2!}\theta^2 - \frac{1}{4!}\theta^4 + \cdots\right)(\boldsymbol{a}^{\wedge}) + \frac{1}{\theta}\left(\frac{1}{3!}\theta^3 - \frac{1}{5}\theta^5 + \cdots\right)(\boldsymbol{a}^{\wedge})^2 + \boldsymbol{I} \\
&= \frac{1}{\theta}(1 - \cos\theta)(\boldsymbol{a}^{\wedge}) + \frac{\theta - \sin\theta}{\theta}(\boldsymbol{a}\boldsymbol{a}^{\mathrm{T}} - \boldsymbol{I}) + \boldsymbol{I} \\
&= \frac{\sin\theta}{\theta}\boldsymbol{I} + \left(1 - \frac{\sin\theta}{\theta}\right)\boldsymbol{a}\boldsymbol{a}^{\mathrm{T}} + \frac{1-\cos\theta}{\theta}\boldsymbol{a}^{\wedge} \overset{\text{def}}{=} \boldsymbol{J}.
\end{aligned} \tag{4.26}
$$

从结果上看，$\boldsymbol{\xi}$ 的指数映射左上角的 $\boldsymbol{R}$ 是我们熟知的 SO(3) 中的元素，与 $\mathfrak{se}(3)$ 中的旋转部分 $\boldsymbol{\phi}$ 对应。而右上角的 $\boldsymbol{J}$ 由上面的推导给出：

$$
\boldsymbol{J} = \frac{\sin\theta}{\theta}\boldsymbol{I} + \left(1 - \frac{\sin\theta}{\theta}\right)\boldsymbol{a}\boldsymbol{a}^{\mathrm{T}} + \frac{1-\cos\theta}{\theta}\boldsymbol{a}^{\wedge}. \tag{4.27}
$$

该式与罗德里格斯公式有些相似，但不完全一样。我们看到，平移部分经过指数映射之后，发生了一次以 $\boldsymbol{J}$ 为系数矩阵的线性变换。请读者重视这里的 $\boldsymbol{J}$，因为后面还要用到。

同样地，虽然我们也可以类比推得对数映射，不过根据变换矩阵 $\boldsymbol{T}$ 求 $\mathfrak{so}(3)$ 上的对应向量也有更省事的方式：从左上角的 $\boldsymbol{R}$ 计算旋转向量，而右上角的 $\boldsymbol{t}$ 满足：

$$
\boldsymbol{t} = \boldsymbol{J}\boldsymbol{\rho}. \tag{4.28}
$$

由于 $\boldsymbol{J}$ 可以由 $\boldsymbol{\phi}$ 得到，所以这里的 $\boldsymbol{\rho}$ 也可由此线性方程解得。现在，我们已经弄清了李群、

李代数的定义与相互的转换关系，总结如图 4-1 所示。如果读者有哪里不明白，可以翻回去看看公式推导。

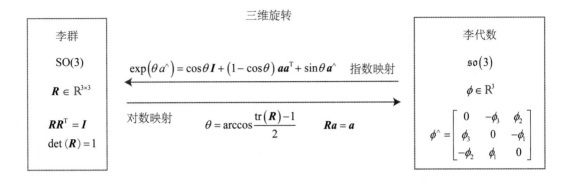

图 4-1　$\mathrm{SO}(3), \mathrm{SE}(3), \mathfrak{so}(3), \mathfrak{se}(3)$ 的对应关系

4.3　李代数求导与扰动模型

4.3.1　BCH 公式与近似形式

使用李代数的一大动机是进行优化，而在优化过程中导数是非常必要的信息（我们会在第 6 讲详细介绍）。下面来考虑一个问题。虽然我们已经清楚了 SO(3) 和 SE(3) 上的李群与李代数关系，但是，当在 SO(3) 中完成两个矩阵乘法时，李代数中 $\mathfrak{so}(3)$ 上发生了什么改变呢？反过来说，当 $\mathfrak{so}(3)$ 上做两个李代数的加法时，SO(3) 上是否对应着两个矩阵的乘积？如果成立，相当于：

$$\exp\left(\phi_1^\wedge\right)\exp\left(\phi_2^\wedge\right) = \exp\left(\left(\phi_1 + \phi_2\right)^\wedge\right)?$$

如果 ϕ_1, ϕ_2 为标量，那么显然该式成立；但此处我们计算的是**矩阵**的指数函数，而非标量的指数。换言之，我们在研究下式是否成立：

$$\ln\left(\exp\left(\boldsymbol{A}\right)\exp\left(\boldsymbol{B}\right)\right) = \boldsymbol{A} + \boldsymbol{B} ?$$

很遗憾，该式在矩阵时并不成立。两个李代数指数映射乘积的完整形式，由 Baker-Campbell-Hausdorff 公式（BCH 公式）[①]给出。由于其完整形式较复杂，我们只给出其展开式的前几项：

$$\ln\left(\exp\left(\boldsymbol{A}\right)\exp\left(\boldsymbol{B}\right)\right) = \boldsymbol{A} + \boldsymbol{B} + \frac{1}{2}\left[\boldsymbol{A}, \boldsymbol{B}\right] + \frac{1}{12}\left[\boldsymbol{A}, \left[\boldsymbol{A}, \boldsymbol{B}\right]\right] - \frac{1}{12}\left[\boldsymbol{B}, \left[\boldsymbol{A}, \boldsymbol{B}\right]\right] + \cdots \quad (4.29)$$

其中 [ ] 为李括号。BCH 公式告诉我们，当处理两个矩阵指数之积时，它们会产生一些由李括号组成的余项。特别地，考虑 SO(3) 上的李代数 $\ln\left(\exp\left(\boldsymbol{\phi}_1^\wedge\right)\exp\left(\boldsymbol{\phi}_2^\wedge\right)\right)^\vee$，当 $\boldsymbol{\phi}_1$ 或 $\boldsymbol{\phi}_2$ 为小量时，小量二次以上的项都可以被忽略。此时，BCH 拥有线性近似表达[②]：

$$\ln\left(\exp\left(\boldsymbol{\phi}_1^\wedge\right)\exp\left(\boldsymbol{\phi}_2^\wedge\right)\right)^\vee \approx \begin{cases} \boldsymbol{J}_l(\boldsymbol{\phi}_2)^{-1}\boldsymbol{\phi}_1 + \boldsymbol{\phi}_2 & \text{当 } \boldsymbol{\phi}_1 \text{为小量,} \\ \boldsymbol{J}_r(\boldsymbol{\phi}_1)^{-1}\boldsymbol{\phi}_2 + \boldsymbol{\phi}_1 & \text{当 } \boldsymbol{\phi}_2 \text{为小量.} \end{cases} \quad (4.30)$$

以第一个近似为例。该式告诉我们，当对一个旋转矩阵 $\boldsymbol{R}_2$（李代数为 $\boldsymbol{\phi}_2$）左乘一个微小旋转矩阵 $\boldsymbol{R}_1$（李代数为 $\boldsymbol{\phi}_1$）时，可以近似地看作，在原有的李代数 $\boldsymbol{\phi}_2$ 上加上了一项 $\boldsymbol{J}_l(\boldsymbol{\phi}_2)^{-1}\boldsymbol{\phi}_1$。同理，第二个近似描述了右乘一个微小位移的情况。于是，李代数在 BCH 近似下，分成了左乘近似和右乘近似两种，在使用时我们须注意使用的是左乘模型还是右乘模型。

本书以左乘为例。左乘 BCH 近似雅可比 $\boldsymbol{J}_l$ 事实上就是式 (4.27) 的内容：

$$\boldsymbol{J}_l = \boldsymbol{J} = \frac{\sin\theta}{\theta}\boldsymbol{I} + \left(1 - \frac{\sin\theta}{\theta}\right)\boldsymbol{a}\boldsymbol{a}^\mathsf{T} + \frac{1 - \cos\theta}{\theta}\boldsymbol{a}^\wedge. \quad (4.31)$$

它的逆为

$$\boldsymbol{J}_l^{-1} = \frac{\theta}{2}\cot\frac{\theta}{2}\boldsymbol{I} + \left(1 - \frac{\theta}{2}\cot\frac{\theta}{2}\right)\boldsymbol{a}\boldsymbol{a}^\mathsf{T} - \frac{\theta}{2}\boldsymbol{a}^\wedge. \quad (4.32)$$

而右乘雅可比仅需要对自变量取负号即可：

$$\boldsymbol{J}_r(\boldsymbol{\phi}) = \boldsymbol{J}_l(-\boldsymbol{\phi}). \quad (4.33)$$

这样，我们就可以谈论李群乘法与李代数加法的关系了。

为了方便读者理解，我们重新叙述 BCH 近似的意义。假定对某个旋转 $\boldsymbol{R}$，对应的李代数为

[①]参见 https://en.wikipedia.org/wiki/Baker-Campbell-Hausdorff_formula。
[②]对 BCH 具体形式和近似表达的具体推导，本书不作讨论，请参考文献 [6]。

ϕ。我们给它左乘一个微小旋转，记作 ΔR，对应的李代数为 $\Delta\phi$。那么，在李群上，得到的结果就是 $\Delta R \cdot R$，而在李代数上，根据 BCH 近似，为 $J_l^{-1}(\phi)\Delta\phi + \phi$。合并起来，可以简单地写成：

$$\exp(\Delta\phi^\wedge)\exp(\phi^\wedge) = \exp\left(\left(\phi + J_l^{-1}(\phi)\Delta\phi\right)^\wedge\right). \tag{4.34}$$

反之，如果我们在李代数上进行加法，让一个 ϕ 加上 $\Delta\phi$，那么可以近似为李群上带左右雅可比的乘法：

$$\exp\left((\phi + \Delta\phi)^\wedge\right) = \exp\left((J_l\Delta\phi)^\wedge\right)\exp(\phi^\wedge) = \exp(\phi^\wedge)\exp\left((J_r\Delta\phi)^\wedge\right). \tag{4.35}$$

这就为之后李代数上做微积分提供了理论基础。同样地，对于 SE(3)，也有类似的 BCH 近似：

$$\exp(\Delta\xi^\wedge)\exp(\xi^\wedge) \approx \exp\left(\left(\mathcal{J}_l^{-1}\Delta\xi + \xi\right)^\wedge\right), \tag{4.36}$$

$$\exp(\xi^\wedge)\exp(\Delta\xi^\wedge) \approx \exp\left(\left(\mathcal{J}_r^{-1}\Delta\xi + \xi\right)^\wedge\right). \tag{4.37}$$

这里 $\mathcal{J}_l$ 形式比较复杂，它是一个 6×6 的矩阵，读者可以参考文献 [6] 中式 (7.82) 和 (7.83) 的内容。由于我们在计算中没有用到该雅可比，故这里略去它的实际形式。

4.3.2　SO(3) 上的李代数求导

下面来讨论一个带有李代数的函数，以及关于该李代数求导的问题。该问题有很强的实际背景。在 SLAM 中，我们要估计一个相机的位置和姿态，该位姿是由 SO(3) 上的旋转矩阵或 SE(3) 上的变换矩阵描述的。不妨设某个时刻小萝卜的位姿为 T。它观察到了一个世界坐标位于 p 的点，产生了一个观测数据 z。那么，由坐标变换关系知：

$$z = Tp + w. \tag{4.38}$$

其中 w 为随机噪声。由于它的存在，z 往往不可能精确地满足 $z = Tp$ 的关系。所以，我们通常会计算理想的观测与实际数据的误差：

$$e = z - Tp. \tag{4.39}$$

假设一共有 N 个这样的路标点和观测，于是就有 N 个上式。那么，对小萝卜进行位姿估计，相当于寻找一个最优的 T，使得整体误差最小化：

$$\min_{T} J(T) = \sum_{i=1}^{N} \|z_i - Tp_i\|_2^2. \tag{4.40}$$

　　求解此问题，需要计算目标函数 J 关于变换矩阵 $\boldsymbol{T}$ 的导数。我们把具体的算法留到后面再讲。这里的重点是，**我们经常会构建与位姿有关的函数，然后讨论该函数关于位姿的导数，以调整当前的估计值**。然而，SO(3), SE(3) 上并没有良好定义的加法，它们只是群。如果我们把 $\boldsymbol{T}$ 当成一个普通矩阵来处理优化，就必须对它加以约束。而从李代数角度来说，由于李代数由向量组成，具有良好的加法运算，因此，使用李代数解决求导问题的思路分为两种：

1. 用李代数表示姿态，然后根据李代数加法对**李代数求导**。
2. 对李群**左乘**或**右乘**微小扰动，然后对该**扰动求导**，称为左扰动和右扰动模型。

　　第一种方式对应到李代数的求导模型，而第二种方式则对应到扰动模型。下面讨论这两种思路的异同。

4.3.3　李代数求导

　　首先，考虑 SO(3) 上的情况。假设我们对一个空间点 $\boldsymbol{p}$ 进行了旋转，得到了 $\boldsymbol{Rp}$。现在，要计算旋转之后点的坐标相对于旋转的导数，我们非正式地记为[①]

$$\frac{\partial (\boldsymbol{Rp})}{\partial \boldsymbol{R}}.$$

由于 SO(3) 没有加法，所以该导数无法按照导数的定义进行计算。设 $\boldsymbol{R}$ 对应的李代数为 $\boldsymbol{\phi}$，我们转而计算[②]：

$$\frac{\partial (\exp (\boldsymbol{\phi}^{\wedge}) \, \boldsymbol{p})}{\partial \boldsymbol{\phi}}.$$

　　按照导数的定义，有

$$
\begin{aligned}
\frac{\partial (\exp (\boldsymbol{\phi}^{\wedge}) \, \boldsymbol{p})}{\partial \boldsymbol{\phi}} &= \lim_{\delta \boldsymbol{\phi} \to 0} \frac{\exp \left((\boldsymbol{\phi} + \delta \boldsymbol{\phi})^{\wedge}\right) \boldsymbol{p} - \exp (\boldsymbol{\phi}^{\wedge}) \, \boldsymbol{p}}{\delta \boldsymbol{\phi}} \\
&= \lim_{\delta \boldsymbol{\phi} \to 0} \frac{\exp \left((\boldsymbol{J}_l \delta \boldsymbol{\phi})^{\wedge}\right) \exp (\boldsymbol{\phi}^{\wedge}) \, \boldsymbol{p} - \exp (\boldsymbol{\phi}^{\wedge}) \, \boldsymbol{p}}{\delta \boldsymbol{\phi}} \\
&= \lim_{\delta \boldsymbol{\phi} \to 0} \frac{\left(\boldsymbol{I} + (\boldsymbol{J}_l \delta \boldsymbol{\phi})^{\wedge}\right) \exp (\boldsymbol{\phi}^{\wedge}) \, \boldsymbol{p} - \exp (\boldsymbol{\phi}^{\wedge}) \, \boldsymbol{p}}{\delta \boldsymbol{\phi}} \\
&= \lim_{\delta \boldsymbol{\phi} \to 0} \frac{(\boldsymbol{J}_l \delta \boldsymbol{\phi})^{\wedge} \exp (\boldsymbol{\phi}^{\wedge}) \, \boldsymbol{p}}{\delta \boldsymbol{\phi}} \\
&= \lim_{\delta \boldsymbol{\phi} \to 0} \frac{-(\exp (\boldsymbol{\phi}^{\wedge}) \, \boldsymbol{p})^{\wedge} \boldsymbol{J}_l \delta \boldsymbol{\phi}}{\delta \boldsymbol{\phi}} = -(\boldsymbol{Rp})^{\wedge} \boldsymbol{J}_l.
\end{aligned}
$$

[①]请注意这里并不能按照矩阵微分来定义导数，这只是一个记号。

[②]严格说来，在矩阵微分中，只能求行向量关于列向量的导数，所得结果是一个矩阵。但本书写成列向量对列向量的导数，读者可以认为先对分子进行转置，再对最后结果进行转置。这使得式子变得简洁，不然我们就不得不给每一行的分子加一个转置符号。在这种意义下，可以认为 $\mathrm{d}(\boldsymbol{Ax})/\mathrm{d}\boldsymbol{x} = \boldsymbol{A}$。

第 2 行的近似为 BCH 线性近似，第 3 行为泰勒展开舍去高阶项后的近似（由于取了极限，可以写等号），第 4 行至第 5 行将反对称符号看作叉积，交换之后变号。于是，我们推导出了旋转后的点相对于李代数的导数：

$$\frac{\partial (\boldsymbol{Rp})}{\partial \boldsymbol{\phi}} = (-\boldsymbol{Rp})^{\wedge} \boldsymbol{J}_l. \tag{4.41}$$

不过，由于这里仍然含有形式比较复杂的 $\boldsymbol{J}_l$，我们不太希望计算它。而下面要讲的扰动模型则提供了更简单的导数计算方式。

4.3.4　扰动模型（左乘）

另一种求导方式是对 $\boldsymbol{R}$ 进行一次扰动 $\Delta \boldsymbol{R}$，看结果相对于扰动的变化率。这个扰动可以乘在左边也可以乘在右边，最后结果会有一点儿微小的差异，我们以左扰动为例。设左扰动 $\Delta \boldsymbol{R}$ 对应的李代数为 $\boldsymbol{\varphi}$。然后，对 $\boldsymbol{\varphi}$ 求导，即

$$\frac{\partial (\boldsymbol{Rp})}{\partial \boldsymbol{\varphi}} = \lim_{\boldsymbol{\varphi} \to 0} \frac{\exp(\boldsymbol{\varphi}^{\wedge}) \exp(\boldsymbol{\phi}^{\wedge}) \boldsymbol{p} - \exp(\boldsymbol{\phi}^{\wedge}) \boldsymbol{p}}{\boldsymbol{\varphi}}. \tag{4.42}$$

该式的求导比上面更简单：

$$\begin{aligned}
\frac{\partial (\boldsymbol{Rp})}{\partial \boldsymbol{\varphi}} &= \lim_{\boldsymbol{\varphi} \to 0} \frac{\exp(\boldsymbol{\varphi}^{\wedge}) \exp(\boldsymbol{\phi}^{\wedge}) \boldsymbol{p} - \exp(\boldsymbol{\phi}^{\wedge}) \boldsymbol{p}}{\boldsymbol{\varphi}} \\
&= \lim_{\boldsymbol{\varphi} \to 0} \frac{(\boldsymbol{I} + \boldsymbol{\varphi}^{\wedge}) \exp(\boldsymbol{\phi}^{\wedge}) \boldsymbol{p} - \exp(\boldsymbol{\phi}^{\wedge}) \boldsymbol{p}}{\boldsymbol{\varphi}} \\
&= \lim_{\boldsymbol{\varphi} \to 0} \frac{\boldsymbol{\varphi}^{\wedge} \boldsymbol{Rp}}{\boldsymbol{\varphi}} = \lim_{\boldsymbol{\varphi} \to 0} \frac{-(\boldsymbol{Rp})^{\wedge} \boldsymbol{\varphi}}{\boldsymbol{\varphi}} = -(\boldsymbol{Rp})^{\wedge}.
\end{aligned}$$

可见，相比于直接对李代数求导，省去了一个雅可比 $\boldsymbol{J}_l$ 的计算。这使得扰动模型更为实用。请读者务必理解这里的求导运算，这在位姿估计中具有重要的意义。

4.3.5　SE(3) 上的李代数求导

最后，我们给出 SE(3) 上的扰动模型，而直接李代数上的求导就不再介绍了。假设某空间点 $\boldsymbol{p}$ 经过一次变换 $\boldsymbol{T}$（对应李代数为 $\boldsymbol{\xi}$），得到 $\boldsymbol{Tp}$[①]。现在，给 $\boldsymbol{T}$ 左乘一个扰动 $\Delta \boldsymbol{T} = \exp(\delta \boldsymbol{\xi}^{\wedge})$，我们设扰动项的李代数为 $\delta \boldsymbol{\xi} = [\delta \boldsymbol{\rho}, \delta \boldsymbol{\phi}]^{\mathrm{T}}$，那么：

$$\frac{\partial (\boldsymbol{Tp})}{\partial \delta \boldsymbol{\xi}} = \lim_{\delta \boldsymbol{\xi} \to 0} \frac{\exp(\delta \boldsymbol{\xi}^{\wedge}) \exp(\boldsymbol{\xi}^{\wedge}) \boldsymbol{p} - \exp(\boldsymbol{\xi}^{\wedge}) \boldsymbol{p}}{\delta \boldsymbol{\xi}}$$

---

①请注意为了使乘法成立，$\boldsymbol{p}$ 必须使用齐次坐标。

$$
\begin{aligned}
&= \lim_{\delta\boldsymbol{\xi}\to 0} \frac{(\boldsymbol{I}+\delta\boldsymbol{\xi}^{\wedge})\exp(\boldsymbol{\xi}^{\wedge})\boldsymbol{p}-\exp(\boldsymbol{\xi}^{\wedge})\boldsymbol{p}}{\delta\boldsymbol{\xi}} \\
&= \lim_{\delta\boldsymbol{\xi}\to 0} \frac{\delta\boldsymbol{\xi}^{\wedge}\exp(\boldsymbol{\xi}^{\wedge})\boldsymbol{p}}{\delta\boldsymbol{\xi}} \\
&= \lim_{\delta\boldsymbol{\xi}\to 0} \frac{\begin{bmatrix}\delta\boldsymbol{\phi}^{\wedge} & \delta\boldsymbol{\rho}\\ \mathbf{0}^{\mathrm{T}} & 0\end{bmatrix}\begin{bmatrix}\boldsymbol{R}\boldsymbol{p}+\boldsymbol{t}\\ 1\end{bmatrix}}{\delta\boldsymbol{\xi}} \\
&= \lim_{\delta\boldsymbol{\xi}\to 0} \frac{\begin{bmatrix}\delta\boldsymbol{\phi}^{\wedge}(\boldsymbol{R}\boldsymbol{p}+\boldsymbol{t})+\delta\boldsymbol{\rho}\\ \mathbf{0}^{\mathrm{T}}\end{bmatrix}}{[\delta\boldsymbol{\rho},\delta\boldsymbol{\phi}]^{\mathrm{T}}}=\begin{bmatrix}\boldsymbol{I} & -(\boldsymbol{R}\boldsymbol{p}+\boldsymbol{t})^{\wedge}\\ \mathbf{0}^{\mathrm{T}} & \mathbf{0}^{\mathrm{T}}\end{bmatrix}\overset{\text{def}}{=}(\boldsymbol{T}\boldsymbol{p})^{\odot}.
\end{aligned}
$$

我们把最后的结果定义成一个算符 $\odot$ [1]，它把一个齐次坐标的空间点变换成一个 4×6 的矩阵。此式稍微需要解释的是矩阵求导方面的顺序，假设 $\boldsymbol{a},\boldsymbol{b},\boldsymbol{x},\boldsymbol{y}$ 都是列向量，那么在我们的符号写法下，有如下的规则：

$$
\frac{\mathrm{d}\begin{bmatrix}\boldsymbol{a}\\ \boldsymbol{b}\end{bmatrix}}{\mathrm{d}\begin{bmatrix}\boldsymbol{x}\\ \boldsymbol{y}\end{bmatrix}}=\left(\frac{\mathrm{d}[\boldsymbol{a},\boldsymbol{b}]^{\mathrm{T}}}{\mathrm{d}\begin{bmatrix}\boldsymbol{x}\\ \boldsymbol{y}\end{bmatrix}}\right)^{\mathrm{T}}=\begin{bmatrix}\dfrac{\mathrm{d}\boldsymbol{a}}{\mathrm{d}\boldsymbol{x}} & \dfrac{\mathrm{d}\boldsymbol{b}}{\mathrm{d}\boldsymbol{x}}\\[2mm] \dfrac{\mathrm{d}\boldsymbol{a}}{\mathrm{d}\boldsymbol{y}} & \dfrac{\mathrm{d}\boldsymbol{b}}{\mathrm{d}\boldsymbol{y}}\end{bmatrix}^{\mathrm{T}}=\begin{bmatrix}\dfrac{\mathrm{d}\boldsymbol{a}}{\mathrm{d}\boldsymbol{x}} & \dfrac{\mathrm{d}\boldsymbol{a}}{\mathrm{d}\boldsymbol{y}}\\[2mm] \dfrac{\mathrm{d}\boldsymbol{b}}{\mathrm{d}\boldsymbol{x}} & \dfrac{\mathrm{d}\boldsymbol{b}}{\mathrm{d}\boldsymbol{y}}\end{bmatrix} \tag{4.43}
$$

至此，我们已经介绍了李群与李代数上的微分运算。之后的章节中，我们将应用这些知识解决实际问题。关于李群与李代数的某些重要数学性质，我们作为习题留给读者。

4.4　实践：Sophus

4.4.1　Sophus 的基本使用方法

我们已经介绍了李代数的入门知识，现在是通过实践演练并巩固所学知识的时候了。我们来讨论如何在程序中操作李代数。在第 3 讲中，我们看到 Eigen 提供了几何模块，但没有提供李代数的支持。一个较好的李代数库是 Strasdat 维护的 Sophus 库[2]。Sophus 库支持本章主要讨论的 SO(3) 和 SE(3)，此外，还含有二维运动 SO(2), SE(2) 及相似变换 Sim(3) 的内容。它是直接在 Eigen 基

---

①笔者会读作"咚"，像一个石子掉在井里的声音。
②最早提出李代数的是 Sophus Lie，这个库就以他的名字命名了。

础上开发的，我们不需要安装额外的依赖库。读者可以直接从 GitHub 上获取 Sophus，在本书的代码目录 slambook/3rdparty 下也提供了 Sophus 源代码。由于历史原因，Sophus 早期版本只提供了双精度的李群/李代数类。后续版本改写成了模板类。模板类的 Sophus 中可以使用不同精度的李群/李代数，但同时增加了使用难度。在本书中，我们使用**带模板**的 Sophus 库。本书的 3rdparty 中提供的 Sophus 是**模板**版本，它应该在你下载本书代码的时候就已经复制下来了。Sophus 本身也是一个 cmake 工程。想必你已经了解如何编译 cmake 工程了，这里不再赘述。Sophus 库只需编译即可，无须安装。

　　下面来演示 Sophus 库中的 SO(3) 和 SE(3) 运算：

📖 **slambook/ch4/useSophus.cpp**

```cpp
#include <iostream>
#include <cmath>
#include <Eigen/Core>
#include <Eigen/Geometry>
#include "sophus/se3.hpp"

using namespace std;
using namespace Eigen;

/// 本程序演示sophus的基本用法
int main(int argc, char **argv) {
    // 沿Z轴转90度的旋转矩阵
    Matrix3d R = AngleAxisd(M_PI / 2, Vector3d(0, 0, 1)).toRotationMatrix();
    // 或者四元数
    Quaterniond q(R);
    Sophus::SO3d SO3_R(R);              // Sophus::SO3d可以直接从旋转矩阵构造
    Sophus::SO3d SO3_q(q);             // 也可以通过四元数构造
    // 二者是等价的
    cout << "SO(3) from matrix:\n" << SO3_R.matrix() << endl;
    cout << "SO(3) from quaternion:\n" << SO3_q.matrix() << endl;
    cout << "they are equal" << endl;

    // 使用对数映射获得它的李代数
    Vector3d so3 = SO3_R.log();
    cout << "so3 = " << so3.transpose() << endl;
    // hat为向量到反对称矩阵
    cout << "so3 hat=\n" << Sophus::SO3d::hat(so3) << endl;
    // 相对的，vee为反对称到向量
    cout << "so3 hat vee= " << Sophus::SO3d::vee(Sophus::SO3d::hat(so3)).transpose() << endl;

    // 增量扰动模型的更新
```

```
32    Vector3d update_so3(1e-4, 0, 0); //假设更新量为这么多
33    Sophus::SO3d SO3_updated = Sophus::SO3d::exp(update_so3) * SO3_R;
34    cout << "SO3 updated = \n" << SO3_updated.matrix() << endl;
35
36    cout << "*******************************" << endl;
37    // 对SE(3)操作大同小异
38    Vector3d t(1, 0, 0);              // 沿X轴平移1
39    Sophus::SE3d SE3_Rt(R, t);        // 从R,t构造SE(3)
40    Sophus::SE3d SE3_qt(q, t);        // 从q,t构造SE(3)
41    cout << "SE3 from R,t= \n" << SE3_Rt.matrix() << endl;
42    cout << "SE3 from q,t= \n" << SE3_qt.matrix() << endl;
43    // 李代数se(3)是一个六维向量，方便起见先typedef一下
44    typedef Eigen::Matrix<double, 6, 1> Vector6d;
45    Vector6d se3 = SE3_Rt.log();
46    cout << "se3 = " << se3.transpose() << endl;
47    // 观察输出，会发现在Sophus中，se(3)的平移在前，旋转在后.
48    // 同样地，有hat和vee两个算符
49    cout << "se3 hat = \n" << Sophus::SE3d::hat(se3) << endl;
50    cout << "se3 hat vee = " << Sophus::SE3d::vee(Sophus::SE3d::hat(se3)).transpose() << endl
      ;
51
52    // 最后，演示更新
53    Vector6d update_se3; //更新量
54    update_se3.setZero();
55    update_se3(0, 0) = 1e-4d;
56    Sophus::SE3d SE3_updated = Sophus::SE3d::exp(update_se3) * SE3_Rt;
57    cout << "SE3 updated = " << endl << SE3_updated.matrix() << endl;
58
59    return 0;
60  }
```

该演示程序分为两部分。前半部分介绍 SO(3) 上的操作，后半部分则为 SE(3)。我们演示了如何构造 SO(3), SE(3) 对象，对它们进行指数、对数映射，以及当知道更新量后，如何对李群元素进行更新。如果读者切实理解了本讲内容，那么这个程序对你来说应该没有什么难度。为了编译它，请在 CMakeLists.txt 里添加以下几行代码：

📖 **slambook/ch4/useSophus/CMakeLists.txt**

```
1  # 为使用sophus，需要使用find_package命令找到它
2  find_package( Sophus REQUIRED )
3  include_directories( ${Sophus_INCLUDE_DIRS} )
4
5  add_executable( useSophus useSophus.cpp )
```

find_package 命令是 cmake 提供的寻找某个库的头文件与库文件的指令。如果 cmake 能够找到它，就会提供头文件和库文件所在的目录的变量。在 Sophus 这个例子中，就是 Sophus_INCLUDE_DIRS。基于模板的 Sophus 库和 Eigen 一样，是仅含头文件而没有源文件的。根据它们，我们就能将 Sophus 库引入自己的 cmake 工程。请读者自行查看此程序的输出信息，它与我们之前的推导是一致的。

4.4.2　例子：评估轨迹的误差

在实际工程中，我们经常需要评估一个算法的估计轨迹与真实轨迹的差异来评价算法的精度。真实轨迹往往通过某些更高精度的系统获得，而估计轨迹则是由待评价的算法计算得到的。第 3 讲我们演示了如何显示存储在文件中的某条轨迹，本节我们考虑如何计算两条轨迹的误差。考虑一条估计轨迹 $T_{\mathrm{esti},i}$ 和真实轨迹 $T_{\mathrm{gt},i}$，其中 $i = 1, \cdots, N$，那么我们可以定义一些误差指标来描述它们之间的差别。

误差指标可以有很多种，常见的有**绝对轨迹误差**（Absolute Trajectory Error，ATE），形如：

$$\mathrm{ATE}_{\mathrm{all}} = \sqrt{\frac{1}{N} \sum_{i=1}^{N} \| \log(T_{\mathrm{gt},i}^{-1} T_{\mathrm{esti},i})^{\vee} \|_2^2}, \tag{4.44}$$

这实际上是每个位姿李代数的**均方根误差**（Root-Mean-Squared Error，RMSE）。这种误差可以刻画两条轨迹的旋转和平移误差。同时，也有的文献仅考虑平移误差[23]，从而可以定义**绝对平移误差**（Average Translational Error）：

$$\mathrm{ATE}_{\mathrm{trans}} = \sqrt{\frac{1}{N} \sum_{i=1}^{N} \| \mathrm{trans}(T_{\mathrm{gt},i}^{-1} T_{\mathrm{esti},i}) \|_2^2}, \tag{4.45}$$

其中 trans 表示取括号内部变量的平移部分。因为从整条轨迹上看，旋转出现误差后，随后的轨迹在平移上也会出现误差，所以两种指标在实际中都适用。

除此之外，也可以定义相对的误差。例如，考虑 i 时刻到 $i + \Delta t$ 时刻的运动，那么相对位姿误差（Relative Pose Error，RPE）可定义为

$$\mathrm{RPE}_{\mathrm{all}} = \sqrt{\frac{1}{N - \Delta t} \sum_{i=1}^{N - \Delta t} \left\| \log \left(\left(T_{\mathrm{gt},i}^{-1} T_{\mathrm{gt},i+\Delta t} \right)^{-1} \left(T_{\mathrm{esti},i}^{-1} T_{\mathrm{esti},i+\Delta t} \right) \right)^{\vee} \right\|_2^2}, \tag{4.46}$$

同样地，也可只取平移部分：

$$\text{RPE}_{\text{trans}} = \sqrt{\frac{1}{N - \Delta t} \sum_{i=1}^{N-\Delta t} \left\| \text{trans} \left(\left(\boldsymbol{T}_{\text{gt},i}^{-1} \boldsymbol{T}_{\text{gt},i+\Delta t} \right)^{-1} \left(\boldsymbol{T}_{\text{esti},i}^{-1} \boldsymbol{T}_{\text{esti},i+\Delta t} \right) \right) \right\|_2^2}. \tag{4.47}$$

利用 Sophus 库，很容易实现这部分计算。下面我们演示绝对轨迹误差的计算。在这个例子中，我们有 groundtruth.txt 和 estimated.txt 两条轨迹，下面的代码将读取这两条轨迹，计算误差，然后显示到 3D 窗口中。为简洁起见，省略了画轨迹部分的代码，在第 3 讲中我们已经做过类似的工作。

⑩ **slambook/ch4/example/trajectoryError.cpp**（部分）

```cpp
#include <iostream>
#include <fstream>
#include <unistd.h>
#include <pangolin/pangolin.h>
#include <sophus/se3.hpp>

using namespace Sophus;
using namespace std;

string groundtruth_file = "./example/groundtruth.txt";
string estimated_file = "./example/estimated.txt";

typedef vector<Sophus::SE3d, Eigen::aligned_allocator<Sophus::SE3d>> TrajectoryType;

void DrawTrajectory(const TrajectoryType &gt, const TrajectoryType &esti);

TrajectoryType ReadTrajectory(const string &path);

int main(int argc, char **argv) {
    TrajectoryType groundtruth = ReadTrajectory(groundtruth_file);
    TrajectoryType estimated = ReadTrajectory(estimated_file);
    assert(!groundtruth.empty() && !estimated.empty());
    assert(groundtruth.size() == estimated.size());

    // compute rmse
    double rmse = 0;
    for (size_t i = 0; i < estimated.size(); i++) {
        Sophus::SE3d p1 = estimated[i], p2 = groundtruth[i];
        double error = (p2.inverse() * p1).log().norm();
        rmse += error * error;
    }
    rmse = rmse / double(estimated.size());
    rmse = sqrt(rmse);
```

```
34        cout << "RMSE = " << rmse << endl;
35
36        DrawTrajectory(groundtruth, estimated);
37        return 0;
38    }
39
40    TrajectoryType ReadTrajectory(const string &path) {
41        ifstream fin(path);
42        TrajectoryType trajectory;
43        if (!fin) {
44            cerr << "trajectory " << path << " not found." << endl;
45            return trajectory;
46        }
47
48        while (!fin.eof()) {
49            double time, tx, ty, tz, qx, qy, qz, qw;
50            fin >> time >> tx >> ty >> tz >> qx >> qy >> qz >> qw;
51            Sophus::SE3d p1(Eigen::Quaterniond(qx, qy, qz, qw), Eigen::Vector3d(tx, ty, tz));
52            trajectory.push_back(p1);
53        }
54        return trajectory;
55    }
```

　　该程序输出的结果为 2.207，图像如图 4-2 所示。读者也可以尝试将旋转部分去掉，仅计算平移部分的误差。就这个例子来说，我们事实上已经帮助读者做了一些预处理任务，包括轨迹的时间对齐、外参预估，这些内容现在还没有讲到，我们将在以后的学习中谈论。

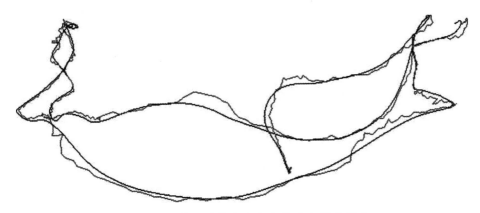

图 4-2　计算估计轨迹与真实轨迹之间的误差

4.5　* 相似变换群与李代数

最后，我们要提一下在单目视觉中使用的相似变换群 Sim(3)，以及对应的李代数 sim(3)。如果你只对双目 SLAM 或 RGB-D SLAM 感兴趣，可以跳过本节。

我们已经介绍过单目的尺度不确定性。如果在单目 SLAM 中使用 SE(3) 表示位姿，那么由于尺度不确定性与尺度漂移，整个 SLAM 过程中的尺度会发生变化，这在 SE(3) 中未能体现出来。因此，在单目情况下我们一般会显式地把尺度因子表达出来。用数学语言来说，对于位于空间的点 $\boldsymbol{p}$，在相机坐标系下要经过一个**相似变换**，而非欧氏变换：

$$
\boldsymbol{p}' = \begin{bmatrix} s\boldsymbol{R} & \boldsymbol{t} \\ \boldsymbol{0}^{\mathrm{T}} & 1 \end{bmatrix} \boldsymbol{p} = s\boldsymbol{R}\boldsymbol{p} + \boldsymbol{t}. \tag{4.48}
$$

在相似变换中，我们把尺度 s 表达出来了。它同时作用在 $\boldsymbol{p}$ 的 3 个坐标之上，对 $\boldsymbol{p}$ 进行了一次缩放。与 SO(3)、SE(3) 相似，相似变换也对矩阵乘法构成群，称为相似变换群 Sim(3)：

$$
\mathrm{Sim}(3) = \left\{ \boldsymbol{S} = \begin{bmatrix} s\boldsymbol{R} & \boldsymbol{t} \\ \boldsymbol{0}^{\mathrm{T}} & 1 \end{bmatrix} \in \mathbb{R}^{4\times 4} \right\}. \tag{4.49}
$$

同样地，Sim(3) 也有对应的李代数、指数映射、对数映射等。李代数 sim(3) 元素是一个 7 维向量 $\boldsymbol{\zeta}$。它的前 6 维与 se(3) 相同，最后多了一项 σ。

$$
\mathrm{sim}(3) = \left\{ \boldsymbol{\zeta} \,\middle|\, \boldsymbol{\zeta} = \begin{bmatrix} \boldsymbol{\rho} \\ \boldsymbol{\phi} \\ \sigma \end{bmatrix} \in \mathbb{R}^7, \boldsymbol{\zeta}^{\wedge} = \begin{bmatrix} \sigma\boldsymbol{I} + \boldsymbol{\phi}^{\wedge} & \boldsymbol{\rho} \\ \boldsymbol{0}^{\mathrm{T}} & 0 \end{bmatrix} \in \mathbb{R}^{4\times 4} \right\}. \tag{4.50}
$$

它比 se(3) 多了一项 σ。关联 Sim(3) 和 sim(3) 的仍是指数映射和对数映射。指数映射为

$$
\exp\left(\boldsymbol{\zeta}^{\wedge}\right) = \begin{bmatrix} \mathrm{e}^{\sigma}\exp\left(\boldsymbol{\phi}^{\wedge}\right) & \boldsymbol{J}_s\boldsymbol{\rho} \\ \boldsymbol{0}^{\mathrm{T}} & 1 \end{bmatrix}. \tag{4.51}
$$

其中，$\boldsymbol{J}_s$ 的形式为

$$
\boldsymbol{J}_s = \frac{\mathrm{e}^{\sigma} - 1}{\sigma}\boldsymbol{I} + \frac{\sigma\mathrm{e}^{\sigma}\sin\theta + (1 - \mathrm{e}^{\sigma}\cos\theta)\,\theta}{\sigma^2 + \theta^2}\boldsymbol{a}^{\wedge}
$$
$$
+ \left(\frac{\mathrm{e}^{\sigma} - 1}{\sigma} - \frac{(\mathrm{e}^{\sigma}\cos\theta - 1)\,\sigma + (\mathrm{e}^{\sigma}\sin\theta)\theta}{\sigma^2 + \theta^2} \right) \boldsymbol{a}^{\wedge}\boldsymbol{a}^{\wedge}.
$$

通过指数映射，我们能够找到李代数与李群的关系。对于李代数 ζ，它与李群的对应关系为

$$s = \mathrm{e}^{\sigma},\ \boldsymbol{R} = \exp(\boldsymbol{\phi}^{\wedge}),\ \boldsymbol{t} = \boldsymbol{J}_s \boldsymbol{\rho}. \tag{4.52}$$

旋转部分和 SO(3) 是一致的。平移部分，在 $\mathfrak{se}(3)$ 中需要乘一个雅可比 $\boldsymbol{\mathcal{J}}$，而相似变换的雅可比更复杂。对于尺度因子，可以看到李群中的 s 即为李代数中 σ 的指数函数。

Sim(3) 的 BCH 近似与 SE(3) 是类似的。我们可以讨论一个点 $\boldsymbol{p}$ 经过相似变换 $\boldsymbol{Sp}$ 后，相对于 $\boldsymbol{S}$ 的导数。同样地，存在微分模型和扰动模型两种方式，而扰动模型较为简单。我们省略推导过程，直接给出扰动模型的结果。设给予 $\boldsymbol{Sp}$ 左侧一个小扰动 $\exp(\boldsymbol{\zeta}^{\wedge})$，并求 $\boldsymbol{Sp}$ 对于扰动的导数。因为 $\boldsymbol{Sp}$ 是 4 维的齐次坐标，$\boldsymbol{\zeta}$ 是 7 维向量，所以该导数应该是 4×7 的雅可比。方便起见，记 $\boldsymbol{Sp}$ 的前 3 维组成向量为 $\boldsymbol{q}$，那么：

$$\frac{\partial \boldsymbol{Sp}}{\partial \boldsymbol{\zeta}} = \begin{bmatrix} \boldsymbol{I} & -\boldsymbol{q}^{\wedge} & \boldsymbol{q} \\ \boldsymbol{0}^{\mathrm{T}} & \boldsymbol{0}^{\mathrm{T}} & 0 \end{bmatrix}. \tag{4.53}$$

关于 Sim(3)，我们就介绍到这里。更详细的关于 Sim(3) 的资料，建议读者参见文献 [24]。

4.6　小结

本讲引入了李群 SO(3) 和 SE(3)，以及它们对应的李代数 $\mathfrak{so}(3)$ 和 $\mathfrak{se}(3)$。我们介绍了位姿在它们上面的表达和转换，然后通过 BCH 的线性近似，就可以对位姿进行扰动并求导。这给之后讲解位姿的优化打下了理论基础，因为我们需要经常对某一个位姿的估计值进行调整，使它对应的误差减小。只有在弄清楚如何对位姿进行调整和更新之后，我们才能继续下一步的内容。

本讲的内容可能比较偏理论，毕竟它不像计算机视觉那样经常有好看的图片展示。与讲解李群与李代数的数学教科书相比，由于我们只关心实用的内容，所以讲的过程非常精简，速度也相对快。本讲内容是解决后续许多问题的基础，请读者务必理解，特别是位姿估计部分。

值得一提的是，除了李代数，同样也可以用四元数、欧拉角等方式表示旋转，只是后续的处理要麻烦一些。在实际应用中，也可以使用 SO(3) 加上平移的方式来代替 SE(3)，从而回避一些雅可比的计算。

习题

1. 验证 SO(3)、SE(3) 和 Sim(3) 关于乘法成群。
2. 验证 $(\mathbb{R}^3, \mathbb{R}, \times)$ 构成李代数。

3. 验证 $\mathfrak{so}(3)$ 和 $\mathfrak{se}(3)$ 满足李代数要求的性质。

4. 验证性质 (4.20) 和 (4.21)。

5. 证明：

$$\boldsymbol{R}\boldsymbol{p}^\wedge \boldsymbol{R}^\mathrm{T} = (\boldsymbol{R}\boldsymbol{p})^\wedge.$$

6. 证明：

$$\boldsymbol{R}\exp(\boldsymbol{p}^\wedge)\boldsymbol{R}^\mathrm{T} = \exp((\boldsymbol{R}\boldsymbol{p})^\wedge).$$

该式称为 SO(3) 上的**伴随**性质。同样地，在 SE(3) 上也有伴随性质：

$$\boldsymbol{T}\exp(\boldsymbol{\xi}^\wedge)\boldsymbol{T}^{-1} = \exp\left((\mathrm{Ad}(\boldsymbol{T})\boldsymbol{\xi})^\wedge\right), \tag{4.54}$$

其中：

$$\mathrm{Ad}(\boldsymbol{T}) = \begin{bmatrix} \boldsymbol{R} & \boldsymbol{t}^\wedge \boldsymbol{R} \\ \boldsymbol{0} & \boldsymbol{R} \end{bmatrix}. \tag{4.55}$$

7. 仿照左扰动的推导，推导 SO(3) 和 SE(3) 在右扰动下的导数。

8. 搜索 cmake 的 find_package 指令是如何运作的。它有哪些可选的参数？为了让 cmake 找到某个库，需要哪些先决条件？

第**5**讲

相机与图像

主要目标

1. 理解针孔相机的模型、内参与径向畸变参数。
2. 理解一个空间点是如何投影到相机成像平面的。
3. 掌握 OpenCV 的图像存储与表达方式。
4. 学会基本的摄像头标定方法。

前面两讲中，我们介绍了"机器人如何表示自身位姿"的问题，部分地解释了 SLAM 经典模型中变量的含义和运动方程部分。本讲将讨论"机器人如何观测外部世界"，也就是观测方程部分。而在以相机为主的视觉 SLAM 中，观测主要是指**相机成像**的过程。

我们在现实生活中能看到大量的照片。在计算机中，一张照片由很多个像素组成，每个像素记录了色彩或亮度的信息。三维世界中的一个物体反射或发出的光线，穿过相机光心后，投影在相机的成像平面上。相机的感光器件接收到光线后，产生测量值，就得到了像素，形成了我们见到的照片。这个过程能否用数学原理来描述呢？本讲将首先讨论相机模型，说明投影关系具体如何描述，相机的内参是什么。同时，简单介绍双目成像与 RGB-D 相机的原理。然后，介绍二维照片像素的基本操作。最后，根据内外参数的含义，演示一个点云拼接的实验。

5.1　相机模型

　　相机将三维世界中的坐标点（单位为米）映射到二维图像平面（单位为像素）的过程能够用一个几何模型进行描述。这个模型有很多种，其中最简单的称为**针孔模型**。针孔模型是很常用而且有效的模型，它描述了一束光线通过针孔之后，在针孔背面投影成像的关系。在本书中我们用一个简单的针孔相机模型对这种映射关系进行建模。同时，由于相机镜头上的透镜的存在，使得光线投影到成像平面的过程中会产生**畸变**。因此，我们使用针孔和畸变两个模型来描述整个投影过程。

　　本节先给出相机的针孔模型，再对透镜的畸变模型进行讲解。这两个模型能够把外部的三维点投影到相机内部成像平面，构成相机的**内参数**（Intrinsics）。

5.1.1　针孔相机模型

　　在初中物理课堂上，我们可能都见过一个蜡烛投影实验：在一个暗箱的前方放着一支点燃的蜡烛，蜡烛的光透过暗箱上的一个小孔投影在暗箱的后方平面上，并在这个平面上形成一个倒立的蜡烛图像。在这个过程中，小孔模型能够把三维世界中的蜡烛投影到一个二维成像平面。同理，我们可以用这个简单的模型来解释相机的成像过程，如图 5-1 所示。

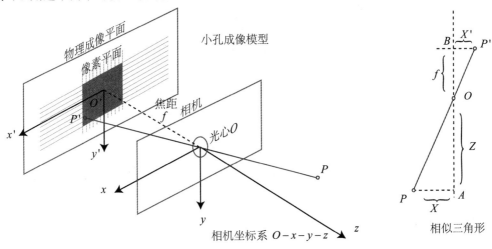

图 5-1　针孔相机模型

　　现在对这个简单的针孔模型进行几何建模。设 $O-x-y-z$ 为相机坐标系，习惯上我们让 z 轴指向相机前方，x 轴向右，y 轴向下（此图我们应该站在左侧看右侧）。O 为摄像机的**光心**，也是针孔模型中的针孔。现实世界的空间点 P，经过小孔 O 投影之后，落在物理成像平面 $O'-x'-y'$ 上，成像点为 P'。设 P 的坐标为 $[X, Y, Z]^\mathrm{T}$，P' 为 $[X', Y', Z']^\mathrm{T}$，并且设物理成像平面到小孔的距离为 f（焦距）。那么，根据三角形相似关系，有

$$\frac{Z}{f} = -\frac{X}{X'} = -\frac{Y}{Y'}. \tag{5.1}$$

其中负号表示成的像是倒立的。不过，实际相机得到的图像并不是倒像（否则相机的使用会非常不方便）。为了让模型更符合实际，我们可以等价地把成像平面对称地放到相机前方，和三维空间点一起放在摄像机坐标系的同一侧，如图 5-2 所示。这样做可以把公式中的负号去掉，使式子更加简洁：

$$\frac{Z}{f} = \frac{X}{X'} = \frac{Y}{Y'}. \tag{5.2}$$

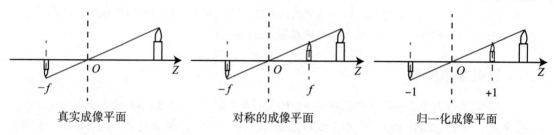

图 5-2   真实成像平面，对称的成像平面，归一化成像平面的图示

把 X', Y' 放到等式左侧，整理得

$$\begin{aligned} X' &= f\frac{X}{Z} \\ Y' &= f\frac{Y}{Z} \end{aligned}. \tag{5.3}$$

读者可能要问，为什么我们可以看似随意地把成像平面挪到前方呢？这只是我们处理真实世界与相机投影的数学手段，并且，大多数相机输出的图像并不是倒像——相机自身的软件会帮你翻转这张图像，所以我们实际得到的是正像，也就是对称的成像平面上的像。所以，尽管从物理原理的角度看，小孔成像应该是倒像，但由于我们对图像做了预处理，所以理解成在对称平面上的像并不会带来什么坏处。于是，在不引起歧义的情况下，我们也不加限制地称后一种情况为针孔模型。

式 (5.3) 描述了点 P 和它的像之间的空间关系，这里所有点的单位都可理解成米，比如焦距是 0.2 米，X' 是 0.14 米。不过，在相机中，我们最终获得的是一个个的像素，这还需要在成像平面上对像进行采样和量化。为了描述传感器将感受到的光线转换成图像像素的过程，我们设在物理成像平面上固定着一个像素平面 $o - u - v$。我们在像素平面得到了 P' 的**像素坐标**：$[u, v]^{\mathrm{T}}$。

像素坐标系[①]通常的定义方式是：原点 o' 位于图像的左上角，u 轴向右与 x 轴平行，v 轴向下与 y 轴平行。像素坐标系与成像平面之间，相差了一个**缩放**和一个**原点的平移**。我们设像素坐标在 u 轴上缩放了 α 倍，在 v 轴上缩放了 β 倍。同时，原点平移了 $[c_x, c_y]^{\mathrm{T}}$。那么，P' 的坐标与

①或图像坐标系，见 5.2 节。

像素坐标 $[u, v]^\mathrm{T}$ 的关系为

$$
\begin{cases}
u = \alpha X' + c_x \\
v = \beta Y' + c_y
\end{cases}
. \tag{5.4}
$$

代入式 (5.3) 并把 αf 合并成 f_x，把 βf 合并成 f_y，得

$$
\begin{cases}
u = f_x \dfrac{X}{Z} + c_x \\[2mm]
v = f_y \dfrac{Y}{Z} + c_y
\end{cases}
. \tag{5.5}
$$

其中，f 的单位为米，α, β 的单位为像素/米，所以 f_x, f_y 和 c_x, c_y 的单位为像素。把该式写成矩阵形式会更加简洁，不过左侧需要用到齐次坐标，右侧则是非齐次坐标：

$$
\begin{pmatrix} u \\ v \\ 1 \end{pmatrix}
= \frac{1}{Z}
\begin{pmatrix}
f_x & 0 & c_x \\
0 & f_y & c_y \\
0 & 0 & 1
\end{pmatrix}
\begin{pmatrix} X \\ Y \\ Z \end{pmatrix}
\stackrel{\text{def}}{=} \frac{1}{Z} \boldsymbol{K} \boldsymbol{P}. \tag{5.6}
$$

我们习惯性地把 Z 挪到左侧：

$$
Z \begin{pmatrix} u \\ v \\ 1 \end{pmatrix}
=
\begin{pmatrix}
f_x & 0 & c_x \\
0 & f_y & c_y \\
0 & 0 & 1
\end{pmatrix}
\begin{pmatrix} X \\ Y \\ Z \end{pmatrix}
\stackrel{\text{def}}{=} \boldsymbol{K} \boldsymbol{P}. \tag{5.7}
$$

该式中，我们把中间的量组成的矩阵称为**相机的内参数（Camera Intrinsics）矩阵 $\boldsymbol{K}$**。通常认为，相机的内参在出厂之后是固定的，不会在使用过程中发生变化。有的相机生产厂商会告诉你相机的内参，而有时需要你自己确定相机的内参，也就是所谓的**标定**。鉴于标定算法业已成熟（如著名的单目棋盘格张正友标定法[25]），这里就不介绍了。

有内参，自然也有相对的外参。在式 (5.6) 中，我们使用的是 P 在相机坐标系下的坐标，但实际上由于相机在运动，所以 P 的相机坐标应该是它的世界坐标（记为 $\boldsymbol{P}_\mathrm{w}$）根据相机的当前位姿变换到相机坐标系下的结果。相机的位姿由它的旋转矩阵 $\boldsymbol{R}$ 和平移向量 $\boldsymbol{t}$ 来描述。那么有

$$
Z \boldsymbol{P}_{uv} = Z \begin{bmatrix} u \\ v \\ 1 \end{bmatrix}
= \boldsymbol{K}\left(\boldsymbol{R}\boldsymbol{P}_\mathrm{w} + \boldsymbol{t} \right)
= \boldsymbol{K}\boldsymbol{T}\boldsymbol{P}_\mathrm{w}. \tag{5.8}
$$

注意后一个式子隐含了一次齐次坐标到非齐次坐标的转换（你能看出来吗？）[1]。它描述了 P 的世界坐标到像素坐标的投影关系。其中，相机的位姿 R, t 又称为**相机的外参数**（Camera Extrinsics）[2]。相比于不变的内参，外参会随着相机运动发生改变，也是 SLAM 中待估计的目标，代表着机器人的轨迹。

投影过程还可以从另一个角度来看。式 (5.8) 表明，我们可以把一个世界坐标点先转换到相机坐标系，再除掉它最后一维的数值（即该点距离相机成像平面的深度），这相当于把最后一维进行**归一化处理**，得到点 P 在相机**归一化平面**上的投影：

$$(RP_w + t) = \underbrace{[X, Y, Z]^T}_{\text{相机坐标}} \rightarrow \underbrace{[X/Z, Y/Z, 1]^T}_{\text{归一化坐标}}. \tag{5.9}$$

归一化坐标可看成相机前方[3]$z = 1$ 处的平面上的一个点，这个 $z = 1$ 平面也称为**归一化平面**。归一化坐标再左乘内参就得到了像素坐标，所以我们可以把像素坐标 $[u, v]^T$ 看成对归一化平面上的点进行量化测量的结果。从这个模型中也可以看出，如果对相机坐标同时乘以任意非零常数，归一化坐标都是一样的，这说明**点的深度在投影过程中被丢失了**，所以单目视觉中没法得到像素点的深度值。

5.1.2 畸变模型

为了获得好的成像效果，我们在相机的前方加了透镜。透镜的加入会对成像过程中光线的传播产生新的影响：一是透镜自身的形状对光线传播的影响；二是在机械组装过程中，透镜和成像平面不可能完全平行，这也会使光线穿过透镜投影到成像面时的位置发生变化。

由透镜形状引起的**畸变**（Distortion，也叫失真）称为**径向畸变**。在针孔模型中，一条直线投影到像素平面上还是一条直线。可是，在实际拍摄的照片中，摄像机的透镜往往使得真实环境中的一条直线在图片中变成了曲线[4]。越靠近图像的边缘，这种现象越明显。由于实际加工制作的透镜往往是中心对称的，这使得不规则的畸变通常径向对称。它们主要分为两大类：**桶形畸变**和**枕形畸变**，如图 5-3 所示。

桶形畸变图像放大率随着与光轴之间的距离增加而减小，而枕形畸变则恰好相反。在这两种畸变中，穿过图像中心和光轴有交点的直线还能保持形状不变。

除了透镜的形状会引入径向畸变，由于在相机的组装过程中不能使透镜和成像面严格平行，

---

[1]即，在 TP 中使用齐次坐标，再转化为非齐次坐标，再与 K 相乘。

[2]在机器人或自动驾驶车辆中，外参有时也解释成相机坐标系到机器人本体坐标系之间的变换，描述"相机安装在什么地方"。

[3]注意，在实际计算中需要检查 Z 是否为正，因为负数 Z 也可以通过这个方式得到归一化平面上的一个点，但相机并不会拍成成像平面后方的景物。

[4]是的，它不再直了，而是变成弯的。如果往里弯，则称为桶形畸变；往外弯则称为枕形畸变。

所以也会引入**切向畸变**，如图 5-4 所示。

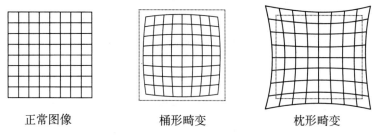

正常图像　　　　　　　桶形畸变　　　　　　　枕形畸变

图 5-3　径向畸变的两种类型

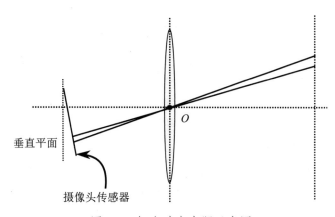

图 5-4　切向畸变来源示意图

　　为了更好地理解径向畸变和切向畸变，我们用更严格的数学形式对两者进行描述。考虑**归一化平面**上的任意一点 p，它的坐标为 $[x, y]^{\mathrm{T}}$，也可写成极坐标的形式 $[r, \theta]^{\mathrm{T}}$，其中 r 表示点 p 与坐标系原点之间的距离，θ 表示与水平轴的夹角。径向畸变可以看成坐标点沿着长度方向发生了变化，也就是其距离原点的长度发生了变化。切向畸变可以看成坐标点沿着切线方向发生了变化，也就是水平夹角发生了变化。通常假设这些畸变呈多项式关系，即

$$
\begin{aligned}
x_{\text{distorted}} &= x(1 + k_1 r^2 + k_2 r^4 + k_3 r^6) \\
y_{\text{distorted}} &= y(1 + k_1 r^2 + k_2 r^4 + k_3 r^6)
\end{aligned} \tag{5.10}
$$

其中，$[x_{\text{distorted}}, y_{\text{distorted}}]^{\mathrm{T}}$ 是畸变后点的**归一化坐标**。另外，对于**切向畸变**，可以使用另外两个参数 p_1, p_2 进行纠正：

$$
\begin{aligned}
x_{\text{distorted}} &= x + 2p_1 xy + p_2(r^2 + 2x^2) \\
y_{\text{distorted}} &= y + p_1(r^2 + 2y^2) + 2p_2 xy
\end{aligned} \tag{5.11}
$$

因此，联合式 (5.10) 和式 (5.11)，对于相机坐标系中的一点 P，我们能够通过 5 个畸变系数找到这个点在像素平面上的正确位置：

1. 将三维空间点投影到归一化图像平面。设它的归一化坐标为 $[x, y]^T$。
2. 对归一化平面上的点计算径向畸变和切向畸变。

$$\begin{cases} x_{\text{distorted}} = x(1 + k_1 r^2 + k_2 r^4 + k_3 r^6) + 2p_1 xy + p_2(r^2 + 2x^2) \\ y_{\text{distorted}} = y(1 + k_1 r^2 + k_2 r^4 + k_3 r^6) + p_1(r^2 + 2y^2) + 2p_2 xy \end{cases}. \tag{5.12}$$

3. 将畸变后的点通过内参数矩阵投影到像素平面，得到该点在图像上的正确位置。

$$\begin{cases} u = f_x x_{\text{distorted}} + c_x \\ v = f_y y_{\text{distorted}} + c_y \end{cases}. \tag{5.13}$$

在上面的纠正畸变的过程中，我们使用了 5 个畸变项。实际应用中，可以灵活选择纠正模型，比如只选择 k_1, p_1, p_2 这 3 项。

在本节中，我们对相机的成像过程使用针孔模型进行了建模，也对透镜引起的径向畸变和切向畸变进行了描述。实际的图像系统中，学者们提出了很多其他的模型，比如相机的仿射模型和透视模型等，同时也存在很多其他类型的畸变。考虑到视觉 SLAM 中一般都使用普通的摄像头，针孔模型及径向畸变和切向畸变模型已经足够，因此，我们不再对其他模型进行描述。

值得一提的是，存在两种去畸变处理（Undistort，或称畸变校正）做法。我们可以选择先对整张图像进行去畸变，得到去畸变后的图像，然后讨论此图像上的点的空间位置。或者，也可以从畸变图像上的某个点出发，按照畸变方程，讨论其畸变前的空间位置。二者都是可行的，不过前者在视觉 SLAM 中似乎更常见。所以，当一个图像去畸变之后，我们就可以直接用针孔模型建立投影关系，而不用考虑畸变。因此，在后文的讨论中，我们可以直接假设图像已经进行了去畸变处理。

最后，我们总结单目相机的成像过程：

1. 世界坐标系下有一个固定的点 P，世界坐标为 $\boldsymbol{P}_{\text{w}}$。
2. 由于相机在运动，它的运动由 $\boldsymbol{R}, \boldsymbol{t}$ 或变换矩阵 $\boldsymbol{T} \in \text{SE}(3)$ 描述。P 的相机坐标为 $\tilde{\boldsymbol{P}}_{\text{c}} = \boldsymbol{R}\boldsymbol{P}_{\text{w}} + \boldsymbol{t}$。
3. 这时的 $\tilde{\boldsymbol{P}}_{\text{c}}$ 的分量为 X, Y, Z，把它们投影到归一化平面 $Z = 1$ 上，得到 P 的归一化坐标：$\boldsymbol{P}_{\text{c}} = [X/Z, Y/Z, 1]^T$[①]。
4. 有畸变时，根据畸变参数计算 $\boldsymbol{P}_{\text{c}}$ 发生畸变后的坐标。
5. P 的归一化坐标经过内参后，对应到它的像素坐标：$\boldsymbol{P}_{uv} = \boldsymbol{K}\boldsymbol{P}_{\text{c}}$。

---

①注意：Z 可能小于 1，说明该点位于归一化平面后面，它可能不会在相机平面上成像，实践中要检查一次。

综上所述，我们一共谈到了四种坐标：世界坐标、相机坐标、归一化坐标和像素坐标。请读者厘清它们的关系，它反映了整个成像的过程。

5.1.3　双目相机模型

针孔相机模型描述了单个相机的成像模型。然而，仅根据一个像素，我们无法确定这个空间点的具体位置。这是因为，从相机光心到归一化平面连线上的所有点，都可以投影至该像素上。只有当 P 的深度确定时（比如通过双目或 RGB-D 相机），我们才能确切地知道它的空间位置，如图 5-5 所示。

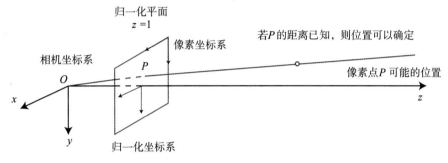

图 5-5　像素点可能存在的位置

测量像素距离（或深度）的方式有很多种，比如人眼就可以根据左右眼看到的景物差异（或称视差）判断物体与我们的距离。双目相机的原理亦是如此：通过同步采集左右相机的图像，计算图像间视差，以便估计每一个像素的深度。下面简单介绍双目相机的成像原理（如图 5-6 所示）。

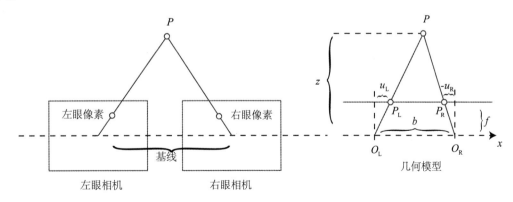

图 5-6　双目相机的成像模型。O_L, O_R 为左右光圈中心，方框为成像平面，f 为焦距。u_L 和 u_R 为成像平面的坐标。请注意，按照图中坐标定义，u_R 应该是负数，所以图中标出的距离为 $-u_R$

双目相机一般由左眼相机和右眼相机两个水平放置的相机组成。当然也可以做成上下两个目[1]，不过我们见到的主流双目都是做成左右形式的。在左右双目相机中，我们可以把两个相机都看作针孔相机。它们是水平放置的，意味着两个相机的光圈中心都位于 x 轴上。两者之间的距离称为双目相机的**基线**（记作 b），是双目相机的重要参数。

现在，考虑一个空间点 P，它在左眼相机和右眼相机各成一像，记作 P_L, P_R。由于相机基线的存在，这两个成像位置是不同的。理想情况下，由于左右相机只在 x 轴上有位移，所以 P 的像也只在 x 轴（对应图像的 u 轴）上有差异。记它的左侧坐标为 u_L，右侧坐标为 u_R，几何关系如图 5-6 右侧所示。根据 $\triangle PP_LP_R$ 和 $\triangle PO_LO_R$ 的相似关系，有

$$\frac{z-f}{z} = \frac{b - u_L + u_R}{b}. \tag{5.14}$$

稍加整理，得

$$z = \frac{fb}{d}, \quad d \stackrel{\text{def}}{=} u_L - u_R. \tag{5.15}$$

其中 d 定义为左右图的横坐标之差，称为**视差**。根据视差，我们可以估计一个像素与相机之间的距离。视差与距离成反比：视差越大，距离越近[2]。同时，由于视差最小为一个像素，于是双目的深度存在一个理论上的最大值，由 fb 确定。我们看到，基线越长，双目能测到的最大距离就越远；反之，小型双目器件则只能测量很近的距离。相似地，我们人眼在看非常远的物体时（如很远的飞机），通常不能准确判断它的距离。

虽然由视差计算深度的公式很简洁，但视差 d 本身的计算却比较困难。我们需要确切地知道左眼图像的某个像素出现在右眼图像的哪一个位置（即对应关系），这件事也属于"人类觉得容易而计算机觉得困难"的任务。当我们想计算每个像素的深度时，其计算量与精度都将成为问题，而且只有在图像纹理变化丰富的地方才能计算视差。由于计算量的原因，双目深度估计仍需要使用 GPU 或 FPGA 来实时计算。这将在第 13 讲中介绍。

5.1.4　RGB-D 相机模型

相比于双目相机通过视差计算深度的方式，RGB-D 相机的做法更"主动"，它能够主动测量每个像素的深度。目前的 RGB-D 相机按原理可分为两大类（如图 5-7 所示）：

1. 通过**红外结构光**（Structured Light）原理测量像素距离。例子有 Kinect 1 代、Project Tango 1 代、Intel RealSense 等。

2. 通过**飞行时间**（Time-of-Flight，ToF）原理测量像素距离。例子有 Kinect 2 代和一些现有的 ToF 传感器等。

---

①那样的话外观会有些奇特。
②读者可以自己用眼睛模拟。

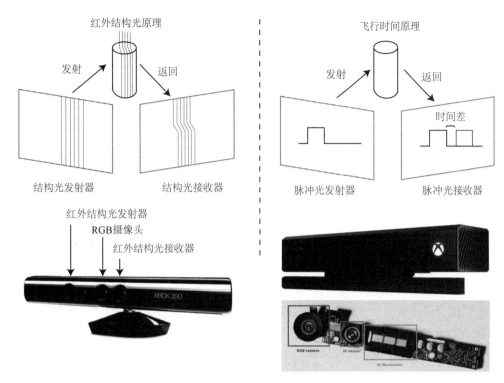

图 5-7　RGB-D 相机原理示意图

无论是哪种类型，RGB-D 相机都需要向探测目标发射一束光线（通常是红外光）。在红外结构光原理中，相机根据返回的结构光图案，计算物体与自身之间的距离。而在 ToF 原理中，相机向目标发射脉冲光，然后根据发送到返回之间的光束飞行时间，确定物体与自身的距离。ToF 的原理和激光传感器十分相似，只不过激光是通过逐点扫描获取距离的，而 ToF 相机则可以获得整个图像的像素深度，这也正是 RGB-D 相机的特点。所以，如果你把一个 RGB-D 相机拆开，通常会发现除了普通的摄像头，至少会有一个发射器和一个接收器。

在测量深度之后，RGB-D 相机通常按照生产时的各相机摆放位置，自己完成深度与彩色图像素之间的配对，输出一一对应的彩色图和深度图。我们可以在同一个图像位置，读取到色彩信息和距离信息，计算像素的 3D 相机坐标，生成点云（Point Cloud）。既可以在图像层面对 RGB-D 数据进行处理，也可在点云层面处理。本讲的第二个实验将演示 RGB-D 相机的点云构建过程。

RGB-D 相机能够实时地测量每个像素点的距离。但是，由于使用这种发射－接收的测量方式，其使用范围比较受限。用红外光进行深度值测量的 RGB-D 相机，容易受到日光或其他传感器发射的红外光干扰，因此不能在室外使用。在没有调制的情况下，同时使用多个 RGB-D 相机时也会相互干扰。对于透射材质的物体，因为接收不到反射光，所以无法测量这些点的位置。此外，RGB-D 相机在成本、功耗方面，都有一些劣势。

5.2　图像

　　相机加上镜头，把三维世界中的信息转换成了一张由像素组成的照片，随后存储在计算机中，作为后续处理的数据来源。在数学中，图像可以用一个矩阵来描述；而在计算机中，它们占据一段连续的磁盘或内存空间，可以用二维数组来表示。这样一来，程序就不必区别它们处理的是一个数值矩阵，还是有实际意义的图像了。

　　本节，我们将介绍计算机图像处理的一些基本操作。特别地，通过 OpenCV 中图像数据的处理，理解计算机中处理图像的常见步骤，为后续章节打下基础。我们从最简单的图像——灰度图说起。在一张灰度图中，每个像素位置 (x, y) 对应一个灰度值 I，所以，一张宽度为 w、高度为 h 的图像，数学上可以记为一个函数：

$$I(x, y) : \mathbb{R}^2 \mapsto \mathbb{R}.$$

其中，(x, y) 是像素的坐标。然而，计算机并不能表达实数空间，所以我们需要对下标和图像读数在某个范围内进行量化。例如，x, y 通常是从 0 开始的整数。在常见的灰度图中，用 0~255 的整数（即一个 unsigned char，1 个字节）来表达图像的灰度读数。那么，一张宽度为 640 像素、高度为 480 像素分辨率的灰度图就可以表示为：

📖 二维数组表达图像

```
unsigned char image[480][640];
```

　　为什么这里的二维数组是 480×640 呢？因为在程序中，图像以二维数组形式存储。它的第一个下标是指数组的行，而第二个下标则是列。在图像中，数组的行数对应图像的高度，而列数对应图像的宽度。

　　下面考察这幅图像的内容。图像自然是由像素组成的。当访问某一个像素时，需要指明它所处的坐标，如图 5-8 所示。该图左边显示了传统像素坐标系的定义方式。像素坐标系原点位于图像的左上角，X 轴向右，Y 轴向下（也就是前面所说的 u, v 坐标）。如果它还有第三个轴——Z 轴，那么根据右手法则，Z 轴应该是向前的。这种定义方式是与相机坐标系一致的。我们平时说的图像的宽度或列数，对应着 X 轴；而图像的行数或高度，则对应着它的 Y 轴。

　　根据这种定义方式，如果我们讨论一个位于 x, y 处的像素，那么它在程序中的访问方式应该是：

📖 访问图像像素

```
unsigned char pixel = image[y][x];
```

　　它对应着灰度值 $I(x, y)$ 的读数。请注意这里的 x 和 y 的顺序。虽然我们不厌其烦地讨论坐标系的问题，但是像这种下标顺序的错误，仍会是新手在调试过程中经常碰到的，且具有一定隐蔽性的错误之一。如果你在写程序时不慎调换了 x, y 的坐标，编译器无法提供任何信息，而你所能看到的只是程序运行中的一个越界错误而已。

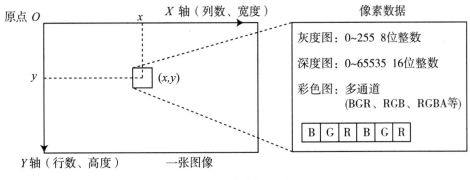

图 5-8　图像坐标示意图

一个像素的灰度可以用 8 位整数记录，也就是一个 0~255 的值。当我们要记录的信息更多时，一个字节恐怕就不够了。例如，在 RGB-D 相机的深度图中，记录了各个像素与相机之间的距离。这个距离通常以毫米为单位，而 RGB-D 相机的量程通常在十几米左右，超过了 255。这时，人们会采用 16 位整数（C++ 中的 unsigned short）来记录深度图的信息，也就是位于 0~65535 的值。换算成米的话，最大可以表示 65 米，足够 RGB-D 相机使用了。

彩色图像的表示则需要通道（channel）的概念。在计算机中，我们用红色、绿色和蓝色这三种颜色的组合来表达任意一种色彩。于是对于每一个像素，就要记录其 R、G、B 三个数值，每一个数值就称为一个通道。例如，最常见的彩色图像有三个通道，每个通道都由 8 位整数表示。在这种规定下，一个像素占据 24 位空间。

通道的数量、顺序都是可以自由定义的。在 OpenCV 的彩色图像中，通道的默认顺序是 B、G、R。也就是说，当我们得到一个 24 位的像素时，前 8 位表示蓝色数值，中间 8 位为绿色数值，最后 8 位为红色数值。同理，也可使用 R、G、B 的顺序表示一个彩色图。如果还想表达图像的透明度，就使用 R、G、B、A 四个通道。

5.3　实践：计算机中的图像

5.3.1　OpenCV 的基本使用方法

下面通过一个演示程序来理解：在 OpenCV 中图像是如何存取，我们又是如何访问其中的像素的。

安装 OpenCV

OpenCV[①]提供了大量的开源图像算法，是计算机视觉中使用极广的图像处理算法库。本书也使用 OpenCV 做基本的图像处理。在使用之前，建议读者选择"从源代码安装"的方式安装它。在 Ubuntu 系统下，有**从源代码安装**和**只安装库文件**两种方式可以选择：

1. 从源代码安装，是指从 OpenCV 网站下载所有的 OpenCV 源代码，并在机器上编译安装，以便使用。好处是可以选择的版本比较丰富，而且能看到源代码，不过需要花费一些编译时间。

2. 只安装库文件，是指通过 Ubuntu 安装由 Ubuntu 社区人员已经编译好的库文件，这样就无须重新编译一遍。

因为我们使用较新版本的 OpenCV，所以必须选择从源代码安装的方式安装它。一来，可以调整一些编译选项，匹配编程环境（例如，需不需要 GPU 加速等）；再者，可以使用一些额外的功能。OpenCV 目前维护了三个主要版本，分为 OpenCV 2.4 系列、OpenCV 3 系列和 OpenCV 4 系列。本书使用 OpenCV **3** 系列。

由于 OpenCV 工程比较大，就不放在本书的 3rdparty 目录下了。请读者从 http://opencv.org/downloads.html 下载，选择 OpenCV for Linux 版本即可。你会获得一个像 opencv-3.1.0.zip 这样的压缩包。将它解压到任意目录下，我们发现 OpenCV 也是一个 cmake 工程。

在编译之前，先来安装 OpenCV 的依赖项：

📄 终端输入：

```
sudo apt-get install build-essential libgtk2.0-dev libvtk5-dev libjpeg-dev libtiff4-dev
libjasper-dev libopenexr-dev libtbb-dev
```

事实上，OpenCV 的依赖项很多，缺少某些编译项会影响它的部分功能（不过我们也不会用到所有功能）。OpenCV 会在 cmake 阶段检查依赖项是否会安装，并调整自己的功能。如果你的电脑上有 GPU 并且安装了相关依赖项，OpenCV 也会把 GPU 加速打开。不过对于本书，上面那些依赖项就足够了。

随后的编译安装和普通的 cmake 工程一样，请在 make 之后，调用 sudo make install 将 OpenCV 安装到你的机器上（而不是仅仅编译它）。视机器配置，这个编译过程大概需要二十分钟到一个小时不等。如果你的 CPU 比较强，可以使用 "make -j4" 这样的命令，调用多个线程进行编译（-j 后面的参数就是使用的线程数量）。安装后，OpenCV 默认存储在/usr/local 目录下。你可以寻找 OpenCV 头文件与库文件的安装位置，看看它们都在哪里。另外，如果之前已经安装了 OpenCV 2 系列，那么建议你把 OpenCV 3 安装到别的地方（想想这应该如何操作）。

---

①官方主页：http://opencv.org。

操作 OpenCV 图像

接下来，通过一个例程熟悉 OpenCV 对图像的操作。

📖 **slambook/ch5/imageBasics/imageBasics.cpp**

```cpp
#include <iostream>
#include <chrono>

using namespace std;

#include <opencv2/core/core.hpp>
#include <opencv2/highgui/highgui.hpp>

int main(int argc, char **argv) {
    // 读取argv[1]指定的图像
    cv::Mat image;
    image = cv::imread(argv[1]); //cv::imread函数读取指定路径下的图像

    // 判断图像文件是否正确读取
    if (image.data == nullptr) { //数据不存在,可能是文件不存在
        cerr << "文件" << argv[1] << "不存在." << endl;
        return 0;
    }

    // 文件顺利读取, 首先输出一些基本信息
    cout << "图像宽为" << image.cols << ",高为" << image.rows
         << ",通道数为" << image.channels() << endl;
    cv::imshow("image", image);        // 用cv::imshow显示图像
    cv::waitKey(0);                    // 暂停程序,等待一个按键输入

    // 判断image的类型
    if (image.type() != CV_8UC1 && image.type() != CV_8UC3) {
        // 图像类型不符合要求
        cout << "请输入一张彩色图或灰度图." << endl;
        return 0;
    }

    // 遍历图像, 请注意以下遍历方式也可使用于随机像素访问
    // 使用std::chrono给算法计时
    chrono::steady_clock::time_point t1 = chrono::steady_clock::now();
    for (size_t y = 0; y < image.rows; y++) {
        // 用cv::Mat::ptr获得图像的行指针
        unsigned char *row_ptr = image.ptr<unsigned char>(y);  // row_ptr是第y行的头指针
        for (size_t x = 0; x < image.cols; x++) {
```

```
40          // 访问位于x,y处的像素
41          unsigned char *data_ptr = &row_ptr[x * image.channels()]; // data_ptr指向待访问的
            像素数据
42          // 输出该像素的每个通道,如果是灰度图就只有一个通道
43          for (int c = 0; c != image.channels(); c++) {
44              unsigned char data = data_ptr[c]; // data为I(x,y)第c个通道的值
45          }
46      }
47  }
48  chrono::steady_clock::time_point t2 = chrono::steady_clock::now();
49  chrono::duration<double> time_used = chrono::duration_cast < chrono::duration < double >>
    (t2 - t1);
50  cout << "遍历图像用时: " << time_used.count() << " 秒。" << endl;
51
52  // 关于cv::Mat的拷贝
53  // 直接赋值并不会拷贝数据
54  cv::Mat image_another = image;
55  // 修改image_another会导致image发生变化
56  image_another(cv::Rect(0, 0, 100, 100)).setTo(0); // 将左上角100*100的块置零
57  cv::imshow("image", image);
58  cv::waitKey(0);
59
60  // 使用clone函数拷贝数据
61  cv::Mat image_clone = image.clone();
62  image_clone(cv::Rect(0, 0, 100, 100)).setTo(255);
63  cv::imshow("image", image);
64  cv::imshow("image_clone", image_clone);
65  cv::waitKey(0);
66
67  // 对于图像还有很多基本的操作, 如剪切、旋转、缩放等, 限于篇幅就不一一介绍了, 请参看OpenCV
    官方文档查询每个函数的调用方法
68  cv::destroyAllWindows();
69  return 0;
70  }
```

　　在该例程中，我们演示了如下几个操作：图像读取、显示、像素遍历、复制、赋值等。大部分的注解已写在代码里。编译该程序时，你需要在 CMakeLists.txt 中添加 OpenCV 的头文件，然后把程序链接到库文件上。同时，由于使用了 C++ 11 标准（如 nullptr 和 chrono），还需要设置编译器：

📖 **slambook/ch5/imageBasics/CMakeLists.txt**

```
1  # 添加C++ 11标准支持
2  set( CMAKE_CXX_FLAGS "-std=c++11" )
```

```
3
4   # 寻找OpenCV库
5   find_package( OpenCV REQUIRED )
6   # 添加头文件
7   include_directories( ${OpenCV_INCLUDE_DIRS} )
8
9   add_executable( imageBasics imageBasics.cpp )
10  # 链接OpenCV库
11  target_link_libraries( imageBasics ${OpenCV_LIBS} )
```

关于代码，我们给出几点说明：

1. 程序从 argv[1]，也就是命令行的第一个参数中读取图像位置。我们为读者准备了一张图像（ubuntu.png，一张 Ubuntu 的壁纸，希望你喜欢）供测试使用。因此，编译之后，使用如下命令调用此程序：

   📱 终端输入：

   ```
   1   build/imageBasics ubuntu.png
   ```

   如果在 IDE 中调用此程序，则请务必确保把参数同时给它。这可以在启动项中配置。

2. 在程序的 10~18 行，使用 cv::imread 函数读取图像，并把图像和基本信息显示出来。

3. 在程序的 35~47 行，遍历了图像中的所有像素，并计算了整个循环所用的时间。请注意像素的遍历方式并不是唯一的，而且例程给出的方式也不是最高效的。OpenCV 提供了迭代器，你可以通过迭代器遍历图像的像素。或者，cv::Mat::data 提供了指向图像数据开头的指针，你可以直接通过该指针自行计算偏移量，然后得到像素的实际内存位置。例程所用的方式是为了便于读者理解图像的结构。

   在笔者的机器上（虚拟机），遍历这张图像用时大约 12.74 毫秒。你可以与自己机器上的速度对比。不过，我们使用的是 cmake 默认的 debug 模式，如果使用 release 模式会快很多。

4. OpenCV 提供了许多对图像进行操作的函数，我们在此不一一列举，否则本书就会变成 OpenCV 操作手册。例程给出了较为常见的读取、显示操作，以及复制图像中可能陷入的深拷贝误区。在编程过程中，读者还会碰到图像的旋转、插值等操作，这时你应该自行查阅函数对应的文档，以了解它们的原理与使用方式。

   应该指出，OpenCV 并不是唯一的图像库，它只是许多图像库里使用范围较广泛的一个。不过，多数图像库对图像的表达是大同小异的。我们希望读者了解了 OpenCV 对图像的表示后，能够理解其他库中图像的表达，从而在需要数据格式时能够自己处理。另外，由于 cv::Mat 也是矩阵类，除了表示图像，我们也可以用它来存储位姿等矩阵数据。一般认为，Eigen 对于固定大小的矩阵使用起来效率更高。

5.3.2 图像去畸变

在理论部分我们介绍了径向和切向畸变，下面来演示一个去畸变过程。OpenCV 提供了去畸变函数 cv::Undistort()，但本例我们从公式出发计算畸变前后的图像坐标。

📓 **slambook/ch5/imageBasics/undistortImage.cpp**

```cpp
#include <opencv2/opencv.hpp>
#include <string>
using namespace std;
string image_file = "./distorted.png";    // 请确保路径正确

int main(int argc, char **argv) {
    // 本程序实现去畸变部分的代码。尽管我们可以调用OpenCV的去畸变，但自己实现一遍有助于理解。
    // 畸变参数
    double k1 = -0.28340811, k2 = 0.07395907, p1 = 0.00019359, p2 = 1.76187114e-05;
    // 内参
    double fx = 458.654, fy = 457.296, cx = 367.215, cy = 248.375;

    cv::Mat image = cv::imread(image_file, 0);   // 图像是灰度图, CV_8UC1
    int rows = image.rows, cols = image.cols;
    cv::Mat image_undistort = cv::Mat(rows, cols, CV_8UC1);   // 去畸变以后的图

    // 计算去畸变后图像的内容
    for (int v = 0; v < rows; v++) {
        for (int u = 0; u < cols; u++) {
            // 按照公式, 计算点(u,v)对应到畸变图像中的坐标(u_distorted, v_distorted)
            double x = (u - cx) / fx, y = (v - cy) / fy;
            double r = sqrt(x * x + y * y);
            double x_distorted = x * (1 + k1 * r * r + k2 * r * r * r * r) + 2 * p1 * x * y +
            p2 * (r * r + 2 * x * x);
            double y_distorted = y * (1 + k1 * r * r + k2 * r * r * r * r) + p1 * (r * r + 2
            * y * y) + 2 * p2 * x * y;
            double u_distorted = fx * x_distorted + cx;
            double v_distorted = fy * y_distorted + cy;

            // 赋值 (最近邻插值)
            if (u_distorted >= 0 && v_distorted >= 0 && u_distorted < cols && v_distorted <
            rows) {
                image_undistort.at<uchar>(v, u) = image.at<uchar>((int) v_distorted, (int)
                u_distorted);
            } else {
                image_undistort.at<uchar>(v, u) = 0;
            }
```

```
34          }
35       }
36
37       // 画出去畸变后图像
38       cv::imshow("distorted", image);
39       cv::imshow("undistorted", image_undistort);
40       cv::waitKey();
41       return 0;
42    }
```

5.4　实践：3D 视觉

5.4.1　双目视觉

我们已经介绍了双目视觉的成像原理。现在我们从双目视觉的左右图像出发，计算图像对应的视差图，然后计算各像素在相机坐标系下的坐标，它们将构成**点云**。在第 5 讲代码目录的 stereo 文件夹中，我们准备了双目视觉的图像，如图 5-9 所示。下面的代码演示了计算视差图和点云部分：

📖 **slambook/ch5/stereoVision/stereoVision.cpp**（部分）

```cpp
1    int main(int argc, char **argv) {
2        // 内参
3        double fx = 718.856, fy = 718.856, cx = 607.1928, cy = 185.2157;
4        // 基线
5        double b = 0.573;
6
7        // 读取图像
8        cv::Mat left = cv::imread(left_file, 0);
9        cv::Mat right = cv::imread(right_file, 0);
10       cv::Ptr<cv::StereoSGBM> sgbm = cv::StereoSGBM::create(
11           0, 96, 9, 8 * 9 * 9, 32 * 9 * 9, 1, 63, 10, 100, 32);    // 神奇的参数
12       cv::Mat disparity_sgbm, disparity;
13       sgbm->compute(left, right, disparity_sgbm);
14       disparity_sgbm.convertTo(disparity, CV_32F, 1.0 / 16.0f);
15
16       // 生成点云
17       vector<Vector4d, Eigen::aligned_allocator<Vector4d>> pointcloud;
18
19       // 如果你的机器慢，请把后面的v++和u++改成v+=2, u+=2
20       for (int v = 0; v < left.rows; v++)
```

```
21      for (int u = 0; u < left.cols; u++) {
22          if (disparity.at<float>(v, u) <= 10.0 || disparity.at<float>(v, u) >= 96.0)
            continue;
23
24          Vector4d point(0, 0, 0, left.at<uchar>(v, u) / 255.0); //前三维为xyz,第四维为颜色
25
26          // 根据双目模型计算point的位置
27          double x = (u - cx) / fx;
28          double y = (v - cy) / fy;
29          double depth = fx * b / (disparity.at<float>(v, u));
30          point[0] = x * depth;
31          point[1] = y * depth;
32          point[2] = depth;
33
34          pointcloud.push_back(point);
35      }
36
37      cv::imshow("disparity", disparity / 96.0);
38      cv::waitKey(0);
39      // 画出点云
40      showPointCloud(pointcloud);
41      return 0;
42  }
```

图 5-9　双目视觉的例子，左上：左眼图像，右上：右眼图像，中间：SGBM 的视差图，下方：点
　　　云图。注意，因为左侧相机看到了一部分右侧相机没有看到的内容，所以对应的视差是
　　　空的

　　这个例子中我们调用了 OpenCV 实现的 SGBM（Semi-Global Batch Matching）[26] 算法计算左右图像的视差，然后通过双目相机的几何模型把它变换到相机的 3D 空间中。SGBM 使用了来自网络的经典参数配置，我们主要调整了最大和最小视差。视差数据结合相机的内参、基线，即能确定各点在三维空间中的位置。为了节省版面，我们省略了显示点云相关的代码。

　　本书不准备展开介绍双目相机的视差计算算法，感兴趣的读者可以阅读相关的参考文献 [27, 28]。除了 OpenCV 实现的双目算法，还有许多其他的库专注于实现高效的视差计算。它是一个复杂又实用的课题。

5.4.2　RGB-D 视觉

　　最后，我们演示一个 RGB-D 视觉的例子。RGB-D 相机的方便之处在于能通过物理方法获得像素深度信息。如果已知相机的内外参，我们就可以计算任何一个像素在世界坐标系下的位置，从而建立一张点云地图。现在我们就来演示。

　　我们准备了 5 对图像，位于 slambook/ch5/rgbd 文件夹中。在 color/下有 1.png 到 5.png 共 5 张 RGB 图，而在 depth/下有 5 张对应的深度图。同时，pose.txt 文件给出了 5 张图像的相机外参位姿（以 T_{wc} 形式）。位姿记录的形式和之前一样，为平移向量加旋转四元数：

$$[x, y, z, q_x, q_y, q_z, q_w],$$

其中，q_w 是四元数的实部。例如，第一对图的外参为：

$$[-0.228993, 0.00645704, 0.0287837, -0.0004327, -0.113131, -0.0326832, 0.993042].$$

　　下面我们写一段程序，完成两件事：

（1）根据内参计算一对 RGB-D 图像对应的点云。

（2）根据各张图的相机位姿（也就是外参），把点云加起来，组成地图。

📖 **slambook/ch5/rgbd/jointMap.cpp**（部分）

```cpp
int main(int argc, char **argv) {
    vector<cv::Mat> colorImgs, depthImgs;    // 彩色图和深度图
    TrajectoryType poses;          // 相机位姿

    ifstream fin("./pose.txt");
    if (!fin) {
        cerr << "请在有pose.txt的目录下运行此程序" << endl;
        return 1;
    }

```

```
11    for (int i = 0; i < 5; i++) {
12        boost::format fmt("./%s/%d.%s"); //图像文件格式
13        colorImgs.push_back(cv::imread((fmt % "color" % (i + 1) % "png").str()));
14        depthImgs.push_back(cv::imread((fmt % "depth" % (i + 1) % "pgm").str(), -1)); // 使 用
          -1读取原始图像
15
16        double data[7] = {0};
17        for (auto &d:data) fin >> d;
18        Sophus::SE3d pose(Eigen::Quaterniond(data[6], data[3], data[4], data[5]),
19        Eigen::Vector3d(data[0], data[1], data[2]));
20        poses.push_back(pose);
21    }
22
23    // 计算点云并拼接
24    // 相机内参
25    double cx = 325.5;
26    double cy = 253.5;
27    double fx = 518.0;
28    double fy = 519.0;
29    double depthScale = 1000.0;
30    vector<Vector6d, Eigen::aligned_allocator<Vector6d>> pointcloud;
31    pointcloud.reserve(1000000);
32
33    for (int i = 0; i < 5; i++) {
34        cout << "转换图像中: " << i + 1 << endl;
35        cv::Mat color = colorImgs[i];
36        cv::Mat depth = depthImgs[i];
37        Sophus::SE3d T = poses[i];
38        for (int v = 0; v < color.rows; v++)
39            for (int u = 0; u < color.cols; u++) {
40                unsigned int d = depth.ptr<unsigned short>(v)[u]; // 深度值
41                if (d == 0) continue; // 为0表示没有测量到
42                Eigen::Vector3d point;
43                point[2] = double(d) / depthScale;
44                point[0] = (u - cx) * point[2] / fx;
45                point[1] = (v - cy) * point[2] / fy;
46                Eigen::Vector3d pointWorld = T * point;
47
48                Vector6d p;
49                p.head<3>() = pointWorld;
50                p[5] = color.data[v * color.step + u * color.channels()];     // blue
51                p[4] = color.data[v * color.step + u * color.channels() + 1]; // green
52                p[3] = color.data[v * color.step + u * color.channels() + 2]; // red
```

```
53              pointcloud.push_back(p);
54          }
55      }
56
57      cout << "点云共有" << pointcloud.size() << "个点." << endl;
58      showPointCloud(pointcloud);
59      return 0;
60  }
```

　　运行程序后即可在 Pangolin 窗口中看到拼合的点云地图（如图 5-10 所示）。你可以拖动鼠标查看。

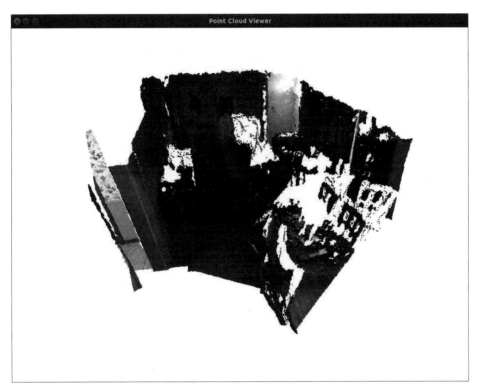

图 5-10　拼合的点云地图（见彩插）

　　通过这些例子，我们演示了计算机视觉中一些常见的单目、双目和深度相机算法。希望读者通过这些简单的例子，体会相机内外参、畸变参数的含义。

习题

1.* 寻找一部相机（你的手机或笔记本的摄像头即可），标定它的内参。你可能会用到标定板，或者自己打印一张标定用的棋盘格。

2. 叙述相机内参的物理意义。如果一部相机的分辨率变为原来的两倍而其他地方不变，那么它的内参将如何变化？

3. 搜索特殊相机（鱼眼或全景相机）的标定方法。它们与普通的针孔模型有何不同？

4. 调研全局快门（global shutter）相机和卷帘快门（rolling shutter）相机的异同。它们在 SLAM 中有何优缺点？

5. RGB-D 相机是如何标定的？以 Kinect 为例，需要标定哪些参数？（参照https://github.com/code-iai/iai_kinect2）

6. 除了示例程序演示的遍历图像的方式，你还能举出哪些遍历图像的方法？

7.* 阅读 OpenCV 官方教程，学习它的基本用法。

非线性优化

主要目标

1. 理解最小二乘法的含义和处理方式。

2. 理解高斯牛顿法（Gauss-Newton's method）、列文伯格—马夸尔特方法（Levenburg-Marquadt's method）等下降策略。

3. 学习 Ceres 库和 g2o 库的基本使用方法。

在前面几讲，我们介绍了经典 SLAM 模型的运动方程和观测方程。现在我们已经知道，方程中的位姿可以由变换矩阵来描述，然后用李代数进行优化。观测方程由相机成像模型给出，其中内参是随相机固定的，而外参则是相机的位姿。于是，我们已经弄清了经典 SLAM 模型在视觉情况下的具体表达。

然而，由于噪声的存在，运动方程和观测方程的等式必定不是精确成立的。尽管相机可以非常好地符合针孔模型，但遗憾的是，我们得到的数据通常是受各种未知噪声影响的。即使我们有高精度的相机，运动方程和观测方程也只能近似成立。所以，与其假设数据必须符合方程，不如讨论如何在有噪声的数据中进行准确的状态估计。

解决状态估计问题需要一定程度的最优化背景知识。本节将介绍基本的无约束非线性优化方法，同时介绍优化库 g2o 和 Ceres 的使用方式。

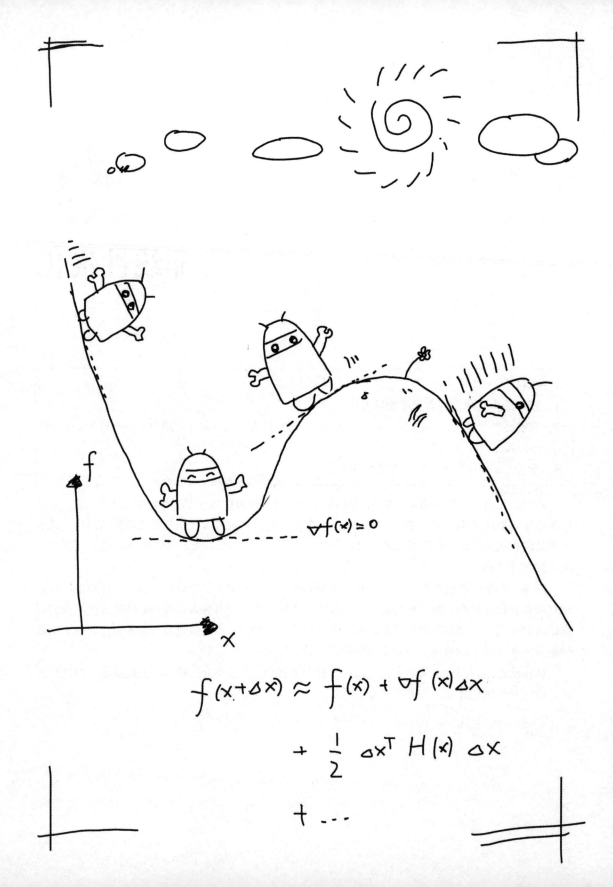

$$f(x + \Delta x) \approx f(x) + \nabla f(x) \Delta x$$

$$+ \frac{1}{2} \Delta x^T H(x) \Delta x$$

$$+ \cdots$$

6.1　状态估计问题

6.1.1　批量状态估计与最大后验估计

接着前面几讲的内容，我们回顾第 2 讲讨论的经典 SLAM 模型。它由一个运动方程和一个观测方程构成，如式 (2.5) 所示：

$$\begin{cases} \boldsymbol{x}_k = f\left(\boldsymbol{x}_{k-1}, \boldsymbol{u}_k\right) + \boldsymbol{w}_k \\ \boldsymbol{z}_{k,j} = h\left(\boldsymbol{y}_j, \boldsymbol{x}_k\right) + \boldsymbol{v}_{k,j} \end{cases}. \tag{6.1}$$

通过第 4 讲的知识，我们了解到这里的 $\boldsymbol{x}_k$ 乃是相机的位姿，可以用 SE(3) 来描述。至于观测方程，第 5 讲已经说明，即针孔相机模型。为了让读者对它们有更深的印象，我们不妨讨论其具体参数化形式。首先，位姿变量 $\boldsymbol{x}_k$ 可以由 $\boldsymbol{T}_k \in$ SE(3) 表达。其次，运动方程与输入的具体形式有关，但在视觉 SLAM 中没有特殊性（和普通的机器人、车辆的情况一样），我们暂且不谈。观测方程则由针孔模型给定。假设在 $\boldsymbol{x}_k$ 处对路标 $\boldsymbol{y}_j$ 进行了一次观测，对应到图像上的像素位置 $\boldsymbol{z}_{k,j}$，那么，观测方程可以表示成

$$s\boldsymbol{z}_{k,j} = \boldsymbol{K}(\boldsymbol{R}_k \boldsymbol{y}_j + \boldsymbol{t}_k). \tag{6.2}$$

其中 $\boldsymbol{K}$ 为相机内参，s 为像素点的距离，也是 $(\boldsymbol{R}_k \boldsymbol{y}_j + \boldsymbol{t}_k)$ 的第三个分量。如果使用变换矩阵 $\boldsymbol{T}_k$ 描述位姿，那么路标点 $\boldsymbol{y}_j$ 必须以齐次坐标来描述，计算完成后要转换为非齐次坐标。如果你还不熟悉这个过程，请回顾第 5 讲。

现在，考虑数据受噪声影响后会发生什么改变。在运动和观测方程中，我们**通常**假设两个噪声项 $\boldsymbol{w}_k, \boldsymbol{v}_{k,j}$ 满足零均值的高斯分布，像这样：

$$\boldsymbol{w}_k \sim \mathcal{N}\left(\mathbf{0}, \boldsymbol{R}_k\right), \boldsymbol{v}_k \sim \mathcal{N}\left(\mathbf{0}, \boldsymbol{Q}_{k,j}\right). \tag{6.3}$$

其中 $\mathcal{N}$ 表示高斯分布，$\mathbf{0}$ 表示零均值，$\boldsymbol{R}_k, \boldsymbol{Q}_{k,j}$ 为协方差矩阵。在这些噪声的影响下，我们希望通过带噪声的数据 $\boldsymbol{z}$ 和 $\boldsymbol{u}$ 推断位姿 $\boldsymbol{x}$ 和地图 $\boldsymbol{y}$（以及它们的概率分布），这构成了一个状态估计问题。

处理这个状态估计问题的方法大致分成两种。由于在 SLAM 过程中，这些数据是随时间逐渐到来的，所以，我们应该持有一个当前时刻的估计状态，然后用新的数据来更新它。这种方式称为**增量/渐进**（incremental）的方法，或者叫**滤波器**。在历史上很长一段时间内，研究者们使用滤波器，尤其是扩展卡尔曼滤波器及其衍生方法求解它。另一种方式，则是把数据"攒"起来一并处理，这种方式称为**批量**（batch）的方法。例如，我们可以把 0 到 k 时刻所有的输入和观测数

据都放在一起，问，在这样的输入和观测下，如何估计整个 0 到 k 时刻的轨迹与地图呢？

这两种不同的处理方式引出了很多不同的估计手段。大体来说，增量方法仅关心**当前时刻**的状态估计 x_k，而对之前的状态则不多考虑；相对地，批量方法可以在**更大的范围**达到最优化，被认为优于传统的滤波器[13]，而成为当前视觉 SLAM 的主流方法。极端情况下，我们可以让机器人或无人机收集所有时刻的数据，再带回计算中心统一处理，这也正是 SfM（Structure from Motion）的主流做法。当然，这种极端情况显然是不**实时**的，不符合 SLAM 的运用场景。所以在 SLAM 中，实用的方法通常是一些折衷的手段。例如，我们固定一些历史轨迹，仅对当前时刻附近的一些轨迹进行优化，这是后面要讲到的**滑动窗口估计法**。

理论上，批量方法更容易介绍。同时，理解了批量方法也更容易理解增量的方法。所以，本节我们重点介绍以非线性优化为主的批量优化方法，将卡尔曼滤波器及更深入的知识留到介绍后端的章节再进行讨论。由于讨论的是批量方法，考虑从 1 到 N 的所有时刻，并假设有 M 个路标点。定义所有时刻的机器人位姿和路标点坐标为

$$x = \{x_1, \ldots, x_N\}, \quad y = \{y_1, \ldots, y_M\}.$$

同样地，用不带下标的 u 表示所有时刻的输入，z 表示所有时刻的观测数据。那么我们说，对机器人状态的估计，从概率学的观点来看，就是已知输入数据 u 和观测数据 z 的条件下，求状态 x, y 的条件概率分布：

$$P(x, y | z, u). \tag{6.4}$$

特别地，当我们不知道控制输入，只有一张张的图像时，即只考虑观测方程带来的数据时，相当于估计 $P(x, y | z)$ 的条件概率分布，此问题也称为 SfM，即如何从许多图像中重建三维空间结构[29]。

为了估计状态变量的条件分布，利用贝叶斯法则，有

$$P(x, y | z, u) = \frac{P(z, u | x, y) P(x, y)}{P(z, u)} \propto \underbrace{P(z, u | x, y)}_{\text{似然}} \underbrace{P(x, y)}_{\text{先验}}. \tag{6.5}$$

贝叶斯法则左侧称为**后验概率**，右侧的 $P(z|x)$ 称为**似然**（Likehood），另一部分 $P(x)$ 称为**先验**（Prior）。**直接求后验分布是困难的，但是求一个状态最优估计，使得在该状态下后验概率最大化**，则是可行的：

$$(x, y)^*_{\text{MAP}} = \arg\max P(x, y | z, u) = \arg\max P(z, u | x, y) P(x, y). \tag{6.6}$$

请注意贝叶斯法则的分母部分与待估计的状态 x, y 无关，因而可以忽略。贝叶斯法则告诉我们，求解最大后验概率**等价于最大化似然和先验的乘积**。当然，我们也可以说，对不起，我不知道机

器人位姿或路标大概在什么地方，此时就没有了**先验**。那么，可以求解**最大似然估计**（Maximize Likelihood Estimation，MLE）：

$$(\boldsymbol{x}, \boldsymbol{y})^{*}_{\mathrm{MLE}} = \arg\max P(\boldsymbol{z}, \boldsymbol{u}|\boldsymbol{x}, \boldsymbol{y}). \tag{6.7}$$

直观地讲，似然是指"在现在的位姿下，可能产生怎样的观测数据"。由于我们知道观测数据，所以最大似然估计可以理解成：**"在什么样的状态下，最可能产生现在观测到的数据"**。这就是最大似然估计的直观意义。

6.1.2　最小二乘的引出

那么，如何求最大似然估计呢？我们说，在高斯分布的假设下，最大似然能够有较简单的形式。回顾观测模型，对于某一次观测：

$$\boldsymbol{z}_{k,j} = h\left(\boldsymbol{y}_j, \boldsymbol{x}_k\right) + \boldsymbol{v}_{k,j},$$

由于我们假设了噪声项 $\boldsymbol{v}_k \sim \mathcal{N}\left(\boldsymbol{0}, \boldsymbol{Q}_{k,j}\right)$，所以观测数据的条件概率为

$$P(\boldsymbol{z}_{j,k}|\boldsymbol{x}_k, \boldsymbol{y}_j) = N\left(h(\boldsymbol{y}_j, \boldsymbol{x}_k), \boldsymbol{Q}_{k,j}\right).$$

它依然是一个高斯分布。考虑单次观测的最大似然估计，可以使用**最小化负对数**来求一个高斯分布的最大似然。

我们知道高斯分布在负对数下有较好的数学形式。考虑任意高维高斯分布 $\boldsymbol{x} \sim \mathcal{N}(\boldsymbol{\mu}, \boldsymbol{\Sigma})$，它的概率密度函数展开形式为

$$P\left(\boldsymbol{x}\right) = \frac{1}{\sqrt{(2\pi)^N \det(\boldsymbol{\Sigma})}} \exp\left(-\frac{1}{2}(\boldsymbol{x} - \boldsymbol{\mu})^{\mathrm{T}} \boldsymbol{\Sigma}^{-1}\left(\boldsymbol{x} - \boldsymbol{\mu}\right)\right). \tag{6.8}$$

对其取负对数，则变为

$$-\ln\left(P\left(\boldsymbol{x}\right)\right) = \frac{1}{2}\ln\left((2\pi)^N \det\left(\boldsymbol{\Sigma}\right)\right) + \frac{1}{2}(\boldsymbol{x} - \boldsymbol{\mu})^{\mathrm{T}} \boldsymbol{\Sigma}^{-1}\left(\boldsymbol{x} - \boldsymbol{\mu}\right). \tag{6.9}$$

因为对数函数是单调递增的，所以对原函数求最大化相当于对负对数求最小化。在最小化上式的 $\boldsymbol{x}$ 时，第一项与 $\boldsymbol{x}$ 无关，可以略去。于是，只要最小化右侧的二次型项，就得到了对状态的最大似然估计。代入 SLAM 的观测模型，相当于在求：

$$\begin{aligned}(\boldsymbol{x}_k, \boldsymbol{y}_j)^{*} &= \arg\max \mathcal{N}(h(\boldsymbol{y}_j, \boldsymbol{x}_k), \boldsymbol{Q}_{k,j}) \\ &= \arg\min\left((\boldsymbol{z}_{k,j} - h\left(\boldsymbol{x}_k, \boldsymbol{y}_j\right))^{\mathrm{T}} \boldsymbol{Q}_{k,j}^{-1}\left(\boldsymbol{z}_{k,j} - h\left(\boldsymbol{x}_k, \boldsymbol{y}_j\right)\right)\right).\end{aligned} \tag{6.10}$$

我们发现，该式等价于最小化噪声项（即误差）的一个二次型。这个二次型称为**马哈拉诺比斯距离**（Mahalanobis distance），又叫**马氏距离**。它也可以看成由 $\boldsymbol{Q}_{k,j}^{-1}$ 加权之后的欧氏距离（二范数），这里 $\boldsymbol{Q}_{k,j}^{-1}$ 也叫作**信息矩阵**，即高斯分布协方差矩阵之逆。

现在我们考虑批量时刻的数据。通常假设各个时刻的输入和观测是相互独立的，这意味着各个输入之间是独立的，各个观测之间是独立的，并且输入和观测也是独立的。于是我们可以对联合分布进行因式分解：

$$P\left(\boldsymbol{z},\boldsymbol{u}|\boldsymbol{x},\boldsymbol{y}\right) = \prod_k P\left(\boldsymbol{u}_k|\boldsymbol{x}_{k-1},\boldsymbol{x}_k\right) \prod_{k,j} P\left(\boldsymbol{z}_{k,j}|\boldsymbol{x}_k,\boldsymbol{y}_j\right), \tag{6.11}$$

这说明我们可以独立地处理各时刻的运动和观测。定义各次输入和观测数据与模型之间的误差：

$$\begin{aligned} \boldsymbol{e}_{u,k} &= \boldsymbol{x}_k - f\left(\boldsymbol{x}_{k-1},\boldsymbol{u}_k\right) \\ \boldsymbol{e}_{z,j,k} &= \boldsymbol{z}_{k,j} - h\left(\boldsymbol{x}_k,\boldsymbol{y}_j\right), \end{aligned} \tag{6.12}$$

那么，最小化所有时刻估计值与真实读数之间的马氏距离，等价于求最大似然估计。负对数允许我们把乘积变成求和：

$$\min J(\boldsymbol{x},\boldsymbol{y}) = \sum_k \boldsymbol{e}_{u,k}^{\mathrm{T}} \boldsymbol{R}_k^{-1} \boldsymbol{e}_{u,k} + \sum_k \sum_j \boldsymbol{e}_{z,k,j}^{\mathrm{T}} \boldsymbol{Q}_{k,j}^{-1} \boldsymbol{e}_{z,k,j}. \tag{6.13}$$

这样就得到了一个**最小二乘问题**（Least Square Problem），它的解等价于状态的最大似然估计。直观上看，由于噪声的存在，当我们把估计的轨迹与地图代入 SLAM 的运动、观测方程中时，它们并不会完美地成立。这时怎么办呢？我们对状态的估计值进行**微调**，使得整体的误差下降一些。当然，这个下降也有限度，它一般会到达一个**极小值**。这就是一个典型的非线性优化的过程。

仔细观察式 (6.13)，我们发现 SLAM 中的最小二乘问题具有一些特定的结构：

- 首先，整个问题的目标函数由许多个误差的（加权的）二次型组成。虽然总体的状态变量维数很高，但每个误差项都是简单的，仅与一两个状态变量有关。例如，运动误差只与 $\boldsymbol{x}_{k-1}, \boldsymbol{x}_k$ 有关，观测误差只与 $\boldsymbol{x}_k, \boldsymbol{y}_j$ 有关。这种关系会让整个问题有一种稀疏的形式，我们将在介绍后端的章节中看到。

- 其次，如果使用李代数表示增量，则该问题是**无约束**的最小二乘问题。但如果用旋转矩阵/变换矩阵描述位姿，则会引入旋转矩阵自身的约束，即需在问题中加入 s.t. $\boldsymbol{R}^{\mathrm{T}}\boldsymbol{R} = \boldsymbol{I}$ 且 $\det(\boldsymbol{R}) = 1$ 这样令人头大的条件。额外的约束会使优化变得更困难。这体现了李代数的优势。

- 最后，我们使用了二次型度量误差。误差的分布将影响此项在整个问题中的权重。例如，某次的观测非常准确，那么协方差矩阵就会"小"，而信息矩阵就会"大"，所以这个误差项会在整个问题中占有较高的权重。我们之后也会看到它存在一些问题，但是目前先不讨论。

现在，我们介绍如何求解这个最小二乘问题，这需要一些**非线性优化的基本知识**。特别地，我们要针对这样一个通用的无约束非线性最小二乘问题，探讨它是如何求解的。在后续几讲中，我们会大量使用本讲的结果，详细讨论它在 SLAM 前端、后端中的应用。

6.1.3　例子：批量状态估计

笔者发现在这里举一个简单的例子会更好一些。考虑一个非常简单的离散时间系统：

$$
\begin{aligned}
\boldsymbol{x}_k &= \boldsymbol{x}_{k-1} + \boldsymbol{u}_k + \boldsymbol{w}_k, & \boldsymbol{w}_k &\sim \mathcal{N}\left(0, \boldsymbol{Q}_k\right) \\
\boldsymbol{z}_k &= \boldsymbol{x}_k + \boldsymbol{n}_k, & \boldsymbol{n}_k &\sim \mathcal{N}\left(0, \boldsymbol{R}_k\right)
\end{aligned}
\tag{6.14}
$$

这可以表达一辆沿 x 轴前进或后退的汽车。第一个公式为运动方程，$\boldsymbol{u}_k$ 为输入，$\boldsymbol{w}_k$ 为噪声；第二个公式为观测方程，$\boldsymbol{z}_k$ 为对汽车位置的测量。取时间 $k = 1, \ldots, 3$，现希望根据已有的 $\boldsymbol{v}, \boldsymbol{y}$ 进行状态估计。设初始状态 $\boldsymbol{x}_0$ 已知。下面来推导批量状态的最大似然估计。

首先，令批量状态变量为 $\boldsymbol{x} = [\boldsymbol{x}_0, \boldsymbol{x}_1, \boldsymbol{x}_2, \boldsymbol{x}_3]^{\mathrm{T}}$，令批量观测为 $\boldsymbol{z} = [\boldsymbol{z}_1, \boldsymbol{z}_2, \boldsymbol{z}_3]^{\mathrm{T}}$，按同样方式定义 $\boldsymbol{u} = [\boldsymbol{u}_1, \boldsymbol{u}_2, \boldsymbol{u}_3]^{\mathrm{T}}$。按照先前的推导，我们知道最大似然估计为

$$
\begin{aligned}
\boldsymbol{x}_{\mathrm{map}}^* &= \arg\max P(\boldsymbol{x}|\boldsymbol{u}, \boldsymbol{z}) = \arg\max P(\boldsymbol{u}, \boldsymbol{z}|\boldsymbol{x}) \\
&= \prod_{k=1}^{3} P(\boldsymbol{u}_k|\boldsymbol{x}_{k-1}, \boldsymbol{x}_k) \prod_{k=1}^{3} P(\boldsymbol{z}_k|\boldsymbol{x}_k),
\end{aligned}
\tag{6.15}
$$

对于具体的每一项，比如运动方程，我们知道：

$$
P(\boldsymbol{u}_k|\boldsymbol{x}_{k-1}, \boldsymbol{x}_k) = \mathcal{N}(\boldsymbol{x}_k - \boldsymbol{x}_{k-1}, \boldsymbol{Q}_k),
\tag{6.16}
$$

观测方程也是类似的：

$$
P(\boldsymbol{z}_k|\boldsymbol{x}_k) = \mathcal{N}(\boldsymbol{x}_k, \boldsymbol{R}_k).
\tag{6.17}
$$

根据这些方法，我们就能够实际地解决上面的批量状态估计问题。根据之前的叙述，可以构建误差变量：

$$
\boldsymbol{e}_{\boldsymbol{u},k} = \boldsymbol{x}_k - \boldsymbol{x}_{k-1} - \boldsymbol{u}_k, \quad \boldsymbol{e}_{z,k} = \boldsymbol{z}_k - \boldsymbol{x}_k,
\tag{6.18}
$$

于是最小二乘的目标函数为

$$
\min \sum_{k=1}^{3} \boldsymbol{e}_{\boldsymbol{u},k}^{\mathrm{T}} \boldsymbol{Q}_k^{-1} \boldsymbol{e}_{\boldsymbol{u},k} + \sum_{k=1}^{3} \boldsymbol{e}_{z,k}^{\mathrm{T}} \boldsymbol{R}_k^{-1} \boldsymbol{e}_{z,k}.
\tag{6.19}
$$

此外，这个系统是线性系统，我们可以很容易地将它写成向量形式。定义向量 $\boldsymbol{y} = [\boldsymbol{u}, \boldsymbol{z}]^{\mathrm{T}}$，那么可以写出矩阵 $\boldsymbol{H}$，使得

$$\boldsymbol{y} - \boldsymbol{H}\boldsymbol{x} = \boldsymbol{e} \sim \mathcal{N}(\boldsymbol{0}, \boldsymbol{\Sigma}). \tag{6.20}$$

那么：

$$\boldsymbol{H} = \left[\begin{array}{cccc} 1 & -1 & 0 & 0 \\ 0 & 1 & -1 & 0 \\ 0 & 0 & 1 & -1 \\ \hline 0 & 1 & 0 & 0 \\ 0 & 0 & 1 & 0 \\ 0 & 0 & 0 & 1 \end{array}\right], \tag{6.21}$$

且 $\boldsymbol{\Sigma} = \mathrm{diag}(\boldsymbol{Q}_1, \boldsymbol{Q}_2, \boldsymbol{Q}_3, \boldsymbol{R}_1, \boldsymbol{R}_2, \boldsymbol{R}_3)$。整个问题可以写成

$$\boldsymbol{x}_{\mathrm{map}}^* = \arg\min \boldsymbol{e}^{\mathrm{T}} \boldsymbol{\Sigma}^{-1} \boldsymbol{e}, \tag{6.22}$$

之后我们将看到，这个问题有唯一的解：

$$\boldsymbol{x}_{\mathrm{map}}^* = (\boldsymbol{H}^{\mathrm{T}}\boldsymbol{\Sigma}^{-1}\boldsymbol{H})^{-1}\boldsymbol{H}^{\mathrm{T}}\boldsymbol{\Sigma}^{-1}\boldsymbol{y}. \tag{6.23}$$

6.2 非线性最小二乘

先来考虑一个简单的最小二乘问题：

$$\min_{\boldsymbol{x}} F(\boldsymbol{x}) = \frac{1}{2}\|f(\boldsymbol{x})\|_2^2. \tag{6.24}$$

其中，自变量 $\boldsymbol{x} \in \mathbb{R}^n$，$f$ 是任意标量非线性函数 $f(\boldsymbol{x}) : \mathbb{R}^n \mapsto \mathbb{R}$。注意这里的系数 $\frac{1}{2}$ 是无关紧要的，有些文献上带有这个系数，有些文献则不带，它不会影响之后的结论。下面讨论如何求解这样一个优化问题。显然，如果 f 是个数学形式上很简单的函数，那么该问题可以用解析形式来求。令目标函数的导数为零，然后求解 $\boldsymbol{x}$ 的最优值，就和求二元函数的极值一样：

$$\frac{\mathrm{d}F}{\mathrm{d}\boldsymbol{x}} = \boldsymbol{0}. \tag{6.25}$$

解此方程，就得到了导数为零处的极值。它们可能是极大、极小或鞍点处的值，只要逐个比较它们的函数值大小即可。但是，这个方程是否容易求解呢？这取决于 f 导函数的形式。如果 f 为简

单的线性函数，那么这个问题就是简单的线性最小二乘问题，但是有些导函数可能形式复杂，使得该方程可能不容易求解。求解这个方程需要我们知道关于目标函数的**全局性质**，而通常这是不大可能的。对于不方便直接求解的最小二乘问题，我们可以用**迭代**的方式，从一个初始值出发，不断地更新当前的优化变量，使目标函数下降。具体步骤可列写如下：

1. 给定某个初始值 x_0。
2. 对于第 k 次迭代，寻找一个增量 Δx_k，使得 $\|f(x_k + \Delta x_k)\|_2^2$ 达到极小值。
3. 若 Δx_k 足够小，则停止。
4. 否则，令 $x_{k+1} = x_k + \Delta x_k$，返回第 2 步。

这让求解**导函数为零**的问题变成了一个不断**寻找下降增量** Δx_k 的问题，我们将看到，由于可以对 f 进行线性化，增量的计算将简单很多。当函数下降直到增量非常小的时候，就认为算法收敛，目标函数达到了一个极小值。在这个过程中，问题在于如何找到每次迭代点的增量，而这是一个局部的问题，我们只需要关心 f 在迭代值处的局部性质而非全局性质。这类方法在最优化、机器学习等领域应用非常广泛。

接下来，我们考察如何寻找这个增量 Δx_k。这部分知识实际属于数值优化的领域，我们来看一些广泛使用的结果。

6.2.1　一阶和二阶梯度法

现在考虑第 k 次迭代，假设我们在 x_k 处，想要寻到增量 Δx_k，那么最直观的方式是将目标函数在 x_k 附近进行泰勒展开：

$$F(x_k + \Delta x_k) \approx F(x_k) + J(x_k)^{\mathrm{T}} \Delta x_k + \frac{1}{2} \Delta x_k^{\mathrm{T}} H(x_k) \Delta x_k. \tag{6.26}$$

其中 $J(x_k)$ 是 $F(x)$ 关于 x 的一阶导数〔也叫梯度、**雅可比**（Jacobian）矩阵〕[①]，H 则是二阶导数〔**海塞**（Hessian）矩阵〕，它们都在 x_k 处取值，读者应该在大学本科多元微积分课程中学习过。我们可以选择保留泰勒展开的一阶或二阶项，那么对应的求解方法则称为一阶梯度或二阶梯度法。如果保留一阶梯度，那么取增量为反向的梯度，即可保证函数下降：

$$\Delta x^* = -J(x_k). \tag{6.27}$$

当然这只是个方向，通常我们还要再指定一个步长 λ。步长可以根据一定的条件来计算[30]，在机器学习中也有一些经验性质的方法，但我们不展开谈。这种方法被称为**最速下降法**。它的直观意义非常简单，只要我们沿着反向梯度方向前进，在一阶（线性）的近似下，目标函数必定会下降。

---

①我们把 $J(x)$ 写成列向量，它可以和 Δx 进行内积，得到一个标量。

注意，以上讨论都是在第 k 次迭代时进行的，并不涉及其他的迭代信息。所以为了简化符号，后面我们省略下标 k，并认为这些讨论对任意一次迭代都成立。

另外，我们可选择保留二阶梯度信息，此时增量方程为

$$\Delta \boldsymbol{x}^* = \arg\min\left(F(\boldsymbol{x}) + \boldsymbol{J}(\boldsymbol{x})^{\mathrm{T}} \Delta \boldsymbol{x} + \frac{1}{2}\Delta \boldsymbol{x}^{\mathrm{T}} \boldsymbol{H} \Delta \boldsymbol{x}\right). \tag{6.28}$$

右侧只含 $\Delta \boldsymbol{x}$ 的零次、一次和二次项。求右侧等式关于 $\Delta \boldsymbol{x}$ 的导数并令它为零[1]，得到

$$\boldsymbol{J} + \boldsymbol{H}\Delta \boldsymbol{x} = \boldsymbol{0} \Rightarrow \boldsymbol{H}\Delta \boldsymbol{x} = -\boldsymbol{J}. \tag{6.29}$$

求解这个线性方程，就得到了增量。该方法又称为**牛顿法**。

我们看到，一阶和二阶梯度法都十分直观，只要把函数在迭代点附近进行泰勒展开，并针对更新量做最小化即可。事实上，我们用一个一次或二次的函数近似了原函数，然后用近似函数的最小值来猜测原函数的极小值。只要原目标函数局部看起来像一次或二次函数，这类算法就是成立的（这也是现实中的情形）。不过，这两种方法也存在它们自身的问题。最速下降法过于贪心，容易走出锯齿路线，反而增加了迭代次数。而牛顿法则需要计算目标函数的 $\boldsymbol{H}$ 矩阵，这在问题规模较大时非常困难，我们通常倾向于避免 $\boldsymbol{H}$ 的计算。对于一般的问题，一些拟牛顿法可以得到较好的结果，而对于最小二乘问题，还有几类更实用的方法：**高斯牛顿法和列文伯格—马夸尔特方法**。

6.2.2 高斯牛顿法

高斯牛顿法是最优化算法中最简单的方法之一。它的思想是将 $f(\boldsymbol{x})$ 进行一阶的泰勒展开。请注意这里不是目标函数 $F(\boldsymbol{x})$ 而是 $f(\boldsymbol{x})$，否则就变成牛顿法了。

$$f(\boldsymbol{x} + \Delta \boldsymbol{x}) \approx f(\boldsymbol{x}) + \boldsymbol{J}(\boldsymbol{x})^{\mathrm{T}} \Delta \boldsymbol{x}. \tag{6.30}$$

这里 $\boldsymbol{J}(\boldsymbol{x})^{\mathrm{T}}$ 为 $f(\boldsymbol{x})$ 关于 $\boldsymbol{x}$ 的导数，为 $n \times 1$ 的列向量。根据前面的框架，当前的目标是寻找增量 $\Delta \boldsymbol{x}$，使得 $\|f(\boldsymbol{x} + \Delta \boldsymbol{x})\|^2$ 达到最小。为了求 $\Delta \boldsymbol{x}$，我们需要解一个线性的最小二乘问题：

$$\Delta \boldsymbol{x}^* = \arg\min_{\Delta \boldsymbol{x}} \frac{1}{2}\left\| f(\boldsymbol{x}) + \boldsymbol{J}(\boldsymbol{x})^{\mathrm{T}} \Delta \boldsymbol{x} \right\|^2. \tag{6.31}$$

这个方程与之前的有什么不一样呢？根据极值条件，将上述目标函数对 $\Delta \boldsymbol{x}$ 求导，并令导数为零。为此，先展开目标函数的平方项：

---

[1]对矩阵求导不熟悉的同学请参考附录 B。

$$\frac{1}{2}\left\|f\left(\boldsymbol{x}\right)+\boldsymbol{J}\left(\boldsymbol{x}\right)^{\mathrm{T}}\Delta\boldsymbol{x}\right\|^2 = \frac{1}{2}\left(f\left(\boldsymbol{x}\right)+\boldsymbol{J}\left(\boldsymbol{x}\right)^{\mathrm{T}}\Delta\boldsymbol{x}\right)^{\mathrm{T}}\left(f\left(\boldsymbol{x}\right)+\boldsymbol{J}\left(\boldsymbol{x}\right)^{\mathrm{T}}\Delta\boldsymbol{x}\right)$$
$$= \frac{1}{2}\left(\|f\left(\boldsymbol{x}\right)\|_2^2 + 2f\left(\boldsymbol{x}\right)\boldsymbol{J}\left(\boldsymbol{x}\right)^{\mathrm{T}}\Delta\boldsymbol{x} + \Delta\boldsymbol{x}^{\mathrm{T}}\boldsymbol{J}\left(\boldsymbol{x}\right)\boldsymbol{J}\left(\boldsymbol{x}\right)^{\mathrm{T}}\Delta\boldsymbol{x}\right).$$

求上式关于 $\Delta\boldsymbol{x}$ 的导数，并令其为零：

$$\boldsymbol{J}(\boldsymbol{x})f\left(\boldsymbol{x}\right)+\boldsymbol{J}(\boldsymbol{x})\boldsymbol{J}^{\mathrm{T}}\left(\boldsymbol{x}\right)\Delta\boldsymbol{x} = \boldsymbol{0}.$$

可以得到如下方程组：

$$\underbrace{\boldsymbol{J}(\boldsymbol{x})\boldsymbol{J}^{\mathrm{T}}\left(\boldsymbol{x}\right)}_{\boldsymbol{H}(\boldsymbol{x})}\Delta\boldsymbol{x} = \underbrace{-\boldsymbol{J}(\boldsymbol{x})f\left(\boldsymbol{x}\right)}_{\boldsymbol{g}(\boldsymbol{x})}. \tag{6.32}$$

这个方程是关于变量 $\Delta\boldsymbol{x}$ 的**线性方程组**，我们称它为**增量方程**，也可以称为**高斯牛顿方程**（Gauss-Newton equation）或者**正规方程**（Normal equation）。我们把左边的系数定义为 $\boldsymbol{H}$，右边定义为 $\boldsymbol{g}$，那么上式变为

$$\boldsymbol{H}\Delta\boldsymbol{x} = \boldsymbol{g}. \tag{6.33}$$

这里把左侧记作 $\boldsymbol{H}$ 是有意义的。对比牛顿法可见，高斯牛顿法用 $\boldsymbol{J}\boldsymbol{J}^{\mathrm{T}}$ 作为牛顿法中二阶 Hessian 矩阵的近似，从而省略了计算 $\boldsymbol{H}$ 的过程。**求解增量方程是整个优化问题的核心所在。**如果我们能够顺利解出该方程，那么高斯牛顿法的算法步骤可以写成

---

1. 给定初始值 $\boldsymbol{x}_0$。
2. 对于第 k 次迭代，求出当前的雅可比矩阵 $\boldsymbol{J}(\boldsymbol{x}_k)$ 和误差 $f(\boldsymbol{x}_k)$。
3. 求解增量方程：$\boldsymbol{H}\Delta\boldsymbol{x}_k = \boldsymbol{g}$。
4. 若 $\Delta\boldsymbol{x}_k$ 足够小，则停止。否则，令 $\boldsymbol{x}_{k+1} = \boldsymbol{x}_k + \Delta\boldsymbol{x}_k$，返回第 2 步。

从算法步骤中可以看到，增量方程的求解占据着主要地位。只要我们能够顺利解出增量，就能保证目标函数能够正确地下降。

为了求解增量方程，我们需要求解 $\boldsymbol{H}^{-1}$，这需要 $\boldsymbol{H}$ 矩阵可逆，但实际数据中计算得到的 $\boldsymbol{J}\boldsymbol{J}^{\mathrm{T}}$ 却只有半正定性。也就是说，在使用高斯牛顿法时，可能出现 $\boldsymbol{J}\boldsymbol{J}^{\mathrm{T}}$ 为奇异矩阵或者病态（ill-condition）的情况，此时增量的稳定性较差，导致算法不收敛。直观地说，原函数在这个点的局部近似不像一个二次函数。更严重的是，就算我们假设 $\boldsymbol{H}$ 非奇异也非病态，如果我们求出来的步长 $\Delta\boldsymbol{x}$ 太大，也会导致我们采用的局部近似式 (6.30) 不够准确，这样一来我们甚至无法保证它的迭代收敛，哪怕是让目标函数变得更大都是有可能的。

尽管高斯牛顿法有这些缺点，但它依然算是非线性优化方面一种简单有效的方法，值得我们学习。在非线性优化领域，相当多的算法都可以归结为高斯牛顿法的变种。这些算法都借助了高斯牛顿法的思想并且通过自己的改进修正其缺点。例如，一些**线搜索方法**（Line Search Method）

加入了一个步长 α，在确定了 Δx 后进一步找到 α 使得 $\|f(x + \alpha\Delta x)\|^2$ 达到最小，而不是简单地令 $\alpha = 1$。

列文伯格—马夸尔特方法在一定程度上修正了这些问题。一般认为它比高斯牛顿法更为健壮，但它的收敛速度可能比高斯牛顿法更慢，被称为**阻尼牛顿法**（Damped Newton Method）。

6.2.3 列文伯格—马夸尔特方法

高斯牛顿法中采用的近似二阶泰勒展开只能在展开点附近有较好的近似效果，所以我们很自然地想到应该给 Δx 添加一个范围，称为**信赖区域**（Trust Region）。这个范围定义了在什么情况下二阶近似是有效的，这类方法也称为**信赖区域方法**（Trust Region Method）。在信赖区域里，我们认为近似是有效的；出了这个区域，近似可能会出问题。

那么，如何确定这个信赖区域的范围呢？一个比较好的方法是根据我们的近似模型跟实际函数之间的差异来确定：如果差异小，说明近似效果好，我们扩大近似的范围；反之，如果差异大，就缩小近似的范围。我们定义一个指标 ρ 来刻画近似的好坏程度：

$$\rho = \frac{f(x + \Delta x) - f(x)}{J(x)^{\mathrm{T}} \Delta x}. \tag{6.34}$$

ρ 的分子是实际函数下降的值，分母是近似模型下降的值。如果 ρ 接近于 1，则近似是好的。如果 ρ 太小，说明实际减小的值远少于近似减小的值，则认为近似比较差，需要缩小近似范围。反之，如果 ρ 比较大，则说明实际下降的比预计的更大，我们可以放大近似范围。

于是，我们构建一个改良版的非线性优化框架，该框架会比高斯牛顿法有更好的效果：

---

1. 给定初始值 x_0，以及初始优化半径 μ。
2. 对于第 k 次迭代，在高斯牛顿法的基础上加上信赖区域，求解：

$$\min_{\Delta x_k} \frac{1}{2} \left\| f(x_k) + J(x_k)^{\mathrm{T}} \Delta x_k \right\|^2, \quad \text{s.t.} \quad \|D\Delta x_k\|^2 \leqslant \mu, \tag{6.35}$$

   其中，μ 是信赖区域的半径，D 为系数矩阵，将在后文说明。
3. 按式 (6.34) 计算 ρ。
4. 若 $\rho > \frac{3}{4}$，则设置 $\mu = 2\mu$。
5. 若 $\rho < \frac{1}{4}$，则设置 $\mu = 0.5\mu$。
6. 如果 ρ 大于某阈值，则认为近似可行。令 $x_{k+1} = x_k + \Delta x_k$。
7. 判断算法是否收敛。如不收敛则返回第 2 步，否则结束。

这里近似范围扩大的倍数和阈值都是经验值，可以替换成别的数值。在式 (6.35) 中，我们把增量限定于一个半径为 μ 的球中，认为只在这个球内才是有效的。带上 D 之后，这个球可以看

成一个椭球。在列文伯格提出的优化方法中，把 D 取成单位阵 I，相当于直接把 Δx_k 约束在一个球中。随后，马夸尔特提出将 D 取成非负数对角阵——实际中通常用 $J^T J$ 的对角元素平方根，使得在梯度小的维度上约束范围更大一些。

无论如何，在列文伯格—马夸尔特优化中，我们都需要解式 (6.35) 那样一个子问题来获得梯度。这个子问题是带不等式约束的优化问题，我们用拉格朗日乘子把约束项放到目标函数中，构成拉格朗日函数：

$$\mathcal{L}(\Delta x_k, \lambda) = \frac{1}{2} \left\| f(x_k) + J(x_k)^{\mathrm{T}} \Delta x_k \right\|^2 + \frac{\lambda}{2} \left(\|D\Delta x_k\|^2 - \mu \right). \tag{6.36}$$

这里 λ 为拉格朗日乘子。类似于高斯牛顿法中的做法，令该拉格朗日函数关于 Δx 的导数为零，它的核心仍是计算增量的线性方程：

$$\left(H + \lambda D^{\mathrm{T}} D \right) \Delta x_k = g. \tag{6.37}$$

可以看到，相比于高斯牛顿法，增量方程多了一项 $\lambda D^T D$。如果考虑它的简化形式，即 $D = I$，那么相当于求解[1]：

$$\left(H + \lambda I \right) \Delta x_k = g.$$

我们看到，一方面，当参数 λ 比较小时，H 占主要地位，这说明二次近似模型在该范围内是比较好的，列文伯格—马夸尔特方法更接近于高斯牛顿法。另一方面，当 λ 比较大时，λI 占据主要地位，列文伯格—马夸尔特方法更接近于一阶梯度下降法（即最速下降），这说明附近的二次近似不够好。列文伯格—马夸尔特方法的求解方式，可在一定程度上避免线性方程组的系数矩阵的非奇异和病态问题，提供更稳定、更准确的增量 Δx。

在实际中，还存在许多其他的方式来求解增量，例如 Dog-Leg[31] 等方法。我们在这里所介绍的，只是最常见而且最基本的方法，也是视觉 SLAM 中用得最多的方法。实际问题中，我们通常选择高斯牛顿法或列文伯格—马夸尔特方法中的一种作为梯度下降策略。当问题性质较好时，用高斯牛顿。如果问题接近病态，则用列文伯格—马夸尔特方法。

小结

由于不希望本书变成一本让人头疼的数学教科书，所以这里只罗列了最常见的两种非线性优化方案——高斯牛顿法和列文伯格—马夸尔特方法。我们避开了许多数学性质上的讨论。如果

---

[1] 严谨的读者可能不满意此处的叙述。信赖域原问题的约束条件除了拉格朗日函数求导为零，KKT 条件还会有一些别的约束：$\lambda > 0$，且 $\lambda(\|D\Delta x\|^2 - \mu) = 0$。但是在 L-M 迭代中，我们不妨把它看成在原问题的目标函数上，以 λ 为权重的惩罚项（Argumented Lagrangian）。在每一步迭代后，若发现信赖域条件不满足，或者目标函数增加，就增加 λ 的权重，直到最终满足信赖域条件。所以，理论上对 L-M 算法存在不同的解释，但实际中我们只关心它是否顺利工作。

读者对优化感兴趣，可以进一步阅读专门介绍数值优化的书籍（这是一个很大的课题）[31]。以高斯牛顿法和列文伯格—马夸尔特方法为代表的优化方法，在很多开源的优化库中都已经实现并提供给用户，我们会在下文进行实验。最优化是处理许多实际问题的基本数学工具，不光在视觉 SLAM 中起着核心作用，在类似于深度学习等其他领域，它也是求解问题的核心方法之一（深度学习数据量很大，以一阶方法为主）。我们希望读者能够根据自身能力，去了解更多的最优化算法。

也许你发现了，无论是高斯牛顿法还是列文伯格—马夸尔特方法，在做最优化计算时，都需要提供变量的初始值。你也许会问，这个初始值能否随意设置？当然不能。实际上，非线性优化的所有迭代求解方案，都需要用户提供一个良好的初始值。由于目标函数太复杂，导致在求解空间上的变化难以预测，对问题提供不同的初始值往往会导致不同的计算结果。这种情况是非线性优化的通病：大多数算法都容易陷入局部极小值。因此，无论是哪类科学问题，我们提供初始值都应该有科学依据，例如视觉 SLAM 问题中，我们会用 ICP、PnP 之类的算法提供优化初始值。总之，一个良好的初始值对最优化问题非常重要！

也许读者还会对上面提到的最优化产生疑问：如何求解线性增量方程组呢？我们只讲到了增量方程是一个线性方程，但是直接对系数矩阵进行求逆岂不是要进行大量的计算？当然不是。在视觉 SLAM 算法里，经常遇到 Δx 的维度大到好几百或者上千，如果你要做大规模的视觉三维重建，就会经常发现这个维度可以轻易达到几十万甚至更高的级别。要对那么大个矩阵进行求逆是大多数处理器无法负担的，因此存在着许多针对线性方程组的数值求解方法。在不同的领域有不同的求解方式，但几乎没有一种方式是直接求系数矩阵的逆，我们会采用矩阵分解的方法来解线性方程，例如 QR、Cholesky 等分解方法。这些方法通常在矩阵论等教科书中可以找到，我们不多加介绍。

幸运的是，视觉 SLAM 里这个矩阵往往有特定的稀疏形式，这为实时求解优化问题提供了可能性。我们将在第 9 讲中详细介绍它的原理。利用稀疏形式的消元、分解，最后进行求解增量，会让求解的效率大大提高。在很多开源的优化库上，维度为一万多的变量在一般的计算机上就可以在几秒甚至更短的时间内被求解出来，其原因也是用了更加高级的数学工具。视觉 SLAM 算法现在能够实时地实现，也多亏了系数矩阵是稀疏的，如果矩阵是稠密的，恐怕优化这类视觉 SLAM 算法就不会被学界广泛采纳了[32-34]。

6.3　实践：曲线拟合问题

6.3.1　手写高斯牛顿法

接下来，我们用一个简单的例子来说明如何求解最小二乘问题。我们将演示如何手写高斯牛顿法，然后介绍如何使用优化库求解此问题。对于同一个问题，这些实现方式会得到同样的结果，因为它们的核心算法是一样的。

考虑一条满足以下方程的曲线：

$$y = \exp(ax^2 + bx + c) + w,$$

其中，a, b, c 为曲线的参数，w 为高斯噪声，满足 $w \sim (0, \sigma^2)$。我们故意选择了这样一个非线性模型，使问题不至于太简单。现在，假设我们有 N 个关于 x, y 的观测数据点，想根据这些数据点求出曲线的参数。那么，可以求解下面的最小二乘问题以估计曲线参数：

$$\min_{a,b,c} \frac{1}{2} \sum_{i=1}^{N} \left\| y_i - \exp\left(ax_i^2 + bx_i + c\right) \right\|^2. \tag{6.38}$$

请注意，在这个问题中，待估计的变量是 a, b, c，而不是 x。我们的程序里先根据模型生成 x, y 的真值，然后在真值中添加高斯分布的噪声。随后，使用高斯牛顿法从带噪声的数据拟合参数模型。定义误差为

$$e_i = y_i - \exp\left(ax_i^2 + bx_i + c\right), \tag{6.39}$$

那么，可以求出每个误差项对于状态变量的导数：

$$\begin{aligned}
\frac{\partial e_i}{\partial a} &= -x_i^2 \exp\left(ax_i^2 + bx_i + c\right) \\
\frac{\partial e_i}{\partial b} &= -x_i \exp\left(ax_i^2 + bx_i + c\right) \\
\frac{\partial e_i}{\partial c} &= -\exp\left(ax_i^2 + bx_i + c\right)
\end{aligned} \tag{6.40}$$

于是 $\boldsymbol{J}_i = \left[\frac{\partial e_i}{\partial a}, \frac{\partial e_i}{\partial b}, \frac{\partial e_i}{\partial c} \right]^{\mathrm{T}}$，高斯牛顿法的增量方程为

$$\left(\sum_{i=1}^{100} \boldsymbol{J}_i (\sigma^2)^{-1} \boldsymbol{J}_i^{\mathrm{T}} \right) \Delta \boldsymbol{x}_k = \sum_{i=1}^{100} -\boldsymbol{J}_i (\sigma^2)^{-1} e_i, \tag{6.41}$$

当然，我们也可以选择把所有的 $\boldsymbol{J}_i$ 排成一列，将这个方程写成矩阵形式，不过它的含义与求和形式是一致的。下面的代码演示了这个过程是如何进行的。

⟨⁄⟩ slambook2/ch6/gaussNewton.cpp

```cpp
#include <iostream>
#include <opencv2/opencv.hpp>
#include <Eigen/Core>
#include <Eigen/Dense>
```

```
5
6   using namespace std;
7   using namespace Eigen;
8
9   int main(int argc, char **argv) {
10      double ar = 1.0, br = 2.0, cr = 1.0;         // 真实参数值
11      double ae = 2.0, be = -1.0, ce = 5.0;        // 估计参数值
12      int N = 100;                                 // 数据点
13      double w_sigma = 1.0;                        // 噪声Sigma值
14      double inv_sigma = 1.0 / w_sigma;
15      cv::RNG rng;                                 // OpenCV随机数产生器
16
17      vector<double> x_data, y_data;       // 数据
18      for (int i = 0; i < N; i++) {
19          double x = i / 100.0;
20          x_data.push_back(x);
21          y_data.push_back(exp(ar * x * x + br * x + cr) + rng.gaussian(w_sigma * w_sigma));
22      }
23
24      // 开始Gauss-Newton迭代
25      int iterations = 100;      // 迭代次数
26      double cost = 0, lastCost = 0;  // 本次迭代的cost和上一次迭代的cost
27
28      chrono::steady_clock::time_point t1 = chrono::steady_clock::now();
29      for (int iter = 0; iter < iterations; iter++) {
30
31          Matrix3d H = Matrix3d::Zero();               // Hessian = J^T W^{-1} J in Gauss-Newton
32          Vector3d b = Vector3d::Zero();               // bias
33          cost = 0;
34
35          for (int i = 0; i < N; i++) {
36              double xi = x_data[i], yi = y_data[i];   // 第i个数据点
37              double error = yi - exp(ae * xi * xi + be * xi + ce);
38              Vector3d J; // 雅可比矩阵
39              J[0] = -xi * xi * exp(ae * xi * xi + be * xi + ce);  // de/da
40              J[1] = -xi * exp(ae * xi * xi + be * xi + ce);  // de/db
41              J[2] = -exp(ae * xi * xi + be * xi + ce);  // de/dc
42
43              H += inv_sigma * inv_sigma * J * J.transpose();
44              b += -inv_sigma * inv_sigma * error * J;
45
46              cost += error * error;
47          }
```

```
48
49        // 求解线性方程 Hx=b
50        Vector3d dx = H.ldlt().solve(b);
51        if (isnan(dx[0])) {
52            cout << "result is nan!" << endl;
53            break;
54        }
55
56        if (iter > 0 && cost >= lastCost) {
57            cout << "cost: " << cost << ">= last cost: " << lastCost << ", break." << endl;
58            break;
59        }
60
61        ae += dx[0];
62        be += dx[1];
63        ce += dx[2];
64
65        lastCost = cost;
66
67        cout << "total cost: " << cost << ", \t\tupdate: " << dx.transpose() <<
68          "\t\testimated params: " << ae << "," << be << "," << ce << endl;
69    }
70
71    chrono::steady_clock::time_point t2 = chrono::steady_clock::now();
72    chrono::duration<double> time_used = chrono::duration_cast<chrono::duration<double>>(t2 -
        t1);
73    cout << "solve time cost = " << time_used.count() << " seconds. " << endl;
74    cout << "estimated abc = " << ae << ", " << be << ", " << ce << endl;
75    return 0;
76 }
```

在这个例子中，我们演示了如何对一个简单的拟合问题进行迭代优化。通过自己手写的代码，很容易看清楚整个优化的流程。该程序输出每一步迭代的目标函数值和更新量，如下：

🖥 终端输出：

```
1  /home/xiang/Code/slambook2/ch6/cmake-build-debug/gaussNewton
2  total cost: 3.19575e+06,        update: 0.0455771  0.078164 -0.985329        estimated params:
   2.04558,-0.921836,4.01467
3  total cost: 376785,         update:  0.065762  0.224972 -0.962521         estimated params:
   2.11134,-0.696864,3.05215
4  total cost: 35673.6,        update: -0.0670241   0.617616  -0.907497        estimated params:
   2.04432,-0.0792484,2.14465
5  total cost: 2195.01,        update: -0.522767    1.19192 -0.756452         estimated params:
```

```
 5   1.52155,1.11267,1.3882
 6   total cost: 174.853,        update: -0.537502  0.909933 -0.386395       estimated params:
     0.984045,2.0226,1.00181
 7   total cost: 102.78,         update: -0.0919666   0.147331 -0.0573675      estimated params:
      0.892079,2.16994,0.944438
 8   total cost: 101.937,        update: -0.00117081  0.00196749 -0.00081055   estimated params:
      0.890908,2.1719,0.943628
 9   total cost: 101.937,        update    3.4312e-06 -4.28555e-06  1.08348e-06      estimated
     params: 0.890912,2.1719,0.943629
10   total cost: 101.937,        update: -2.01204e-08  2.68928e-08 -7.86602e-09      estimated
     params: 0.890912,2.1719,0.943629
11   cost: 101.937>= last cost: 101.937, break.
12   solve time cost = 0.000212903 seconds.
13   estimated abc = 0.890912, 2.1719, 0.943629
```

易见整个问题的目标函数在迭代 9 次之后趋近收敛，更新量趋近于零。最终估计的值与真值接近，函数图像如图 6-1 所示。在笔者的计算机上（笔者计算机的 CPU 是 i7-8700），优化用时约 0.2 毫秒。下面我们尝试使用优化库来完成同样的任务。

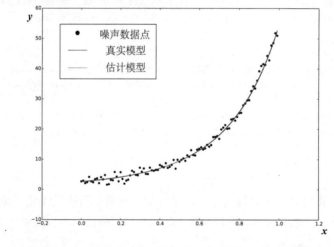

图 6-1　噪声 $\sigma = 1$ 时的曲线拟合结果。真实模型和估计模型非常接近

6.3.2　使用 Ceres 进行曲线拟合

本节向大家介绍两个 C++ 的优化库：来自谷歌的 Ceres 库[35] 及基于图优化的 g2o 库[36]。因为使用 g2o 还需要介绍一点图优化的相关知识，所以我们先来介绍 Ceres，然后介绍一些图优化理论，最后来讲 g2o。因为优化算法在之后的 "视觉里程计" 和 "后端" 中都会出现，所以请读者务必掌握优化算法的意义，理解程序的内容。

Ceres 简介

Ceres 是一个广泛使用的最小二乘问题求解库。在 Ceres 中，我们作为用户，只需按照一定步骤定义待解的优化问题，然后交给求解器计算。Ceres 求解的最小二乘问题最一般的形式如下（带边界的核函数最小二乘）：

$$\min_{x} \frac{1}{2} \sum_{i} \rho_i \left(\| f_i \left(x_{i_1}, \cdots, x_{i_n} \right) \|^2 \right)$$

$$\text{s.t.} \ l_j \leqslant x_j \leqslant u_j. \tag{6.42}$$

在这个问题中，$x_1, \cdots, x_n$ 为优化变量，又称**参数块**（Parameter blocks），f_i 称为**代价函数**（Cost function），也称为残差块（Residual blocks），在 SLAM 中也可理解为误差项。l_j 和 u_j 为第 j 个优化变量的上限和下限。在最简单的情况下，取 $l_j = -\infty, u_j = \infty$（不限制优化变量的边界）。此时，目标函数由许多平方项经过一个**核函数** $\rho(\cdot)$ 之后求和组成[1]。同样，可以取 ρ 为恒等函数，那么目标函数即为许多项的平方和，我们就得到了无约束的最小二乘问题，和先前介绍的理论是一致的。

为了让 Ceres 帮我们求解这个问题，我们需要做以下几件事：

1. 定义每个参数块。参数块通常为平凡的向量，但是在 SLAM 里也可以定义成四元数、李代数这种特殊的结构。如果是向量，那么我们需要为每个参数块分配一个 double 数组来存储变量的值。

2. 定义残差块的计算方式。残差块通常关联若干个参数块，对它们进行一些自定义的计算，然后返回残差值。Ceres 对它们求平方和之后，作为目标函数的值。

3. 残差块往往也需要定义雅可比的计算方式。在 Ceres 中，你可以使用它提供的"自动求导"功能，也可以手动指定雅可比的计算过程。如果要使用自动求导，那么残差块需要按照特定的写法书写：残差的计算过程应该是一个带模板的括号运算符。这一点我们通过例子来说明。

4. 把所有的参数块和残差块加入 Ceres 定义的 Problem 对象中，调用 Solve 函数求解即可。求解之前，我们可以传入一些配置信息，例如迭代次数、终止条件等，也可以使用默认的配置。

下面，我们来实际操作如何用 Ceres 求解曲线拟合问题，理解优化的过程。

安装 Ceres

为了使用 Ceres，我们需要对它进行编译安装。Ceres 的 GitHub 地址为 `https://github.com/ceres-solver/ceres-solver`，你也可以直接使用本书代码 3rdparty 目录里的 Ceres，这样你将

---

[1]核函数的详细讨论见第 9 讲。

和我使用完全一样的版本。

　　与之前碰到的库一样，Ceres 是一个 cmake 工程。先来安装它的依赖项，在 Ubuntu 系统中可以用 apt-get 安装，主要是谷歌自己使用的一些日志和测试工具：

⌨ 终端输入：

```
1  sudo apt-get install liblapack-dev libsuitesparse-dev libcxsparse3 libgflags-dev libgoogle-
   glog-dev libgtest-dev
```

　　然后，进入 Ceres 库目录下，使用 cmake 编译并安装它。这个过程我们已经做过很多遍了，此处不再赘述。安装完成后，在 /usr/local/include/ceres 下找到 Ceres 的头文件，并在 /usr/local/lib/ 下找到名为 libceres.a 的库文件。有了这些文件，就可以使用 Ceres 进行优化计算了。

使用 Ceres 拟合曲线

　　下面的代码演示了如何使用 Ceres 求解同样的问题。

⌨ **slambook/ch6/ceresCurveFitting.cpp**

```cpp
1  #include <iostream>
2  #include <opencv2/core/core.hpp>
3  #include <ceres/ceres.h>
4  #include <chrono>
5
6  using namespace std;
7
8  // 代价函数的计算模型
9  struct CURVE_FITTING_COST {
10     CURVE_FITTING_COST(double x, double y) : _x(x), _y(y) {}
11
12     // 残差的计算
13     template<typename T>
14     bool operator()(
15         const T *const abc, // 模型参数，有3维
16         T *residual) const {
17         // y-exp(ax^2+bx+c)
18         residual[0] = T(_y) - ceres::exp(abc[0] * T(_x) * T(_x) + abc[1] * T(_x) + abc[2]);
19         return true;
20     }
21
22     const double _x, _y;    // x,y数据
23  };
24
25  int main(int argc, char **argv) {
```

```
26    double ar = 1.0, br = 2.0, cr = 1.0;          // 真实参数值
27    double ae = 2.0, be = -1.0, ce = 5.0;         // 估计参数值
28    int N = 100;                                  // 数据点
29    double w_sigma = 1.0;                         // 噪声Sigma值
30    double inv_sigma = 1.0 / w_sigma;
31    cv::RNG rng;                                  // OpenCV随机数产生器
32
33    vector<double> x_data, y_data;       // 数据
34    for (int i = 0; i < N; i++) {
35        double x = i / 100.0;
36        x_data.push_back(x);
37        y_data.push_back(exp(ar * x * x + br * x + cr) + rng.gaussian(w_sigma * w_sigma));
38    }
39
40    double abc[3] = {ae, be, ce};
41
42    // 构建最小二乘问题
43    ceres::Problem problem;
44    for (int i = 0; i < N; i++) {
45        problem.AddResidualBlock(      // 向问题中添加误差项
46            // 使用自动求导，模板参数：误差类型、输出维度、输入维度，维数要与前面struct中一致
47            new ceres::AutoDiffCostFunction<CURVE_FITTING_COST, 1, 3>(
48                new CURVE_FITTING_COST(x_data[i], y_data[i])
49            ),
50            nullptr,            // 核函数，这里不使用，为空
51            abc                 // 待估计参数
52        );
53    }
54
55    // 配置求解器
56    ceres::Solver::Options options;       // 这里有很多配置项可以填
57    options.linear_solver_type = ceres::DENSE_NORMAL_CHOLESKY;   // 增量方程如何求解
58    options.minimizer_progress_to_stdout = true;     // 输出到cout
59
60    ceres::Solver::Summary summary;               // 优化信息
61    chrono::steady_clock::time_point t1 = chrono::steady_clock::now();
62    ceres::Solve(options, &problem, &summary);  // 开始优化
63    chrono::steady_clock::time_point t2 = chrono::steady_clock::now();
64    chrono::duration<double> time_used = chrono::duration_cast<chrono::duration<double>>(t2 -
      t1);
65    cout << "solve time cost = " << time_used.count() << " seconds. " << endl;
66
67    // 输出结果
```

```
68    cout << summary.BriefReport() << endl;
69    cout << "estimated a,b,c = ";
70    for (auto a:abc) cout << a << " ";
71    cout << endl;
72
73    return 0;
74  }
```

程序中需要说明的地方均已加注释。可以看到，我们利用 OpenCV 的噪声生成器生成了 100 个带高斯噪声的数据，随后利用 Ceres 进行拟合。这里演示的 Ceres 用法有如下几项：

1. 定义残差块的类。方法是书写一个类（或结构体），并在类中定义带模板参数的 () 运算符，这样该类就成为了一个**拟函数**（Functor）[①]。这种定义方式使得 Ceres 可以像调用函数一样，对该类的某个对象（比如 a）调用 a<double>() 方法。事实上，Ceres 会把雅可比矩阵作为类型参数传入此函数，从而实现自动求导的功能。

2. 程序中的 double abc[3] 即参数块，而对于残差块，我们对每一个数据构造 CURVE_FITTING_COST 对象，然后调用 AddResidualBlock 将误差项添加到目标函数中。由于优化需要梯度，我们有若干种选择：（1）使用 Ceres 的自动求导（Auto Diff）；（2）使用数值求导（Numeric Diff）[②]；（3）自行推导解析的导数形式，提供给 Ceres。因为自动求导在编码上是最方便的，于是我们使用自动求导。

3. 自动求导需要指定误差项和优化变量的维度。这里的误差是标量，维度为 1；优化的是 a, b, c 三个量，维度为 3。于是，在自动求导类 AutoDiffCostFunction 的模板参数中设定变量维度为 1、3。

4. 设定好问题后，调用 Solve 函数进行求解。你可以在 options 里配置（非常详细的）优化选项。例如，可以选择使用 Line Search 还是 Trust Region、迭代次数、步长，等等。读者可以查看 Options 的定义，看看有哪些优化方法可选，当然默认的配置已经可用于很广泛的问题了。

最后，我们来看看实验结果。调用 build/ceresCurveFitting 查看优化结果：

iter	cost	cost_change	|gradient|	|step|	tr_ratio	tr_radius	ls_iter	iter_time	total_time
0	1.597873e+06	0.00e+00	3.52e+06	0.00e+00	0.00e+00	1.00e+04	0	2.10e-05	7.92e-05
1	1.884440e+05	1.41e+06	4.86e+05	9.88e-01	8.82e-01	1.81e+04	1	5.60e-05	1.05e-03
2	1.784821e+04	1.71e+05	6.78e+04	9.89e-01	9.06e-01	3.87e+04	1	2.00e-05	1.09e-03

[①] C++ 术语，带有括号运算符的类在使用括号运算符时，就仿佛是一个函数。
[②] 自动求导也是用数值导数实现的，但由于是模板运算，运行更快一些。

5	3	1.099631e+03 1.16e-03	1.67e+04	8.58e+03	1.10e+00	9.41e-01	1.16e+05	1	6.70e-05
6	4	8.784938e+01 1.19e-03	1.01e+03	6.53e+02	1.51e+00	9.67e-01	3.48e+05	1	1.88e-05
7	5	5.141230e+01 1.22e-03	3.64e+01	2.72e+01	1.13e+00	9.90e-01	1.05e+06	1	1.81e-05
8	6	5.096862e+01 1.25e-03	4.44e-01	4.27e-01	1.89e-01	9.98e-01	3.14e+06	1	1.79e-05
9	7	5.096851e+01 1.28e-03	1.10e-04	9.53e-04	2.84e-03	9.99e-01	9.41e+06	1	1.81e-05

```
10  solve time cost = 0.00130755 seconds.
11  Ceres Solver Report: Iterations: 8, Initial cost: 1.597873e+06, Final cost: 5.096851e+01,
    Termination: CONVERGENCE
12  estimated a,b,c = 0.890908 2.1719 0.943628
```

最终的优化值和我们上一节的实验结果基本相同，但运行速度上 Ceres 要相对慢一些。在笔者的计算机上 Ceres 约使用了 1.3 毫秒，这比手写高斯牛顿法慢了约六倍。

希望读者通过这个简单的例子对 Ceres 的使用方法有一个大致了解。它的优点是提供了自动求导工具，使得不必去计算很麻烦的雅可比矩阵。Ceres 的自动求导是通过模板元实现的，在编译时期就可以完成自动求导工作，不过仍然是数值导数。本书大部分时候仍然会介绍雅可比矩阵的计算，因为那样对理解问题更有帮助，而且在优化中更少出现问题。此外，Ceres 的优化过程配置也很丰富，使其适合很广泛的最小二乘优化问题，包括 SLAM 之外的各种问题。

6.3.3　使用 g2o 进行曲线拟合

本讲的第 2 个实践部分将介绍另一个（主要在 SLAM 领域）广为使用的优化库：g2o（General Graphic Optimization，G^{2}O）。它是一个基于**图优化**的库。图优化是一种将非线性优化与图论结合起来的理论，因此在使用它之前，我们花一点篇幅介绍图优化理论。

图优化理论简介

我们已经介绍了非线性最小二乘的求解方式。它们是由很多个误差项之和组成的。然而，目标函数仅描述了优化变量和许多个误差项，但我们尚不清楚它们之间的**关联**。例如，某个优化变量 x_j 存在于多少个误差项中呢？我们能保证对它的优化是有意义的吗？进一步，我们希望能够直观地看到该优化问题**长什么样**。于是，就牵涉到了图优化。

图优化，是把优化问题表现成图的一种方式。这里的图是图论意义上的图。一个图由若干个**顶点（Vertex）**，以及连接着这些顶点的**边（Edge）**组成。进而，用**顶点**表示**优化变量**，用**边**表示**误差项**。于是，对任意一个上述形式的非线性最小二乘问题，我们可以构建与之对应的一个图。我们可以简单地称它为**图**，也可以用概率图里的定义，称之为**贝叶斯图**或**因子图**。

　　图 6-2 是一个简单的图优化例子。我们用三角形表示相机位姿节点，用圆形表示路标点，它们构成了图优化的顶点；同时，实线表示相机的运动模型，虚线表示观测模型，它们构成了图优化的边。此时，虽然整个问题的数学形式仍是式 (6.13) 那样，但现在我们可以直观地看到问题的**结构**了。如果希望，也可以做**去掉孤立顶点**或**优先优化边数较多（或按图论的术语，度数较大）的顶点**这样的改进。但是最基本的图优化是用图模型来表达一个非线性最小二乘的优化问题。而我们可以利用图模型的某些性质做更好的优化。

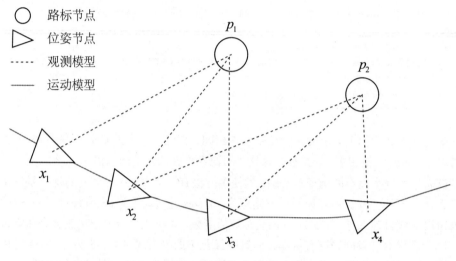

图 6-2　图优化的例子

　　g2o 是一个通用的图优化库。"通用"意味着你可以在 g2o 里求解任何能够表示为图优化的最小二乘问题，显然包括上面谈的曲线拟合问题。下面我们来演示这个过程。

g2o 的编译与安装

　　在使用一个库之前，我们需要对它进行编译和安装。读者应该已经体验过很多次这种过程了，它们基本大同小异。关于 g2o，读者可以从 GitHub 下载它：https://github.com/RainerKuemmerle/g2o，或从本书提供的第三方代码库中获得。由于 g2o 还在继续更新，所以笔者建议你使用 3rdparty 下的 g2o，以保证版本与笔者的相同。

　　g2o 也是一个 cmake 工程。我们先来安装它的依赖项（部分依赖项与 Ceres 重合）：

🔧 终端输入：

```
1  sudo apt-get install qt5-qmake qt5-default libqglviewer-dev-qt5 libsuitesparse-dev
   libcxsparse3 libcholmod3
```

　　然后，按照 cmake 的方式对 g2o 进行编译安装即可，这里略去对该过程的说明。安装完成后，

g2o 的头文件将位于/usr/local/g2o 下，库文件位于/usr/local/lib/下。现在，我们重新考虑 Ceres 例程中的曲线拟合实验，在 g2o 中实验一遍。

使用 g2o 拟合曲线

为了使用 g2o，首先要将曲线拟合问题抽象成图优化。这个过程中，只要记住**节点为优化变量，边为误差项**即可。曲线拟合对应的图优化模型可以画成图 6-3 所示的形式。

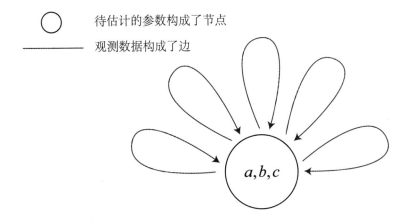

图 6-3　曲线拟合对应的图优化模型（莫名其妙地有些像华为的标志）

在曲线拟合问题中，整个问题只有一个顶点：曲线模型的参数是 a,b,c；而各个带噪声的数据点，构成了一个个误差项，也就是图优化的边。但这里的边与我们平时想的边不太一样，它们是**一元边**（Unary Edge），即**只连接一个顶点**——因为整个图只有一个顶点。所以在图 6-3 中，我们只能把它画成自己连到自己的样子。事实上，图优化中一条边可以连接一个、两个或多个顶点，这主要反映每个误差与多少个优化变量有关。在稍有些玄妙的说法中，我们把它叫作**超边**（Hyper Edge），整个图叫作**超图**（Hyper Graph）[①]。

弄清了这个图模型之后，接下来就是在 g2o 中建立该模型进行优化。作为 g2o 的用户，我们要做的事主要包含以下步骤：

1. 定义顶点和边的类型。
2. 构建图。
3. 选择优化算法。
4. 调用 g2o 进行优化，返回结果。

这部分和 Ceres 是非常相似的，当然程序在书写上会有一些不同。下面演示程序。

---

①显然笔者并不太喜欢有些故弄玄虚的说法，笔者是个自然主义者。

⟨/⟩ slambook/ch6/g2oCurveFitting.cpp

```cpp
#include <iostream>
#include <g2o/core/g2o_core_api.h>
#include <g2o/core/base_vertex.h>
#include <g2o/core/base_unary_edge.h>
#include <g2o/core/block_solver.h>
#include <g2o/core/optimization_algorithm_levenberg.h>
#include <g2o/core/optimization_algorithm_gauss_newton.h>
#include <g2o/core/optimization_algorithm_dogleg.h>
#include <g2o/solvers/dense/linear_solver_dense.h>
#include <Eigen/Core>
#include <opencv2/core/core.hpp>
#include <cmath>
#include <chrono>

using namespace std;

// 曲线模型的顶点，模板参数：优化变量维度和数据类型
class CurveFittingVertex : public g2o::BaseVertex<3, Eigen::Vector3d> {
public:
    EIGEN_MAKE_ALIGNED_OPERATOR_NEW

    // 重置
    virtual void setToOriginImpl() override {
        _estimate << 0, 0, 0;
    }

    // 更新
    virtual void oplusImpl(const double *update) override {
        _estimate += Eigen::Vector3d(update);
    }

    // 存盘和读盘：留空
    virtual bool read(istream &in) {}
    virtual bool write(ostream &out) const {}
};

// 误差模型 模板参数：观测值维度，类型，连接顶点类型
class CurveFittingEdge : public g2o::BaseUnaryEdge<1, double, CurveFittingVertex> {
public:
    EIGEN_MAKE_ALIGNED_OPERATOR_NEW

    CurveFittingEdge(double x) : BaseUnaryEdge(), _x(x) {}
```

```
43
44      // 计算曲线模型误差
45      virtual void computeError() override {
46          const CurveFittingVertex *v = static_cast<const CurveFittingVertex *> (_vertices[0]);
47          const Eigen::Vector3d abc = v->estimate();
48          _error(0, 0) = _measurement - std::exp(abc(0, 0) * _x * _x + abc(1, 0) * _x + abc(2,
        0));
49      }
50
51      // 计算雅可比矩阵
52      virtual void linearizeOplus() override {
53          const CurveFittingVertex *v = static_cast<const CurveFittingVertex *> (_vertices[0]);
54          const Eigen::Vector3d abc = v->estimate();
55          double y = exp(abc[0] * _x * _x + abc[1] * _x + abc[2]);
56          _jacobianOplusXi[0] = -_x * _x * y;
57          _jacobianOplusXi[1] = -_x * y;
58          _jacobianOplusXi[2] = -y;
59      }
60
61      virtual bool read(istream &in) {}
62      virtual bool write(ostream &out) const {}
63  public:
64      double _x;   // x值，y值为_measurement
65  };
66
67  int main(int argc, char **argv) {
68      // 省略数据生成部分代码
69      // 构建图优化，先设定g2o
70      typedef g2o::BlockSolver<g2o::BlockSolverTraits<3, 1>> BlockSolverType;   // 每个误差项优
        化变量维度为3，误差值维度为1
71      typedef g2o::LinearSolverDense<BlockSolverType::PoseMatrixType> LinearSolverType; // 线性
        求解器类型
72
73      // 梯度下降方法，可以从GN、LM、DogLeg中选
74      auto solver = new g2o::OptimizationAlgorithmGaussNewton(
75          g2o::make_unique<BlockSolverType>(g2o::make_unique<LinearSolverType>()));
76      g2o::SparseOptimizer optimizer;      // 图模型
77      optimizer.setAlgorithm(solver);      // 设置求解器
78      optimizer.setVerbose(true);          // 打开调试输出
79
80      // 往图中增加顶点
81      CurveFittingVertex *v = new CurveFittingVertex();
82      v->setEstimate(Eigen::Vector3d(ae, be, ce));
```

```
83      v->setId(0);
84      optimizer.addVertex(v);
85
86      // 往图中增加边
87      for (int i = 0; i < N; i++) {
88          CurveFittingEdge *edge = new CurveFittingEdge(x_data[i]);
89          edge->setId(i);
90          edge->setVertex(0, v);                // 设置连接的顶点
91          edge->setMeasurement(y_data[i]);      // 观测数值
92          edge->setInformation(Eigen::Matrix<double, 1, 1>::Identity() * 1 / (w_sigma * w_sigma
            )); // 信息矩阵: 协方差矩阵之逆
93          optimizer.addEdge(edge);
94      }
95
96      // 执行优化
97      cout << "start optimization" << endl;
98      chrono::steady_clock::time_point t1 = chrono::steady_clock::now();
99      optimizer.initializeOptimization();
100     optimizer.optimize(10);
101     chrono::steady_clock::time_point t2 = chrono::steady_clock::now();
102     chrono::duration<double> time_used = chrono::duration_cast<chrono::duration<double>>(t2 -
            t1);
103     cout << "solve time cost = " << time_used.count() << " seconds. " << endl;
104
105     // 输出优化值
106     Eigen::Vector3d abc_estimate = v->estimate();
107     cout << "estimated model: " << abc_estimate.transpose() << endl;
108
109     return 0;
110 }
```

在这个程序中，我们从 g2o 派生出了用于曲线拟合的图优化顶点和边：CurveFittingVertex 和 CurveFittingEdge，这实质上扩展了 g2o 的使用方式。这两个类分别派生自 BaseVertex 和 BaseU-naryEdge 类。在派生类中，我们重写了重要的虚函数：

1. 顶点的更新函数：oplusImpl。我们知道优化过程最重要的是增量 Δx 的计算，而该函数处理的是 $x_{k+1} = x_k + \Delta x$ 的过程。

   读者也许觉得这并不是什么值得一提的事情，因为仅仅是个简单的加法而已，为什么 g2o 不帮我们完成呢？在曲线拟合过程中，由于优化变量（曲线参数）本身位于**向量空间**中，这个更新计算确实就是简单的加法。但是，当优化变量不在向量空间中时，例如 x 是相机位姿，它本身不一定有加法运算。这时，就需要重新定义**增量如何加到现有的估计上**的行为了。按照第 4 讲的解释，我们可能使用左乘更新或右乘更新，而不是直接的加法。

2. 顶点的重置函数：setToOriginImpl。这是平凡的，我们把估计值置零即可。

3. 边的误差计算函数：computeError。该函数需要取出边所连接的顶点的当前估计值，根据曲线模型，与它的观测值进行比较。这和最小二乘问题中的误差模型是一致的。

4. 边的雅可比计算函数：linearizeOplus。这个函数里我们计算了每条边相对于顶点的雅可比。

5. 存盘和读盘函数：read、write。由于我们并不想进行读 / 写操作，所以留空。

　　定义了顶点和边之后，我们在 main 函数里声明了一个图模型，然后按照生成的噪声数据，往图模型中添加顶点和边，最后调用优化函数进行优化。g2o 会给出优化的结果：

🖋 终端输出：

```
1   start optimization
2   iteration= 0    chi2= 376785.128234    time= 3.3299e-05    cumTime= 3.3299e-05    edges=
    100  schur= 0
3   iteration= 1    chi2= 35673.566018   time= 1.3789e-05   cumTime= 4.7088e-05    edges= 100
    schur= 0
4   iteration= 2    chi2= 2195.012304    time= 1.2323e-05   cumTime= 5.9411e-05    edges= 100
    schur= 0
5   iteration= 3    chi2= 174.853126    time= 1.3302e-05   cumTime= 7.2713e-05    edges= 100
    schur= 0
6   iteration= 4    chi2= 102.779695    time= 1.2424e-05   cumTime= 8.5137e-05    edges= 100
    schur= 0
7   iteration= 5    chi2= 101.937194    time= 1.2523e-05   cumTime= 9.766e-05  edges= 100
    schur= 0
8   iteration= 6    chi2= 101.937020    time= 1.2268e-05   cumTime= 0.000109928   edges= 100
    schur= 0
9   iteration= 7    chi2= 101.937020    time= 1.2612e-05   cumTime= 0.00012254    edges= 100
    schur= 0
10  iteration= 8    chi2= 101.937020    time= 1.2159e-05   cumTime= 0.000134699   edges= 100
    schur= 0
11  iteration= 9    chi2= 101.937020    time= 1.2688e-05   cumTime= 0.000147387   edges= 100
    schur= 0
12  solve time cost = 0.000919301 seconds.
13  estimated model: 0.890912    2.1719 0.943629
```

　　我们使用高斯—牛顿方法进行梯度下降，在迭代了 9 次后得到优化结果，与 Ceres 和手写高斯牛顿法相差无几。从运行速度来看，我们的实验结论是手写快于 g2o，而 g2o 快于 Ceres。这是一个大体符合直觉的经验，通用性和高效性往往是互相矛盾的。但是本实验中 Ceres 使用了自动求导，且求解器配置与高斯牛顿还不完全一致，所以看起来慢一些。

6.4 小结

本节介绍了 SLAM 中经常碰到的一种非线性优化问题：由许多个误差项平方和组成的最小二乘问题。我们介绍了它的定义和求解，并且讨论了两种主要的梯度下降方式：高斯牛顿法和列文伯格—马夸尔特方法。在实践部分中，分别使用了手写高斯牛顿法、Ceres 和 g2o 两种优化库求解同一个曲线拟合问题，发现它们给出了相似的结果。

由于还没有详细谈 Bundle Adjustment，我们在实践部分选择了曲线拟合这样一个简单但有代表性的例子，以演示一般的非线性最小二乘求解方式。特别地，如果用 g2o 来拟合曲线，必须先把问题转换为图优化，定义新的顶点和边，这种做法是有一些迂回的——g2o 的主要目的并不在此。相比之下，Ceres 定义误差项求曲线拟合问题则自然了很多，因为它本身即是一个优化库。然而，在 SLAM 中更多的问题是，一个带有许多个相机位姿和许多个空间点的优化问题如何求解。特别地，当相机位姿以李代数表示时，误差项关于相机位姿的导数如何计算，将是一件值得详细讨论的事。我们将在后续内容中发现，g2o 提供了大量现成的顶点和边，非常便于相机位姿估计问题。而在 Ceres 中，我们不得不自己实现每一个 Cost Function，有一些不便。

在实践部分的两个程序中，我们没有去计算曲线模型关于三个参数的导数，而是利用了优化库的数值求导，这使得理论和代码都更简洁。Ceres 库提供了基于模板元的自动求导和运行时的数值求导，而 g2o 只提供了运行时数值求导这一种方式。但是，对于大多数问题，如果能够推导出雅可比矩阵的解析形式并告诉优化库，就可以避免数值求导中的诸多问题。

最后，希望读者能够适应 Ceres 和 g2o 这些大量使用模板编程的方式。也许一开始会看上去比较吓人（特别是 Ceres 设置残差块的括号运算符，以及 g2o 初始化部分的代码），但是熟悉之后，就会觉得这样的方式是自然的，而且容易扩展。我们将在 SLAM 后端一讲中继续讨论稀疏性、核函数、位姿图等问题。

习题

1. 证明线性方程 $Ax = b$ 当系数矩阵 A 超定时，最小二乘解为 $x = (A^TA)^{-1}A^Tb$。

2. 调研最速下降法、牛顿法、高斯牛顿法和列文伯格—马夸尔特方法各有什么优缺点？除了我们举的 Ceres 库和 g2o 库，还有哪些常用的优化库？（你可能会找到一些 MATLAB 上的库。）

3. 为什么高斯牛顿法的增量方程系数矩阵可能不正定？不正定有什么几何含义？为什么在这种情况下解就不稳定了？

4. DogLeg 是什么？它与高斯牛顿法和列文伯格—马夸尔特方法有何异同？请搜索相关的材料[1]。

---

[1]例如，http://www.numerical.rl.ac.uk/people/nimg/course/lectures/raphael/lectures/lec7slides.pdf。

5. 阅读 Ceres 的教学材料（`http://ceres-solver.org/tutorial.html`）以更好地掌握其用法。

6. 阅读 g2o 自带的文档，你能看懂它吗？如果还不能完全看懂，请在阅读第 10 讲和第 11 讲之后再回来看。

7.* 请更改曲线拟合实验中的曲线模型，并用 Ceres 和 g2o 进行优化实验。例如，可以使用更多的参数和更复杂的模型。

第2部分

实践应用

视觉里程计 1

主要目标

1. 理解图像特征点的意义，并掌握在单幅图像中提取特征点及多幅图像中匹配特征点的方法。

2. 理解对极几何的原理，利用对极几何的约束，恢复图像之间的摄像机的三维运动。

3. 理解 PNP 问题，以及利用已知三维结构与图像的对应关系求解摄像机的三维运动。

4. 理解 ICP 问题，以及利用点云的匹配关系求解摄像机的三维运动。

5. 理解如何通过三角化获得二维图像上对应点的三维结构。

　　本书前面介绍了运动方程和观测方程的具体形式，并讲解了以非线性优化为主的求解方法。从本讲开始，我们结束基础知识的铺垫而步入正题：按照第 2 讲的顺序，分别介绍视觉里程计、后端优化、回环检测和地图构建 4 个模块。本讲和下一讲主要介绍两类视觉里程计里常用的方法：特征点法和光流法。本讲中，我们将介绍什么是特征点、如何提取和匹配特征点，以及如何根据配对的特征点估计相机运动。

7.1　特征点法

在第 2 讲中，我们介绍过，一个 SLAM 系统分为前端和后端，其中前端也称为视觉里程计。视觉里程计根据相邻图像的信息估计出粗略的相机运动，给后端提供较好的初始值。视觉里程计的算法主要分为两个大类：**特征点法**和**直接法**。基于特征点法的前端，长久以来（直到现在）被认为是视觉里程计的主流方法。它具有稳定，对光照、动态物体不敏感的优势，是目前比较成熟的解决方案。在本讲中，我们将从特征点法入手，学习如何提取、匹配图像特征点，然后估计两帧之间的相机运动和场景结构，从而实现一个两帧间视觉里程计。这类算法有时也称为两视图几何（Two-view geometry）。

7.1.1　特征点

视觉里程计的核心问题是**如何根据图像估计相机运动**。然而，图像本身是一个由亮度和色彩组成的矩阵，如果直接从矩阵层面考虑运动估计，将会非常困难。所以，比较方便的做法是：首先，从图像中选取比较**有代表性的点**。这些点在相机视角发生少量变化后会保持不变，于是我们能在各个图像中找到相同的点。然后，在这些点的基础上，讨论相机位姿估计问题，以及这些点的定位问题。在经典 SLAM 模型中，我们称这些点为**路标**。而在视觉 SLAM 中，路标则是指图像特征（Feature）。

根据维基百科的定义，图像特征是一组与计算任务相关的信息，计算任务取决于具体的应用[37]。简而言之，**特征是图像信息的另一种数字表达形式**。一组好的特征对在指定任务上的最终表现至关重要，所以多年来研究者们花费了大量的精力对特征进行研究。数字图像在计算机中以灰度值矩阵的方式存储，所以最简单的，单个图像像素也是一种"特征"。但是，在视觉里程计中，我们希望**特征点在相机运动之后保持稳定**，而灰度值受光照、形变、物体材质的影响严重，在不同图像间变化非常大，不够稳定。理想的情况是，当场景和相机视角发生少量改变时，算法还能从图像中判断哪些地方是同一个点。所以，仅凭灰度值是不够的，我们需要对图像提取特征点。

特征点是图像里一些**特别的地方**。以图 7-1 为例，我们可以把图像中的角点、边缘和区块都当成图像中有代表性的地方。我们更容易精确地指出，某两幅图像中出现了同一个角点；指出某两幅图像中出现同一个边缘则稍微困难一些，因为沿着该边缘前进，图像局部是相似的；指出某两幅图像中出现同一个区块则是最困难的。我们发现，图像中的角点、边缘相比于像素区块而言更加"特别"，在不同图像之间的辨识度更强。所以，一种直观的提取特征的方式就是在不同图像间辨认角点，确定它们的对应关系。在这种做法中，角点就是所谓的特征。角点的提取算法有很多，例如 Harris 角点[38]、FAST 角点[39]、GFTT 角点[40]，等等。它们大部分是 2000 年以前提出的算法。

然而，在大多数应用中，单纯的角点依然不能满足我们的很多需求。例如，从远处看上去是角点的地方，当相机离近之后，可能就不显示为角点了。或者，当旋转相机时，角点的外观会发生变化，我们也就不容易辨认出那是同一个角点了。为此，计算机视觉领域的研究者们在长年的研究中设计了许多更加稳定的局部图像特征，如著名的 SIFT[41]、SURF[42]、ORB[43]，等等。相比于朴素的角点，这些人工设计的特征点能够拥有如下性质：

1. 可重复性（Repeatability）：相同的特征可以在不同的图像中找到。
2. 可区别性（Distinctiveness）：不同的特征有不同的表达。
3. 高效率（Efficiency）：同一图像中，特征点的数量应远小于像素的数量。
4. 本地性（Locality）：特征仅与一小片图像区域相关。

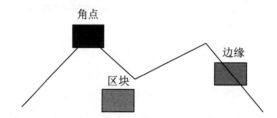

图 7-1　可以作为图像特征的部分：角点、边缘、区块

特征点由**关键点**（Key-point）和**描述子**（Descriptor）两部分组成。例如，当我们说"在一张图像中计算 SIFT 特征点"时，是指"提取 SIFT 关键点，并计算 SIFT 描述子"两件事情。关键点是指该特征点在图像里的位置，有些特征点还具有朝向、大小等信息。描述子通常是一个向量，按照某种人为设计的方式，描述了该关键点周围像素的信息。描述子是按照**"外观相似的特征应该有相似的描述子"**的原则设计的。因此，只要两个特征点的描述子在向量空间上的距离相近，就可以认为它们是同样的特征点。

历史上，研究者们提出过许多图像特征。它们有些很精确，在相机的运动和光照变化下仍具有相似的表达，但相应地计算量较大。其中，SIFT（尺度不变特征变换，Scale-Invariant Feature Transform）当属最为经典的一种。它充分考虑了在图像变换过程中出现的光照、尺度、旋转等变化，但随之而来的是极大的计算量。由于整个 SLAM 过程中图像特征的提取与匹配仅仅是诸多环节中的一个，截至 2016 年，普通计算机的 CPU 还无法实时地计算 SIFT 特征，进行定位与建图，所以在 SLAM 中我们很少使用这种"奢侈"的图像特征。

另一些特征，则考虑适当降低精度和鲁棒性，以提升计算的速度。例如，FAST 关键点属于计算特别快的一种特征点（注意，这里"关键点"的表述，说明它没有描述子），而 ORB（Oriented FAST and Rotated BRIEF）特征则是目前看来非常具有代表性的实时图像特征。它改进了 FAST 检测子[39] 不具有方向性的问题，并采用速度极快的二进制描述子 BRIEF（Binary Robust Independent Elementary Feature）[44]，使整个图像特征提取的环节大大加速。根据作者在论文中所述测试，在同一幅图像中同时提取约 1000 个特征点的情况下，ORB 约花费 15.3 毫秒，SURF 约花费 217.3 毫秒，SIFT 约花费 5228.7 毫秒。由此可以看出，ORB 在保持了特征子具有旋转、尺度不变性的同时，在速度方面提升明显，对于实时性要求很高的 SLAM 来说是一个很好的选择。

大部分特征提取都具有较好的并行性，可以通过 GPU 等设备加速计算。经过 GPU 加速后的 SIFT，就可以满足实时计算的要求。但是，引入 GPU 将带来整个 SLAM 成本的提升。由此带来的性能提升是否足以抵去付出的计算成本，需要系统的设计人员仔细考量。

显然，计算机视觉领域存在大量的特征点种类，我们不可能在书中一一介绍。在目前的 SLAM 方案中，ORB 是质量与性能之间较好的折中，因此，我们以 ORB 为代表介绍提取特征的整个过程。如果读者对特征提取和匹配算法感兴趣，那么我们建议你阅读这方面的相关书籍 [45]。

7.1.2　ORB 特征

ORB 特征由**关键点**和**描述子**两部分组成。它的关键点称为"Oriented FAST"，是一种改进的 FAST 角点，关于什么是 FAST 角点我们将在下文介绍。它的描述子称为 BRIEF。因此，提取 ORB 特征分为如下两个步骤：

1. FAST 角点提取：找出图像中的"角点"。相较于原版的 FAST，ORB 中计算了特征点的主方向，为后续的 BRIEF 描述子增加了旋转不变特性。
2. BRIEF 描述子：对前一步提取出特征点的周围图像区域进行描述。ORB 对 BRIEF 进行了一些改进，主要是指在 BRIEF 中使用了先前计算的方向信息。

下面分别介绍 FAST 和 BRIEF。

FAST 关键点

FAST 是一种角点，主要检测局部像素灰度变化明显的地方，以速度快著称。它的思想是：如果一个像素与邻域的像素差别较大（过亮或过暗），那么它更可能是角点。相比于其他角点检测算法，FAST 只需比较像素亮度的大小，十分快捷。它的检测过程如下（如图 7-2 所示）：

1. 在图像中选取像素 p，假设它的亮度为 I_p。
2. 设置一个阈值 T（比如，I_p 的 20%）。
3. 以像素 p 为中心，选取半径为 3 的圆上的 16 个像素点。
4. 假如选取的圆上有连续的 N 个点的亮度大于 $I_p + T$ 或小于 $I_p - T$，那么像素 p 可以被认为是特征点（N 通常取 12，即 FAST-12。其他常用的 N 取值为 9 和 11，它们分别被称为 FAST-9 和 FAST-11）。
5. 循环以上四步，对每一个像素执行相同的操作。

在 FAST-12 算法中，为了更高效，可以添加一项预测试操作，以快速地排除绝大多数不是角点的像素。具体操作为，对于每个像素，直接检测邻域圆上的第 1, 5, 9, 13 个像素的亮度。只有当这 4 个像素中有 3 个同时大于 $I_p + T$ 或小于 $I_p - T$ 时，当前像素才有可能是一个角点，否则应该直接排除。这样的预测试操作大大加速了角点检测。此外，原始的 FAST 角点经常出现"扎堆"的现象。所以在第一遍检测之后，还需要用非极大值抑制（Non-maximal suppression），在一定区域内仅保留响应极大值的角点，避免角点集中的问题。

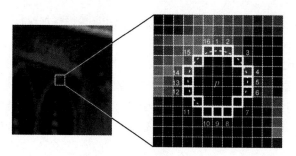

图 7-2   FAST 特征点[39]

FAST 特征点的计算仅仅是比较像素间亮度的差异，所以速度非常快，但它也有重复性不强、分布不均匀的缺点。此外，FAST 角点不具有方向信息。同时，由于它固定取半径为 3 的圆，存在尺度问题：远处看着像是角点的地方，接近后看可能就不是角点了。针对 FAST 角点不具有方向性和尺度的弱点，ORB 添加了尺度和旋转的描述。尺度不变性由构建图像金字塔[①]，并在金字塔的每一层上检测角点来实现。而特征的旋转是由灰度质心法（Intensity Centroid）实现的。

金字塔是计算机视觉中常用的一种处理方法，示意图如图 7-3 所示。金字塔底层是原始图像。每往上一层，就对图像进行一个固定倍率的缩放，这样我们就有了不同分辨率的图像。较小的图像可以看成是远处看过来的场景。在特征匹配算法中，我们可以匹配不同层上的图像，从而实现尺度不变性。例如，如果相机在后退，那么我们应该能够在上一个图像金字塔的上层和下一个图像金字塔的下层中找到匹配。

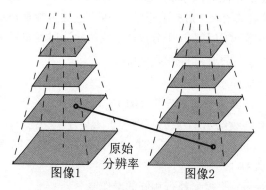

图 7-3   使用金字塔可以匹配不同缩放倍率下的图像

在旋转方面，我们计算特征点附近的图像灰度质心。所谓质心是指以图像块灰度值作为权重的中心。其具体操作步骤如下[46]：

1. 在一个小的图像块 B 中，定义图像块的矩为

---

① 金字塔是指对图像进行不同层次的降采样，以获得不同分辨率的图像。

$$m_{pq} = \sum_{x,y \in B} x^p y^q I(x,y), \quad p,q = \{0,1\}.$$

2. 通过矩可以找到图像块的质心：

$$C = \left(\frac{m_{10}}{m_{00}}, \frac{m_{01}}{m_{00}} \right).$$

3. 连接图像块的几何中心 O 与质心 C，得到一个方向向量 $\overrightarrow{OC}$，于是特征点的方向可以定义为

$$\theta = \arctan(m_{01}/m_{10}).$$

通过以上方法，FAST 角点便具有了尺度与旋转的描述，从而大大提升了其在不同图像之间表述的鲁棒性。所以在 ORB 中，把这种改进后的 FAST 称为 Oriented FAST。

BRIEF 描述子

在提取 Oriented FAST 关键点后，我们对每个点计算其描述子。ORB 使用改进的 BRIEF 特征描述。我们先来介绍 BRIEF。

BRIEF 是一种**二进制**描述子，其描述向量由许多个 0 和 1 组成，这里的 0 和 1 编码了关键点附近两个随机像素（比如 p 和 q）的大小关系：如果 p 比 q 大，则取 1，反之就取 0。如果我们取了 128 个这样的 p, q，则最后得到 128 维由 0、1 组成的向量[44]。BRIEF 使用了随机选点的比较，速度非常快，而且由于使用了二进制表达，存储起来也十分方便，适用于实时的图像匹配。原始的 BRIEF 描述子不具有旋转不变性，因此在图像发生旋转时容易丢失。而 ORB 在 FAST 特征点提取阶段计算了关键点的方向，所以可以利用方向信息，计算旋转之后的"Steer BRIEF"特征使 ORB 的描述子具有较好的旋转不变性。

由于考虑到了旋转和缩放，ORB 在平移、旋转和缩放的变换下仍有良好的表现。同时，FAST 和 BREIF 的组合也非常高效，使得 ORB 特征在实时 SLAM 中非常受欢迎。我们在图 7-4 中展示了一张用 OpenCV 提取 ORB 特征点的结果，下面介绍如何在不同的图像之间进行特征匹配。

图 7-4　OpenCV 提供的 ORB 特征点检测结果

7.1.3　特征匹配

　　特征匹配（如图 7-5 所示）是视觉 SLAM 中极为关键的一步，宽泛地说，特征匹配解决了 SLAM 中的数据关联问题（data association），即确定当前看到的路标与之前看到的路标之间的对应关系。通过对图像与图像或者图像与地图之间的描述子进行准确匹配，我们可以为后续的姿态估计、优化等操作减轻大量负担。然而，由于图像特征的局部特性，误匹配的情况广泛存在，而且长期以来一直没得到有效解决，目前已经成为视觉 SLAM 中制约性能提升的一大瓶颈。部分原因是场景中经常存在大量的重复纹理，使得特征描述非常相似。在这种情况下，仅利用局部特征解决误匹配是非常困难的。

图 7-5　两帧图像间的特征匹配

　　让我们先来看正确匹配的情况，等做完实验再讨论误匹配问题。考虑两个时刻的图像。如果在图像 I_t 中提取到特征点 $x_t^m, m = 1, 2, \ldots, M$，在图像 I_{t+1} 中提取到特征点 $x_{t+1}^n, n = 1, 2, \ldots, N$，如何寻找这两个集合元素的对应关系呢？最简单的特征匹配方法就是**暴力匹配（Brute-Force Matcher）**。即对每一个特征点 x_t^m 与所有的 x_{t+1}^n 测量描述子的距离，然后排序，取最近的一个作为匹配点。描述子距离表示了两个特征之间的**相似程度**，不过在实际运用中还可以取不同的距离度量范数。对于浮点类型的描述子，使用欧氏距离进行度量即可。而对于二进制的描述子（比如 BRIEF 这样的），我们往往使用汉明距离（Hamming distance）作为度量——两个二进制串之间的汉明距离，指的是其**不同位数的个数**。

　　然而，当特征点数量很大时，暴力匹配法的运算量将变得很大，特别是当想要匹配某个帧和一张地图的时候。这不符合我们在 SLAM 中的实时性需求。此时，**快速近似最近邻（FLANN）**算法更加适合于匹配点数量极多的情况。由于这些匹配算法理论已经成熟，而且实现上也已集成到 OpenCV，所以这里就不再描述它的技术细节了。感兴趣的读者可以参考阅读文献 [47]。

7.2　实践：特征提取和匹配

OpenCV 已经集成了多数主流的图像特征，我们可以很方便地进行调用。下面我们来完成两个实验：第一个实验中，我们演示使用 OpenCV 进行 ORB 的特征匹配；第二个实验中，我们演示如何根据前面介绍的原理，手写一个简单的 ORB 特征。通过手写的过程，读者可以更加清楚地理解 ORB 的计算过程，并类推到其他特征上去。

7.2.1　OpenCV 的 ORB 特征

首先，我们调用 OpenCV 来提取和匹配 ORB。笔者为此实验准备了两张图像，分别是位于 slambook2/ch7/下的 1.png 和 2.png，如图 7-6 所示。它们是来自公开数据集[23] 中的两张图像，我们看到相机发生了微小的运动。本节程序演示如何提取 ORB 特征并进行匹配。在 7.2.2 节中，我们将演示如何用匹配结果估计相机运动。

图 7-6　实验使用的两张图像

下面程序演示了 ORB 的使用方法：

📄 **slambook2/ch7/orb_cv.cpp**

```
1   #include <iostream>
2   #include <opencv2/core/core.hpp>
3   #include <opencv2/features2d/features2d.hpp>
4   #include <opencv2/highgui/highgui.hpp>
5   #include <chrono>
6
7   using namespace std;
8   using namespace cv;
9
10  int main(int argc, char **argv) {
11      if (argc != 3) {
12          cout << "usage: feature_extraction img1 img2" << endl;
```

```
13        return 1;
14    }
15    //-- 读取图像
16    Mat img_1 = imread(argv[1], CV_LOAD_IMAGE_COLOR);
17    Mat img_2 = imread(argv[2], CV_LOAD_IMAGE_COLOR);
18    assert(img_1.data != nullptr && img_2.data != nullptr);
19
20    //-- 初始化
21    std::vector<KeyPoint> keypoints_1, keypoints_2;
22    Mat descriptors_1, descriptors_2;
23    Ptr<FeatureDetector> detector = ORB::create();
24    Ptr<DescriptorExtractor> descriptor = ORB::create();
25    Ptr<DescriptorMatcher> matcher = DescriptorMatcher::create("BruteForce-Hamming");
26
27    //-- 第一步:检测Oriented FAST角点位置
28    chrono::steady_clock::time_point t1 = chrono::steady_clock::now();
29    detector->detect(img_1, keypoints_1);
30    detector->detect(img_2, keypoints_2);
31
32    //-- 第二步:根据角点位置计算BRIEF描述子
33    descriptor->compute(img_1, keypoints_1, descriptors_1);
34    descriptor->compute(img_2, keypoints_2, descriptors_2);
35    chrono::steady_clock::time_point t2 = chrono::steady_clock::now();
36    chrono::duration<double> time_used = chrono::duration_cast<chrono::duration<double>>(t2 -
          t1);
37    cout << "extract ORB cost = " << time_used.count() << " seconds. " << endl;
38
39    Mat outimg1;
40    drawKeypoints(img_1, keypoints_1, outimg1, Scalar::all(-1), DrawMatchesFlags::DEFAULT);
41    imshow("ORB features", outimg1);
42
43    //-- 第三步:对两幅图像中的BRIEF描述子进行匹配,使用Hamming距离
44    vector<DMatch> matches;
45    t1 = chrono::steady_clock::now();
46    matcher->match(descriptors_1, descriptors_2, matches);
47    t2 = chrono::steady_clock::now();
48    time_used = chrono::duration_cast<chrono::duration<double>>(t2 - t1);
49    cout << "match ORB cost = " << time_used.count() << " seconds. " << endl;
50
51    //-- 第四步:匹配点对筛选
52    // 计算最小距离和最大距离
53    auto min_max = minmax_element(matches.begin(), matches.end(),
54        [](const DMatch &m1, const DMatch &m2) { return m1.distance < m2.distance; });
```

```
55    double min_dist = min_max.first->distance;
56    double max_dist = min_max.second->distance;
57
58    printf("-- Max dist : %f \n", max_dist);
59    printf("-- Min dist : %f \n", min_dist);
60
61    //当描述子之间的距离大于两倍的最小距离时，即认为匹配有误。但有时最小距离会非常小，所以要
      设置一个经验值30作为下限
62    std::vector<DMatch> good_matches;
63    for (int i = 0; i < descriptors_1.rows; i++) {
64        if (matches[i].distance <= max(2 * min_dist, 30.0)) {
65            good_matches.push_back(matches[i]);
66        }
67    }
68
69    //-- 第五步:绘制匹配结果
70    Mat img_match;
71    Mat img_goodmatch;
72    drawMatches(img_1, keypoints_1, img_2, keypoints_2, matches, img_match);
73    drawMatches(img_1, keypoints_1, img_2, keypoints_2, good_matches, img_goodmatch);
74    imshow("all matches", img_match);
75    imshow("good matches", img_goodmatch);
76    waitKey(0);
77
78    return 0;
79 }
```

运行此程序（需要输入两个图像位置），将输出运行结果：

📵 终端输入：

```
1 % build/orb_cv 1.png 2.png
2 extract ORB cost = 0.0229183 seconds.
3 match ORB cost = 0.000751868 seconds.
4 -- Max dist : 95.000000
5 -- Min dist : 4.000000
```

　　图 7-7 显示了例程的运行结果。我们看到未筛选的匹配中带有大量的误匹配。经过一次筛选之后，匹配数量减少了许多，但大多数匹配都是正确的。这里，筛选的依据是**汉明距离小于最小距离的两倍**，这是一种工程上的经验方法，不一定有理论依据。不过，尽管在示例图像中能够筛选出正确的匹配，但我们仍然不能保证在所有其他图像中得到的匹配都是正确的。因此，在后面的运动估计中，还需要使用去除误匹配的算法。在笔者的机器上，ORB 提取花费了 22.9 毫秒（两张图像），匹配花费了 0.75 毫秒，可见大部分计算量花在了特征提取上。

ORB关键点

未筛选的匹配

筛选后的匹配

图 7-7　特征提取与匹配结果

7.2.2　手写 ORB 特征

下面我们演示手写 ORB 特征的方法。这部分代码比较多，书上只展示核心部分的代码，其余的代码请读者从代码库中获取。

 slambook2/ch7/orb_self.cpp（片段）

```
1   typedef vector<uint32_t> DescType;
2   // ... 省略图片读取部分代码和测试代码
3   // compute the descriptor
4   void ComputeORB(const cv::Mat &img, vector<cv::KeyPoint> &keypoints, vector<DescType> &
    descriptors) {
5       const int half_patch_size = 8;
6       const int half_boundary = 16;
7       int bad_points = 0;
8       for (auto &kp: keypoints) {
9           if (kp.pt.x < half_boundary || kp.pt.y < half_boundary ||
10          kp.pt.x >= img.cols - half_boundary || kp.pt.y >= img.rows - half_boundary) {
11              // outside
12              bad_points++;
13              descriptors.push_back({});
14              continue;
15          }
16
17          float m01 = 0, m10 = 0;
```

```
18       for (int dx = -half_patch_size; dx < half_patch_size; ++dx) {
19           for (int dy = -half_patch_size; dy < half_patch_size; ++dy) {
20               uchar pixel = img.at<uchar>(kp.pt.y + dy, kp.pt.x + dx);
21               m01 += dx * pixel;
22               m10 += dy * pixel;
23           }
24       }
25
26       // angle should be arc tan(m01/m10);
27       float m_sqrt = sqrt(m01 * m01 + m10 * m10);
28       float sin_theta = m01 / m_sqrt;
29       float cos_theta = m10 / m_sqrt;
30
31       // compute the angle of this point
32       DescType desc(8, 0);
33       for (int i = 0; i < 8; i++) {
34           uint32_t d = 0;
35           for (int k = 0; k < 32; k++) {
36               int idx_pq = i * 32 + k;
37               cv::Point2f p(ORB_pattern[idx_pq * 4], ORB_pattern[idx_pq * 4 + 1]);
38               cv::Point2f q(ORB_pattern[idx_pq * 4 + 2], ORB_pattern[idx_pq * 4 + 3]);
39
40               // rotate with theta
41               cv::Point2f pp = cv::Point2f(cos_theta * p.x - sin_theta * p.y, sin_theta * p
                   .x + cos_theta * p.y) + kp.pt;
42               cv::Point2f qq = cv::Point2f(cos_theta * q.x - sin_theta * q.y, sin_theta * q
                   .x + cos_theta * q.y) + kp.pt;
43               if (img.at<uchar>(pp.y, pp.x) < img.at<uchar>(qq.y, qq.x)) {
44                   d |= 1 << k;
45               }
46           }
47           desc[i] = d;
48       }
49       descriptors.push_back(desc);
50   }
51
52   cout << "bad/total: " << bad_points << "/" << keypoints.size() << endl;
53 }
54
55 // brute-force matching
56 void BfMatch(
57     const vector<DescType> &desc1, const vector<DescType> &desc2, vector<cv::DMatch> &matches
       ) {
```

```
58    const int d_max = 40;
59
60    for (size_t i1 = 0; i1 < desc1.size(); ++i1) {
61        if (desc1[i1].empty()) continue;
62        cv::DMatch m{i1, 0, 256};
63        for (size_t i2 = 0; i2 < desc2.size(); ++i2) {
64            if (desc2[i2].empty()) continue;
65            int distance = 0;
66            for (int k = 0; k < 8; k++) {
67                distance += _mm_popcnt_u32(desc1[i1][k] ^desc2[i2][k]);
68            }
69            if (distance < d_max && distance < m.distance) {
70                m.distance = distance;
71                m.trainIdx = i2;
72            }
73        }
74        if (m.distance < d_max) {
75            matches.push_back(m);
76        }
77    }
78 }
```

这个演示中我们只展示 ORB 的计算代码和匹配代码。在计算中，我们用 256 位的二进制描述，即对应到 8 个 32 位的 unsigned int 数据，用 typedef 将它表示成 DescType。然后，我们根据前面介绍的原理计算 FAST 特征点的角度，再使用该角度计算描述子。此代码中通过三角函数的原理回避了复杂的 arctan 及 sin、cos 计算，从而达到加速的效果。在 BfMatch 函数中，我们还使用了 SSE 指令集中的_mm_popcnt_u32 函数计算一个 unsigned int 变量中 1 的个数，从而达到计算汉明距离的效果。该段程序的运行结果如下，匹配结果如图 7-8 所示。

图 7-8   匹配结果

📠 终端输出：

```
1  bad/total: 43/638
2  bad/total: 8/595
3  extract ORB cost = 0.00390721 seconds.
4  match ORB cost = 0.000862984 seconds.
5  matches: 51
```

可见，这个程序中，ORB 的提取只需要 3.9 毫秒，匹配只需 0.86 毫秒。我们通过一些简单的算法修改，使对 ORB 的提取加速了 5.8 倍。请读者注意，编译这个程序需要你的 CPU 支持 SSE 指令集（绝大多数现代的家用 CPU 上都已经支持）。如果我们能够对提取特征部分进一步并行化处理，则算法还可以有加速的空间。

7.2.3　计算相机运动

我们已经有了匹配好的点对，接下来，我们要根据点对估计相机的运动。这里由于相机的原理不同，情况发生了变化：

1. 当相机为单目时，我们只知道 2D 的像素坐标，因而问题是根据**两组 2D 点**估计运动。该问题用**对极几何**解决。

2. 当相机为双目、RGB-D 时，或者通过某种方法得到了距离信息，那么问题就是根据**两组 3D 点**估计运动。该问题通常用 ICP 解决。

3. 如果一组为 3D，一组为 2D，即，我们得到了一些 3D 点和它们在相机的投影位置，也能估计相机的运动。该问题通过 **PnP** 求解。

因此，下面几节介绍这三种情形下的相机运动估计。我们将从信息最少的 2D-2D 情形出发，看看它如何求解，求解过程中又遇到哪些麻烦的问题。

7.3　2D-2D：对极几何

7.3.1　对极约束

现在，假设我们从两张图像中得到了一对配对好的特征点，如图 7-9 所示。如果有若干对这样的匹配点，就可以通过这些二维图像点的对应关系，恢复出在两帧之间摄像机的运动。这里"若干对"具体是多少对呢？我们会在下文介绍。下面先来介绍两个图像中的匹配点有什么几何关系。

以图 7-9 为例，我们希望求取两帧图像 I_1, I_2 之间的运动，设第一帧到第二帧的运动为 R, t。两个相机中心分别为 O_1, O_2。现在，考虑 I_1 中有一个特征点 p_1，它在 I_2 中对应着特征点 p_2。我们知道两者是通过特征匹配得到的。如果匹配正确，说明它们确实是**同一个空间点在两个成像**

平面上的投影。这里需要一些术语来描述它们之间的几何关系。首先，连线 $\overrightarrow{O_1p_1}$ 和连线 $\overrightarrow{O_2p_2}$ 在三维空间中会相交于点 P。这时 O_1, O_2, P 三个点可以确定一个平面，称为**极平面（Epipolar plane）**。O_1O_2 连线与像平面 I_1, I_2 的交点分别为 e_1, e_2。e_1, e_2 称为**极点（Epipoles）**，O_1O_2 被称为**基线**。我们称极平面与两个像平面 I_1, I_2 之间的相交线 l_1, l_2 为**极线（Epipolar line）**。

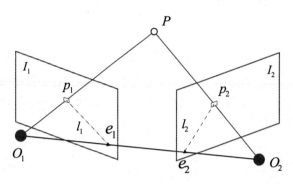

图 7-9　对极几何约束

从第一帧的角度看，射线 $\overrightarrow{O_1p_1}$ 是**某个像素可能出现的空间位置**——因为该射线上的所有点都会投影到同一个像素点。同时，如果不知道 P 的位置，那么当我们在第二幅图像上看时，连线 $\overrightarrow{e_2p_2}$（也就是第二幅图像中的极线）就是 P 可能出现的投影的位置，也就是射线 $\overrightarrow{O_1p_1}$ 在第二个相机中的投影。现在，由于我们通过特征点匹配确定了 p_2 的像素位置，所以能够推断 P 的空间位置，以及相机的运动。要提醒读者的是，**这多亏了正确的特征匹配**。如果没有特征匹配，我们就没法确定 p_2 到底在极线的哪个位置。那时，就必须在极线上搜索以获得正确的匹配，这将在第 12 讲中提到。

现在，我们从代数角度来分析这里的几何关系。在第一帧的坐标系下，设 P 的空间位置为

$$\boldsymbol{P} = [X, Y, Z]^{\mathrm{T}}.$$

根据第 5 讲介绍的针孔相机模型，我们知道两个像素点 $\boldsymbol{p}_1, \boldsymbol{p}_2$ 的像素位置为

$$s_1\boldsymbol{p}_1 = \boldsymbol{K}\boldsymbol{P}, \quad s_2\boldsymbol{p}_2 = \boldsymbol{K}\left(\boldsymbol{R}\boldsymbol{P} + \boldsymbol{t}\right). \tag{7.1}$$

这里 $\boldsymbol{K}$ 为相机内参矩阵，$\boldsymbol{R}, \boldsymbol{t}$ 为两个坐标系的相机运动。具体来说，这里计算的是 $\boldsymbol{R}_{21}$ 和 $\boldsymbol{t}_{21}$，因为它们把第一个坐标系下的坐标转换到第二个坐标系下。如果我们愿意，也可以把它们写成李代数形式。

有时，我们会使用齐次坐标表示像素点。在使用齐次坐标时，一个向量将等于它自身乘上任意的非零常数。这通常用于表达一个投影关系。例如，$s_1\boldsymbol{p}_1$ 和 $\boldsymbol{p}_1$ 成投影关系，它们在齐次坐标的意义下是相等的。我们称这种相等关系为**尺度意义下相等**（equal up to a scale），记作：

$$sp \simeq p. \tag{7.2}$$

那么，上述两个投影关系可写为

$$p_1 \simeq KP, \quad p_2 \simeq K(RP + t). \tag{7.3}$$

现在，取：

$$x_1 = K^{-1}p_1, \quad x_2 = K^{-1}p_2. \tag{7.4}$$

这里的 x_1, x_2 是两个像素点的归一化平面上的坐标。代入上式，得

$$x_2 \simeq Rx_1 + t. \tag{7.5}$$

两边同时左乘 $t^\wedge$。回忆 $\wedge$ 的定义，这相当于两侧同时与 t 做外积：

$$t^\wedge x_2 \simeq t^\wedge Rx_1. \tag{7.6}$$

然后，两侧同时左乘 x_2^T：

$$x_2^\mathsf{T} t^\wedge x_2 \simeq x_2^\mathsf{T} t^\wedge Rx_1. \tag{7.7}$$

观察等式左侧，$t^\wedge x_2$ 是一个与 t 和 x_2 都垂直的向量。它再和 x_2 做内积时，将得到 0。由于等式左侧严格为零，乘以任意非零常数之后也为零，于是我们可以把 $\simeq$ 写成通常的等号。因此，我们就得到了一个简洁的式子：

$$x_2^\mathsf{T} t^\wedge Rx_1 = 0. \tag{7.8}$$

重新代入 p_1, p_2，有

$$p_2^\mathsf{T} K^{-\mathsf{T}} t^\wedge RK^{-1}p_1 = 0. \tag{7.9}$$

这两个式子都称为**对极约束**，它以形式简洁著名。它的几何意义是 O_1, P, O_2 三者共面。对极约束中同时包含了平移和旋转。我们把中间部分记作两个矩阵：基础矩阵（Fundamental Matrix）F 和本质矩阵（Essential Matrix）E，于是可以进一步简化对极约束：

$$E = t^\wedge R, \quad F = K^{-\mathsf{T}} E K^{-1}, \quad x_2^\mathsf{T} E x_1 = p_2^\mathsf{T} F p_1 = 0. \tag{7.10}$$

对极约束简洁地给出了两个匹配点的空间位置关系。于是，相机位姿估计问题变为以下两步：

1. 根据配对点的像素位置求出 E 或者 F。
2. 根据 E 或者 F 求出 R, t。

    由于 E 和 F 只相差了相机内参，而内参在 SLAM 中通常是已知的[①]，所以实践中往往使用形式更简单的 E。我们以 E 为例，介绍上面两个问题如何求解。

7.3.2   本质矩阵

    根据定义，本质矩阵 $E = t^\wedge R$。它是一个 3×3 的矩阵，内有 9 个未知数。那么，是不是任意一个 3×3 的矩阵都可以被当成本质矩阵呢？从 E 的构造方式上看，有以下值得注意的地方：

- 本质矩阵是由对极约束定义的。由于对极约束是**等式为零**的约束，所以对 E 乘以任意非零常数后，**对极约束依然满足**。我们把这件事情称为 E 在不同尺度下是等价的。
- 根据 $E = t^\wedge R$，可以证明[3]，本质矩阵 E 的奇异值必定是 $[\sigma, \sigma, 0]^\mathrm{T}$ 的形式。这称为**本质矩阵的内在性质**。
- 另外，由于平移和旋转各有 3 个自由度，故 $t^\wedge R$ 共有 6 个自由度。但由于尺度等价性，故 E 实际上有 5 个自由度。

    E 具有 5 个自由度的事实，表明我们最少可以用 5 对点来求解 E。但是，E 的内在性质是一种非线性性质，在估计时会带来麻烦，因此，也可以只考虑它的**尺度等价性**，使用 8 对点来估计 E——这就是经典的**八点法（Eight-point-algorithm）**[48, 49]。八点法只利用了 E 的线性性质，因此可以在线性代数框架下求解。下面我们来看八点法是如何工作的。

    考虑一对匹配点，它们的归一化坐标为 $\boldsymbol{x}_1 = [u_1, v_1, 1]^\mathrm{T}$，$\boldsymbol{x}_2 = [u_2, v_2, 1]^\mathrm{T}$。根据对极约束，有

$$\begin{pmatrix} u_2, v_2, 1 \end{pmatrix} \begin{pmatrix} e_1 & e_2 & e_3 \\ e_4 & e_5 & e_6 \\ e_7 & e_8 & e_9 \end{pmatrix} \begin{pmatrix} u_1 \\ v_1 \\ 1 \end{pmatrix} = 0. \tag{7.11}$$

我们把矩阵 E 展开，写成向量的形式：

$$\boldsymbol{e} = [e_1, e_2, e_3, e_4, e_5, e_6, e_7, e_8, e_9]^\mathrm{T},$$

那么，对极约束可以写成与 e 有关的线性形式：

$$[u_2 u_1, u_2 v_1, u_2, v_2 u_1, v_2 v_1, v_2, u_1, v_1, 1] \cdot \boldsymbol{e} = 0. \tag{7.12}$$

    同理，对于其他点对也有相同的表示。我们把所有点都放到一个方程中，变成线性方程组（ u^i, v^i 表示第 i 个特征点，依此类推）：

[①] 在 SfM 研究中则有可能是未知且有待估计的。

$$\begin{pmatrix} u_2^1 u_1^1 & u_2^1 v_1^1 & u_2^1 & v_2^1 u_1^1 & v_2^1 v_1^1 & v_2^1 & u_1^1 & v_1^1 & 1 \\ u_2^2 u_1^2 & u_2^2 v_1^2 & u_2^2 & v_2^2 u_1^2 & v_2^2 v_1^2 & v_2^2 & u_1^2 & v_1^2 & 1 \\ \vdots & \vdots & \vdots & \vdots & \vdots & \vdots & \vdots & \vdots & \vdots \\ u_2^8 u_1^8 & u_2^8 v_1^8 & u_2^8 & v_2^8 u_1^8 & v_2^8 v_1^8 & v_2^8 & u_1^8 & v_1^8 & 1 \end{pmatrix} \begin{pmatrix} e_1 \\ e_2 \\ e_3 \\ e_4 \\ e_5 \\ e_6 \\ e_7 \\ e_8 \\ e_9 \end{pmatrix} = 0. \tag{7.13}$$

这 8 个方程构成了一个线性方程组。它的系数矩阵由特征点位置构成，大小为 8×9。e 位于该矩阵的零空间中。如果系数矩阵是满秩的（即秩为 8），那么它的零空间维数为 1，也就是 e 构成一条线。这与 e 的尺度等价性是一致的。如果 8 对匹配点组成的矩阵满足秩为 8 的条件，那么 E 的各元素就可由上述方程解得。

接下来的问题是如何根据已经估得的本质矩阵 E，恢复出相机的运动 R, t。这个过程是由奇异值分解（SVD）得到的。设 E 的 SVD 为

$$E = U \Sigma V^{\mathrm{T}}, \tag{7.14}$$

其中 U, V 为正交阵，Σ 为奇异值矩阵。根据 E 的内在性质，我们知道 $\Sigma = \mathrm{diag}(\sigma, \sigma, 0)$。在 SVD 分解中，对于任意一个 E，存在两个可能的 t, R 与它对应：

$$\begin{aligned} t_1^{\wedge} = U R_Z(\frac{\pi}{2}) \Sigma U^{\mathrm{T}}, & \quad R_1 = U R_Z^{\mathrm{T}}(\frac{\pi}{2}) V^{\mathrm{T}} \\ t_2^{\wedge} = U R_Z(-\frac{\pi}{2}) \Sigma U^{\mathrm{T}}, & \quad R_2 = U R_Z^{\mathrm{T}}(-\frac{\pi}{2}) V^{\mathrm{T}}. \end{aligned} \tag{7.15}$$

其中，$R_Z(\frac{\pi}{2})$ 表示沿 Z 轴旋转 90° 得到旋转矩阵。同时，由于 $-E$ 和 E 等价，所以对任意一个 t 取负号，也会得到同样的结果。因此，从 E 分解到 t, R 时，一共存在 **4 个**可能的解。

图 7-10 形象地展示了分解本质矩阵得到的 4 个解。我们已知空间点在相机（蓝色线）上的投影（红色点），想要求解相机的运动。在保持红色点不变的情况下，可以画出 4 种可能的情况。不过幸运的是，只有第一种解中 P 在两个相机中都具有正的深度。因此，只要把任意一点代入 4 种解中，检测该点在两个相机下的深度，就可以确定哪个解是正确的了。

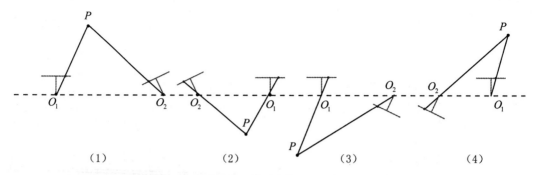

图 7-10 分解本质矩阵得到的 4 个解。在保持投影点（红色点）不变的情况下，两个相机及空间
点一共有 4 种可能的情况（见彩插）

如果利用 E 的内在性质，那么它只有 5 个自由度。所以最少可以通过 5 对点来求解相机运动[50, 51]。然而这种做法形式复杂，从工程实现角度考虑，由于平时通常会有几十对乃至上百对的匹配点，从 8 对减至 5 对意义并不明显。为保持简单，我们这里就只介绍基本的八点法。

剩下的一个问题是：根据线性方程解出的 E，可能不满足 E 的内在性质——它的奇异值不一定为 $\sigma, \sigma, 0$ 的形式。这时，我们会刻意地把 $\mathbf{\Sigma}$ 矩阵调整成上面的样子。通常的做法是，对八点法求得的 E 进行 SVD，会得到奇异值矩阵 $\mathbf{\Sigma} = \mathrm{diag}(\sigma_1, \sigma_2, \sigma_3)$，不妨设 $\sigma_1 \geqslant \sigma_2 \geqslant \sigma_3$。取：

$$E = U \mathrm{diag}(\frac{\sigma_1 + \sigma_2}{2}, \frac{\sigma_1 + \sigma_2}{2}, 0) V^{\mathrm{T}}. \tag{7.16}$$

这相当于是把求出来的矩阵投影到了 E 所在的流形上。当然，更简单的做法是将奇异值矩阵取成 $\mathrm{diag}(1, 1, 0)$，因为 E 具有尺度等价性，所以这样做也是合理的。

7.3.3 单应矩阵

除了基本矩阵和本质矩阵，二视图几何中还存在另一种常见的矩阵：单应矩阵（Homography）H，它描述了两个平面之间的映射关系。若场景中的特征点都落在同一平面上（比如墙、地面等），则可以通过单应性进行运动估计。这种情况在无人机携带的俯视相机或扫地机携带的顶视相机中比较常见。由于之前没有提到过单应，因此这里稍微介绍一下。

单应矩阵通常描述处于共同平面上的一些点在两张图像之间的变换关系。设图像 I_1 和 I_2 有一对匹配好的特征点 p_1 和 p_2。这个特征点落在平面 P 上，设这个平面满足方程：

$$\boldsymbol{n}^{\mathrm{T}} \boldsymbol{P} + d = 0. \tag{7.17}$$

稍加整理，得

$$-\frac{\boldsymbol{n}^{\mathrm{T}} \boldsymbol{P}}{d} = 1. \tag{7.18}$$

然后，回顾本节开头的式 (7.1)，得

$$
\begin{aligned}
\boldsymbol{p}_2 &\simeq \boldsymbol{K}(\boldsymbol{R}\boldsymbol{P} + \boldsymbol{t}) \\
&\simeq \boldsymbol{K}\left(\boldsymbol{R}\boldsymbol{P} + \boldsymbol{t}\cdot(-\frac{\boldsymbol{n}^{\mathrm{T}}\boldsymbol{P}}{d})\right) \\
&\simeq \boldsymbol{K}\left(\boldsymbol{R} - \frac{\boldsymbol{t}\boldsymbol{n}^{\mathrm{T}}}{d}\right)\boldsymbol{P} \\
&\simeq \boldsymbol{K}\left(\boldsymbol{R} - \frac{\boldsymbol{t}\boldsymbol{n}^{\mathrm{T}}}{d}\right)\boldsymbol{K}^{-1}\boldsymbol{p}_1.
\end{aligned}
$$

于是，我们得到了一个直接描述图像坐标 $\boldsymbol{p}_1$ 和 $\boldsymbol{p}_2$ 之间的变换，把中间这部分记为 $\boldsymbol{H}$，于是：

$$
\boldsymbol{p}_2 \simeq \boldsymbol{H}\boldsymbol{p}_1. \tag{7.19}
$$

它的定义与旋转、平移及平面的参数有关。与基础矩阵 $\boldsymbol{F}$ 类似，单应矩阵 $\boldsymbol{H}$ 也是一个 3×3 的矩阵，求解时的思路和 $\boldsymbol{F}$ 类似，同样可以先根据匹配点计算 $\boldsymbol{H}$，然后将它分解以计算旋转和平移。把上式展开，得

$$
\begin{pmatrix} u_2 \\ v_2 \\ 1 \end{pmatrix} \simeq \begin{pmatrix} h_1 & h_2 & h_3 \\ h_4 & h_5 & h_6 \\ h_7 & h_8 & h_9 \end{pmatrix}\begin{pmatrix} u_1 \\ v_1 \\ 1 \end{pmatrix}. \tag{7.20}
$$

请注意，这里的等号依然是 $\simeq$ 而不是普通的等号，所以 $\boldsymbol{H}$ 矩阵也可以乘以任意非零常数。我们在实际处理中可以令 $h_9 = 1$（在它取非零值时）。然后根据第 3 行，去掉这个非零因子，于是有

$$
\begin{aligned}
u_2 &= \frac{h_1 u_1 + h_2 v_1 + h_3}{h_7 u_1 + h_8 v_1 + h_9} \\
v_2 &= \frac{h_4 u_1 + h_5 v_1 + h_6}{h_7 u_1 + h_8 v_1 + h_9}.
\end{aligned}
$$

整理得

$$
\begin{aligned}
h_1 u_1 + h_2 v_1 + h_3 - h_7 u_1 u_2 - h_8 v_1 u_2 &= u_2 \\
h_4 u_1 + h_5 v_1 + h_6 - h_7 u_1 v_2 - h_8 v_1 v_2 &= v_2.
\end{aligned}
$$

这样一组匹配点对就可以构造出两项约束（事实上有三个约束，但是因为线性相关，只取前两个），于是自由度为 8 的单应矩阵可以通过 4 对匹配特征点算出（在非退化的情况下，即这些特征点不能有三点共线的情况），即求解以下的线性方程组（当 $h_9 = 0$ 时，右侧为零）：

$$
\begin{pmatrix}
u_1^1 & v_1^1 & 1 & 0 & 0 & 0 & -u_1^1 u_2^1 & -v_1^1 u_2^1 \\
0 & 0 & 0 & u_1^1 & v_1^1 & 1 & -u_1^1 v_2^1 & -v_1^1 v_2^1 \\
u_1^2 & v_1^2 & 1 & 0 & 0 & 0 & -u_1^2 u_2^2 & -v_1^2 u_2^2 \\
0 & 0 & 0 & u_1^2 & v_1^2 & 1 & -u_1^2 v_2^2 & -v_1^2 v_2^2 \\
u_1^3 & v_1^3 & 1 & 0 & 0 & 0 & -u_1^3 u_2^3 & -v_1^3 u_2^3 \\
0 & 0 & 0 & u_1^3 & v_1^3 & 1 & -u_1^3 v_2^3 & -v_1^3 v_2^3 \\
u_1^4 & v_1^4 & 1 & 0 & 0 & 0 & -u_1^4 u_2^4 & -v_1^4 u_2^4 \\
0 & 0 & 0 & u_1^4 & v_1^4 & 1 & -u_1^4 v_2^4 & -v_1^4 v_2^4
\end{pmatrix}
\begin{pmatrix}
h_1 \\ h_2 \\ h_3 \\ h_4 \\ h_5 \\ h_6 \\ h_7 \\ h_8
\end{pmatrix}
=
\begin{pmatrix}
u_2^1 \\ v_2^1 \\ u_2^2 \\ v_2^2 \\ u_2^3 \\ v_2^3 \\ u_2^4 \\ v_2^4
\end{pmatrix}.
\tag{7.21}
$$

这种做法把 H 矩阵看成了向量，通过解该向量的线性方程来恢复 H，又称直接线性变换法（Direct Linear Transform，DLT）。与本质矩阵相似，求出单应矩阵以后需要对其进行分解，才可以得到相应的旋转矩阵 R 和平移向量 t。分解的方法包括数值法[52, 53]与解析法[54]。与本质矩阵的分解类似，单应矩阵的分解同样会返回 4 组旋转矩阵与平移向量，同时，可以计算出它们分别对应的场景点所在平面的法向量。如果已知成像的地图点的深度全为正值（即在相机前方），则又可以排除两组解。最后仅剩两组解，这时需要通过更多的先验信息进行判断。通常，我们可以通过假设已知场景平面的法向量来解决，如场景平面与相机平面平行，那么法向量 n 的理论值为 $\mathbf{1}^{\mathrm{T}}$。

单应性在 SLAM 中具有重要意义。当特征点共面或者相机发生纯旋转时，基础矩阵的自由度下降，这就出现了所谓的退化（degenerate）。现实中的数据总包含一些噪声，这时如果继续使用八点法求解基础矩阵，基础矩阵多余出来的自由度将会主要由噪声决定。为了能够避免退化现象造成的影响，通常我们会同时估计基础矩阵 F 和单应矩阵 H，选择重投影误差比较小的那个作为最终的运动估计矩阵。

7.4 实践：对极约束求解相机运动

下面，我们来练习如何通过本质矩阵求解相机运动。7.2 节实践部分的程序提供了特征匹配，而本节我们就使用匹配好的特征点来计算 E, F 和 H，进而分解 E 得到 R, t。整个程序使用 OpenCV 提供的算法进行求解。我们把 7.2 节的特征提取封装成函数，以供后面使用。本节只展示位姿估计部分的代码。

📖 **slambook2/ch7/pose_estimation_2d2d.cpp**（片段）

```
1  void pose_estimation_2d2d(std::vector<KeyPoint> keypoints_1,
2      std::vector<KeyPoint> keypoints_2,
3      std::vector<DMatch> matches,
```

```
4      Mat &R, Mat &t) {
5      // 相机内参, TUM Freiburg2
6      Mat K = (Mat_<double>(3, 3) << 520.9, 0, 325.1, 0, 521.0, 249.7, 0, 0, 1);
7
8      //-- 把匹配点转换为vector<Point2f>的形式
9      vector<Point2f> points1;
10     vector<Point2f> points2;
11
12     for (int i = 0; i < (int) matches.size(); i++) {
13         points1.push_back(keypoints_1[matches[i].queryIdx].pt);
14         points2.push_back(keypoints_2[matches[i].trainIdx].pt);
15     }
16
17     //-- 计算基础矩阵
18     Mat fundamental_matrix;
19     fundamental_matrix = findFundamentalMat(points1, points2, CV_FM_8POINT);
20     cout << "fundamental_matrix is " << endl << fundamental_matrix << endl;
21
22     //-- 计算本质矩阵
23     Point2d principal_point(325.1, 249.7);  //相机光心, TUM dataset标定值
24     double focal_length = 521;        //相机焦距, TUM dataset标定值
25     Mat essential_matrix;
26     essential_matrix = findEssentialMat(points1, points2, focal_length, principal_point);
27     cout << "essential_matrix is " << endl << essential_matrix << endl;
28
29     //-- 计算单应矩阵
30     //-- 但是本例中场景不是平面, 单应矩阵意义不大
31     Mat homography_matrix;
32     homography_matrix = findHomography(points1, points2, RANSAC, 3);
33     cout << "homography_matrix is " << endl << homography_matrix << endl;
34
35     //-- 从本质矩阵中恢复旋转和平移信息
36     recoverPose(essential_matrix, points1, points2, R, t, focal_length, principal_point);
37     cout << "R is " << endl << R << endl;
38     cout << "t is " << endl << t << endl;
39 }
```

该函数提供了从特征点求解相机运动的部分，然后，我们在主函数中调用它，就能得到相机的运动：

📖 **slambook2/ch7/pose_estimation_2d2d.cpp** （片段）

```
1  int main( int argc, char** argv ){
2      if (argc != 3) {
```

```
3          cout << "usage: pose_estimation_2d2d img1 img2" << endl;
4          return 1;
5      }
6      //-- 读取图像
7      Mat img_1 = imread(argv[1], CV_LOAD_IMAGE_COLOR);
8      Mat img_2 = imread(argv[2], CV_LOAD_IMAGE_COLOR);
9      assert(img_1.data && img_2.data && "Can not load images!");
10
11     vector<KeyPoint> keypoints_1, keypoints_2;
12     vector<DMatch> matches;
13     find_feature_matches(img_1, img_2, keypoints_1, keypoints_2, matches);
14     cout << "一共找到了" << matches.size() << "组匹配点" << endl;
15
16     //-- 估计两张图像间运动
17     Mat R, t;
18     pose_estimation_2d2d(keypoints_1, keypoints_2, matches, R, t);
19
20     //-- 验证E=t^R*scale
21     Mat t_x =
22         (Mat_<double>(3, 3) << 0, -t.at<double>(2, 0), t.at<double>(1, 0),
23         t.at<double>(2, 0), 0, -t.at<double>(0, 0),
24         -t.at<double>(1, 0), t.at<double>(0, 0), 0);
25     cout << "t^R=" << endl << t_x * R << endl;
26
27     //-- 验证对极约束
28     Mat K = (Mat_<double>(3, 3) << 520.9, 0, 325.1, 0, 521.0, 249.7, 0, 0, 1);
29     for (DMatch m: matches) {
30         Point2d pt1 = pixel2cam(keypoints_1[m.queryIdx].pt, K);
31         Mat y1 = (Mat_<double>(3, 1) << pt1.x, pt1.y, 1);
32         Point2d pt2 = pixel2cam(keypoints_2[m.trainIdx].pt, K);
33         Mat y2 = (Mat_<double>(3, 1) << pt2.x, pt2.y, 1);
34         Mat d = y2.t() * t_x * R * y1;
35         cout << "epipolar constraint = " << d << endl;
36     }
37     return 0;
38 }
```

我们在函数中输出了 E, F 和 H 的数值，然后验证了对极约束是否成立，以及 t^R 和 E 在非零数乘下等价的事实。现在，调用此程序即可看到输出结果：

终端输入：

```
1  % build/pose_estimation_2d2d 1.png 2.png
2  -- Max dist : 95.000000
```

```
3    -- Min dist : 4.000000
4    一共找到了79组匹配点
5    fundamental_matrix is
6    [4.844484382466111e-06, 0.0001222601840188731, -0.01786737827487386;
7    -0.0001174326832719333, 2.122888800459598e-05, -0.01775877156212593;
8    0.01799658210895528, 0.008143605989020664, 1]
9    essential_matrix is
10   [-0.0203618550523477, -0.4007110038118445, -0.03324074249824097;
11   0.3939270778216369, -0.03506401846698079, 0.5857110303721015;
12   -0.006788487241438284, -0.5815434272915686, -0.01438258684486258]
13   homography_matrix is
14   [0.9497129583105288, -0.143556453147626, 31.20121878625771;
15   0.04154536627445031, 0.9715568969832015, 5.306887618807696;
16   -2.81813676978796e-05, 4.353702039810921e-05, 1]
17   R is
18   [0.9985961798781875, -0.05169917220143662, 0.01152671359827873;
19   0.05139607508976055, 0.9983603445075083, 0.02520051547522442;
20   -0.01281065954813571, -0.02457271064688495, 0.9996159607036126]
21   t is
22   [-0.8220841067933337;
23   -0.03269742706405412;
24   0.5684264241053522]
25
26   t^R=
27   [0.02879601157010516, 0.5666909361828478, 0.04700950886436416;
28   -0.5570970160413605, 0.0495880104673049, -0.8283204827837456;
29   0.009600370724838804, 0.8224266019846683, 0.02034004937801349]
30   epipolar constraint = [0.002528128704106625]
31   epipolar constraint = [-0.001663727901710724]
32   epipolar constraint = [-0.0008009088410884102]
33   ......
```

　　从程序的输出结果可以看出，对极约束的满足精度约在 10^{-3} 量级。根据前面的讨论，分解得到的 $\boldsymbol{R}, \boldsymbol{t}$ 一共有 4 种可能性。不过，OpenCV 会替我们检测角点的深度是否为正，从而选出正确的解。

讨论

　　从演示程序中可以看到，输出的 $\boldsymbol{E}$ 和 $\boldsymbol{F}$ 之间相差了相机内参矩阵。虽然它们在数值上并不直观，但可以验证它们的数学关系。从 $\boldsymbol{E}, \boldsymbol{F}$ 和 $\boldsymbol{H}$ 都可以分解出运动，不过 $\boldsymbol{H}$ 需要假设特征点位于平面上。对于本实验的数据，这个假设是不好的，所以我们主要用 $\boldsymbol{E}$ 分解运动。

　　值得一提的是，由于 $\boldsymbol{E}$ 本身具有尺度等价性，它分解得到的 $\boldsymbol{t}, \boldsymbol{R}$ 也有一个尺度等价性。而

$R \in SO(3)$ 自身具有约束，所以我们认为 t 具有一个**尺度**。换言之，在分解过程中，对 t 乘以任意非零常数，分解都是成立的。因此，我们通常把 t 进行**归一化**，让它的长度等于 1。

尺度不确定性

对 t 长度的归一化，直接导致了**单目视觉的尺度不确定性**。例如，程序中输出的 t 第一维约为 0.822。这个 0.822 究竟是指 0.822 米还是 0.822 厘米，我们是没法确定的。因为对 t 乘以任意比例常数后，对极约束依然是成立的。换言之，在单目 SLAM 中，对轨迹和地图同时缩放任意倍数，我们得到的图像依然是一样的。这在第 2 讲中就已经向读者介绍过了。

在单目视觉中，我们对两张图像的 t 归一化相当于**固定了尺度**。虽然我们不知道它的实际长度是多少，但我们以这时的 t 为单位 1，计算相机运动和特征点的 3D 位置。这被称为单目 SLAM 的**初始化**。在初始化之后，就可以用 3D-2D 计算相机运动了。初始化之后的轨迹和地图的单位，就是初始化时固定的尺度。因此，单目 SLAM 有一步不可避免的**初始化**。初始化的两张图像必须有一定程度的平移，而后的轨迹和地图都将以此步的平移为单位。

除了对 t 进行归一化，另一种方法是令初始化时所有的特征点平均深度为 1，也可以固定一个尺度。相比于令 t 长度为 1 的做法，把特征点深度归一化可以控制场景的规模大小，使计算在数值上更稳定。

初始化的纯旋转问题

从 E 分解到 R, t 的过程中，如果相机发生的是纯旋转，导致 t 为零，那么，得到的 E 也将为零，这将导致我们无从求解 R。不过，此时我们可以依靠 H 求取旋转，但仅有旋转时，我们无法用三角测量估计特征点的空间位置（这将在下文提到），于是，另一个结论是，**单目初始化不能只有纯旋转，必须要有一定程度的平移**。如果没有平移，单目将无法初始化。在实践中，如果初始化时平移太小，会使得位姿求解与三角化结果不稳定，从而导致失败。相对地，如果把相机左右移动而不是原地旋转，就容易让单目 SLAM 初始化。因而，有经验的 SLAM 研究人员，在单目 SLAM 情况下经常选择让相机进行左右平移以顺利地进行初始化。

多于 8 对点的情况

当给定的点数多于 8 对时（例如，例程找到了 79 对匹配），我们可以计算一个最小二乘解。回忆式 (7.13) 中线性化后的对极约束，我们把左侧的系数矩阵记为 A：

$$Ae = 0. \tag{7.22}$$

对于八点法，A 的大小为 8×9。如果给定的匹配点多于 8，则该方程构成一个超定方程，即不一定存在 e 使得上式成立。因此，可以通过最小化一个二次型来求：

$$\min_e \|Ae\|_2^2 = \min_e e^\mathsf{T} A^\mathsf{T} Ae. \tag{7.23}$$

于是就求出了在最小二乘意义下的 $\boldsymbol{E}$ 矩阵。不过，当可能存在误匹配的情况时，我们会更倾向于使用**随机采样一致性（Random Sample Concensus，RANSAC）**来求，而不是最小二乘。RANSAC 是一种通用的做法，适用于很多带错误数据的情况，可以处理带有错误匹配的数据。

7.5　三角测量

之前两节我们使用对极几何约束估计了相机运动，也讨论了这种方法的局限性。在得到运动之后，下一步我们需要用相机的运动估计特征点的空间位置。在单目 SLAM 中，仅通过单张图像无法获得像素的深度信息，我们需要通过**三角测量（Triangulation）（或三角化）**的方法估计地图点的深度，如图 7-11 所示。

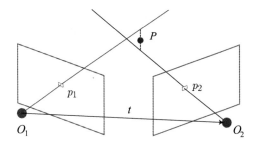

图 7-11　通过三角测量的方法获得地图点的深度

三角测量是指，通过不同位置对同一个路标点进行观察，从观察到的位置推断路标点的距离。三角测量最早由高斯提出并应用于测量学中，它在天文学、地理学的测量中都有应用。例如，我们可以通过不同季节观察到的星星的角度，估计它与我们的距离。在 SLAM 中，我们主要用三角化来估计像素点的距离。

和上一节类似，考虑图像 I_1 和 I_2，以左图为参考，右图的变换矩阵为 $\boldsymbol{T}$。相机光心为 O_1 和 O_2。在 I_1 中有特征点 p_1，对应 I_2 中有特征点 p_2。理论上，直线 O_1p_1 与 O_2p_2 在场景中会相交于一点 P，该点即两个特征点所对应的地图点在三维场景中的位置。然而由于噪声的影响，这两条直线往往无法相交。因此，可以通过最小二乘法求解。

按照对极几何中的定义，设 $\boldsymbol{x}_1,\boldsymbol{x}_2$ 为两个特征点的归一化坐标，那么它们满足：

$$s_2\boldsymbol{x}_2 = s_1\boldsymbol{R}\boldsymbol{x}_1 + \boldsymbol{t}. \tag{7.24}$$

现在已知 $\boldsymbol{R},\boldsymbol{t}$，我们想求解两个特征点的深度 s_1,s_2。从几何上看，可以在射线 O_1p_1 上寻找 3D 点，使其投影位置接近 $\boldsymbol{p}_2$。同理，也可以在 O_2p_2 上找，或者在两条线的中间找。不同的策略对应着不同的计算方式，当然它们大同小异。例如，我们希望计算 s_1，那么先对上式两侧左乘一个 $\boldsymbol{x}_2^\wedge$，得

$$s_2 \boldsymbol{x}_2^\wedge \boldsymbol{x}_2 = 0 = s_1 \boldsymbol{x}_2^\wedge \boldsymbol{R} \boldsymbol{x}_1 + \boldsymbol{x}_2^\wedge \boldsymbol{t}. \tag{7.25}$$

该式左侧为零，右侧可看成 s_2 的一个方程，可以根据它直接求得 s_2。有了 s_2，s_1 也非常容易求出。于是，我们就得到了两帧下的点的深度，确定了它们的空间坐标。当然，由于噪声的存在，我们估得的 $\boldsymbol{R}, \boldsymbol{t}$ 不一定精确使式 (7.25) 为零，所以更常见的做法是求最小二乘解而不是直接的解。

7.6　实践：三角测量

7.6.1　三角测量代码

下面，我们演示如何根据之前利用对极几何求解的相机位姿，通过三角化求出上一节特征点的空间位置。我们调用 OpenCV 提供的 triangulation 函数进行三角化。

📖 **slambook2/ch7/triangulation.cpp**（片段）

```cpp
void triangulation(
    const vector<KeyPoint> &keypoint_1,
    const vector<KeyPoint> &keypoint_2,
    const std::vector<DMatch> &matches,
    const Mat &R, const Mat &t,
    vector<Point3d> &points) {
  Mat T1 = (Mat_<float>(3, 4) <<
      1, 0, 0, 0,
      0, 1, 0, 0,
      0, 0, 1, 0);
  Mat T2 = (Mat_<float>(3, 4) <<
      R.at<double>(0, 0), R.at<double>(0, 1), R.at<double>(0, 2), t.at<double>(0, 0),
      R.at<double>(1, 0), R.at<double>(1, 1), R.at<double>(1, 2), t.at<double>(1, 0),
      R.at<double>(2, 0), R.at<double>(2, 1), R.at<double>(2, 2), t.at<double>(2, 0)
  );

  Mat K = (Mat_<double>(3, 3) << 520.9, 0, 325.1, 0, 521.0, 249.7, 0, 0, 1);
  vector<Point2f> pts_1, pts_2;
  for (DMatch m:matches) {
      // 将像素坐标转换至相机坐标
      pts_1.push_back(pixel2cam(keypoint_1[m.queryIdx].pt, K));
      pts_2.push_back(pixel2cam(keypoint_2[m.trainIdx].pt, K));
  }

  Mat pts_4d;
  cv::triangulatePoints(T1, T2, pts_1, pts_2, pts_4d);
```

```
27
28        // 转换成非齐次坐标
29        for (int i = 0; i < pts_4d.cols; i++) {
30            Mat x = pts_4d.col(i);
31            x /= x.at<float>(3, 0); // 归一化
32            Point3d p(
33                x.at<float>(0, 0),
34                x.at<float>(1, 0),
35                x.at<float>(2, 0)
36            );
37            points.push_back(p);
38        }
39    }
```

同时，在 main 函数中加入三角测量部分，然后画出各点的深度示意图。读者可以自行运行此程序查看三角化结果。

7.6.2　讨论

关于三角测量，还有一个必须注意的地方。

三角测量是由**平移**得到的，有平移才会有对极几何中的三角形，才谈得上三角测量。因此，纯旋转是无法使用三角测量的，因为在平移为零时，对极约束一直为零。当然，实际数据往往不会完全等于零。在平移存在的情况下，我们还要关心三角测量的不确定性，这会引出一个**三角测量的矛盾**。

如图 7-12 所示，当平移很小时，像素上的不确定性将导致较大的深度不确定性。也就是说，如果特征点运动一个像素 δx，使得视线角变化了一个角度 $\delta\theta$，那么将测量到深度值有 δd 的变化。从几何关系可以看到，当 t 较大时，δd 将明显变小，这说明平移较大时，在同样的相机分辨率下，三角化测量将更精确。对该过程的定量分析可以使用正弦定理得到。

因此，要提高三角化的精度，一种方式是提高特征点的提取精度，也就是提高图像分辨率——但这会导致图像变大，增加计算成本。另一种方式是使平移量增大。但是，这会导致图像的**外观**发生明显的变化，比如箱子原先被挡住的侧面显示出来，或者物体的光照发生变化，等等。外观变化会使得特征提取与匹配变得困难。总而言之，增大平移，可能导致匹配失效；而平移太小，则三角化精度不够——这就是三角化的矛盾。我们把这个问题称为"视差"（parallax）。

在单目视觉中，由于单目图像没有深度信息，我们要等待特征点被追踪几帧之后，产生了足够的视角，再用三角化来确定新增特征点的深度值。这有时也被称为延迟三角化[55]。但是，如果相机发生了原地旋转，导致视差很小，就不好估计新观测到的特征点的深度。这种情况在机器人场合下更常见，因为原地旋转往往是一个机器人常见的指令。在这种情况下，单目视觉就可能出现追踪失败、尺度不正确等情况。

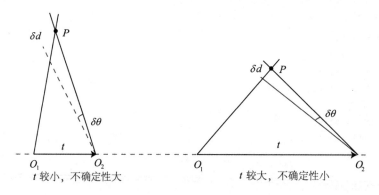

图 7-12　三角测量的矛盾

虽然本节只介绍了三角化的深度估计，但只要我们愿意，也能够定量地计算每个特征点的**位置**及**不确定性**。所以，如果假设特征点服从高斯分布，并且不断地对它进行观测，在信息正确的情况下，我们就能够期望**它的方差不断减小乃至收敛**。这就得到了一个**滤波器**，称为**深度滤波器**（**Depth Filter**）。不过，由于它的原理较复杂，我们将留到后面章节详细讨论。下面，我们讨论如何通过 3D-2D 的匹配点估计相机运动，以及 3D-3D 的估计方法。

7.7　3D-2D：PnP

PnP（Perspective-n-Point）是求解 3D 到 2D 点对运动的方法。它描述了当知道 n 个 3D 空间点及其投影位置时，如何估计相机的位姿。前面说到，2D-2D 的对极几何方法需要 8 个或 8 个以上的点对（以八点法为例），且存在着初始化、纯旋转和尺度的问题。然而，如果两张图像中的一张特征点的 3D 位置已知，那么最少只需 3 个点对（以及至少一个额外点验证结果）就可以估计相机运动。特征点的 3D 位置可以由三角化或者 RGB-D 相机的深度图确定。因此，在双目或 RGB-D 的视觉里程计中，我们可以直接使用 PnP 估计相机运动。而在单目视觉里程计中，必须先进行初始化，才能使用 PnP。3D-2D 方法不需要使用对极约束，又可以在很少的匹配点中获得较好的运动估计，是一种最重要的姿态估计方法。

PnP 问题有很多种求解方法，例如，用 3 对点估计位姿的 P3P[56]、直接线性变换（DLT）、EPnP（Efficient PnP）[57]、UPnP[58]，等等。此外，还能用**非线性优化**的方式，构建最小二乘问题并迭代求解，也就是万金油式的光束法平差（Bundle Adjustment，BA）。我们先来介绍 DLT，再讲解 BA。

7.7.1　直接线性变换

我们考虑这样一个问题：已知一组 3D 点的位置，以及它们在某个相机中的投影位置，求该相机的位姿。这个问题也可以用于求解给定地图和图像时的相机状态问题。如果把 3D 点看成在另一个相机坐标系中的点的话，则也可以用来求解两个相机的相对运动问题。我们从简单的问题出发。

考虑某个空间点 P，它的齐次坐标为 $\boldsymbol{P} = (X, Y, Z, 1)^{\mathrm{T}}$。在图像 I_1 中，投影到特征点 $\boldsymbol{x}_1 = (u_1, v_1, 1)^{\mathrm{T}}$（以归一化平面齐次坐标表示）。此时，相机的位姿 $\boldsymbol{R}, \boldsymbol{t}$ 是未知的。与单应矩阵的求解类似，我们定义增广矩阵 $[\boldsymbol{R}|\boldsymbol{t}]$ 为一个 3×4 的矩阵，包含了旋转与平移信息[①]。我们将其展开形式列写如下：

$$
s \begin{pmatrix} u_1 \\ v_1 \\ 1 \end{pmatrix} = \begin{pmatrix} t_1 & t_2 & t_3 & t_4 \\ t_5 & t_6 & t_7 & t_8 \\ t_9 & t_{10} & t_{11} & t_{12} \end{pmatrix} \begin{pmatrix} X \\ Y \\ Z \\ 1 \end{pmatrix}. \tag{7.26}
$$

用最后一行把 s 消去，得到两个约束：

$$
u_1 = \frac{t_1 X + t_2 Y + t_3 Z + t_4}{t_9 X + t_{10} Y + t_{11} Z + t_{12}}, \quad v_1 = \frac{t_5 X + t_6 Y + t_7 Z + t_8}{t_9 X + t_{10} Y + t_{11} Z + t_{12}}.
$$

为了简化表示，定义 $\boldsymbol{T}$ 的行向量：

$$
\boldsymbol{t}_1 = (t_1, t_2, t_3, t_4)^{\mathrm{T}}, \boldsymbol{t}_2 = (t_5, t_6, t_7, t_8)^{\mathrm{T}}, \boldsymbol{t}_3 = (t_9, t_{10}, t_{11}, t_{12})^{\mathrm{T}},
$$

于是有

$$
\boldsymbol{t}_1^{\mathrm{T}} \boldsymbol{P} - \boldsymbol{t}_3^{\mathrm{T}} \boldsymbol{P} u_1 = 0,
$$

和

$$
\boldsymbol{t}_2^{\mathrm{T}} \boldsymbol{P} - \boldsymbol{t}_3^{\mathrm{T}} \boldsymbol{P} v_1 = 0.
$$

请注意，$\boldsymbol{t}$ 是待求的变量，可以看到，每个特征点提供了两个关于 $\boldsymbol{t}$ 的线性约束。假设一共有 N 个特征点，则可以列出如下线性方程组：

$$
\begin{pmatrix} \boldsymbol{P}_1^{\mathrm{T}} & 0 & -u_1 \boldsymbol{P}_1^{\mathrm{T}} \\ 0 & \boldsymbol{P}_1^{\mathrm{T}} & -v_1 \boldsymbol{P}_1^{\mathrm{T}} \\ \vdots & \vdots & \vdots \\ \boldsymbol{P}_N^{\mathrm{T}} & 0 & -u_N \boldsymbol{P}_N^{\mathrm{T}} \\ 0 & \boldsymbol{P}_N^{\mathrm{T}} & -v_N \boldsymbol{P}_N^{\mathrm{T}} \end{pmatrix} \begin{pmatrix} \boldsymbol{t}_1 \\ \boldsymbol{t}_2 \\ \boldsymbol{t}_3 \end{pmatrix} = 0. \tag{7.27}
$$

[①]请注意，这和 SE(3) 中的变换矩阵 $\boldsymbol{T}$ 是不同的。

　　t 一共有 12 维，因此最少通过 6 对匹配点即可实现矩阵 T 的线性求解，这种方法称为 DLT。当匹配点大于 6 对时，也可以使用 SVD 等方法对超定方程求最小二乘解。

　　在 DLT 求解中，我们直接将 T 矩阵看成了 12 个未知数，忽略了它们之间的联系。因为旋转矩阵 $R \in SO(3)$，用 DLT 求出的解不一定满足该约束，它是一个一般矩阵。平移向量比较好办，它属于向量空间。对于旋转矩阵 R，我们必须针对 DLT 估计的 T 左边 3×3 的矩阵块，寻找一个最好的旋转矩阵对它进行近似。这可以由 QR 分解完成[3, 59]，也可以像这样来计算[6, 60]：

$$R \leftarrow \left(RR^{\mathrm{T}}\right)^{-\frac{1}{2}} R. \tag{7.28}$$

这相当于把结果从矩阵空间重新投影到 SE(3) 流形上，转换成旋转和平移两部分。

　　需要解释的是，我们这里的 x_1 使用了归一化平面坐标，去掉了内参矩阵 K 的影响——这是因为内参 K 在 SLAM 中通常假设为已知。即使内参未知，也能用 PnP 去估计 K, R, t 三个量。然而由于未知量增多，效果会差一些。

7.7.2　P3P

　　下面讲的 P3P 是另一种解 PnP 的方法。它仅使用 3 对匹配点，对数据要求较少，因此这里简单介绍（这部分推导借鉴了参考文献 [61]）。

　　P3P 需要利用给定的 3 个点的几何关系。它的输入数据为 3 对 3D-2D 匹配点。记 3D 点为 A, B, C，2D 点为 a, b, c，其中小写字母代表的点为对应大写字母代表的点在相机成像平面上的投影，如图 7-13 所示。此外，P3P 还需要使用一对验证点，以从可能的解中选出正确的那一个（类似于对极几何情形）。记验证点对为 $D-d$，相机光心为 O。请注意，我们知道的是 A, B, C 在**世界坐标系中的坐标**，而不是**在相机坐标系中的坐标**。一旦 3D 点在相机坐标系下的坐标能够算出，我们就得到了 3D-3D 的对应点，把 PnP 问题转换为了 ICP 问题。

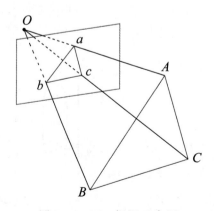

图 7-13　P3P 问题示意图

首先，显然三角形之间存在对应关系：

$$\Delta Oab - \Delta OAB, \quad \Delta Obc - \Delta OBC, \quad \Delta Oac - \Delta OAC. \tag{7.29}$$

来考虑 Oab 和 OAB 的关系。利用余弦定理，有

$$OA^2 + OB^2 - 2OA \cdot OB \cdot \cos \langle a, b \rangle = AB^2. \tag{7.30}$$

对于其他两个三角形也有类似性质，于是有

$$\begin{aligned} OA^2 + OB^2 - 2OA \cdot OB \cdot \cos \langle a, b \rangle &= AB^2 \\ OB^2 + OC^2 - 2OB \cdot OC \cdot \cos \langle b, c \rangle &= BC^2 \\ OA^2 + OC^2 - 2OA \cdot OC \cdot \cos \langle a, c \rangle &= AC^2. \end{aligned} \tag{7.31}$$

对以上三式全体除以 OC^2，并且记 $x = OA/OC, y = OB/OC$，得

$$\begin{aligned} x^2 + y^2 - 2xy \cos \langle a, b \rangle &= AB^2/OC^2 \\ y^2 + 1^2 - 2y \cos \langle b, c \rangle &= BC^2/OC^2 \\ x^2 + 1^2 - 2x \cos \langle a, c \rangle &= AC^2/OC^2. \end{aligned} \tag{7.32}$$

记 $v = AB^2/OC^2, uv = BC^2/OC^2, wv = AC^2/OC^2$，有

$$\begin{aligned} x^2 + y^2 - 2xy \cos \langle a, b \rangle - v &= 0 \\ y^2 + 1^2 - 2y \cos \langle b, c \rangle - uv &= 0 \\ x^2 + 1^2 - 2x \cos \langle a, c \rangle - wv &= 0. \end{aligned} \tag{7.33}$$

我们可以把第一个式子中的 v 放到等式一边，并代入其后两式，得

$$\begin{aligned} (1-u) y^2 - ux^2 - \cos \langle b, c \rangle\, y + 2uxy \cos \langle a, b \rangle + 1 &= 0 \\ (1-w) x^2 - wy^2 - \cos \langle a, c \rangle\, x + 2wxy \cos \langle a, b \rangle + 1 &= 0. \end{aligned} \tag{7.34}$$

注意这些方程中的已知量和未知量。由于我们知道 2D 点的图像位置，3 个余弦角 $\cos \langle a, b \rangle$，$\cos \langle b, c \rangle, \cos \langle a, c \rangle$ 是已知的。同时，$u = BC^2/AB^2, w = AC^2/AB^2$ 可以通过 A, B, C 在世界坐标系下的坐标算出，变换到相机坐标系下之后，这个比值并不改变。该式中的 x, y 是未知的，随着相机移动会发生变化。因此，该方程组是关于 x, y 的一个二元二次方程（多项式方程）。求该

方程组的解析解是一个复杂的过程，需要用吴消元法。这里不展开对该方程解法的介绍，感兴趣的读者请参阅文献 [56]。类似于分解 E 的情况，该方程最多可能得到 4 个解，但我们可以用验证点来计算最可能的解，得到 A, B, C 在相机坐标系下的 3D 坐标。然后，根据 3D–3D 的点对，计算相机的运动 R, t。这部分将在 7.9 节介绍。

从 P3P 的原理可以看出，为了求解 PnP，我们利用了三角形相似性质，求解投影点 a, b, c 在相机坐标系下的 3D 坐标，最后把问题转换成一个 3D 到 3D 的位姿估计问题。在后文中将看到，带有匹配信息的 3D–3D 位姿求解非常容易，所以这种思路是非常有效的。一些其他的方法，例如 EPnP，也采用了这种思路。然而，P3P 也存在着一些问题：

1. P3P 只利用 3 个点的信息。当给定的配对点多于 3 组时，难以利用更多的信息。

2. 如果 3D 点或 2D 点受噪声影响，或者存在误匹配，则算法失效。

所以，人们还陆续提出了许多别的方法，如 EPnP、UPnP 等。它们利用更多的信息，而且用迭代的方式对相机位姿进行优化，以尽可能地消除噪声的影响。不过，相对 P3P 来说，它们的原理更复杂，所以我们建议读者阅读原始的论文，或通过实践来理解 PnP 的过程。在 SLAM 中，通常的做法是先使用 P3P/EPnP 等方法估计相机位姿，再构建最小二乘优化问题对估计值进行调整（即进行 Bundle Adjustment）。在相机运动足够连续时，也可以假设相机不动或匀速运动，用推测值作为初始值进行优化。接下来，我们从非线性优化的角度来看 PnP 问题。

7.7.3 最小化重投影误差求解 PnP

除了使用线性方法，我们还可以把 PnP 问题构建成一个关于重投影误差的非线性最小二乘问题。这将用到本书第 4 讲和第 5 讲的知识。前面说的线性方法，往往是**先求相机位姿，再求空间点位置**，而非线性优化则是把它们都看成优化变量，放在一起优化。这是一种非常通用的求解方式，我们可以用它对 PnP 或 ICP 给出的结果进行优化。这一类**把相机和三维点放在一起进行最小化**的问题，统称为 Bundle Adjustment[①]。

我们完全可以在 PnP 中构建一个 Bundle Adjustment 问题对相机位姿进行优化。如果相机是连续运动的（比如大多数 SLAM 过程），也可以直接用 BA 求解相机位姿。我们将在本节给出此问题在两个视图下的基本形式，然后在第 9 讲讨论较大规模的 BA 问题。

考虑 n 个三维空间点 P 及其投影 p，我们希望计算相机的位姿 R, t，它的李群表示为 T。假设某空间点坐标为 $P_i = [X_i, Y_i, Z_i]^\mathrm{T}$，其投影的像素坐标为 $u_i = [u_i, v_i]^\mathrm{T}$。根据第 5 讲的内容，像素位置与空间点位置的关系如下：

---

①需要说明的是，BA 在不同文献、语境下的意义并不完全一致。有些学者仅把最小化重投影误差的问题称为 BA，而另一些学者的 BA 概念更宽泛，即使这个 BA 只有一个相机，或加入了其他类似的传感器，也可以统称为 BA。笔者个人更喜欢宽泛一些的 BA 概念，所以在这里计算 PnP 的方法也称为 BA。

$$s_i \begin{bmatrix} u_i \\ v_i \\ 1 \end{bmatrix} = \boldsymbol{KT} \begin{bmatrix} X_i \\ Y_i \\ Z_i \\ 1 \end{bmatrix}. \tag{7.35}$$

写成矩阵形式就是：

$$s_i \boldsymbol{u}_i = \boldsymbol{KTP}_i.$$

这个式子隐含了一次从齐次坐标到非齐次的转换，否则按矩阵的乘法来说，维度是不对的[①]。现在，由于相机位姿未知及观测点的噪声，该等式存在一个误差。因此，我们把误差求和，构建最小二乘问题，然后寻找最好的相机位姿，使它最小化：

$$\boldsymbol{T}^* = \arg\min_{\boldsymbol{T}} \frac{1}{2} \sum_{i=1}^{n} \left\| \boldsymbol{u}_i - \frac{1}{s_i} \boldsymbol{KTP}_i \right\|_2^2. \tag{7.36}$$

该问题的误差项，是将 3D 点的投影位置与观测位置作差，所以称为**重投影误差**。使用齐次坐标时，这个误差有 3 维。不过，由于 $\boldsymbol{u}$ 最后一维为 1，该维度的误差一直为零，因而我们更多时候使用非齐次坐标，于是误差就只有 2 维了。如图 7-14 所示，我们通过特征匹配知道了 p_1 和 p_2 是同一个空间点 P 的投影，但是不知道相机的位姿。在初始值中，P 的投影 $\hat{p}_2$ 与实际的 p_2 之间有一定的距离。于是我们调整相机的位姿，使得这个距离变小。不过，由于这个调整需要考虑很多个点，所以最后的效果是整体误差的缩小，而每个点的误差通常都不会精确为零。

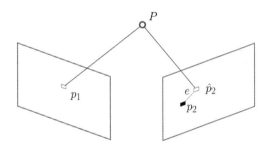

图 7-14　重投影误差示意图

最小二乘优化问题已经在第 6 讲介绍过了。使用李代数，可以构建无约束的优化问题，很方便地通过高斯牛顿法、列文伯格—马夸尔特方法等优化算法进行求解。不过，在使用高斯牛顿法和列文伯格—马夸尔特方法之前，我们需要知道每个误差项关于优化变量的导数，也就是**线性**

[①]$\boldsymbol{TP}_i$ 结果是 4×1 的，而其左侧的 $\boldsymbol{K}$ 是 3×3 的，所以必须把 $\boldsymbol{TP}_i$ 的前三维取出来，变成三维的非齐次坐标。或者，用 $\boldsymbol{RP} + \boldsymbol{t}$ 亦无不可。

化：

$$e(x + \Delta x) \approx e(x) + J^{\mathrm{T}} \Delta x. \tag{7.37}$$

这里的 J^{T} 的形式是值得讨论的，甚至可以说是关键所在。我们固然可以使用数值导数，但如果能够推导出解析形式，则优先考虑解析导数。现在，当 e 为像素坐标误差（2 维），x 为相机位姿（6 维）时，J^{T} 将是一个 2×6 的矩阵。我们来推导 J^{T} 的形式。

回忆李代数的内容，我们介绍了如何使用扰动模型来求李代数的导数。首先，记变换到相机坐标系下的空间点坐标为 P'，并且将其前 3 维取出来：

$$P' = (TP)_{1:3} = [X', Y', Z']^{\mathrm{T}}. \tag{7.38}$$

那么，相机投影模型相对于 P' 为

$$su = KP'. \tag{7.39}$$

展开：

$$\begin{bmatrix} su \\ sv \\ s \end{bmatrix} = \begin{bmatrix} f_x & 0 & c_x \\ 0 & f_y & c_y \\ 0 & 0 & 1 \end{bmatrix} \begin{bmatrix} X' \\ Y' \\ Z' \end{bmatrix}. \tag{7.40}$$

利用第 3 行消去 s（实际上就是 P' 的距离），得

$$u = f_x \frac{X'}{Z'} + c_x, \quad v = f_y \frac{Y'}{Z'} + c_y. \tag{7.41}$$

这与第 5 讲的相机模型是一致的。当我们求误差时，可以把这里的 u, v 与实际的测量值比较，求差。在定义了中间变量后，我们对 T 左乘扰动量 $\delta \xi$，然后考虑 e 的变化关于扰动量的导数。利用链式法则，可以列写如下：

$$\frac{\partial e}{\partial \delta \xi} = \lim_{\delta \xi \to 0} \frac{e(\delta \xi \oplus \xi) - e(\xi)}{\delta \xi} = \frac{\partial e}{\partial P'} \frac{\partial P'}{\partial \delta \xi}. \tag{7.42}$$

这里的 $\oplus$ 指李代数上的左乘扰动。第一项是误差关于投影点的导数，在式 (7.41) 中已经列出了变量之间的关系，易得

$$\frac{\partial e}{\partial P'} = - \begin{bmatrix} \dfrac{\partial u}{\partial X'} & \dfrac{\partial u}{\partial Y'} & \dfrac{\partial u}{\partial Z'} \\ \dfrac{\partial v}{\partial X'} & \dfrac{\partial v}{\partial Y'} & \dfrac{\partial v}{\partial Z'} \end{bmatrix} = - \begin{bmatrix} \dfrac{f_x}{Z'} & 0 & -\dfrac{f_x X'}{Z'^2} \\ 0 & \dfrac{f_y}{Z'} & -\dfrac{f_y Y'}{Z'^2} \end{bmatrix}. \tag{7.43}$$

而第二项为变换后的点关于李代数的导数，根据 4.3.5 节中的推导，得

$$\frac{\partial(\boldsymbol{TP})}{\partial\delta\boldsymbol{\xi}} = (\boldsymbol{TP})^{\odot} = \begin{bmatrix} \boldsymbol{I} & -\boldsymbol{P}'^{\wedge} \\ \boldsymbol{0}^{\mathrm{T}} & \boldsymbol{0}^{\mathrm{T}} \end{bmatrix}. \tag{7.44}$$

而在 $\boldsymbol{P}'$ 的定义中，我们取出了前 3 维，于是得

$$\frac{\partial\boldsymbol{P}'}{\partial\delta\boldsymbol{\xi}} = [\boldsymbol{I}, -\boldsymbol{P}'^{\wedge}]. \tag{7.45}$$

将这两项相乘，就得到了 2×6 的雅可比矩阵：

$$\frac{\partial e}{\partial\delta\boldsymbol{\xi}} = -\begin{bmatrix} \dfrac{f_x}{Z'} & 0 & -\dfrac{f_x X'}{Z'^2} & -\dfrac{f_x X'Y'}{Z'^2} & f_x + \dfrac{f_x X'^2}{Z'^2} & -\dfrac{f_x Y'}{Z'} \\ 0 & \dfrac{f_y}{Z'} & -\dfrac{f_y Y'}{Z'^2} & -f_y - \dfrac{f_y Y'^2}{Z'^2} & \dfrac{f_y X'Y'}{Z'^2} & \dfrac{f_y X'}{Z'} \end{bmatrix}. \tag{7.46}$$

这个雅可比矩阵描述了重投影误差关于相机位姿李代数的一阶变化关系。我们保留了前面的负号，这是因为误差是由**观测值减预测值**定义的。当然也可以反过来，将它定义成"预测值减观测值"的形式。在那种情况下，只要去掉前面的负号即可。此外，如果 $\mathfrak{se}(3)$ 的定义方式是旋转在前，平移在后，则只要把这个矩阵的前 3 列与后 3 列对调即可。

除了优化位姿，我们还希望优化特征点的空间位置。因此，需要讨论 e 关于空间点 $\boldsymbol{P}$ 的导数。所幸这个导数矩阵相对来说容易一些。仍利用链式法则，有

$$\frac{\partial e}{\partial\boldsymbol{P}} = \frac{\partial e}{\partial\boldsymbol{P}'}\frac{\partial\boldsymbol{P}'}{\partial\boldsymbol{P}}. \tag{7.47}$$

第一项在前面已推导，关于第二项，按照定义

$$\boldsymbol{P}' = (\boldsymbol{TP})_{1:3} = \boldsymbol{RP} + \boldsymbol{t},$$

我们发现 $\boldsymbol{P}'$ 对 $\boldsymbol{P}$ 求导后将只剩下 $\boldsymbol{R}$。于是：

$$\frac{\partial e}{\partial\boldsymbol{P}} = -\begin{bmatrix} \dfrac{f_x}{Z'} & 0 & -\dfrac{f_x X'}{Z'^2} \\ 0 & \dfrac{f_y}{Z'} & -\dfrac{f_y Y'}{Z'^2} \end{bmatrix}\boldsymbol{R}. \tag{7.48}$$

于是，我们推导出了观测相机方程关于相机位姿与特征点的两个导数矩阵。它们**十分重要**，能够在优化过程中提供重要的梯度方向，指导优化的迭代。

7.8 实践：求解 PnP

7.8.1 使用 EPnP 求解位姿

下面，我们通过实验理解 PnP 的过程。首先，我们演示如何使用 OpenCV 的 EPnP 求解 PnP 问题，然后通过非线性优化再次求解。与第 1 版相比，本书中，我们将增加一个手写优化的实验。由于 PnP 需要使用 3D 点，为了避免初始化带来的麻烦，我们使用了 RGB-D 相机中的深度图（1_depth.png）作为特征点的 3D 位置。首先，来看 OpenCV 提供的 PnP 函数：

📖 **slambook2/ch7/pose_estimation_3d2d.cpp**（片段）

```
int main( int argc, char** argv ) {
    Mat r, t;
    solvePnP(pts_3d, pts_2d, K, Mat(), r, t, false); // 调用OpenCV的PnP求解，可选择EPNP、DLS等方法
    Mat R;
    cv::Rodrigues(r, R); // r为旋转向量形式，用Rodrigues公式转换为矩阵
    cout << "R=" << endl << R << endl;
    cout << "t=" << endl << t << endl;
}
```

在例程中，得到配对特征点后，我们在第一个图的深度图中寻找它们的深度，并求出空间位置。以此空间位置为 3D 点，再以第二个图像的像素位置为 2D 点，调用 EPnP 求解 PnP 问题。程序输出如下：

📖 终端输入：

```
% build/pose_estimation_3d2d 1.png 2.png 1_depth.png 2_depth.png
-- Max dist : 95.000000
-- Min dist : 4.000000
一共找到了79组匹配点
3d-2d pairs: 76
R=
[0.9978662025826269, -0.05167241613316376, 0.03991244360207524;
0.0505958915956335, 0.998339762771668, 0.02752769192381471;
-0.04126860182960625, -0.025449547736074, 0.998823919929363]
t=
[-0.1272259656955879;
-0.007507297652615337;
0.06138584177157709]
```

读者可以对比先前 2D-2D 情况下求解的 R, t 看看有什么不同。可以看到，在有 3D 信息时，估计的 R 几乎是相同的，而 t 相差得较多。这是由于引入了新的深度信息所致。不过，由于 Kinect

采集的深度图本身会有一些误差，所以这里的 3D 点也不是准确的。在较大规模的 BA 中，我们会希望把位姿和所有三维特征点同时优化。

7.8.2　手写位姿估计

下面演示如何使用非线性优化的方式计算相机位姿。我们先手写一个高斯牛顿法的 PnP，然后演示如何调用 g2o 来求解。

📖 **slambook2/ch7/pose_estimation_3d2d.cpp**（片段）

```
void bundleAdjustmentGaussNewton(
const VecVector3d &points_3d,
const VecVector2d &points_2d,
const Mat &K,
Sophus::SE3d &pose) {
    typedef Eigen::Matrix<double, 6, 1> Vector6d;
    const int iterations = 10;
    double cost = 0, lastCost = 0;
    double fx = K.at<double>(0, 0);
    double fy = K.at<double>(1, 1);
    double cx = K.at<double>(0, 2);
    double cy = K.at<double>(1, 2);

    for (int iter = 0; iter < iterations; iter++) {
        Eigen::Matrix<double, 6, 6> H = Eigen::Matrix<double, 6, 6>::Zero();
        Vector6d b = Vector6d::Zero();

        cost = 0;
        // compute cost
        for (int i = 0; i < points_3d.size(); i++) {
            Eigen::Vector3d pc = pose * points_3d[i];
            double inv_z = 1.0 / pc[2];
            double inv_z2 = inv_z * inv_z;
            Eigen::Vector2d proj(fx * pc[0] / pc[2] + cx, fy * pc[1] / pc[2] + cy);
            Eigen::Vector2d e = points_2d[i] - proj;
            cost += e.squaredNorm();
            Eigen::Matrix<double, 2, 6> J;
            J << -fx * inv_z,
                0,
                fx * pc[0] * inv_z2,
                fx * pc[0] * pc[1] * inv_z2,
                -fx - fx * pc[0] * pc[0] * inv_z2,
                fx * pc[1] * inv_z,
                0,
```

```
35              -fy * inv_z,
36              fy * pc[1] * inv_z,
37              fy + fy * pc[1] * pc[1] * inv_z2,
38              -fy * pc[0] * pc[1] * inv_z2,
39              -fy * pc[0] * inv_z;
40
41              H += J.transpose() * J;
42              b += -J.transpose() * e;
43          }
44
45          Vector6d dx;
46          dx = H.ldlt().solve(b);
47
48          if (isnan(dx[0])) {
49              cout << "result is nan!" << endl;
50              break;
51          }
52
53          if (iter > 0 && cost >= lastCost) {
54              // cost increase, update is not good
55              cout << "cost: " << cost << ", last cost: " << lastCost << endl;
56              break;
57          }
58
59          // update your estimation
60          pose = Sophus::SE3d::exp(dx) * pose;
61          lastCost = cost;
62
63          cout << "iteration " << iter << " cost=" << cout.precision(12) << cost << endl;
64          if (dx.norm() < 1e-6) {
65              // converge
66              break;
67          }
68      }
69
70      cout << "pose by g-n: \n" << pose.matrix() << endl;
71  }
```

在这个小函数中，我们根据前面的理论推导，实现一个简单的高斯牛顿迭代优化。之后，我们将比较 OpenCV、手写实现和 g2o 实现之间的效率差异。

7.8.3　使用 g2o 进行 BA 优化

在手写了一遍优化流程之后，我们再来看如何用 g2o 实现同样的操作（事实上，用 Ceres 也完全类似）。g2o 的基本知识在第 6 讲中已经介绍过。在使用 g2o 之前，我们要把问题建模成一个图优化问题，如图 7-15 所示。

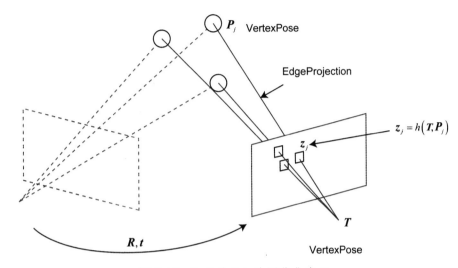

图 7-15　PnP 的 BA 的图优化表示

在这个图优化中，节点和边的选择如下：

1. **节点**：第二个相机的位姿节点 $T \in \mathrm{SE}(3)$。
2. **边**：每个 3D 点在第二个相机中的投影，以观测方程来描述：

$$z_j = h(T, P_j).$$

由于第一个相机位姿固定为零，所以我们没有把它写到优化变量里，但在更多的场合里，我们会考虑更多相机的估计。现在，我们根据一组 3D 点和第二个图像中的 2D 投影，估计第二个相机的位姿。所以我们把第一个相机画成虚线，表明不希望考虑它。

g2o 提供了许多关于 BA 的节点和边，例如 g2o/types/sba/types_six_dof_expmap.h 中提供了李代数表达的节点和边。在本书中，我们自己实现一个 VertexPose 顶点和 EdgeProjection 边，如下：

📄 **slambook2/ch7/pose_estimation_3d2d.cpp**（片段）

```
/// vertex and edges used in g2o ba
class VertexPose : public g2o::BaseVertex<6, Sophus::SE3d> {
    public:
    EIGEN_MAKE_ALIGNED_OPERATOR_NEW;
```

```cpp
    virtual void setToOriginImpl() override {
        _estimate = Sophus::SE3d();
    }

    /// left multiplication on SE3
    virtual void oplusImpl(const double *update) override {
        Eigen::Matrix<double, 6, 1> update_eigen;
        update_eigen << update[0], update[1], update[2], update[3], update[4], update[5];
        _estimate = Sophus::SE3d::exp(update_eigen) * _estimate;
    }

    virtual bool read(istream &in) override {}

    virtual bool write(ostream &out) const override {}
};

class EdgeProjection : public g2o::BaseUnaryEdge<2, Eigen::Vector2d, VertexPose> {
    public:
    EIGEN_MAKE_ALIGNED_OPERATOR_NEW;

    EdgeProjection(const Eigen::Vector3d &pos, const Eigen::Matrix3d &K) : _pos3d(pos), _K(K)
        {}

    virtual void computeError() override {
        const VertexPose *v = static_cast<VertexPose *> (_vertices[0]);
        Sophus::SE3d T = v->estimate();
        Eigen::Vector3d pos_pixel = _K * (T * _pos3d);
        pos_pixel /= pos_pixel[2];
        _error = _measurement - pos_pixel.head<2>();
    }

    virtual void linearizeOplus() override {
        const VertexPose *v = static_cast<VertexPose *> (_vertices[0]);
        Sophus::SE3d T = v->estimate();
        Eigen::Vector3d pos_cam = T * _pos3d;
        double fx = _K(0, 0);
        double fy = _K(1, 1);
        double cx = _K(0, 2);
        double cy = _K(1, 2);
        double X = pos_cam[0];
        double Y = pos_cam[1];
        double Z = pos_cam[2];
```

```
47      double Z2 = Z * Z;
48      _jacobianOplusXi
49      << -fx / Z, 0, fx * X / Z2, fx * X * Y / Z2, -fx - fx * X * X / Z2, fx * Y / Z,
50      0, -fy / Z, fy * Y / (Z * Z), fy + fy * Y * Y / Z2, -fy * X * Y / Z2, -fy * X / Z;
51    }
52
53    virtual bool read(istream &in) override {}
54
55    virtual bool write(ostream &out) const override {}
56
57    private:
58    Eigen::Vector3d _pos3d;
59    Eigen::Matrix3d _K;
60 };
```

这里实现了顶点的更新和边的误差计算。下面将它们组成一个图优化问题：

📖 slambook2/ch7/pose_estimation_3d2d.cpp（片段）

```
1  void bundleAdjustmentG2O(
2  const VecVector3d &points_3d,
3  const VecVector2d &points_2d,
4  const Mat &K,
5  Sophus::SE3d &pose) {
6    // 构建图优化，先设定g2o
7    typedef g2o::BlockSolver<g2o::BlockSolverTraits<6, 3>> BlockSolverType;  // pose is 6,
       landmark is 3
8    typedef g2o::LinearSolverDense<BlockSolverType::PoseMatrixType> LinearSolverType; // 线性
       求解器类型
9    // 梯度下降方法，可以从GN、LM、DogLeg中选
10   auto solver = new g2o::OptimizationAlgorithmsGaussNewton(
11       g2o::make_unique<BlockSolverType>(g2o::make_unique<LinearSolverType>()));
12   g2o::SparseOptimizer optimizer;      // 图模型
13   optimizer.setAlgorithm(solver);      // 设置求解器
14   optimizer.setVerbose(true);          // 打开调试输出
15
16   // vertex
17   VertexPose *vertex_pose = new VertexPose(); // camera vertex_pose
18   vertex_pose->setId(0);
19   vertex_pose->setEstimate(Sophus::SE3d());
20   optimizer.addVertex(vertex_pose);
21
22   // K
23   Eigen::Matrix3d K_eigen;
```

```
24      K_eigen <<
25      K.at<double>(0, 0), K.at<double>(0, 1), K.at<double>(0, 2),
26      K.at<double>(1, 0), K.at<double>(1, 1), K.at<double>(1, 2),
27      K.at<double>(2, 0), K.at<double>(2, 1), K.at<double>(2, 2);
28
29      // edges
30      int index = 1;
31      for (size_t i = 0; i < points_2d.size(); ++i) {
32          auto p2d = points_2d[i];
33          auto p3d = points_3d[i];
34          EdgeProjection *edge = new EdgeProjection(p3d, K_eigen);
35          edge->setId(index);
36          edge->setVertex(0, vertex_pose);
37          edge->setMeasurement(p2d);
38          edge->setInformation(Eigen::Matrix2d::Identity());
39          optimizer.addEdge(edge);
40          index++;
41      }
42
43      chrono::steady_clock::time_point t1 = chrono::steady_clock::now();
44      optimizer.setVerbose(true);
45      optimizer.initializeOptimization();
46      optimizer.optimize(10);
47      chrono::steady_clock::time_point t2 = chrono::steady_clock::now();
48      chrono::duration<double> time_used = chrono::duration_cast<chrono::duration<double>>(t2 -
        t1);
49      cout << "optimization costs time: " << time_used.count() << " seconds." << endl;
50      cout << "pose estimated by g2o =\n" << vertex_pose->estimate().matrix() << endl;
51      pose = vertex_pose->estimate();
52  }
```

程序大体上和第 6 讲的 g2o 类似。我们首先声明了 g2o 图优化器，并配置优化求解器和梯度下降方法。然后，根据估计到的特征点，将位姿和空间点放到图中。最后，调用优化函数进行求解。运行的部分输出如下：

🔊 终端输入：

```
1  ./build/pose_estimation_3d2d 1.png 2.png 1_depth.png 2_depth.png
2  -- Max dist : 95.000000
3  -- Min dist : 4.000000
4  一共找到了79组匹配点
5  3d-2d pairs: 76
6  solve pnp in opencv cost time: 0.000332991 seconds.
7  R=
```

```
8    [0.9978662025826269, -0.05167241613316376, 0.03991244360207524;
9    0.0505958915956335, 0.998339762771668, 0.02752769192381471;
10   -0.04126860182960625, -0.025449547736074, 0.998823919929363]
11   t=
12   [-0.1272259656955879;
13   -0.007507297652615337;
14   0.06138584177157709]
15   calling bundle adjustment by gauss newton
16   iteration 0 cost=645538.1857253
17   iteration 1 cost=12750.239874896
18   iteration 2 cost=12301.774589343
19   iteration 3 cost=12301.427574651
20   iteration 4 cost=12301.426806652
21   pose by g-n:
22   0.99786618832  -0.0516873580423    0.039893448423   -0.127218696289
23   0.0506143671126   0.998340854865    0.0274540224544 -0.00738695798083
24   -0.0412462852904  -0.0253762590968    0.998826706403   0.0617019263823
25   0                 0                 0                1
26   solve pnp by gauss newton cost time: 0.000159492 seconds.
27   calling bundle adjustment by g2o
28   iteration= 0    chi2= 413.390599    time= 2.7291e-05    cumTime= 2.7291e-05      edges= 76
     schur= 0    lambda= 79.000412    levenbergIter= 1
29   iteration= 1    chi2= 301.367030    time= 1.47e-05  cumTime= 4.1991e-05       edges= 76
     schur= 0    lambda= 26.333471    levenbergIter= 1
30   iteration= 2    chi2= 301.365779    time= 1.7794e-05    cumTime= 5.9785e-05      edges= 76
     schur= 0    lambda= 17.555647    levenbergIter= 1
31   iteration= 3    chi2= 301.365779    time= 1.4875e-05    cumTime= 7.466e-05  edges= 76
     schur= 0    lambda= 11.703765    levenbergIter= 1
32   iteration= 4    chi2= 301.365779    time= 1.3132e-05    cumTime= 8.7792e-05      edges= 76
     schur= 0    lambda= 7.802510    levenbergIter= 1
33   iteration= 5    chi2= 301.365779    time= 2.0379e-05    cumTime= 0.000108171     edges= 76
     schur= 0    lambda= 41.613386    levenbergIter= 3
34   iteration= 6    chi2= 301.365779    time= 3.4186e-05    cumTime= 0.000142357     edges= 76
     schur= 0    lambda= 2859650082279.672363    levenbergIter= 8
35   optimization costs time: 0.000763649 seconds.
36   pose estimated by g2o =
37   0.997866202583  -0.0516724161336    0.0399124436024    -0.127225965696
38   0.050595891596   0.998339762772    0.0275276919261 -0.00750729765631
39   -0.04126860183   -0.0254495477384    0.998823919929   0.0613858417711
40   0                 0                 0                1
41   solve pnp by g2o cost time: 0.000923095 seconds.
```

从估计结果上看，三者基本一致。从优化时间来看，我们自己实现的高斯牛顿法以 0.15 毫秒排在第一，其次是 OpenCV 的 PnP，最后是 g2o 的实现。尽管如此，三者的用时都在 1 毫秒以内，这说明位姿估计算法并不耗费计算量。

BA 是一种通用的做法。它可以不限于两幅图像。我们完全可以放入多幅图像匹配到的位姿和空间点进行迭代优化，甚至可以把整个 SLAM 过程放进来。那种做法规模较大，主要在后端使用，我们会在第 10 讲再次遇到这个问题。在前端，我们通常考虑局部相机位姿和特征点的小型 BA 问题，希望对它进行实时求解和优化。

7.9 3D-3D：ICP

最后，我们来介绍 3D-3D 的位姿估计问题。假设我们有一组配对好的 3D 点（例如我们对两幅 RGB-D 图像进行了匹配）：

$$P = \{p_1, \cdots, p_n\}, \quad P' = \{p_1', \cdots, p_n'\},$$

现在，想要找一个欧氏变换 R, t，使得[①]

$$\forall i, p_i = Rp_i' + t.$$

这个问题可以用迭代最近点（Iterative Closest Point，ICP）求解。读者应该注意到了，3D-3D 位姿估计问题中并没有出现相机模型，也就是说，仅考虑两组 3D 点之间的变换时，和相机并没有关系。因此，在激光 SLAM 中也会碰到 ICP，不过由于激光数据特征不够丰富，我们无从知道两个点集之间的**匹配关系**，只能认为距离最近的两个点为同一个，所以这个方法称为迭代最近点。而在视觉中，特征点为我们提供了较好的匹配关系，所以整个问题就变得更简单了。在 RGB-D SLAM 中，可以用这种方式估计相机位姿。下文我们用 ICP 指代**匹配好的**两组点间的运动估计问题。

和 PnP 类似，ICP 的求解也分为两种方式：利用线性代数的求解（主要是 SVD），以及利用非线性优化方式的求解（类似于 BA）。下面分别进行介绍。

7.9.1 SVD 方法

首先来看以 SVD 为代表的代数方法。根据前面描述的 ICP 问题，我们先定义第 i 对点的误差项：

$$e_i = p_i - (Rp_i' + t). \tag{7.49}$$

[①]这个例子和前两节的符号稍有不同。如果把它们关联起来，那么把 p_i 看成第二个图像中的数据，把 p_i' 看成第一个图像中的数据，得到的 R, t 是一致的。

然后，构建最小二乘问题，求使误差平方和达到极小的 $\boldsymbol{R}, \boldsymbol{t}$：

$$\min_{\boldsymbol{R}, \boldsymbol{t}} \frac{1}{2} \sum_{i=1}^{n} \|(\boldsymbol{p}_i - (\boldsymbol{R}\boldsymbol{p}_i{}' + \boldsymbol{t}))\|_2^2. \tag{7.50}$$

下面来推导它的求解方法。首先，定义两组点的质心：

$$\boldsymbol{p} = \frac{1}{n} \sum_{i=1}^{n} (\boldsymbol{p}_i), \quad \boldsymbol{p}' = \frac{1}{n} \sum_{i=1}^{n} (\boldsymbol{p}_i'). \tag{7.51}$$

请注意，质心是没有下标的。随后，在误差函数中做如下处理：

$$\begin{aligned}
\frac{1}{2} \sum_{i=1}^{n} \|\boldsymbol{p}_i - (\boldsymbol{R}\boldsymbol{p}_i{}' + \boldsymbol{t})\|^2 &= \frac{1}{2} \sum_{i=1}^{n} \|\boldsymbol{p}_i - \boldsymbol{R}\boldsymbol{p}_i{}' - \boldsymbol{t} - \boldsymbol{p} + \boldsymbol{R}\boldsymbol{p}' + \boldsymbol{p} - \boldsymbol{R}\boldsymbol{p}'\|^2 \\
&= \frac{1}{2} \sum_{i=1}^{n} \|(\boldsymbol{p}_i - \boldsymbol{p} - \boldsymbol{R}(\boldsymbol{p}_i{}' - \boldsymbol{p}')) + (\boldsymbol{p} - \boldsymbol{R}\boldsymbol{p}' - \boldsymbol{t})\|^2 \\
&= \frac{1}{2} \sum_{i=1}^{n} (\|\boldsymbol{p}_i - \boldsymbol{p} - \boldsymbol{R}(\boldsymbol{p}_i{}' - \boldsymbol{p}')\|^2 + \|\boldsymbol{p} - \boldsymbol{R}\boldsymbol{p}' - \boldsymbol{t}\|^2 + \\
&\quad 2(\boldsymbol{p}_i - \boldsymbol{p} - \boldsymbol{R}(\boldsymbol{p}_i{}' - \boldsymbol{p}'))^{\mathsf{T}} (\boldsymbol{p} - \boldsymbol{R}\boldsymbol{p}' - \boldsymbol{t})).
\end{aligned}$$

注意到交叉项部分中 $(\boldsymbol{p}_i - \boldsymbol{p} - \boldsymbol{R}(\boldsymbol{p}_i{}' - \boldsymbol{p}'))$ 在求和之后为零，因此优化目标函数可以简化为

$$\min_{\boldsymbol{R}, \boldsymbol{t}} J = \frac{1}{2} \sum_{i=1}^{n} \|\boldsymbol{p}_i - \boldsymbol{p} - \boldsymbol{R}(\boldsymbol{p}_i{}' - \boldsymbol{p}')\|^2 + \|\boldsymbol{p} - \boldsymbol{R}\boldsymbol{p}' - \boldsymbol{t}\|^2. \tag{7.52}$$

仔细观察左右两项，我们发现左边只和旋转矩阵 $\boldsymbol{R}$ 相关，而右边既有 $\boldsymbol{R}$ 也有 $\boldsymbol{t}$，但只和质心相关。只要我们获得了 $\boldsymbol{R}$，令第二项为零就能得到 $\boldsymbol{t}$。于是，ICP 可以分为以下三个步骤求解：

1. 计算两组点的质心位置 $\boldsymbol{p}, \boldsymbol{p}'$，然后计算每个点的**去质心坐标**：

$$\boldsymbol{q}_i = \boldsymbol{p}_i - \boldsymbol{p}, \quad \boldsymbol{q}_i' = \boldsymbol{p}_i' - \boldsymbol{p}'.$$

2. 根据以下优化问题计算旋转矩阵：

$$\boldsymbol{R}^* = \arg\min_{\boldsymbol{R}} \frac{1}{2} \sum_{i=1}^{n} \|\boldsymbol{q}_i - \boldsymbol{R}\boldsymbol{q}_i'\|^2. \tag{7.53}$$

3. 根据第 2 步的 $\boldsymbol{R}$ 计算 $\boldsymbol{t}$：

$$\boldsymbol{t}^* = \boldsymbol{p} - \boldsymbol{R}\boldsymbol{p}'. \tag{7.54}$$

我们看到，只要求出了两组点之间的旋转，平移量是非常容易得到的。所以我们重点关注 $\boldsymbol{R}$ 的计算。展开关于 $\boldsymbol{R}$ 的误差项，得

$$\frac{1}{2}\sum_{i=1}^{n}\|\boldsymbol{q}_i - \boldsymbol{R}\boldsymbol{q}_i'\|^2 = \frac{1}{2}\sum_{i=1}^{n}\left(\boldsymbol{q}_i^{\mathrm{T}}\boldsymbol{q}_i + \boldsymbol{q}_i'^{\mathrm{T}}\boldsymbol{R}^{\mathrm{T}}\boldsymbol{R}\boldsymbol{q}_i' - 2\boldsymbol{q}_i^{\mathrm{T}}\boldsymbol{R}\boldsymbol{q}_i'\right). \tag{7.55}$$

注意到第一项和 $\boldsymbol{R}$ 无关，第二项由于 $\boldsymbol{R}^{\mathrm{T}}\boldsymbol{R} = \boldsymbol{I}$，亦与 $\boldsymbol{R}$ 无关。因此，实际上优化目标函数变为

$$\sum_{i=1}^{n} -\boldsymbol{q}_i^{\mathrm{T}}\boldsymbol{R}\boldsymbol{q}_i' = \sum_{i=1}^{n} -\mathrm{tr}\left(\boldsymbol{R}\boldsymbol{q}_i'\boldsymbol{q}_i^{\mathrm{T}}\right) = -\mathrm{tr}\left(\boldsymbol{R}\sum_{i=1}^{n}\boldsymbol{q}_i'\boldsymbol{q}_i^{\mathrm{T}}\right). \tag{7.56}$$

接下来，我们介绍怎样通过 SVD 解出上述问题中最优的 $\boldsymbol{R}$。关于最优性的证明较为复杂，感兴趣的读者请阅读参考文献 [62, 63]。为了解 $\boldsymbol{R}$，先定义矩阵：

$$\boldsymbol{W} = \sum_{i=1}^{n}\boldsymbol{q}_i\boldsymbol{q}_i'^{\mathrm{T}}. \tag{7.57}$$

$\boldsymbol{W}$ 是一个 3×3 的矩阵，对 $\boldsymbol{W}$ 进行 SVD 分解，得

$$\boldsymbol{W} = \boldsymbol{U}\boldsymbol{\Sigma}\boldsymbol{V}^{\mathrm{T}}. \tag{7.58}$$

其中，$\boldsymbol{\Sigma}$ 为奇异值组成的对角矩阵，对角线元素从大到小排列，而 $\boldsymbol{U}$ 和 $\boldsymbol{V}$ 为对角矩阵。当 $\boldsymbol{W}$ 满秩时，$\boldsymbol{R}$ 为

$$\boldsymbol{R} = \boldsymbol{U}\boldsymbol{V}^{\mathrm{T}}. \tag{7.59}$$

解得 $\boldsymbol{R}$ 后，按式 (7.54) 求解 $\boldsymbol{t}$ 即可。如果此时 $\boldsymbol{R}$ 的行列式为负，则取 $-\boldsymbol{R}$ 作为最优值。

7.9.2 非线性优化方法

求解 ICP 的另一种方式是使用非线性优化，以迭代的方式去找最优值。该方法和我们前面讲述的 PnP 非常相似。以李代数表达位姿时，目标函数可以写成

$$\min_{\boldsymbol{\xi}} = \frac{1}{2}\sum_{i=1}^{n}\left\|\left(\boldsymbol{p}_i - \exp\left(\boldsymbol{\xi}^{\wedge}\right)\boldsymbol{p}_i'\right)\right\|_2^2. \tag{7.60}$$

单个误差项关于位姿的导数在前面已推导，使用李代数扰动模型即可：

$$\frac{\partial e}{\partial \delta \boldsymbol{\xi}} = -(\exp(\boldsymbol{\xi}^\wedge)\,\boldsymbol{p}_i')^\odot. \tag{7.61}$$

于是，在非线性优化中只需不断迭代，就能找到极小值。而且，可以证明[6]，ICP 问题存在唯一解或无穷多解的情况。在唯一解的情况下，只要能找到极小值解，**这个极小值就是全局最优值**——因此不会遇到局部极小而非全局最小的情况。这也意味着 ICP 求解可以任意选定初始值。这是已匹配点时求解 ICP 的一大好处。

需要说明的是，我们这里讲的 ICP 是指已由图像特征给定了匹配的情况下进行位姿估计的问题。在匹配已知的情况下，这个最小二乘问题实际上具有解析解[64-66]，所以并没有必要进行迭代优化。ICP 的研究者们往往更加关心匹配未知的情况。那么，为什么我们要介绍基于优化的 ICP 呢？这是因为，某些场合下，例如在 RGB-D SLAM 中，一个像素的深度数据可能有，也可能测量不到，所以我们可以混合着使用 PnP 和 ICP 优化：对于深度已知的特征点，建模它们的 3D-3D 误差；对于深度未知的特征点，则建模 3D-2D 的重投影误差。于是，可以将所有的误差放在同一个问题中考虑，使得求解更加方便。

7.10　实践：求解 ICP

7.10.1　实践：SVD 方法

下面演示如何使用 SVD 及非线性优化来求解 ICP。本节我们使用两幅 RGB-D 图像，通过特征匹配获取两组 3D 点，最后用 ICP 计算它们的位姿变换。由于 OpenCV 目前还没有计算两组带匹配点的 ICP 的方法，而且它的原理也并不复杂，所以我们自己来实现一个 ICP。

📖 **slambook2/ch7/pose_estimation_3d3d.cpp**（片段）

```
void pose_estimation_3d3d(
const vector<Point3f> &pts1,
const vector<Point3f> &pts2,
Mat &R, Mat &t) {
    Point3f p1, p2;      // center of mass
    int N = pts1.size();
    for (int i = 0; i < N; i++) {
        p1 += pts1[i];
        p2 += pts2[i];
    }
    p1 = Point3f(Vec3f(p1) / N);
    p2 = Point3f(Vec3f(p2) / N);
    vector<Point3f> q1(N), q2(N); // remove the center
```

```
14      for (int i = 0; i < N; i++) {
15          q1[i] = pts1[i] - p1;
16          q2[i] = pts2[i] - p2;
17      }
18
19      // compute q1*q2^T
20      Eigen::Matrix3d W = Eigen::Matrix3d::Zero();
21      for (int i = 0; i < N; i++) {
22          W += Eigen::Vector3d(q1[i].x, q1[i].y, q1[i].z) * Eigen::Vector3d(q2[i].x, q2[i].y,
            q2[i].z).transpose();
23      }
24      cout << "W=" << W << endl;
25
26      // SVD on W
27      Eigen::JacobiSVD<Eigen::Matrix3d> svd(W, Eigen::ComputeFullU | Eigen::ComputeFullV);
28      Eigen::Matrix3d U = svd.matrixU();
29      Eigen::Matrix3d V = svd.matrixV();
30
31      cout << "U=" << U << endl;
32      cout << "V=" << V << endl;
33
34      Eigen::Matrix3d R_ = U * (V.transpose());
35      if (R_.determinant() < 0) {
36          R_ = -R_;
37      }
38      Eigen::Vector3d t_ = Eigen::Vector3d(p1.x, p1.y, p1.z) - R_ * Eigen::Vector3d(p2.x, p2.y,
        p2.z);
39
40      // convert to cv::Mat
41      R = (Mat_<double>(3, 3) <<
42          R_(0, 0), R_(0, 1), R_(0, 2),
43          R_(1, 0), R_(1, 1), R_(1, 2),
44          R_(2, 0), R_(2, 1), R_(2, 2)
45      );
46      t = (Mat_<double>(3, 1) << t_(0, 0), t_(1, 0), t_(2, 0));
47  }
```

ICP 的实现方式和前文讲述的是一致的。我们调用 Eigen 进行 SVD，然后计算 $\boldsymbol{R}, \boldsymbol{t}$ 矩阵。我们输出了匹配后的结果，不过请注意，由于前面的推导是按照 $\boldsymbol{p}_i = \boldsymbol{R}\boldsymbol{p}_i' + \boldsymbol{t}$ 进行的，这里的 $\boldsymbol{R}, \boldsymbol{t}$ 是第二帧到第一帧的变换，与前面 PnP 部分相反。在输出结果中，我们同时打印了逆变换：

终端输入：

```
1  ./build/pose_estimation_3d3d 1.png 2.png 1_depth.png 2_depth.png
```

```
2   -- Max dist : 95.000000
3   -- Min dist : 4.000000
4   一共找到了79组匹配点
5   3d-3d pairs: 74
6   W=  11.9404  -0.567258   1.64182
7   -1.79283    4.31299  -6.57615
8   3.12791   -6.55815   10.8576
9   U=  0.474144  -0.880373 -0.0114952
10  -0.460275  -0.258979   0.849163
11  0.750556    0.397334   0.528006
12  V=  0.535211  -0.844064 -0.0332488
13  -0.434767  -0.309001   0.84587
14  0.724242    0.438263   0.532352
15  ICP via SVD results:
16  R = [0.9972395977366739, 0.05617039856770099, -0.04855997354553433;
17  -0.05598345194682017, 0.9984181427731508, 0.005202431117423125;
18  0.0487753812298326, -0.002469515369266572, 0.9988067198811421]
19  t = [0.1417248739257469;
20  -0.05551033302525193;
21  -0.03119093188273858]
22  R_inv = [0.9972395977366739, -0.05598345194682017, 0.0487753812298326;
23  0.05617039856770099, 0.9984181427731508, -0.002469515369266572;
24  -0.04855997354553433, 0.005202431117423125, 0.9988067198811421]
25  t_inv = [-0.1429199667309695;
26  0.04738475446275858;
27  0.03832465717628181]
```

　　读者可以比较 ICP 与 PnP、对极几何的运动估计结果之间的差异。可以认为，在这个过程中我们使用了越来越多的信息（没有深度—有一个图的深度—有两个图的深度），因此，在深度准确的情况下，得到的估计也将越来越准确。但是，由于 Kinect 的深度图存在噪声，而且有可能存在数据丢失的情况，所以我们不得不丢弃一些没有深度数据的特征点。这可能导致 ICP 的估计不够准确，并且，如果特征点丢弃得太多，可能引起由于特征点太少，无法进行运动估计的情况。

7.10.2　实践：非线性优化方法

　　下面用非线性优化来计算 ICP。我们依然使用李代数来优化相机位姿。对我们来说，RGB-D相机每次可以观测到路标点的三维位置，从而产生一个 3D 观测数据。我们使用上一个实验中的VertexPose，然后定义 3D-3D 的一元边：

📖 **slambook2/ch7/pose_estimation_3d3d.cpp**

```
1
2   /// g2o edge
```

```
3   class EdgeProjectXYZRGBDPoseOnly : public g2o::BaseUnaryEdge<3, Eigen::Vector3d, VertexPose>
    {
4       public:
5       EIGEN_MAKE_ALIGNED_OPERATOR_NEW;
6
7       EdgeProjectXYZRGBDPoseOnly(const Eigen::Vector3d &point) : _point(point) {}
8
9       virtual void computeError() override {
10          const VertexPose *pose = static_cast<const VertexPose *> ( _vertices[0] );
11          _error = _measurement - pose->estimate() * _point;
12      }
13
14      virtual void linearizeOplus() override {
15          VertexPose *pose = static_cast<VertexPose *>(_vertices[0]);
16          Sophus::SE3d T = pose->estimate();
17          Eigen::Vector3d xyz_trans = T * _point;
18          _jacobianOplusXi.block<3, 3>(0, 0) = -Eigen::Matrix3d::Identity();
19          _jacobianOplusXi.block<3, 3>(0, 3) = Sophus::SO3d::hat(xyz_trans);
20      }
21
22      bool read(istream &in) {}
23
24      bool write(ostream &out) const {}
25
26      protected:
27      Eigen::Vector3d _point;
28  };
```

　　这是一个一元边，写法类似于前面提到的 g2o::EdgeSE3ProjectXYZ，不过观测量从 2 维变成了 3 维，内部没有相机模型，并且只关联到一个节点。请读者注意这里雅可比矩阵的书写，它必须与我们前面的推导一致。雅可比矩阵给出了关于相机位姿的导数，是一个 3×6 的矩阵。

　　调用 g2o 进行优化的代码是相似的，我们设定好图优化的节点和边即可。这部分代码请读者查看源文件，这里不再列出。现在，来看看优化的结果：

⬚ 终端输出：

```
1   iteration= 0       chi2= 1.811539  time= 1.7046e-05    cumTime= 1.7046e-05    edges= 74
    schur= 0
2   iteration= 1       chi2= 1.811051  time= 1.0422e-05    cumTime= 2.7468e-05    edges= 74
    schur= 0
3   iteration= 2       chi2= 1.811050  time= 9.589e-06     cumTime= 3.7057e-05    edges= 74
    schur= 0
4   ...中间略
```

```
5  iteration= 9      chi2= 1.811050   time= 9.113e-06      cumTime= 0.000100604      edges= 74
   schur= 0
6  optimization costs time: 0.000559208 seconds.
7
8  after optimization:
9  T=
10 0.99724   0.0561704    -0.04856    0.141725
11 -0.0559834     0.998418  0.00520242 -0.0555103
12 0.0487754 -0.0024695    0.998807 -0.0311913
13 0           0         0           1
```

我们发现，只迭代一次后总体误差就已经稳定不变，说明仅在一次迭代之后算法已收敛。从位姿求解的结果可以看出，它和前面 SVD 给出的位姿结果几乎一模一样，这说明 SVD 已经给出了优化问题的解析解。所以，本实验中可以认为 SVD 给出的结果是相机位姿的最优值。

需要说明的是，在本例的 ICP 中，我们使用了在两个图都有深度读数的特征点。然而事实上，只要其中一个图深度确定，我们就能用类似于 PnP 的误差方式，把它们也加到优化中来。同时，除了相机位姿，将空间点也作为优化变量考虑，也是一种解决问题的方式。我们应当清楚，实际的求解是非常灵活的，不必拘泥于某种固定的形式。如果同时考虑点和相机，整个问题就变得**更自由**，你可能会得到其他的解。例如，可以让相机少转一些角度，而把点多移动一些。这从另一个侧面反映出，在 BA 里，我们会希望有尽可能多的约束，因为多次观测会带来更多的信息，使我们能够更准确地估计每个变量。

7.11　小结

本讲介绍了基于特征点的视觉里程计中的几个重要的问题。包括：

1. 特征点是如何提取并匹配的。
2. 如何通过 2D–2D 的特征点估计相机运动。
3. 如何从 2D–2D 的匹配估计一个点的空间位置。
4. 3D–2D 的 PnP 问题，其线性解法和 BA 解法。
5. 3D–3D 的 ICP 问题，其线性解法和 BA 解法。

本讲内容较为丰富，且结合应用了前几讲的基本知识。读者若觉得理解有困难，可以对前面的知识稍加回顾。最好亲自做一遍实验，以理解整个运动估计的内容。

需要解释的是，为保证行文流畅，我们省略了大量关于某些特殊情况的讨论。例如，如果在对极几何求解过程中给定的特征点共面，会发生什么情况（这在单应矩阵 H 中提到了）? 共线又会发生什么情况? 在 PnP 和 ICP 中若给定这样的解，又会导致什么情况? 求解算法能否识别这些特殊的情况，并报告所得的解可能不可靠? 能否给出估计的 T 的不确定度? 它们都是值得研究和探索的，对它们的讨论更适合留到具体的论文中。本书的目标是覆盖广泛的知识面和基础知识，我们对这些问题暂不展开，在工程实现中，这些情况也甚少出现。如果你关心这些少见的情况，可以阅读参考文献 [3] 等论文。

习题

1. 除了本书介绍的 ORB 特征点，你还能找到哪些特征点？请说说 SIFT 或 SURF 的原理，并对比它们与 ORB 之间的优劣。
2. 设计程序调用 OpenCV 中的其他种类特征点。统计在提取 1000 个特征点时在你的机器上所用的时间。
3.* 我们发现，OpenCV 提供的 ORB 特征点在图像中分布不够均匀。你是否能够找到或提出让特征点分布更均匀的方法？
4. 研究 FLANN 为何能够快速处理匹配问题。除了 FLANN，还有哪些可以加速匹配的手段？
5. 把演示程序使用的 EPnP 改成其他 PnP 方法，并研究它们的工作原理。
6. 在 PnP 优化中，将第一个相机的观测也考虑进来，程序应如何书写？最后结果会有何变化？
7. 在 ICP 程序中，将空间点也作为优化变量考虑进来，程序应如何书写？最后结果会有何变化？
8.* 在特征点匹配过程中，不可避免地会遇到误匹配的情况。如果我们把错误匹配输入到 PnP 或 ICP 中，会发生怎样的情况？你能想到哪些避免误匹配的方法？
9.* 使用 Sophus 的 SE3 类，自己设计 g2o 的节点与边，实现 PnP 和 ICP 的优化。
10.* 在 Ceres 中实现 PnP 和 ICP 的优化。

第 **8** 讲

视觉里程计 2

主要目标

1. 理解光流法跟踪特征点的原理。
2. 理解直接法是如何估计相机位姿的。
3. 实现多层直接法的计算。

直接法是视觉里程计的另一个主要分支，它与特征点法有很大不同。虽然它还没有成为现在视觉里程计中的主流，但经过近几年的发展，直接法在一定程度上已经能和特征点法平分秋色。本讲，我们将介绍直接法的原理，并实现直接法中的核心部分。

$$\min \| I_1(p) - I_2(K(Rp+t)) \|_2$$

$$J = \frac{\partial I}{\partial u} \frac{\partial u}{\partial \xi} \frac{\partial \xi}{\partial \zeta}$$

8.1　直接法的引出

第 7 讲我们介绍了使用特征点估计相机运动的方法。尽管特征点法在视觉里程计中占据主流地位，但研究者们还是认识到它至少有以下几个缺点：

1. 关键点的提取与描述子的计算非常耗时。实践中，SIFT 目前在 CPU 上是无法实时计算的，而 ORB 也需要近 20 毫秒的计算时长。如果整个 SLAM 以 30 毫秒/帧的速度运行，那么一大半时间都将花在计算特征点上。

2. 使用特征点时，忽略了除特征点以外的所有信息。一幅图像有几十万个像素，而特征点只有几百个。只使用特征点丢弃了大部分**可能有用的**图像信息。

3. 相机有时会运动到**特征缺失**的地方，这些地方往往没有明显的纹理信息。例如，有时我们会面对一堵白墙，或者一个空荡荡的走廊。这些场景下特征点数量会明显减少，我们可能找不到足够的匹配点来计算相机运动。

我们看到使用特征点确实存在一些问题。有没有办法能够克服这些缺点呢？我们有以下几种思路：

- 保留特征点，但只计算关键点，不计算描述子。同时，使用**光流法**（Optical Flow）跟踪特征点的运动。这样可以回避计算和匹配描述子带来的时间，而光流本身的计算时间要小于描述子的计算与匹配。

- 只计算关键点，不计算描述子。同时，使用**直接法**（Direct Method）计算特征点在下一时刻图像中的位置。这同样可以跳过描述子的计算过程，也省去了光流的计算时间。

第一种方法仍然使用特征点，只是把匹配描述子替换成了光流跟踪，估计相机运动时仍使用对极几何、PnP 或 ICP 算法。这依然会要求提取到的关键点具有可区别性，即我们需要提到角点。而在直接法中，我们会根据图像的**像素灰度信息**同时估计相机运动和点的投影，不要求提取到的点必须为角点。在后文中将看到，它们甚至可以是随机的选点。

使用特征点法估计相机运动时，我们把特征点看作固定在三维空间的不动点。根据它们在相机中的投影位置，通过最小化**重投影误差**（Reprojection error）优化相机运动。在这个过程中，我们需要精确地知道空间点在两个相机中投影后的像素位置——这也就是我们要对特征进行匹配或跟踪的原因。同时，我们也知道，计算、匹配特征需要付出大量的计算量。相对地，在直接法中，我们并不需要知道点与点之间的对应关系，而是通过最小化**光度误差**（Photometric error）来求得它们。

直接法是本讲介绍的重点。它是为了克服特征点法的上述缺点而存在的。直接法根据像素的亮度信息估计相机的运动，可以完全不用计算关键点和描述子，于是，既避免了特征的计算时间，也避免了特征缺失的情况。只要场景中存在明暗变化（可以是渐变，不形成局部的图像梯度），直接法就能工作。根据使用像素的数量，直接法分为稀疏、稠密和半稠密三种。与特征点法只能重构稀疏特征点（稀疏地图）相比，直接法还具有恢复稠密或半稠密结构的能力。

历史上，早期也有对直接法的使用[67]。随着一些使用直接法的开源项目的出现（如 SVO[68]、LSD-SLAM[69]、DSO[70] 等），它们逐渐走上主流舞台，成为视觉里程计算法中重要的一部分。

8.2　2D 光流

直接法是从光流演变而来的。它们非常相似，具有相同的假设条件。光流描述了像素在图像中的运动，而直接法则附带着一个相机运动模型。为了说明直接法，我们先来介绍光流。

光流是一种描述像素随时间在图像之间运动的方法，如图 8-1 所示。随着时间的流逝，同一个像素会在图像中运动，而我们希望追踪它的运动过程。其中，计算部分像素运动的称为**稀疏光流**，计算所有像素的称为**稠密光流**。稀疏光流以 Lucas-Kanade 光流[71] 为代表，并可以在 SLAM 中用于跟踪特征点位置。稠密光流以 Horn-Schunck 光流[72] 为代表。因此，本节主要介绍 Lucas-Kanade 光流，也称为 LK 光流。

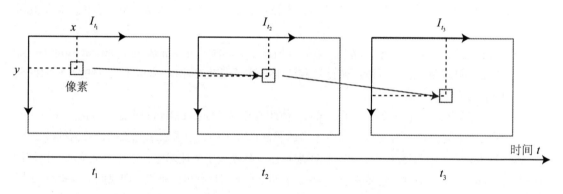

灰度不变假设：$I(x_1, y_1, t_1) = I(x_2, y_2, t_2) = I(x_3, y_3, t_3)$

图 8-1　LK 光流法示意图

Lucas-Kanade 光流

在 LK 光流中，我们认为来自相机的图像是随时间变化的。图像可以看作时间的函数：$\boldsymbol{I}(t)$。那么，一个在 t 时刻，位于 (x, y) 处的像素，它的灰度可以写成

$$\boldsymbol{I}(x, y, t).$$

这种方式把图像看成了关于位置与时间的函数，它的值域就是图像中像素的灰度。现在考虑某个固定的空间点，它在 t 时刻的像素坐标为 x, y。由于相机的运动，它的图像坐标将发生变化。我们希望估计这个空间点在其他时刻图像中的位置。怎么估计呢？这里要引入光流法的基本假设。

灰度不变假设：同一个空间点的像素灰度值，在各个图像中是固定不变的。

对于 t 时刻位于 (x, y) 处的像素，我们设 $t + \mathrm{d}t$ 时刻它运动到 $(x + \mathrm{d}x, y + \mathrm{d}y)$ 处。由于灰度不变，我们有

$$\boldsymbol{I}(x + \mathrm{d}x, y + \mathrm{d}y, t + \mathrm{d}t) = \boldsymbol{I}(x, y, t). \tag{8.1}$$

注意灰度不变假设是一个很强的假设，实际中很可能不成立。事实上，由于物体的材质不同，像素会出现高光和阴影部分；有时，相机会自动调整曝光参数，使得图像整体变亮或变暗。这时灰度不变假设都是不成立的，因此光流的结果也不一定可靠。然而，从另一方面来说，所有算法都是在一定假设下工作的。如果我们什么假设都不做，就没法设计实用的算法。所以，让我们暂且认为该假设成立，看看如何计算像素的运动。

对左边进行泰勒展开，保留一阶项，得

$$\boldsymbol{I}\left(x + \mathrm{d}x, y + \mathrm{d}y, t + \mathrm{d}t\right) \approx \boldsymbol{I}\left(x, y, t\right) + \frac{\partial \boldsymbol{I}}{\partial x}\mathrm{d}x + \frac{\partial \boldsymbol{I}}{\partial y}\mathrm{d}y + \frac{\partial \boldsymbol{I}}{\partial t}\mathrm{d}t. \tag{8.2}$$

因为我们假设了灰度不变，于是下一个时刻的灰度等于之前的灰度，从而：

$$\frac{\partial \boldsymbol{I}}{\partial x}\mathrm{d}x + \frac{\partial \boldsymbol{I}}{\partial y}\mathrm{d}y + \frac{\partial \boldsymbol{I}}{\partial t}\mathrm{d}t = 0. \tag{8.3}$$

两边除以 $\mathrm{d}t$，得

$$\frac{\partial \boldsymbol{I}}{\partial x}\frac{\mathrm{d}x}{\mathrm{d}t} + \frac{\partial \boldsymbol{I}}{\partial y}\frac{\mathrm{d}y}{\mathrm{d}t} = -\frac{\partial \boldsymbol{I}}{\partial t}. \tag{8.4}$$

其中 $\mathrm{d}x/\mathrm{d}t$ 为像素在 x 轴上的运动速度，而 $\mathrm{d}y/\mathrm{d}t$ 为 y 轴上的速度，把它们记为 u, v。同时，$\partial \boldsymbol{I}/\partial x$ 为图像在该点处 x 方向的梯度，另一项则是在 y 方向的梯度，记为 $\boldsymbol{I}_x, \boldsymbol{I}_y$。把图像灰度对时间的变化量记为 $\boldsymbol{I}_t$，写成矩阵形式，有

$$\begin{bmatrix} \boldsymbol{I}_x & \boldsymbol{I}_y \end{bmatrix} \begin{bmatrix} u \\ v \end{bmatrix} = -\boldsymbol{I}_t. \tag{8.5}$$

我们想计算的是像素的运动 u, v，但是该式是带有两个变量的一次方程，仅凭它无法计算出 u, v。因此，必须引入额外的约束来计算 u, v。在 LK 光流中，我们假设**某一个窗口内的像素具有相同的运动**。

考虑一个大小为 $w \times w$ 的窗口，它含有 w^2 数量的像素。该窗口内像素具有同样的运动，因此我们共有 w^2 个方程：

$$\begin{bmatrix} \boldsymbol{I}_x & \boldsymbol{I}_y \end{bmatrix}_k \begin{bmatrix} u \\ v \end{bmatrix} = -\boldsymbol{I}_{tk}, \quad k = 1, \ldots, w^2. \tag{8.6}$$

记：

$$A = \begin{bmatrix} [\boldsymbol{I}_x, \boldsymbol{I}_y]_1 \\ \vdots \\ [\boldsymbol{I}_x, \boldsymbol{I}_y]_k \end{bmatrix}, \boldsymbol{b} = \begin{bmatrix} \boldsymbol{I}_{t1} \\ \vdots \\ \boldsymbol{I}_{tk} \end{bmatrix}. \tag{8.7}$$

于是整个方程为

$$A \begin{bmatrix} u \\ v \end{bmatrix} = -\boldsymbol{b}. \tag{8.8}$$

这是一个关于 u, v 的超定线性方程，传统解法是求最小二乘解。最小二乘经常被用到：

$$\begin{bmatrix} u \\ v \end{bmatrix}^* = -\left(\boldsymbol{A}^{\mathrm{T}}\boldsymbol{A}\right)^{-1}\boldsymbol{A}^{\mathrm{T}}\boldsymbol{b}. \tag{8.9}$$

这样就得到了像素在图像间的运动速度 u, v。当 t 取离散的时刻而不是连续时间时，我们可以估计某块像素在若干个图像中出现的位置。由于像素梯度仅在局部有效，所以如果一次迭代不够好，我们会多迭代几次这个方程。在 SLAM 中，LK 光流常被用来跟踪角点的运动，我们不妨通过程序体会一下。

8.3 实践：LK 光流

8.3.1 使用 LK 光流

在实践部分，我们将使用几张示例图像，用 OpenCV 的光流来追踪上面的特征点。同时，我们也将手动实现一个 LK 光流，以达到加深理解的效果。我们使用两张来自 Euroc 数据集的示例图像，在第一张图像中提取角点，然后用光流追踪它们在第二张图像中的位置。首先，我们使用 OpenCV 中的 LK 光流：

📙 **slambook2/ch8/optical_flow.cpp**（片段）

```
1  // use opencv's flow for validation
2  vector<Point2f> pt1, pt2;
3  for (auto &kp: kp1) pt1.push_back(kp.pt);
4  vector<uchar> status;
5  vector<float> error;
6  cv::calcOpticalFlowPyrLK(img1, img2, pt1, pt2, status, error);
```

OpenCV 的光流在使用上十分简单，只需调用 cv::calcOpticalFlowPyrLK 函数，提供前后两张图像及对应的特征点，即可得到追踪后的点，以及各点的状态、误差。我们可以根据 status 变量是否为 1 来确定对应的点是否被正确追踪到。该函数还有一些可选的参数，但是在演示中我们只使用默认参数。我们在此省略其他提取特征、画出结果的代码，这些在之前的程序中已经展示过了。

8.3.2　用高斯牛顿法实现光流

单层光流

光流也可以看成一个优化问题：通过最小化灰度误差估计最优的像素偏移。所以，类似于之前实现的各种高斯牛顿法化，我们现在也来实现一个基于高斯牛顿法的光流。

slambook2/ch8/optical_flow.cpp（片段）

```
1   class OpticalFlowTracker {
2   public:
3       OpticalFlowTracker(
4           const Mat &img1_,
5           const Mat &img2_,
6           const vector<KeyPoint> &kp1_,
7           vector<KeyPoint> &kp2_,
8           vector<bool> &success_,
9           bool inverse_ = true, bool has_initial_ = false) :
10          img1(img1_), img2(img2_), kp1(kp1_), kp2(kp2_), success(success_), inverse(inverse_),
11          has_initial(has_initial_) {}
12
13      void calculateOpticalFlow(const Range &range);
14
15  private:
16      const Mat &img1;
17      const Mat &img2;
18      const vector<KeyPoint> &kp1;
19      vector<KeyPoint> &kp2;
20      vector<bool> &success;
21      bool inverse = true;
22      bool has_initial = false;
23  };
24
25  void OpticalFlowSingleLevel(
26      const Mat &img1,
27      const Mat &img2,
28      const vector<KeyPoint> &kp1,
29      vector<KeyPoint> &kp2,
30      vector<bool> &success,
```

```
31          bool inverse, bool has_initial) {
32      kp2.resize(kp1.size());
33      success.resize(kp1.size());
34      OpticalFlowTracker tracker(img1, img2, kp1, kp2, success, inverse, has_initial);
35      parallel_for_(Range(0, kp1.size()),
36          std::bind(&OpticalFlowTracker::calculateOpticalFlow, &tracker, placeholders::_1));
37  }
38
39  void OpticalFlowTracker::calculateOpticalFlow(const Range &range) {
40      // parameters
41      int half_patch_size = 4;
42      int iterations = 10;
43      for (size_t i = range.start; i < range.end; i++) {
44          auto kp = kp1[i];
45          double dx = 0, dy = 0; // dx,dy need to be estimated
46          if (has_initial) {
47              dx = kp2[i].pt.x - kp.pt.x;
48              dy = kp2[i].pt.y - kp.pt.y;
49          }
50
51          double cost = 0, lastCost = 0;
52          bool succ = true; // indicate if this point succeeded
53
54          // Gauss-Newton iterations
55          Eigen::Matrix2d H = Eigen::Matrix2d::Zero();    // hessian
56          Eigen::Vector2d b = Eigen::Vector2d::Zero();    // bias
57          Eigen::Vector2d J;  // jacobian
58          for (int iter = 0; iter < iterations; iter++) {
59              if (inverse == false) {
60                  H = Eigen::Matrix2d::Zero();
61                  b = Eigen::Vector2d::Zero();
62              } else {
63                  // only reset b
64                  b = Eigen::Vector2d::Zero();
65              }
66
67              cost = 0;
68
69              // compute cost and jacobian
70              for (int x = -half_patch_size; x < half_patch_size; x++)
71              for (int y = -half_patch_size; y < half_patch_size; y++) {
72                  double error = GetPixelValue(img1, kp.pt.x + x, kp.pt.y + y) -
73                      GetPixelValue(img2, kp.pt.x + x + dx, kp.pt.y + y + dy);;  // Jacobian
```

```
74              if (inverse == false) {
75                  J = -1.0 * Eigen::Vector2d(
76                      0.5 * (GetPixelValue(img2, kp.pt.x + dx + x + 1, kp.pt.y + dy + y) -
77                          GetPixelValue(img2, kp.pt.x + dx + x - 1, kp.pt.y + dy + y)),
78                      0.5 * (GetPixelValue(img2, kp.pt.x + dx + x, kp.pt.y + dy + y + 1) -
79                          GetPixelValue(img2, kp.pt.x + dx + x, kp.pt.y + dy + y - 1))
80                  );
81              } else if (iter == 0) {
82                  // in inverse mode, J keeps same for all iterations
83                  // NOTE this J does not change when dx, dy is updated, so we can store it
                       and only compute error
84                  J = -1.0 * Eigen::Vector2d(
85                      0.5 * (GetPixelValue(img1, kp.pt.x + x + 1, kp.pt.y + y) -
86                          GetPixelValue(img1, kp.pt.x + x - 1, kp.pt.y + y)),
87                      0.5 * (GetPixelValue(img1, kp.pt.x + x, kp.pt.y + y + 1) -
88                          GetPixelValue(img1, kp.pt.x + x, kp.pt.y + y - 1))
89                  );
90              }
91              // compute H, b and set cost;
92              b += -error * J;
93              cost += error * error;
94              if (inverse == false || iter == 0) {
95                  // also update H
96                  H += J * J.transpose();
97              }
98          }
99
100         // compute update
101         Eigen::Vector2d update = H.ldlt().solve(b);
102
103         if (std::isnan(update[0])) {
104             // sometimes occurred when we have a black or white patch and H is
                   irreversible
105             cout << "update is nan" << endl;
106             succ = false;
107             break;
108         }
109
110         if (iter > 0 && cost > lastCost) {
111             break;
112         }
113
114         // update dx, dy
```

```
115            dx += update[0];
116            dy += update[1];
117            lastCost = cost;
118            succ = true;
119
120            if (update.norm() < 1e-2) {
121                // converge
122                break;
123            }
124        }
125
126        success[i] = succ;
127
128        // set kp2
129        kp2[i].pt = kp.pt + Point2f(dx, dy);
130    }
131 }
```

我们在 OpticalFlowSingleLevel 函数中实现了单层光流函数，其中调用了 cv::parallel_for_ 并行调用 OpticalFlowTracker::calculateOpticalFlow，该函数计算指定范围内特征点的光流。这个并行 for 循环内部是 Intel tbb 库实现的，我们只需按照其接口，将函数本体定义出来，然后将函数作为 std::function 对象传递给它。

在具体函数实现中（即 calculateOpticalFlow），我们求解这样一个问题：

$$\min_{\Delta x, \Delta y} \| \boldsymbol{I}_1(x, y) - \boldsymbol{I}_2(x + \Delta x, y + \Delta y) \|_2^2. \tag{8.10}$$

因此，残差为括号内部的部分，对应的雅可比为第二个图像在 $x + \Delta x, y + \Delta y$ 处的梯度。此外，根据参考文献 [73]，这里的梯度也可以用第一个图像的梯度 $\boldsymbol{I}_1(x, y)$ 来代替。这种代替的方法称为反向（Inverse）光流法。在反向光流中，$\boldsymbol{I}_1(x, y)$ 的梯度是保持不变的，所以我们可以在第一次迭代时保留计算的结果，在后续迭代中使用。当雅可比不变时，$\boldsymbol{H}$ 矩阵不变，每次迭代只需计算残差，这可以节省一部分计算量。

多层光流

我们把光流写成了优化问题，就必须假设优化的初始值靠近最优值，才能在一定程度上保障算法的收敛。如果相机运动较快，两张图像差异较明显，那么单层图像光流法容易达到一个局部极小值。这种情况可以通过引入图像金字塔来改善。

图像金字塔是指对同一个图像进行缩放，得到不同分辨率下的图像，如图 8-2 所示。以原始图像作为金字塔底层，每往上一层，就对下层图像进行一定倍率的缩放，就得到了一个金字塔。

然后，在计算光流时，先从顶层的图像开始计算，然后把上一层的追踪结果，作为下一层光流的初始值。由于上层的图像相对粗糙，所以这个过程也称为**由粗至精**（Coarse-to-fine）的光流，也是实用光流法的通常流程。

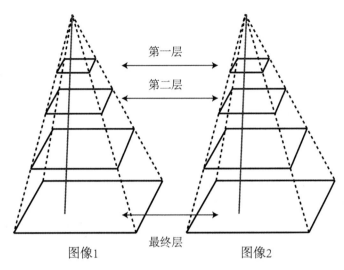

第一层

第二层

最终层

图像1　　　　　　　图像2

图 8-2　图像金字塔和光流由粗至精的过程

由粗至精的好处在于，当原始图像的像素运动较大时，在金字塔顶层的图像看来，运动仍然在一个很小范围内。例如，原始图像的特征点运动了 20 个像素，很容易由于图像非凸性导致优化困在极小值里。但现在假设有缩放倍率为 0.5 倍的金字塔，那么往上两层图像里，像素运动就只有 5 个像素了，这时结果就明显好于直接在原始图像上优化。

我们在程序中实现了多层光流，代码如下：

⟨/⟩ **slambook2/ch8/optical_flow.cpp**（片段）

```
void OpticalFlowMultiLevel(
    const Mat &img1,
    const Mat &img2,
    const vector<KeyPoint> &kp1,
    vector<KeyPoint> &kp2,
    vector<bool> &success,
    bool inverse) {

    // parameters
    int pyramids = 4;
    double pyramid_scale = 0.5;
    double scales[] = {1.0, 0.5, 0.25, 0.125};

```

```cpp
14      // create pyramids
15      vector<Mat> pyr1, pyr2; // image pyramids
16      for (int i = 0; i < pyramids; i++) {
17          if (i == 0) {
18              pyr1.push_back(img1);
19              pyr2.push_back(img2);
20          } else {
21              Mat img1_pyr, img2_pyr;
22              cv::resize(pyr1[i - 1], img1_pyr,
23              cv::Size(pyr1[i - 1].cols * pyramid_scale, pyr1[i - 1].rows * pyramid_scale));
24              cv::resize(pyr2[i - 1], img2_pyr,
25              cv::Size(pyr2[i - 1].cols * pyramid_scale, pyr2[i - 1].rows * pyramid_scale));
26              pyr1.push_back(img1_pyr);
27              pyr2.push_back(img2_pyr);
28          }
29      }
30
31      // coarse-to-fine LK tracking in pyramids
32      vector<KeyPoint> kp1_pyr, kp2_pyr;
33      for (auto &kp:kp1) {
34          auto kp_top = kp;
35          kp_top.pt *= scales[pyramids - 1];
36          kp1_pyr.push_back(kp_top);
37          kp2_pyr.push_back(kp_top);
38      }
39
40      for (int level = pyramids - 1; level >= 0; level--) {
41          // from coarse to fine
42          success.clear();
43          OpticalFlowSingleLevel(pyr1[level], pyr2[level], kp1_pyr, kp2_pyr, success, inverse,
                true);
44
45          if (level > 0) {
46              for (auto &kp: kp1_pyr)
47              kp.pt /= pyramid_scale;
48              for (auto &kp: kp2_pyr)
49              kp.pt /= pyramid_scale;
50          }
51      }
52
53      for (auto &kp: kp2_pyr)
54          kp2.push_back(kp);
55  }
```

这段代码构造了一个四层的、倍率为 0.5 的金字塔，并调用单层光流函数实现了多层光流。在主函数中，我们分别对两张图像测试了 OpenCV 的光流、单层光流和多层光流的表现，计算了它们的运行时间：

📝 终端输入：

```
1  ./build/optical_flow
2  build pyramid time: 0.000150349
3  track pyr 3 cost time: 0.000304633
4  track pyr 2 cost time: 0.000392889
5  track pyr 1 cost time: 0.000382347
6  track pyr 0 cost time: 0.000375099
7  optical flow by gauss-newton: 0.00189268
8  optical flow by opencv: 0.00220134
```

从运行时间上看，多层光流法的耗时和 OpenCV 的大致相当。由于并行化程序在每次运行时的表现不尽相同，在读者机器上这些数字不会精确相同。光流的对比图如图 8-3 所示。从结果图上看，多层光流与 OpenCV 的效果相当，单层光流要明显弱于多层光流。

单层光流

多层光流

OpenCV光流

图 8-3　各种光流的结果对比

8.3.3　光流实践小结

我们看到，LK 光流跟踪能够直接得到特征点的对应关系。这个对应关系就像是描述子的匹配，只是光流对图像的连续性和光照稳定性要求更高一些。我们可以通过光流跟踪的特征点，用 PnP、ICP 或对极几何来估计相机运动，这些方法在第 7 讲中介绍过，这里不再讨论。

从运行时间上来看，演示实验大约有 230 个特征点，OpenCV 和多层光流需要大约 2 毫秒完成追踪（笔者用的 CPU 是 Intel I7-8550U），这实际上是相当快的。如果我们前面使用 FAST 这样的关键点，那么整个光流计算可以做到 5 毫秒左右，相比于特征匹配来说算是非常快了。不过，如果角点提的位置不好，光流也容易跟丢或给出错误的结果，这就需要后续算法拥有一定的异常值去除机制，这部分内容我们留到工程章节再谈。

总而言之，光流法可以加速基于特征点的视觉里程计算法，避免计算和匹配描述子的过程，但要求相机运动较平滑（或采集频率较高）。

8.4　直接法

接下来，我们讨论与光流有一定相似性的直接法。与前面内容相似，我们先介绍直接法的原理，然后实现一遍直接法。

8.4.1　直接法的推导

在光流中，我们会首先追踪特征点的位置，再根据这些位置确定相机的运动。这样一种两步走的方案，很难保证全局的最优性。读者可以会问，能不能在后一步中，调整前一步的结果呢？例如，如果认为相机右转了 15°，那么光流能不能以这个 15° 运动作为初始值的假设，调整光流的计算结果呢？直接法就是遵循这样的思路得到的结果。

如图 8-4 所示，考虑某个空间点 P 和两个时刻的相机。P 的世界坐标为 $[X, Y, Z]$，它在两个相机上成像，记像素坐标为 p_1, p_2。

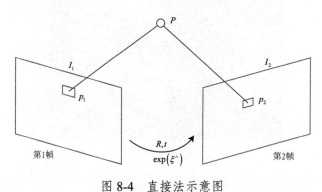

图 8-4　直接法示意图

我们的目标是求第一个相机到第二个相机的相对位姿变换。我们以第一个相机为参照系，设第二个相机的旋转和平移为 $\boldsymbol{R}, \boldsymbol{t}$（对应李群为 $\boldsymbol{T}$）。同时，两相机的内参相同，记为 $\boldsymbol{K}$。为清楚起见，我们列写完整的投影方程：

$$\boldsymbol{p}_1 = \begin{bmatrix} u \\ v \\ 1 \end{bmatrix}_1 = \frac{1}{Z_1}\boldsymbol{K}P,$$

$$\boldsymbol{p}_2 = \begin{bmatrix} u \\ v \\ 1 \end{bmatrix}_2 = \frac{1}{Z_2}\boldsymbol{K}\left(\boldsymbol{R}P + \boldsymbol{t}\right) = \frac{1}{Z_2}\boldsymbol{K}\left(\boldsymbol{T}P\right)_{1:3}.$$

其中 Z_1 是 P 的深度，Z_2 是 P 在第二个相机坐标系下的深度，也就是 $\boldsymbol{R}P + \boldsymbol{t}$ 的第 3 个坐标值。由于 $\boldsymbol{T}$ 只能和齐次坐标相乘，所以我们乘完之后要取出前 3 个元素。这和第 5 讲的内容是一致的。

回忆特征点法中，由于我们通过匹配描述子知道了 $\boldsymbol{p}_1, \boldsymbol{p}_2$ 的像素位置，所以可以计算重投影的位置。但在直接法中，由于没有特征匹配，我们无从知道哪一个 $\boldsymbol{p}_2$ 与 $\boldsymbol{p}_1$ 对应着同一个点。直接法的思路是根据当前相机的位姿估计值寻找 $\boldsymbol{p}_2$ 的位置。但若相机位姿不够好，$\boldsymbol{p}_2$ 的外观和 $\boldsymbol{p}_1$ 会有明显差别。于是，为了减小这个差别，我们优化相机的位姿，来寻找与 $\boldsymbol{p}_1$ 更相似的 $\boldsymbol{p}_2$。这同样可以通过解一个优化问题完成，但此时最小化的不是重投影误差，而是**光度误差**，也就是 P 的两个像素的亮度误差：

$$e = \boldsymbol{I}_1\left(\boldsymbol{p}_1\right) - \boldsymbol{I}_2\left(\boldsymbol{p}_2\right). \tag{8.11}$$

注意，这里的 e 是一个标量。同样地，优化目标为该误差的二范数，暂时取不加权的形式，为

$$\min_{\boldsymbol{T}} J\left(\boldsymbol{T}\right) = \|e\|^2. \tag{8.12}$$

能够做这种优化的理由，仍是基于**灰度不变假设**。我们假设一个空间点在各个视角下成像的灰度是不变的。我们有许多个（比如 N 个）空间点 P_i，那么，整个相机位姿估计问题变为

$$\min_{\boldsymbol{T}} J\left(\boldsymbol{T}\right) = \sum_{i=1}^{N} e_i^{\mathsf{T}} e_i, \quad e_i = \boldsymbol{I}_1\left(\boldsymbol{p}_{1,i}\right) - \boldsymbol{I}_2\left(\boldsymbol{p}_{2,i}\right). \tag{8.13}$$

注意，这里的优化变量是相机位姿 $\boldsymbol{T}$，而不像光流那样优化各个特征点的运动。为了求解这个优化问题，我们关心误差 e 是如何随着相机位姿 $\boldsymbol{T}$ 变化的，需要分析它们的导数关系。因此，定义两个中间变量：

$$q = TP,$$
$$u = \frac{1}{Z_2} Kq.$$

这里的 q 为 P 在第二个相机坐标系下的坐标，而 u 为它的像素坐标。显然 q 是 T 的函数，u 是 q 的函数，从而也是 T 的函数。考虑李代数的左扰动模型，利用一阶泰勒展开，因为：

$$e(T) = I_1(p_1) - I_2(u), \tag{8.14}$$

所以：

$$\frac{\partial e}{\partial T} = \frac{\partial I_2}{\partial u} \frac{\partial u}{\partial q} \frac{\partial q}{\partial \delta\xi} \delta\xi, \tag{8.15}$$

其中 $\delta\xi$ 为 T 的左扰动。我们看到，一阶导数由于链式法则分成了 3 项，而这 3 项都是容易计算的：

1. $\partial I_2 / \partial u$ 为 u 处的像素梯度。

2. $\partial u / \partial q$ 为投影方程关于相机坐标系下的三维点的导数。记 $q = [X, Y, Z]^T$，根据第 7 讲的推导，导数为

$$\frac{\partial u}{\partial q} = \begin{bmatrix} \dfrac{\partial u}{\partial X} & \dfrac{\partial u}{\partial Y} & \dfrac{\partial u}{\partial Z} \\[2mm] \dfrac{\partial v}{\partial X} & \dfrac{\partial v}{\partial Y} & \dfrac{\partial v}{\partial Z} \end{bmatrix} = \begin{bmatrix} \dfrac{f_x}{Z} & 0 & -\dfrac{f_x X}{Z^2} \\[2mm] 0 & \dfrac{f_y}{Z} & -\dfrac{f_y Y}{Z^2} \end{bmatrix}. \tag{8.16}$$

3. $\partial q / \partial \delta\xi$ 为变换后的三维点对变换的导数，这在李代数一讲介绍过：

$$\frac{\partial q}{\partial \delta\xi} = [I, -q^\wedge]. \tag{8.17}$$

在实践中，由于后两项只与三维点 q 有关，而与图像无关，我们经常把它合并在一起：

$$\frac{\partial u}{\partial \delta\xi} = \begin{bmatrix} \dfrac{f_x}{Z} & 0 & -\dfrac{f_x X}{Z^2} & -\dfrac{f_x XY}{Z^2} & f_x + \dfrac{f_x X^2}{Z^2} & -\dfrac{f_x Y}{Z} \\[3mm] 0 & \dfrac{f_y}{Z} & -\dfrac{f_y Y}{Z^2} & -f_y - \dfrac{f_y Y^2}{Z^2} & \dfrac{f_y XY}{Z^2} & \dfrac{f_y X}{Z} \end{bmatrix}. \tag{8.18}$$

这个 2×6 的矩阵在第 7 讲中也出现过。于是，我们推导出误差相对于李代数的雅可比矩阵：

$$J = -\frac{\partial I_2}{\partial u} \frac{\partial u}{\partial \delta\xi}. \tag{8.19}$$

对于 N 个点的问题，我们可以用这种方法计算优化问题的雅可比矩阵，然后使用高斯牛顿

法或列文伯格—马夸尔特方法计算增量，迭代求解。至此，我们推导了直接法估计相机位姿的整个流程，下面通过程序来演示直接法是如何使用的。

8.4.2　直接法的讨论

在上面的推导中，P 是一个已知位置的空间点，它是怎么来的呢？在 RGB-D 相机下，我们可以把任意像素反投影到三维空间，然后投影到下一幅图像中。如果在双目相机中，那么同样可以根据视差来计算像素的深度。如果在单目相机中，这件事情要更为困难，因为我们还须考虑由 P 的深度带来的不确定性。详细的深度估计放到第 13 讲中讨论。现在我们先来考虑简单的情况，即 P 深度已知的情况。

根据 P 的来源，我们可以把直接法进行分类：

1. P 来自于稀疏关键点，我们称之为稀疏直接法。通常，我们使用数百个至上千个关键点，并且像 L-K 光流那样，假设它周围像素也是不变的。这种稀疏直接法不必计算描述子，并且只使用数百个像素，因此速度最快，但只能计算稀疏的重构。

2. P 来自部分像素。我们看到式 (8.19) 中，如果像素梯度为零，那么整项雅可比矩阵就为零，不会对计算运动增量有任何贡献。因此，可以考虑只使用带有梯度的像素点，舍弃像素梯度不明显的地方。这称为半稠密（Semi-Dense）的直接法，可以重构一个半稠密结构。

3. P 为所有像素，称为稠密直接法。稠密重构需要计算所有像素（一般几十万至几百万个），因此多数不能在现有的 CPU 上实时计算，需要 GPU 的加速。但是，如前面讨论的，像素梯度不明显的点，在运动估计中不会有太大贡献，在重构时也会难以估计位置。

可以看到，从稀疏到稠密重构，都可以用直接法计算。它们的计算量是逐渐增长的。稀疏方法可以快速地求解相机位姿，而稠密方法可以建立完整地图。具体使用哪种方法，需要视机器人的应用环境而定。特别地，在低端的计算平台上，稀疏直接法可以做到非常快速的效果，适用于实时性较高且计算资源有限的场合[70]。

8.5　实践：直接法

8.5.1　单层直接法

现在，我们来演示如何使用稀疏的直接法。由于本书不涉及 GPU 编程，稠密的直接法就省略了。同时，为了保持程序简单，我们使用带深度的数据而非单目数据，这样可以省略单目的深度恢复部分。基于特征点的深度恢复（即三角化）已经在第 7 讲介绍过，而基于块匹配的深度恢复将在后面介绍。所以本节我们考虑双目的稀疏直接法。

求解直接法最后等价于求解一个优化问题，因此可以使用 g2o 或 Ceres 这些优化库来帮助求解，也可以自己实现高斯牛顿法。和光流类似，直接法也可以分为单层直接法和金字塔式的多层直接法。我们同样先来实现单层直接法，进而拓展到多层直接法。

在单层直接法中，类似于并行的光流，我们也可以并行地计算每个像素点的误差和雅可比，为此我们定义一个求雅可比的类：

📙 **slambook2/ch8/direct_method.cpp**（片段）

```cpp
/// class for accumulator jacobians in parallel
class JacobianAccumulator {
public:
    JacobianAccumulator(
        const cv::Mat &img1_,
        const cv::Mat &img2_,
        const VecVector2d &px_ref_,
        const vector<double> depth_ref_,
        Sophus::SE3d &T21_) :
    img1(img1_), img2(img2_), px_ref(px_ref_), depth_ref(depth_ref_), T21(T21_) {
        projection = VecVector2d(px_ref.size(), Eigen::Vector2d(0, 0));
    }

    /// accumulate jacobians in a range
    void accumulate_jacobian(const cv::Range &range);

    /// get hessian matrix
    Matrix6d hessian() const { return H; }

    /// get bias
    Vector6d bias() const { return b; }

    /// get total cost
    double cost_func() const { return cost; }

    /// get projected points
    VecVector2d projected_points() const { return projection; }

    /// reset h, b, cost to zero
    void reset() {
        H = Matrix6d::Zero();
        b = Vector6d::Zero();
        cost = 0;
    }

private:
    const cv::Mat &img1;
```

```
38      const cv::Mat &img2;
39      const VecVector2d &px_ref;
40      const vector<double> depth_ref;
41      Sophus::SE3d &T21;
42      VecVector2d projection; // projected points
43
44      std::mutex hessian_mutex;
45      Matrix6d H = Matrix6d::Zero();
46      Vector6d b = Vector6d::Zero();
47      double cost = 0;
48  };
49
50  void JacobianAccumulator::accumulate_jacobian(const cv::Range &range) {
51
52      // parameters
53      const int half_patch_size = 1;
54      int cnt_good = 0;
55      Matrix6d hessian = Matrix6d::Zero();
56      Vector6d bias = Vector6d::Zero();
57      double cost_tmp = 0;
58
59      for (size_t i = range.start; i < range.end; i++) {
60          // compute the projection in the second image
61          Eigen::Vector3d point_ref =
62          depth_ref[i] * Eigen::Vector3d((px_ref[i][0] - cx) / fx, (px_ref[i][1] - cy) / fy, 1)
                ;
63          Eigen::Vector3d point_cur = T21 * point_ref;
64          if (point_cur[2] < 0)   // depth invalid
65              continue;
66
67          float u = fx * point_cur[0] / point_cur[2] + cx, v = fy * point_cur[1] / point_cur[2]
                + cy;
68          if (u < half_patch_size || u > img2.cols - half_patch_size || v < half_patch_size ||
69          v > img2.rows - half_patch_size)
70              continue;
71
72          projection[i] = Eigen::Vector2d(u, v);
73          double X = point_cur[0], Y = point_cur[1], Z = point_cur[2],
74          Z2 = Z * Z, Z_inv = 1.0 / Z, Z2_inv = Z_inv * Z_inv;
75          cnt_good++;
76
77          // and compute error and jacobian
78          for (int x = -half_patch_size; x <= half_patch_size; x++)
```

```
79            for (int y = -half_patch_size; y <= half_patch_size; y++) {
80                double error = GetPixelValue(img1, px_ref[i][0] + x, px_ref[i][1] + y) -
81                    GetPixelValue(img2, u + x, v + y);
82                Matrix26d J_pixel_xi;
83                Eigen::Vector2d J_img_pixel;
84
85                J_pixel_xi(0, 0) = fx * Z_inv;
86                J_pixel_xi(0, 1) = 0;
87                J_pixel_xi(0, 2) = -fx * X * Z2_inv;
88                J_pixel_xi(0, 3) = -fx * X * Y * Z2_inv;
89                J_pixel_xi(0, 4) = fx + fx * X * X * Z2_inv;
90                J_pixel_xi(0, 5) = -fx * Y * Z_inv;
91
92                J_pixel_xi(1, 0) = 0;
93                J_pixel_xi(1, 1) = fy * Z_inv;
94                J_pixel_xi(1, 2) = -fy * Y * Z2_inv;
95                J_pixel_xi(1, 3) = -fy - fy * Y * Y * Z2_inv;
96                J_pixel_xi(1, 4) = fy * X * Y * Z2_inv;
97                J_pixel_xi(1, 5) = fy * X * Z_inv;
98
99                J_img_pixel = Eigen::Vector2d(
100                   0.5 * (GetPixelValue(img2, u + 1 + x, v + y) - GetPixelValue(img2, u - 1 + x,
                       v + y)),
101                   0.5 * (GetPixelValue(img2, u + x, v + 1 + y) - GetPixelValue(img2, u + x, v -
                       1 + y))
102               );
103
104               // total jacobian
105               Vector6d J = -1.0 * (J_img_pixel.transpose() * J_pixel_xi).transpose();
106               hessian += J * J.transpose();
107               bias += -error * J;
108               cost_tmp += error * error;
109           }
110       }
111
112   if (cnt_good) {
113       // set hessian, bias and cost
114       unique_lock<mutex> lck(hessian_mutex);
115       H += hessian;
116       b += bias;
117       cost += cost_tmp / cnt_good;
118   }
119 }
```

在这个类的 accumulate_jacobian 函数中，我们对指定范围内的像素点，按照之前的推导计算像素误差和雅可比矩阵，最后加到整体的 **H** 矩阵中。然后，定义一个函数来迭代这个过程：

📖 **slambook2/ch8/direct_method.cpp**（片段）

```
1   void DirectPoseEstimationSingleLayer(
2       const cv::Mat &img1,
3       const cv::Mat &img2,
4       const VecVector2d &px_ref,
5       const vector<double> depth_ref,
6       Sophus::SE3d &T21) {
7       const int iterations = 10;
8       double cost = 0, lastCost = 0;
9       JacobianAccumulator jaco_accu(img1, img2, px_ref, depth_ref, T21);
10
11      for (int iter = 0; iter < iterations; iter++) {
12          jaco_accu.reset();
13          cv::parallel_for_(cv::Range(0, px_ref.size()),
14              std::bind(&JacobianAccumulator::accumulate_jacobian, &jaco_accu, std::
                  placeholders::_1));
15          Matrix6d H = jaco_accu.hessian();
16          Vector6d b = jaco_accu.bias();
17
18          // solve update and put it into estimation
19          Vector6d update = H.ldlt().solve(b);;
20          T21 = Sophus::SE3d::exp(update) * T21;
21          cost = jaco_accu.cost_func();
22
23          if (std::isnan(update[0])) {
24              // sometimes occurred when we have a black or white patch and H is irreversible
25              cout << "update is nan" << endl;
26              break;
27          }
28          if (iter > 0 && cost > lastCost) {
29              cout << "cost increased: " << cost << ", " << lastCost << endl;
30              break;
31          }
32          if (update.norm() < 1e-3) {
33              // converge
34              break;
35          }
36
37          lastCost = cost;
38          cout << "iteration: " << iter << ", cost: " << cost << endl;
```

```
39        }
40   }
```

该函数根据计算的 $\boldsymbol{H}$ 和 $\boldsymbol{b}$，求出对应的位姿更新量，然后更新到当前的估计值上。因为我们在理论部分已经把细节都介绍清楚了，所以这部分代码看起来不会特别困难。

8.5.2　多层直接法

然后，类似于光流，我们再把单层直接法拓展到金字塔式的多层直接法上，用 Coarse-to-fine 的过程计算相对运动。这部分代码和光流的也非常相似：

📓 **slambook2/ch8/direct_method.cpp**（片段）

```
1    void DirectPoseEstimationMultiLayer(
2        const cv::Mat &img1,
3        const cv::Mat &img2,
4        const VecVector2d &px_ref,
5        const vector<double> depth_ref,
6        Sophus::SE3d &T21) {
7        // parameters
8        int pyramids = 4;
9        double pyramid_scale = 0.5;
10       double scales[] = {1.0, 0.5, 0.25, 0.125};
11
12       // create pyramids
13       vector<cv::Mat> pyr1, pyr2; // image pyramids
14       for (int i = 0; i < pyramids; i++) {
15           if (i == 0) {
16               pyr1.push_back(img1);
17               pyr2.push_back(img2);
18           } else {
19               cv::Mat img1_pyr, img2_pyr;
20               cv::resize(pyr1[i - 1], img1_pyr,
21                   cv::Size(pyr1[i - 1].cols * pyramid_scale, pyr1[i - 1].rows * pyramid_scale))
                     ;
22               cv::resize(pyr2[i - 1], img2_pyr,
23                   cv::Size(pyr2[i - 1].cols * pyramid_scale, pyr2[i - 1].rows * pyramid_scale))
                     ;
24               pyr1.push_back(img1_pyr);
25               pyr2.push_back(img2_pyr);
26           }
27       }
28
29       double fxG = fx, fyG = fy, cxG = cx, cyG = cy;  // backup the old values
```

```
30    for (int level = pyramids - 1; level >= 0; level--) {
31        VecVector2d px_ref_pyr; // set the keypoints in this pyramid level
32        for (auto &px: px_ref) {
33            px_ref_pyr.push_back(scales[level] * px);
34        }
35
36        // scale fx, fy, cx, cy in different pyramid levels
37        fx = fxG * scales[level];
38        fy = fyG * scales[level];
39        cx = cxG * scales[level];
40        cy = cyG * scales[level];
41        DirectPoseEstimationSingleLayer(pyr1[level], pyr2[level], px_ref_pyr, depth_ref,T21);
42    }
43 }
```

需要注意的是，直接法求雅可比的时候带上了相机的内参，而当金字塔对图像进行缩放时，对应的内参也需要乘以相应的倍率。

8.5.3　结果讨论

最后，我们用一些示例图片测试直接法的结果。我们会用到几张 Kitti[74] 自动驾驶数据集的图像。首先，我们读取第一个图像 left.png，在对应的视差图 disparity.png 中，计算每个像素对应的深度，然后对 000001.png～000005.png 这五张图像，利用直接法计算相机的位姿。为了展示直接法对特征点的不敏感性，我们随机地在第一张图像中选取一些点，不使用任何角点或特征点提取算法，来看看它的结果。

📖 **slambook2/ch8/direct_method.cpp**（片段）

```
1  int main(int argc, char **argv) {
2
3      cv::Mat left_img = cv::imread(left_file, 0);
4      cv::Mat disparity_img = cv::imread(disparity_file, 0);
5
6      // let's randomly pick pixels in the first image and generate some 3d points in the first
        image's frame
7      cv::RNG rng;
8      int nPoints = 2000;
9      int boarder = 20;
10     VecVector2d pixels_ref;
11     vector<double> depth_ref;
12
13     // generate pixels in ref and load depth data
14     for (int i = 0; i < nPoints; i++) {
```

```
15      int x = rng.uniform(boarder, left_img.cols - boarder);  // don't pick pixels close to
          boarder
16      int y = rng.uniform(boarder, left_img.rows - boarder);  // don't pick pixels close to
          boarder
17      int disparity = disparity_img.at<uchar>(y, x);
18      double depth = fx * baseline / disparity; // you know this is disparity to depth
19      depth_ref.push_back(depth);
20      pixels_ref.push_back(Eigen::Vector2d(x, y));
21    }
22
23    // estimates 01~05.png's pose using this information
24    Sophus::SE3d T_cur_ref;
25
26    for (int i = 1; i < 6; i++) {   // 1~10
27      cv::Mat img = cv::imread((fmt_others % i).str(), 0);
28      DirectPoseEstimationMultiLayer(left_img, img, pixels_ref, depth_ref, T_cur_ref);
29    }
30    return 0;
31  }
```

　　读者可以尝试在你的计算机上运行本段程序，它将输出每个图像的每层金字塔上的追踪点，并输出运行时间。多层直接法的结果如图 8-5 所示。根据程序输出结果，可以看到第五张追踪图像反映的大约是相机往前运动 3.8 米时的情况。可见，即使我们随机选点，直接法也能够正确追踪大部分的像素，同时估计相机的运动。这中间没有任何的特征提取、匹配或光流的过程。从运行时间上看，在 2000 个点时，直接法每迭代一层需要 1~2 毫秒，所以四层金字塔约耗时 8 毫秒。相比之下，2000 个点的光流耗时大约在十几毫秒，还不包括后续的位姿估计。所以，直接法相比于传统的特征点和光流通常更快一些。

原始图像　　　　　　　　　　　　　　　　　　　原始视差图

第五张追踪图像　　　　　　　　　　　　　　　　直接法追踪点

图 8-5　直接法的实验结果。左上：原始图像；右上：原始图像对应的视差图；左下：第五张追踪图像；右下：追踪结果

下面我们简单地对直接法的迭代过程做一点解释。相比于特征点法，直接法完全依靠优化来求解相机位姿。从式 (8.19) 中可以看到，像素梯度引导着优化的方向。如果想要得到正确的优化结果，就必须保证**大部分像素梯度能够把优化引导到正确的方向**。

这是什么意思呢？我们不妨设身处地地扮演一下优化算法。假设对于参考图像，我们测量到一个灰度值为 229 的像素。并且，由于我们知道它的深度，可以推断出空间点 P 的位置（图 8-6 所示在 I_1 中测量到的灰度）。

此时，我们又得到了一幅新的图像，需要估计它的相机位姿。这个位姿是由一个初值不断地优化迭代得到的。假设我们的初值比较差，在这个初值下，空间点 P 投影后的像素灰度值是 126。于是，此像素的误差为 $229 - 126 = 103$。为了减小这个误差，我们希望**微调相机的位姿，使像素更亮一些**。

怎么知道往哪里微调像素会更亮呢？这就需要用到局部的像素梯度。我们在图像中发现，沿 u 轴往前走一步，该处的灰度值变成了 123，即减去了 3。同样地，沿 v 轴往前走一步，灰度值减了 18，变成 108。在这个像素周围，我们看到梯度是 $[-3, -18]$，为了提高亮度，我们会建议优化算法微调相机，使 P 的像往**左上方**移动。在这个过程中，我们用像素的局部梯度近似了它附近的灰度分布，不过请注意，真实图像并不是光滑的，所以这个梯度在远处就不成立了。

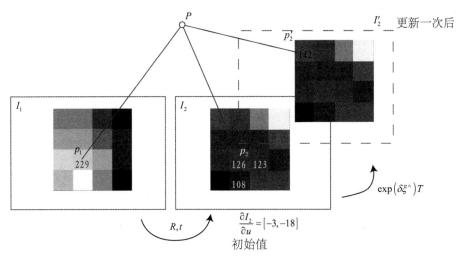

图 8-6　一次迭代的图形化显示

但是，优化算法不能只听这个像素的一面之词，还需要听取其他像素的建议[1]。综合听取了许多像素的意见之后，优化算法选择了一个和我们建议的方向偏离不远的地方，计算出一个更新量 $\exp(\boldsymbol{\xi}^\wedge)$。加上更新量后，图像从 I_2 移动到了 I_2'，像素的投影位置也变到了一个更亮的地方。我们看到，通过这次更新，**误差变小了**。在理想情况下，我们期望误差会不断下降，最后收敛。

---

[1]这可能是一种不严谨的拟人化说法，不过有助于理解。

但是实际是不是这样呢？我们是否真的只要沿着梯度方向走，就能走到一个最优值呢？注意，直接法的梯度是直接由图像梯度确定的，因此我们必须保证**沿着图像梯度走时，灰度误差会不断下降**。然而，图像通常是一个很强烈的**非凸函数**，如图 8-7 所示。实际中，如果我们沿着图像梯度前进，很容易由于图像本身的非凸性（或噪声）落进一个局部极小值中，无法继续优化。只有当相机运动很小，图像中的梯度不会有很强的非凸性时，直接法才能成立。

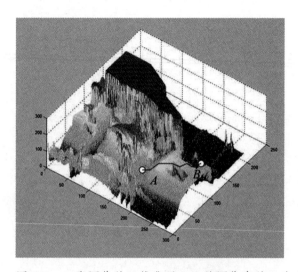
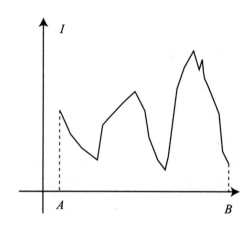

图 8-7　一张图像的三维化显示。从图像中的一个点运动到另一个点的路径不见得是"笔直的下坡路"，而需要经常"翻山越岭"。这体现了图像本身的非凸性

在例程中，我们只计算了单个像素的差异，并且这个差异是由灰度直接相减得到的。然而，单个像素没有什么区分性，周围很可能有好多像素和它的亮度差不多。所以，我们有时会使用小的图像块（patch），并且使用更复杂的差异度量方式，例如归一化相关性（Normalized Cross Correlation，NCC）等。而例程为了简单起见，使用了误差的平方和，以保持与推导的一致性。

8.5.4　直接法优缺点总结

最后，我们总结直接法的优缺点。大体上，它的优点如下：

- 可以省去计算特征点、描述子的时间。
- 只要求有像素梯度即可，不需要特征点。因此，直接法可以在特征缺失的场合下使用。比较极端的例子是只有渐变的一幅图像。它可能无法提取角点类特征，但可以用直接法估计它的运动。在演示实验中，我们看到直接法对随机选取的点亦能正常工作。这一点在实用中非常关键，因为实用场景很有可能没有很多角点可供使用。
- 可以构建半稠密乃至稠密的地图，这是特征点法无法做到的。

它的缺点也很明显：

- **非凸性**。直接法完全依靠梯度搜索，降低目标函数来计算相机位姿。其目标函数中需要取像素点的灰度值，而图像是强烈非凸的函数。这使得优化算法容易进入极小，只在运动很小时直接法才能成功。针对于此，金字塔的引入可以在一定程度上减小非凸性的影响。

- **单个像素没有区分度**。和它像的实在太多了！于是我们要么计算图像块，要么计算复杂的相关性。由于每个像素对改变相机运动的"意见"不一致，只能少数服从多数，以数量代替质量。所以，直接法在选点较少时的表现下降明显，我们通常建议用 500 个点以上。

- **灰度值不变是很强的假设**。如果相机是自动曝光的，当它调整曝光参数时，会使得图像整体变亮或变暗。光照变化时也会出现这种情况。特征点法对光照具有一定的容忍性，而直接法由于计算灰度间的差异，整体灰度变化会破坏灰度不变假设，使算法失败。针对这一点，实用的直接法会同时估计相机的曝光参数[70]，以便在曝光时间变化时也能工作。

习题

1. 除了 LK 光流，还有哪些光流方法？它们各有什么特点？

2. 在本节程序的求图像梯度过程中，我们简单地求了 $u+1$ 和 $u-1$ 的灰度之差除以 2，作为 u 方向上的梯度值。这种做法有什么缺点？提示：对于距离较近的特征，变化应该较快；而距离较远的特征在图像中变化较慢，求梯度时能否利用此信息？

3. 直接法是否能和光流一样，提出"反向法"的概念？即，使用原始图像的梯度代替目标图像的梯度？

4.* 使用 Ceres 或 g2o 实现稀疏直接法和半稠密直接法。

5. 相比于 RGB-D 的直接法，单目直接法往往更加复杂。除了匹配未知，像素的距离也是待估计的，我们需要在优化时把像素深度也作为优化变量。阅读参考文献 [69, 75]，你能理解它的原理吗？

第9讲

后端 1

主要目标

1. 理解后端的概念。
2. 理解以 EKF 为代表的滤波器后端的工作原理。
3. 理解非线性优化的后端，明白稀疏性是如何利用的。
4. 使用 g2o 和 Ceres 实际操作后端优化。

从本讲开始，我们转入 SLAM 系统的另一个重要模块：后端优化。

我们看到，前端视觉里程计能给出一个短时间内的轨迹和地图，但由于不可避免的误差累积，这个地图在长时间内是不准确的。所以，在视觉里程计的基础上，我们还希望构建一个尺度、规模更大的优化问题，以考虑长时间内的最优轨迹和地图。不过，考虑到精度与性能的平衡，实际中存在着许多不同的做法。

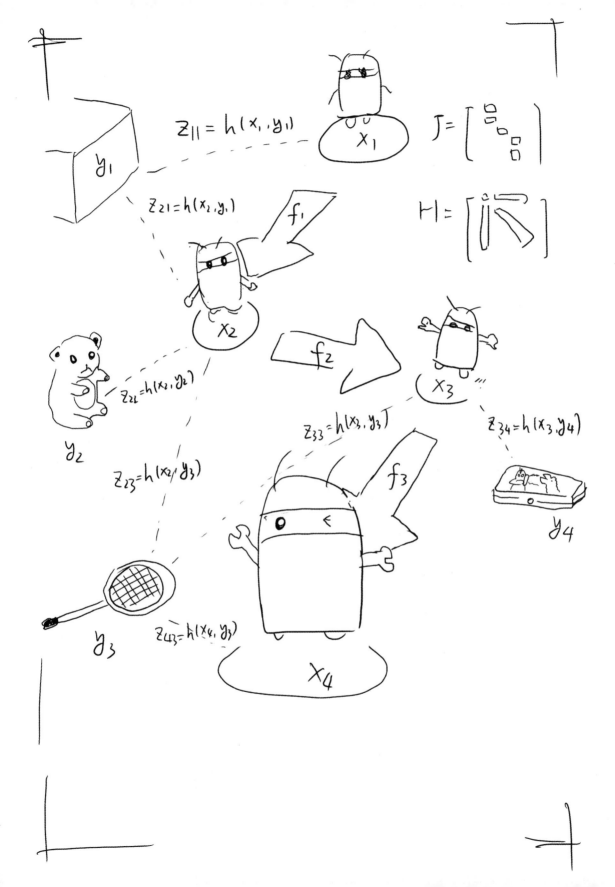

$z_{11} = h(x_1, y_1)$

$J = \begin{bmatrix} \cdot & \square \\ & \square & \cdot \\ & & \square \end{bmatrix}$

$H = \begin{bmatrix} 1 & 5 \\ & 1 \end{bmatrix}$

$z_{21} = h(x_2, y_1)$

f_1

$z_{22} = h(x_2, y_2)$

f_2

$z_{33} = h(x_3, y_3)$

$z_{34} = h(x_3, y_4)$

$z_{23} = h(x_2, y_3)$

f_3

$z_{43} = h(x_4, y_3)$

y_1

x_1

x_2

y_2

x_3

y_4

y_3

x_4

9.1 概述

9.1.1 状态估计的概率解释

第 2 讲中提到，视觉里程计只有短暂的记忆，而我们希望整个运动轨迹在较长时间内都能保持最优的状态。我们可能会用最新的知识，更新较久远的状态——站在"久远的状态"的角度上看，仿佛是未来的信息告诉它"你应该在哪里"。所以，在后端优化中，我们通常考虑一段更长时间内（或所有时间内）的状态估计问题，而且不仅使用过去的信息更新自己的状态，也会用未来的信息来更新，这种处理方式称为"批量的"（Batch）。否则，如果当前的状态只由过去的时刻决定，甚至只由前一个时刻决定，则称为"渐进的"（Incremental）。

我们已经知道 SLAM 过程可以由运动方程和观测方程来描述。那么，假设在 $t = 0$ 到 $t = N$ 的时间内，有位姿 x_0 到 x_N，并且有路标 $y_1, \cdots, y_M$。按照之前的写法，运动和观测方程为

$$
\begin{cases}
x_k = f\left(x_{k-1}, u_k\right) + w_k \\
z_{k,j} = h\left(y_j, x_k\right) + v_{k,j}
\end{cases}
\quad k = 1, \ldots, N, \ j = 1, \ldots, M. \tag{9.1}
$$

注意以下几点：

1. 观测方程中，只有当 x_k 看到了 y_j 时，才会产生观测数据，否则就没有。事实上，在一个位置通常只能看到一小部分路标。而且，由于视觉 SLAM 特征点数量众多，所以实际中观测方程的数量会远远大于运动方程。

2. 我们可能没有测量运动的装置，也可能没有运动方程。在这个情况下，有若干种处理方式：认为确实没有运动方程，或假设相机不动，或假设相机匀速运动。这几种方式都是可行的。在没有运动方程的情况下，整个优化问题就只由许多个观测方程组成。这就非常类似于 SfM 问题，相当于我们通过一组图像来恢复运动和结构。不同的是，SLAM 中的图像有时间上的先后顺序，而 SfM 中允许使用完全无关的图像。

我们知道每个方程都受噪声影响，所以要把这里的位姿 x 和路标 y **看成服从某种概率分布的随机变量**，而不是单独的一个数。因此，我们关心的问题就变成：当我们拥有某些运动数据 u 和观测数据 z 时，如何确定状态量 x, y 的分布？进而，如果得到了新时刻的数据，它们的分布又将发生怎样的变化？在比较常见且合理的情况下，我们假设状态量和噪声项服从高斯分布——这意味着在程序中只需要存储它们的均值和协方差矩阵即可。均值可看作对变量最优值的估计，而协方差矩阵则度量了它的不确定性。那么，问题就转变为：当存在一些运动数据和观测数据时，我们如何估计状态量的高斯分布？

我们依然设身处地地扮演小萝卜。只有运动方程时，相当于我们蒙着眼睛在一个未知的地方走路。尽管我们知道自己每一步走了多远，但是随着时间流逝，我们越来越不确定自己的位置——内心也就越不安。这说明当输入数据受噪声影响时，**误差是逐渐累积的**，我们对位置方差

的估计将越来越大。但是，当我们睁开眼睛时，由于能够不断地观测到外部场景，使得位置估计的不确定性变小，我们就会越来越自信。如果用椭圆或椭球直观地表达协方差阵，那么这个过程有点像是在手机地图软件中走路的感觉。以图 9-1 为例，读者可以想象，当没有观测数据时，这个圆会随着运动越来越大；而如果有正确的观测数据，圆就会缩小至一定的大小，保持稳定。

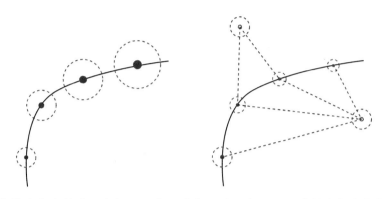

图 9-1　不确定性的直观描述。左侧：只有运动方程时，由于下一时刻的位姿是在上一时刻的基础上添加了噪声，所以不确定性越来越大。右侧：存在路标点时，不确定性会明显减小。不过请注意，这只是一个直观的示意图，并非实际数据

上面的过程以比喻的形式解释了状态估计中的问题，下面我们要以定量的方式来看待它。在第 6 讲中，我们介绍了最大似然估计，提到**批量状态估计问题可以转化为最大似然估计问题，并使用最小二乘法进行求解**。在本节，我们将探讨如何将该结论应用于渐进式问题，得到一些经典的结论。同时，在视觉 SLAM 里，最小二乘法又有何特殊的结构。

首先，由于位姿和路标点都是待估计的变量，我们改变记号，令 $\boldsymbol{x}_k$ 为 k 时刻的所有未知量。它包含了当前时刻的相机位姿与 m 个路标点。在这种记号的意义下（虽然与之前稍有不同，但含义是清楚的），写成

$$\boldsymbol{x}_k \stackrel{\text{def}}{=} \{\boldsymbol{x}_k, \boldsymbol{y}_1, \ldots, \boldsymbol{y}_m\}. \tag{9.2}$$

同时，把 k 时刻的所有观测记作 $\boldsymbol{z}_k$。于是，运动方程与观测方程的形式可写得更简洁。这里不会出现 $\boldsymbol{y}$，但我们心里要明白这时 $\boldsymbol{x}$ 中已经包含了之前的 $\boldsymbol{y}$：

$$\begin{cases} \boldsymbol{x}_k = f(\boldsymbol{x}_{k-1}, \boldsymbol{u}_k) + \boldsymbol{w}_k \\ \boldsymbol{z}_k = h(\boldsymbol{x}_k) + \boldsymbol{v}_k \end{cases} \quad k = 1, \ldots, N. \tag{9.3}$$

现在考虑第 k 时刻的情况。我们希望用过去 0 到 k 中的数据来估计现在的状态分布：

$$P(\boldsymbol{x}_k | \boldsymbol{x}_0, \boldsymbol{u}_{1:k}, \boldsymbol{z}_{1:k}). \tag{9.4}$$

下标 $0:k$ 表示从 0 时刻到 k 时刻的所有数据。请注意，z_k 表示所有在 k 时刻的观测数据，它可能不止一个，只是这种记法更方便。同时，x_k 实际上和 x_{k-1}, x_{k-2} 这些量都有关，但是此式没有显式地将它们写出来。

下面我们来看如何对状态进行估计。按照贝叶斯法则，把 z_k 与 x_k 交换位置，有

$$P\left(x_k|x_0, u_{1:k}, z_{1:k}\right) \propto P\left(z_k|x_k\right) P\left(x_k|x_0, u_{1:k}, z_{1:k-1}\right). \tag{9.5}$$

读者应该不会感到陌生。这里的第一项称为**似然**，第二项称为**先验**。似然由观测方程给定，而先验部分，我们要明白当前状态 x_k 是基于过去所有的状态估计得来的。至少，它会受 x_{k-1} 影响，于是以 x_{k-1} 时刻为条件概率展开：

$$P\left(x_k|x_0, u_{1:k}, z_{1:k-1}\right) = \int P\left(x_k|x_{k-1}, x_0, u_{1:k}, z_{1:k-1}\right) P\left(x_{k-1}|x_0, u_{1:k}, z_{1:k-1}\right) \mathrm{d}x_{k-1}. \tag{9.6}$$

如果考虑更久之前的状态，也可以继续对此式进行展开，但现在我们只关心 k 时刻和 $k-1$ 时刻的情况。至此，我们给出了贝叶斯估计，因为上式还没有具体的概率分布形式，所以没法实际操作它。对这一步的后续处理，方法上产生了一些分歧。大体上讲，存在若干种选择：一种方法是假设**马尔可夫性**，简单的一阶马氏性认为，k 时刻状态只与 $k-1$ 时刻状态有关，而与再之前的无关。如果做出这样的假设，我们就会得到以**扩展卡尔曼滤波**（EKF）为代表的滤波器方法。在滤波方法中，我们会从某时刻的状态估计，推导到下一个时刻。另一种方法是依然考虑 k 时刻状态与之前**所有状态**的关系，此时将得到**非线性优化**为主体的优化框架。非线性优化的基本知识已在前文介绍过。目前，视觉 SLAM 的主流为非线性优化方法。不过，为了让本书更全面，我们要先介绍卡尔曼滤波器（KF）和 EKF 的原理。

9.1.2 线性系统和 KF

我们首先来看滤波器模型。当我们假设了马尔可夫性，从数学角度会发生哪些变化呢？首先，当前时刻状态只和上一个时刻有关，式 (9.6) 中右侧第一部分可进一步简化：

$$P\left(x_k|x_{k-1}, x_0, u_{1:k}, z_{1:k-1}\right) = P\left(x_k|x_{k-1}, u_k\right). \tag{9.7}$$

这里，由于 k 时刻状态与 $k-1$ 之前的无关，所以就简化成只与 x_{k-1} 和 u_k 有关的形式，与 k 时刻的运动方程对应。第二部分可简化为

$$P\left(x_{k-1}|x_0, u_{1:k}, z_{1:k-1}\right) = P\left(x_{k-1}|x_0, u_{1:k-1}, z_{1:k-1}\right). \tag{9.8}$$

考虑到 k 时刻的输入量 u_k 与 $k-1$ 时刻的状态无关，所以我们把 u_k 拿掉。可以看到，这一

项实际上是 $k-1$ 时刻的状态分布。于是，这一系列方程说明，我们实际在做的是"如何把 $k-1$ 时刻的状态分布推导至 k 时刻"这样一件事。也就是说，在程序运行期间，我们只要维护一个状态量，对它不断地进行迭代和更新即可。如果假设状态量服从高斯分布，那么我们只需考虑维护状态量的均值和协方差即可。你可以想象成小萝卜上的定位系统一直在向外输出两个定位信息：一是自己的位姿，二是自己的不确定性。实际中往往也是如此。

我们从形式最简单的线性高斯系统开始，最后得到卡尔曼滤波器。明确了起点和终点之后，我们再来考虑中间的路线。线性高斯系统是指，运动方程和观测方程可以由线性方程来描述：

$$\begin{cases} \boldsymbol{x}_k = \boldsymbol{A}_k \boldsymbol{x}_{k-1} + \boldsymbol{u}_k + \boldsymbol{w}_k \\ \boldsymbol{z}_k = \boldsymbol{C}_k \boldsymbol{x}_k + \boldsymbol{v}_k \end{cases} \quad k = 1, \dots, N. \tag{9.9}$$

并假设所有的状态和噪声均满足高斯分布。记这里的噪声服从零均值高斯分布：

$$\boldsymbol{w}_k \sim N(\boldsymbol{0}, \boldsymbol{R}). \quad \boldsymbol{v}_k \sim N(\boldsymbol{0}, \boldsymbol{Q}). \tag{9.10}$$

为了简洁，笔者省略了 $\boldsymbol{R}$ 和 $\boldsymbol{Q}$ 的下标。现在，利用马尔可夫性，假设我们知道了 $k-1$ 时刻的后验（在 $k-1$ 时刻看来）状态估计 $\hat{\boldsymbol{x}}_{k-1}$ 及其协方差 $\hat{\boldsymbol{P}}_{k-1}$，现在要根据 k 时刻的输入和观测数据，确定 $\boldsymbol{x}_k$ 的后验分布。为区分推导中的先验和后验，我们在记号上做一点区别：以上帽子 $\hat{\boldsymbol{x}}_k$ 表示后验，以下帽子 $\check{\boldsymbol{x}}_k$ 表示先验分布，请读者不要混淆。

卡尔曼滤波器的第一步，通过运动方程确定 $\boldsymbol{x}_k$ 的先验分布。这一步是线性的，而高斯分布的线性变换仍是高斯分布。所以，显然有

$$P\left(\boldsymbol{x}_k | \boldsymbol{x}_0, \boldsymbol{u}_{1:k}, \boldsymbol{z}_{1:k-1}\right) = N\left(\boldsymbol{A}_k \hat{\boldsymbol{x}}_{k-1} + \boldsymbol{u}_k, \boldsymbol{A}_k \hat{\boldsymbol{P}}_{k-1} \boldsymbol{A}_k^\mathsf{T} + \boldsymbol{R}\right). \tag{9.11}$$

这一步称为**预测**（Predict），原理见附录 A.3。它显示了如何从上一个时刻的状态，根据输入信息（但是有噪声）推断当前时刻的状态分布。这个分布也就是先验。记：

$$\check{\boldsymbol{x}}_k = \boldsymbol{A}_k \hat{\boldsymbol{x}}_{k-1} + \boldsymbol{u}_k, \quad \check{\boldsymbol{P}}_k = \boldsymbol{A}_k \hat{\boldsymbol{P}}_{k-1} \boldsymbol{A}_k^\mathsf{T} + \boldsymbol{R}. \tag{9.12}$$

这非常自然。一方面，显然这一步状态的不确定度要变大，因为系统中添加了噪声。另一方面，由观测方程，我们可以计算在某个状态下应该产生怎样的观测数据：

$$P\left(\boldsymbol{z}_k | \boldsymbol{x}_k\right) = N\left(\boldsymbol{C}_k \boldsymbol{x}_k, \boldsymbol{Q}\right). \tag{9.13}$$

为了得到后验概率，我们想要计算它们的乘积，也就是由式 (9.5) 给出的贝叶斯公式。然而，虽然我们知道最后会得到一个关于 $\boldsymbol{x}_k$ 的高斯分布，但计算上是有一点点麻烦的，我们先把结果

设为 $\boldsymbol{x}_k \sim N(\hat{\boldsymbol{x}}_k, \hat{\boldsymbol{P}}_k)$，那么：

$$N(\hat{\boldsymbol{x}}_k, \hat{\boldsymbol{P}}_k) = \eta N\left(\boldsymbol{C}_k \boldsymbol{x}_k, \boldsymbol{Q}\right) \cdot N(\check{\boldsymbol{x}}_k, \check{\boldsymbol{P}}_k). \tag{9.14}$$

这里我们稍微用点讨巧的方法。既然我们已经知道等式两侧都是高斯分布，那就只需比较指数部分，无须理会高斯分布前面的因子部分。指数部分很像是一个二次型的配方，我们来推导一下。首先把指数部分展开，有[①]

$$(\boldsymbol{x}_k - \hat{\boldsymbol{x}}_k)^{\mathrm{T}} \hat{\boldsymbol{P}}_k^{-1} (\boldsymbol{x}_k - \hat{\boldsymbol{x}}_k) = (\boldsymbol{z}_k - \boldsymbol{C}_k \boldsymbol{x}_k)^{\mathrm{T}} \boldsymbol{Q}^{-1} (\boldsymbol{z}_k - \boldsymbol{C}_k \boldsymbol{x}_k) + (\boldsymbol{x}_k - \check{\boldsymbol{x}}_k)^{\mathrm{T}} \check{\boldsymbol{P}}_k^{-1} (\boldsymbol{x}_k - \check{\boldsymbol{x}}_k). \tag{9.15}$$

为了求左侧的 $\hat{\boldsymbol{x}}_k$ 和 $\hat{\boldsymbol{P}}_k$，我们把两边展开，并比较 $\boldsymbol{x}_k$ 的二次和一次系数。对于二次系数，有

$$\hat{\boldsymbol{P}}_k^{-1} = \boldsymbol{C}_k^{\mathrm{T}} \boldsymbol{Q}^{-1} \boldsymbol{C}_k + \check{\boldsymbol{P}}_k^{-1}. \tag{9.16}$$

该式给出了协方差的计算过程。为了便于后面列写式子，定义一个中间变量：

$$\boldsymbol{K} = \hat{\boldsymbol{P}}_k \boldsymbol{C}_k^{\mathrm{T}} \boldsymbol{Q}^{-1}. \tag{9.17}$$

根据此定义，在式 (9.16) 的左右各乘 $\hat{\boldsymbol{P}}_k$，有

$$\boldsymbol{I} = \hat{\boldsymbol{P}}_k \boldsymbol{C}_k^{\mathrm{T}} \boldsymbol{Q}^{-1} \boldsymbol{C}_k + \hat{\boldsymbol{P}}_k \check{\boldsymbol{P}}_k^{-1} = \boldsymbol{K} \boldsymbol{C}_k + \hat{\boldsymbol{P}}_k \check{\boldsymbol{P}}_k^{-1}. \tag{9.18}$$

于是有[②]

$$\hat{\boldsymbol{P}}_k = (\boldsymbol{I} - \boldsymbol{K} \boldsymbol{C}_k) \check{\boldsymbol{P}}_k. \tag{9.19}$$

然后比较一次项的系数，有

$$-2\hat{\boldsymbol{x}}_k^{\mathrm{T}} \hat{\boldsymbol{P}}_k^{-1} \boldsymbol{x}_k = -2\boldsymbol{z}_k^{\mathrm{T}} \boldsymbol{Q}^{-1} \boldsymbol{C}_k \boldsymbol{x}_k - 2\check{\boldsymbol{x}}_k^{\mathrm{T}} \check{\boldsymbol{P}}_k^{-1} \boldsymbol{x}_k. \tag{9.20}$$

整理（取系数并转置）得

$$\hat{\boldsymbol{P}}_k^{-1} \hat{\boldsymbol{x}}_k = \boldsymbol{C}_k^{\mathrm{T}} \boldsymbol{Q}^{-1} \boldsymbol{z}_k + \check{\boldsymbol{P}}_k^{-1} \check{\boldsymbol{x}}_k. \tag{9.21}$$

两侧乘以 $\hat{\boldsymbol{P}}_k$ 并代入式 (9.17)，得

[①]这里的等号并不严格，实际允许相差与 $\boldsymbol{x}_k$ 无关的常数。

[②]这里看似有一点儿循环定义的意思。我们由 $\hat{\boldsymbol{P}}_k$ 定义了 $\boldsymbol{K}$，又把 $\hat{\boldsymbol{P}}_k$ 写成了 $\boldsymbol{K}$ 的表达式。然而，实际中 $\boldsymbol{K}$ 可以不依靠 $\hat{\boldsymbol{P}}_k$ 算得，但是这需要引入 SMW（Sherman-Morrison-Woodbury）恒等式[76]，参见本讲的习题。

$$\hat{\boldsymbol{x}}_k = \hat{\boldsymbol{P}}_k \boldsymbol{C}_k^{\mathrm{T}} \boldsymbol{Q}^{-1} \boldsymbol{z}_k + \hat{\boldsymbol{P}}_k \check{\boldsymbol{P}}_k^{-1} \check{\boldsymbol{x}}_k \tag{9.22}$$

$$= \boldsymbol{K} \boldsymbol{z}_k + (\boldsymbol{I} - \boldsymbol{K} \boldsymbol{C}_k) \check{\boldsymbol{x}}_k = \check{\boldsymbol{x}}_k + \boldsymbol{K} (\boldsymbol{z}_k - \boldsymbol{C}_k \check{\boldsymbol{x}}_k). \tag{9.23}$$

于是我们又得到了后验均值的表达。总而言之，上面的两个步骤可以归纳为"预测"和"更新"（Update）两个步骤：

1. 预测：
$$\check{\boldsymbol{x}}_k = \boldsymbol{A}_k \hat{\boldsymbol{x}}_{k-1} + \boldsymbol{u}_k, \quad \check{\boldsymbol{P}}_k = \boldsymbol{A}_k \hat{\boldsymbol{P}}_{k-1} \boldsymbol{A}_k^{\mathrm{T}} + \boldsymbol{R}. \tag{9.24}$$

2. 更新：先计算 $\boldsymbol{K}$，它又称为卡尔曼增益。

$$\boldsymbol{K} = \check{\boldsymbol{P}}_k \boldsymbol{C}_k^{\mathrm{T}} \left(\boldsymbol{C}_k \check{\boldsymbol{P}}_k \boldsymbol{C}_k^{\mathrm{T}} + \boldsymbol{Q}_k \right)^{-1}. \tag{9.25}$$

然后计算后验概率的分布。

$$\begin{aligned} \hat{\boldsymbol{x}}_k &= \check{\boldsymbol{x}}_k + \boldsymbol{K} (\boldsymbol{z}_k - \boldsymbol{C}_k \check{\boldsymbol{x}}_k) \\ \hat{\boldsymbol{P}}_k &= (\boldsymbol{I} - \boldsymbol{K} \boldsymbol{C}_k) \check{\boldsymbol{P}}_k. \end{aligned} \tag{9.26}$$

至此，我们推导了经典的卡尔曼滤波器的整个过程。事实上，卡尔曼滤波器有若干种推导方式，而我们使用的是从概率角度出发的最大后验概率估计的方式。我们看到，在线性高斯系统中，卡尔曼滤波器构成了该系统中的最大后验概率估计。而且，由于高斯分布经过线性变换后仍服从高斯分布，所以整个过程中我们没有进行任何的近似。可以说，卡尔曼滤波器构成了线性系统的最优无偏估计。

9.1.3 非线性系统和 EKF

在理解了卡尔曼滤波之后，我们必须要澄清一点：SLAM 中的运动方程和观测方程通常是非线性函数，尤其是视觉 SLAM 中的相机模型，需要使用相机内参模型及李代数表示的位姿，更不可能是一个线性系统。一个高斯分布，经过非线性变换后，往往不再是高斯分布，所以在非线性系统中，我们必须取一定的近似，将一个非高斯分布近似成高斯分布。

我们希望把卡尔曼滤波器的结果拓展到非线性系统中，称为扩展卡尔曼滤波器。通常的做法是，在某个点附近考虑运动方程及观测方程的一阶泰勒展开，只保留一阶项，即线性的部分，然后按照线性系统进行推导。令 $k-1$ 时刻的均值与协方差矩阵为 $\hat{\boldsymbol{x}}_{k-1}, \hat{\boldsymbol{P}}_{k-1}$。在 k 时刻，我们把运动方程和观测方程在 $\hat{\boldsymbol{x}}_{k-1}, \hat{\boldsymbol{P}}_{k-1}$ 处进行**线性化**（相当于一阶泰勒展开），有

$$\boldsymbol{x}_k \approx f(\hat{\boldsymbol{x}}_{k-1}, \boldsymbol{u}_k) + \left. \frac{\partial f}{\partial \boldsymbol{x}_{k-1}} \right|_{\hat{\boldsymbol{x}}_{k-1}} (\boldsymbol{x}_{k-1} - \hat{\boldsymbol{x}}_{k-1}) + \boldsymbol{w}_k. \tag{9.27}$$

记这里的偏导数为

$$
\boldsymbol{F} = \left. \frac{\partial f}{\partial \boldsymbol{x}_{k-1}} \right|_{\hat{\boldsymbol{x}}_{k-1}}. \tag{9.28}
$$

同样，对于观测方程，亦有

$$
\boldsymbol{z}_k \approx h\left(\check{\boldsymbol{x}}_k\right) + \left. \frac{\partial h}{\partial \boldsymbol{x}_k} \right|_{\check{\boldsymbol{x}}_k} \left(\boldsymbol{x}_k - \check{\boldsymbol{x}}_k\right) + \boldsymbol{n}_k. \tag{9.29}
$$

记这里的偏导数为

$$
\boldsymbol{H} = \left. \frac{\partial h}{\partial \boldsymbol{x}_k} \right|_{\check{\boldsymbol{x}}_k}. \tag{9.30}
$$

那么，在**预测**步骤中，根据运动方程有

$$
P\left(\boldsymbol{x}_k | \boldsymbol{x}_0, \boldsymbol{u}_{1:k}, \boldsymbol{z}_{0:k-1}\right) = N(f\left(\hat{\boldsymbol{x}}_{k-1}, \boldsymbol{u}_k\right), \boldsymbol{F}\hat{\boldsymbol{P}}_{k-1}\boldsymbol{F}^{\mathrm{T}} + \boldsymbol{R}_k). \tag{9.31}
$$

这些推导和卡尔曼滤波是十分相似的。为方便表述，记这里的先验和协方差的均值为

$$
\check{\boldsymbol{x}}_k = f\left(\hat{\boldsymbol{x}}_{k-1}, \boldsymbol{u}_k\right), \quad \check{\boldsymbol{P}}_k = \boldsymbol{F}\hat{\boldsymbol{P}}_{k-1}\boldsymbol{F}^{\mathrm{T}} + \boldsymbol{R}_k. \tag{9.32}
$$

然后，考虑在观测中我们有

$$
P\left(\boldsymbol{z}_k | \boldsymbol{x}_k\right) = N(h\left(\check{\boldsymbol{x}}_k\right) + \boldsymbol{H}\left(\boldsymbol{x}_k - \check{\boldsymbol{x}}_k\right), \boldsymbol{Q}_k). \tag{9.33}
$$

最后，根据最开始的贝叶斯展开式，可以推导出 $\boldsymbol{x}_k$ 的后验概率形式。我们略去中间的推导过程，只介绍其结果。读者可以仿照卡尔曼滤波器的方式，推导 EKF 的预测与更新方程。简而言之，我们会先定义一个**卡尔曼增益** $\boldsymbol{K}_k$：

$$
\boldsymbol{K}_k = \check{\boldsymbol{P}}_k \boldsymbol{H}^{\mathrm{T}}\left(\boldsymbol{H}\check{\boldsymbol{P}}_k\boldsymbol{H}^{\mathrm{T}} + \boldsymbol{Q}_k\right)^{-1}. \tag{9.34}
$$

在卡尔曼增益的基础上，后验概率的形式为

$$
\hat{\boldsymbol{x}}_k = \check{\boldsymbol{x}}_k + \boldsymbol{K}_k\left(\boldsymbol{z}_k - h\left(\check{\boldsymbol{x}}_k\right)\right), \hat{\boldsymbol{P}}_k = \left(\boldsymbol{I} - \boldsymbol{K}_k\boldsymbol{H}\right)\check{\boldsymbol{P}}_k. \tag{9.35}
$$

卡尔曼滤波器给出了在线性化之后状态变量分布的变化过程。在线性系统和高斯噪声下，卡尔曼滤波器给出了无偏最优估计。而在 SLAM 这种非线性的情况下，它给出了单次线性近似下的最大后验估计。

9.1.4　EKF 的讨论

EKF 以形式简洁、应用广泛著称。当想要在某段时间内估计某个不确定量时，我们首先想到的就是 EKF。在早期的 SLAM 中，EKF 占据了很长一段时间的主导地位，研究者们讨论了各种各样的滤波器在 SLAM 中的应用，如 IF（信息滤波器）[77]、IKF[78]（Iterated KF）、UKF[79]（Unscented KF）和粒子滤波器[80-82]、SWF（Sliding Window Filter）[83]，等等[17]①，或者用分治法等思路改进 EKF 的效率[84, 85]。时至今日，尽管我们认识到非线性优化比滤波器占有明显的优势，但是在计算资源受限，或待估计量比较简单的场合，EKF 仍不失为一种有效的方式。

EKF 有哪些局限呢？

1. 滤波器方法在一定程度上假设了**马尔可夫性**，也就是 k 时刻的状态只与 $k-1$ 时刻相关，而与 $k-1$ 之前的状态和观测都无关（或者和前几个有限时刻的状态相关）。这有点像是在视觉里程计中只考虑相邻两帧的关系。如果当前帧确实与很久之前的数据有关（例如回环），那么滤波器会难以处理。

   而非线性优化方法则倾向于使用所有的历史数据。它不光考虑邻近时刻的特征点与轨迹关系，更会把很久之前的状态也考虑进来，称为全体时间上的 SLAM（Full-SLAM）。在这种意义下，非线性优化方法使用了更多信息，当然也需要更多的计算。

2. 与第 6 讲介绍的优化方法相比，EKF 滤波器仅在 $\hat{x}_{k-1}$ 处做了**一次线性化**，就直接根据这次线性化的结果，把后验概率给算了出来。这相当于在说，我们认为**该点处的线性化近似在后验概率处仍然是有效的**。而实际上，当我们离工作点较远时，一阶泰勒展开并不一定能够近似整个函数，这取决于运动模型和观测模型的非线性情况。如果它们有强烈的非线性，那么线性近似就只在很小范围内成立，不能认为在很远的地方仍能用线性来近似。这就是 EKF 的**非线性误差**，也是它的主要问题所在。

   在优化问题中，尽管我们也做一阶（最速下降）或二阶（高斯牛顿法或列文伯格—马夸尔特方法）的近似，但每迭代一次，状态估计发生改变之后，我们会重新对新的估计点做泰勒展开，而不像 EKF 那样只在固定点上做一次泰勒展开。这就使得优化的方法适用范围更广，在状态变化较大时也能适用。所以大体来说，可以粗略地认为 **EKF 仅是优化中的一次迭代**②。

3. 从程序实现上来说，EKF 需要存储状态量的均值和方差，并对它们进行维护和更新。如果把路标也放进状态，由于视觉 SLAM 中路标数量很大，则这个存储量是相当可观的，且与状态量呈平方增长（因为要存储协方差矩阵）。因此，普遍认为 EKF SLAM 不适用于大型场景。

4. EKF 等滤波器方法没有异常检测机制，导致系统在存在异常值的时候很容易发散。而在

---

① 粒子滤波器的原理与卡尔曼滤波有较大不同。

② 更详细地说，比一次迭代要好一些，因为更新步骤的线性化是在预测基础之上。如果在预测时刻就同时线性化运动和观测模型，就完全和一次迭代一样了。

视觉 SLAM 中，异常值却是很常见的：无论特征匹配还是光流法，都容易追踪或匹配到错误的点。没有异常值检测机制会让系统在实用中非常不稳定。

由于 EKF 存在这些明显的缺点，我们通常认为，在同等计算量的情况下，非线性优化能取得更好的效果[13]。这里"更好"是指精度和鲁棒性同时达到更好的意思。下面我们来讨论以非线性优化为主的后端。我们将主要介绍图优化，并用 g2o 和 Ceres 演示后端优化。

9.2 BA 与图优化

如果你做过视觉三维重建，那么应该对这个概念再熟悉不过了。所谓的 Bundle Adjustment[①]（BA），是指从视觉图像中提炼出最优的 3D 模型和相机参数（内参数和外参数）。考虑从任意特征点发射出来的几束光线（bundles of light rays），它们会在几个相机的成像平面上变成像素或是检测到的特征点。如果我们调整（adjustment）各相机姿态和各特征点的空间位置，使得这些光线最终收束到相机的光心[34]，就称为 BA。

我们在第 5 讲和第 7 讲已经简单介绍过 BA 的原理，本节的重点是介绍它对应的图模型结构的特点，然后介绍一些通用的快速求解方法。

9.2.1 投影模型和 BA 代价函数

首先，我们复习整个投影的过程。从一个世界坐标系中的点 p 出发，把相机的内外参数和畸变都考虑进来，最后投影成像素坐标，需要如下步骤。

1. 把世界坐标转换到相机坐标，这里将用到相机外参数 (R, t)：

$$P' = Rp + t = [X', Y', Z']^{\mathrm{T}}. \tag{9.36}$$

2. 将 P' 投至归一化平面，得到归一化坐标：

$$P_{\mathrm{c}} = [u_{\mathrm{c}}, v_{\mathrm{c}}, 1]^{\mathrm{T}} = [X'/Z', Y'/Z', 1]^{\mathrm{T}}. \tag{9.37}$$

3. 考虑归一化坐标的畸变情况，得到去畸变前的原始像素坐标。这里暂时只考虑径向畸变：

$$\begin{cases} u'_{\mathrm{c}} = u_{\mathrm{c}} \left(1 + k_1 r_{\mathrm{c}}^2 + k_2 r_{\mathrm{c}}^4\right) \\ v'_{\mathrm{c}} = v_{\mathrm{c}} \left(1 + k_1 r_{\mathrm{c}}^2 + k_2 r_{\mathrm{c}}^4\right) \end{cases}. \tag{9.38}$$

4. 根据内参模型，计算像素坐标：

---

①也译为光束法平差、捆集调整等，但笔者觉得没有 Bundle Adjustment 这个英文来得直观，所以这里保留英文名称。

$$\begin{cases} u_s = f_x u'_\mathrm{c} + c_x \\ v_s = f_y v'_\mathrm{c} + c_y \end{cases}. \tag{9.39}$$

这一系列计算流程看似复杂。我们用流程图 9-2 形象化地表示整个过程，以帮助读者理解。读者应该能领会到，这个过程也就是前面讲的**观测方程**，之前我们把它抽象地记成：

$$\boldsymbol{z} = h(\boldsymbol{x}, \boldsymbol{y}). \tag{9.40}$$

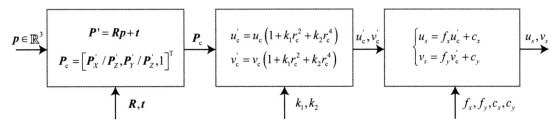

图 9-2　计算流程示意图。左侧的 $\boldsymbol{p}$ 是全局坐标系下的三维坐标点，右侧的 u_s, v_s 是该点在图像平面上的最终像素坐标。中间畸变模块中的 $r_\mathrm{c}^2 = u_\mathrm{c}^2 + v_\mathrm{c}^2$

现在，我们给出了它的详细参数化过程。具体地说，这里的 $\boldsymbol{x}$ 指代此时相机的位姿，即外参 $\boldsymbol{R}, \boldsymbol{t}$，它对应的李群为 $\boldsymbol{T}$，李代数为 $\boldsymbol{\xi}$。路标 $\boldsymbol{y}$ 即这里的三维点 $\boldsymbol{p}$，而观测数据则是像素坐标 $\boldsymbol{z} \overset{\mathrm{def}}{=} [u_s, v_s]^\mathrm{T}$。以最小二乘的角度来考虑，那么可以列写关于此次观测的误差：

$$\boldsymbol{e} = \boldsymbol{z} - h(\boldsymbol{T}, \boldsymbol{p}). \tag{9.41}$$

然后，把其他时刻的观测量也考虑进来，我们可以给误差添加一个下标。设 $\boldsymbol{z}_{ij}$ 为在位姿 $\boldsymbol{T}_i$ 处观察路标 $\boldsymbol{p}_j$ 产生的数据，那么整体的**代价函数**为

$$\frac{1}{2} \sum_{i=1}^{m} \sum_{j=1}^{n} \|\boldsymbol{e}_{ij}\|^2 = \frac{1}{2} \sum_{i=1}^{m} \sum_{j=1}^{n} \|\boldsymbol{z}_{ij} - h(\boldsymbol{T}_i, \boldsymbol{p}_j)\|^2. \tag{9.42}$$

对这个最小二乘进行求解，相当于对位姿和路标同时做了调整，也就是所谓的 BA。接下来，我们会根据该目标函数和第 6 讲介绍的非线性优化内容，逐步深入地探讨该模型的求解。

9.2.2　BA 的求解

观察 9.2.1 节中的观测模型 $h(\boldsymbol{T}, \boldsymbol{p})$，很容易判断该函数不是线性函数。所以我们希望使用 6.2 节介绍的一些非线性优化手段来优化它。根据非线性优化的思想，我们应该从某个初始值开始，不断地寻找下降方向 $\Delta \boldsymbol{x}$，来找到目标函数的最优解，即不断地求解增量方程 (6.33) 中的增

量 Δx。尽管误差项都是针对单个位姿和路标点的，但在整体 BA 目标函数上，我们应该把自变量定义成所有待优化的变量：

$$x = [T_1, \ldots, T_m, p_1, \ldots, p_n]^{\mathrm{T}}. \tag{9.43}$$

相应地，增量方程中的 Δx 则是对整体自变量的增量。在这个意义下，当我们给自变量一个增量时，目标函数变为

$$\frac{1}{2} \|f(x + \Delta x)\|^2 \approx \frac{1}{2} \sum_{i=1}^{m} \sum_{j=1}^{n} \|e_{ij} + F_{ij}\Delta \xi_i + E_{ij}\Delta p_j\|^2. \tag{9.44}$$

其中，F_{ij} 表示整个代价函数在当前状态下对相机姿态的偏导数，而 E_{ij} 表示该函数对路标点位置的偏导。我们曾在 7.7.3 节中介绍了它们的具体形式，所以这里就不再展开推导了。现在，把相机位姿变量放在一起：

$$x_{\mathrm{c}} = [\xi_1, \xi_2, \ldots, \xi_m]^{\mathrm{T}} \in \mathbb{R}^{6m}, \tag{9.45}$$

并把空间点的变量也放在一起：

$$x_p = [p_1, p_2, \ldots, p_n]^{\mathrm{T}} \in \mathbb{R}^{3n}, \tag{9.46}$$

那么，式 (9.44) 可以简化表达如下：

$$\frac{1}{2} \|f(x + \Delta x)\|^2 = \frac{1}{2} \|e + F\Delta x_c + E\Delta x_p\|^2. \tag{9.47}$$

需要注意的是，该式从一个由很多个小型二次项之和，变成矩阵形式。这里的雅可比矩阵 E 和 F 必须是整体目标函数对整体变量的导数，它将是一个很大块的矩阵，而里头每个小分块，需要由每个误差项的导数 F_{ij} 和 E_{ij} "拼凑"起来。然后，无论我们使用高斯牛顿法还是列文伯格—马夸尔特方法，最后都将面对增量线性方程：

$$H\Delta x = g. \tag{9.48}$$

根据第 6 讲的知识，我们知道高斯牛顿法和列文伯格—马夸尔特方法的主要差别在于，这里的 H 是取 $J^{\mathrm{T}}J$ 还是 $J^{\mathrm{T}}J + \lambda I$ 的形式。由于我们把变量归类成了位姿和空间点两种，所以雅可比矩阵可以分块为

$$J = [F \ E]. \tag{9.49}$$

那么，以高斯牛顿法为例，则 H 矩阵为

$$H = J^{\mathrm{T}}J = \begin{bmatrix} F^{\mathrm{T}}F & F^{\mathrm{T}}E \\ E^{\mathrm{T}}F & E^{\mathrm{T}}E \end{bmatrix}. \tag{9.50}$$

当然，在列文伯格—马夸尔特方法中我们也需要计算这个矩阵。不难发现，因为考虑了所有的优化变量，所以这个线性方程的维度将非常大，包含了所有的相机位姿和路标点。尤其是在视觉 SLAM 中，一幅图像会提出数百个特征点，大大增加了这个线性方程的规模。如果直接对 H 求逆来计算增量方程，由于矩阵求逆是复杂度为 $O(n^3)$ 的操作[86]，那么消耗的计算资源会非常多。幸运的是，这里的 H 矩阵是有一定的特殊结构的。利用这个特殊结构，我们可以加速求解过程。

9.2.3　稀疏性和边缘化

21 世纪视觉 SLAM 的一个重要进展是认识到了矩阵 H 的稀疏结构，并发现该结构可以自然、显式地用图优化来表示[36, 87]。本节将详细讨论该矩阵的稀疏结构。

H 矩阵的稀疏性是由雅可比矩阵 $J(x)$ 引起的。考虑这些代价函数当中的其中一个 e_{ij}。注意，这个误差项只描述了在 T_i 看到 p_j 这件事，只涉及第 i 个相机位姿和第 j 个路标点，对其余部分的变量的导数都为 0。所以该误差项对应的雅可比矩阵有下面的形式：

$$J_{ij}(x) = \left(0_{2\times6}, \ldots 0_{2\times6}, \frac{\partial e_{ij}}{\partial T_i}, 0_{2\times6}, \ldots 0_{2\times3}, \ldots 0_{2\times3}, \frac{\partial e_{ij}}{\partial p_j}, 0_{2\times3}, \ldots 0_{2\times3} \right). \tag{9.51}$$

其中 $0_{2\times6}$ 表示维度为 2×6 的 0 矩阵，同理，$0_{2\times3}$ 也是一样的。该误差项对相机姿态的偏导 $\partial e_{ij}/\partial \xi_i$ 维度为 2×6，对路标点的偏导 $\partial e_{ij}/\partial p_j$ 维度是 2×3。这个误差项的雅可比矩阵，除了这两处为非零块，其余地方都为零。这体现了该误差项与其他路标和轨迹无关的特性。从图优化角度来说，这条观测边只和两个顶点有关。那么，它对增量方程有何影响？H 矩阵为什么会产生稀疏性呢？

以图 9-3 为例，我们设 J_{ij} 只在 i, j 处有非零块，那么它对 H 的贡献为 $J_{ij}^{\mathrm{T}}J_{ij}$，具有图上所画的稀疏形式。这个 $J_{ij}^{\mathrm{T}}J_{ij}$ 矩阵也仅有 4 个非零块，位于 $(i,i), (i,j), (j,i), (j,j)$。对于整体的 H，有

$$H = \sum_{i,j} J_{ij}^{\mathrm{T}}J_{ij}, \tag{9.52}$$

请注意，i 在所有相机位姿中取值，j 在所有路标点中取值。我们把 H 进行分块：

$$H = \begin{bmatrix} H_{11} & H_{12} \\ H_{21} & H_{22} \end{bmatrix}. \tag{9.53}$$

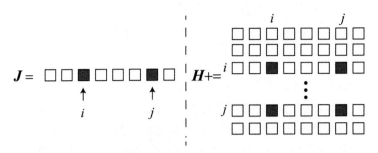

图 9-3　当某个误差项 J 具有稀疏性时，它对 H 的贡献也具有稀疏形式

这里，H_{11} 只和相机位姿有关，而 H_{22} 只和路标点有关。当我们遍历 i, j 时，以下事实总是成立的：

1. 不管 i, j 怎么变，H_{11} 都是对角阵，只在 $H_{i,i}$ 处有非零块。
2. 同理，H_{22} 也是对角阵，只在 $H_{j,j}$ 处有非零块。
3. 对于 H_{12} 和 H_{21}，它们可能是稀疏的，也可能是稠密的，视具体的观测数据而定。

这显示了 H 的稀疏结构。之后对线性方程的求解中，也正需要利用它的稀疏结构。也许读者还没有很好地领会这里的意思，我们举一个实例来直观地说明它的情况。假设一个场景内有 2 个相机位姿（C_1, C_2）和 6 个路标点（$P_1, P_2, P_3, P_4, P_5, P_6$）。这些相机和点云所对应的变量为 $T_i, i = 1, 2$ 及 $p_j, j = 1, \cdots, 6$。相机 C_1 观测到路标点 P_1, P_2, P_3, P_4，相机 C_2 观测到路标点 P_3, P_4, P_5, P_6。我们把这个过程画成示意图，如图 9-4 所示。相机和路标以圆形节点表示。如果 i 相机能够观测到 j 点，我们就在它们对应的节点连上一条边。

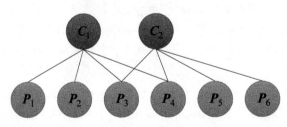

图 9-4　点和边组成的示意图。该图显示相机 C_1 观测到了路标点 P_1, P_2, P_3, P_4，相机 C_2 看到了路标点 $P_3 \sim P_6$

可以推出，场景下的 BA 目标函数应该为

$$\frac{1}{2} \left(\|e_{11}\|^2 + \|e_{12}\|^2 + \|e_{13}\|^2 + \|e_{14}\|^2 + \|e_{23}\|^2 + \|e_{24}\|^2 + \|e_{25}\|^2 + \|e_{26}\|^2 \right). \tag{9.54}$$

这里的 e_{ij} 使用之前定义过的代价函数，即式 (9.42)。以 e_{11} 为例，它描述了在 C_1 看到了 P_1 这件事，与其他的相机位姿和路标无关。令 J_{11} 为 e_{11} 所对应的雅可比矩阵，不难看出 e_{11} 对相

机变量 $\boldsymbol{\xi}_2$ 和路标点 $\boldsymbol{p}_2, \cdots, \boldsymbol{p}_6$ 的偏导都为 0。我们把所有变量以 $\boldsymbol{x} = (\boldsymbol{\xi}_1, \boldsymbol{\xi}_2, \boldsymbol{p}_1, \cdots, \boldsymbol{p}_2)^{\mathrm{T}}$ 的顺序摆放，则有

$$\boldsymbol{J}_{11} = \frac{\partial \boldsymbol{e}_{11}}{\partial \boldsymbol{x}} = \left(\frac{\partial \boldsymbol{e}_{11}}{\partial \boldsymbol{\xi}_1}, \boldsymbol{0}_{2\times 6}, \frac{\partial \boldsymbol{e}_{11}}{\partial \boldsymbol{p}_1}, \boldsymbol{0}_{2\times 3}, \boldsymbol{0}_{2\times 3}, \boldsymbol{0}_{2\times 3}, \boldsymbol{0}_{2\times 3}, \boldsymbol{0}_{2\times 3} \right). \tag{9.55}$$

为了方便表示稀疏性，我们用带有颜色的方块表示矩阵在该方块内有数值，其余没有颜色的区域表示矩阵在该处数值都为 0。那么上面的 $\boldsymbol{J}_{11}$ 则可以表示成图 9-5 所示的图案。同理，其他的雅可比矩阵也会有类似的稀疏图案。

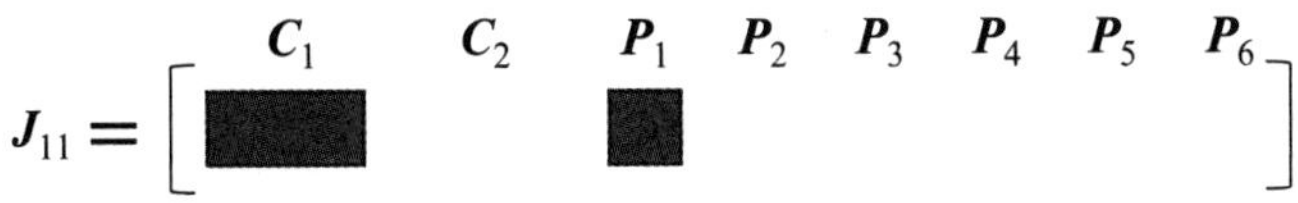

图 9-5　$\boldsymbol{J}_{11}$ 矩阵的非零块分布图。上方的标记表示矩阵该列所对应的变量。由于相机参数维数比点云参数维数大，所以 $\boldsymbol{C}_1$ 对应的矩阵块要比 $\boldsymbol{P}_1$ 对应的矩阵块宽

为了得到该目标函数对应的雅可比矩阵，我们可以将这些 $\boldsymbol{J}_{ij}$ 按照一定顺序列为向量，那么整体雅可比矩阵及相应的 $\boldsymbol{H}$ 矩阵的稀疏情况就如图 9-6 所示。

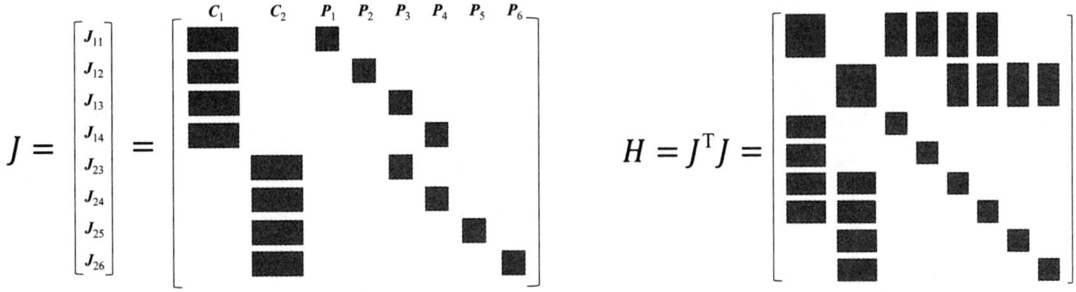

图 9-6　雅可比矩阵的稀疏性（左）和 $\boldsymbol{H}$ 矩阵的稀疏性（右），填色的方块表示矩阵在对应的矩阵块处有数值，其余没有颜色的部分表示矩阵在该处的数值始终为 0

也许你已经注意到了，图 9-4 对应的**邻接矩阵**（Adjacency Matrix）[1] 和图 9-6 中的 $\boldsymbol{H}$ 矩阵，除了对角元素外的其余部分有着完全一致的结构。事实上的确如此。上面的 $\boldsymbol{H}$ 矩阵一共有 8×8 个矩阵块，对于 $\boldsymbol{H}$ 矩阵中处于非对角线的矩阵块来说，如果该矩阵块非零，则其位置所对应的变量之间在图中会存在一条边，我们可以从图 9-7 中清晰地看到这一点。所以，$\boldsymbol{H}$ 矩阵中的非对角部分的非零矩阵块可以理解为其对应的两个变量之间存在联系，或者可以称之为约束。于是，我们发现图优化结构与增量方程的稀疏性存在着明显的联系。

---

[1] 所谓邻接矩阵是这样一种矩阵，它的第 i, j 个元素描述了节点 i 和 j 是否存在一条边。如果存在此边，则设这个元素为 1，否则设为 0。

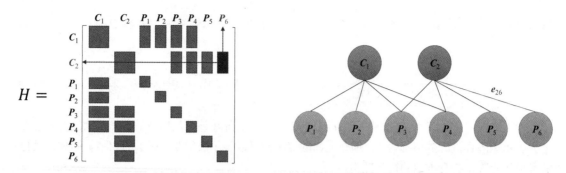

图 9-7　H 矩阵中非零矩阵块和图中边的对应关系。如左图 H 矩阵中右侧的红色矩阵块，表示在右图中其对应的变量 C_2 和 P_6 之间存在一条边 e_{26}（见彩插）

现在考虑更一般的情况，假如我们有 m 个相机位姿，n 个路标点。由于通常路标的数量远远多于相机，于是有 $n \gg m$。由上面的推理可知，一般情况下的 H 矩阵如图 9-8 所示。它的左上角块显得非常小，而右下角的对角块占据了大量地方。除此之外，非对角部分则分布着散乱的观测数据。由于它的形状很像箭头，又称为箭头形（Arrow-like）矩阵[6]。同时，它也很像一把镐子，所以笔者也称其为镐形矩阵①。

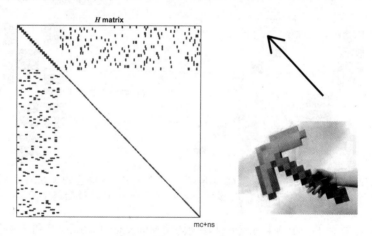

图 9-8　一般情况下的 H 矩阵

对于具有这种稀疏结构的 H，线性方程 $H\Delta x = g$ 的求解会有什么不同呢？现实当中存在着若干种利用 H 的稀疏性加速计算的方法，本节介绍视觉 SLAM 里一种最常用的手段：Schur 消元。在 SLAM 研究中也称为 Marginalization（边缘化）。

仔细观察图 9-8，我们不难发现这个矩阵可以分成 4 个块，和式 (9.53) 一致。左上角为对角块矩阵，每个对角块元素的维度与相机位姿的维度相同，且是一个对角块矩阵。右下角也是对角

---

①这是一个玩笑，请不要在正式的学术论文里这样写。

块矩阵，每个对角块的维度是路标的维度。非对角块的结构与具体观测数据相关。我们首先将这个矩阵按照图 9-9 所示的方式做区域划分，读者不难发现，这 4 个区域正好对应了公式 (9.50) 中的 4 个矩阵块。为了后续分析方便，我们记这 4 个块为 B, E, E^T, C。

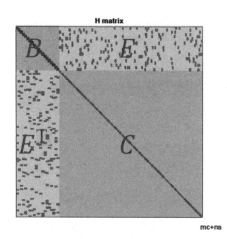

图 9-9　H 矩阵的区域划分

于是，对应的线性方程组也可以由 $H\Delta x = g$ 变为如下形式：

$$\begin{bmatrix} B & E \\ E^T & C \end{bmatrix} \begin{bmatrix} \Delta x_c \\ \Delta x_p \end{bmatrix} = \begin{bmatrix} v \\ w \end{bmatrix}. \tag{9.56}$$

其中 B 是对角块矩阵，每个对角块的维度和相机参数的维度相同，对角块的个数是相机变量的个数。由于路标数量会远远大于相机变量个数，所以 C 往往也远大于 B。三维空间中每个路标点为三维，于是 C 矩阵为对角块矩阵，每个块为 3×3 矩阵。对角块矩阵求逆的难度远小于对一般矩阵的求逆难度，因为我们只需要对那些对角线矩阵块分别求逆即可。考虑到这个特性，我们对线性方程组进行高斯消元，目标是消去右上角的非对角部分 E，得

$$\begin{bmatrix} I & -EC^{-1} \\ 0 & I \end{bmatrix} \begin{bmatrix} B & E \\ E^T & C \end{bmatrix} \begin{bmatrix} \Delta x_c \\ \Delta x_p \end{bmatrix} = \begin{bmatrix} I & -EC^{-1} \\ 0 & I \end{bmatrix} \begin{bmatrix} v \\ w \end{bmatrix}. \tag{9.57}$$

整理，得

$$\begin{bmatrix} B - EC^{-1}E^T & 0 \\ E^T & C \end{bmatrix} \begin{bmatrix} \Delta x_c \\ \Delta x_p \end{bmatrix} = \begin{bmatrix} v - EC^{-1}w \\ w \end{bmatrix}. \tag{9.58}$$

消元之后，方程组第一行变成和 Δx_p 无关的项。单独把它拿出来，得到关于位姿部分的增

量方程：

$$\left[B - EC^{-1}E^{\mathrm{T}} \right] \Delta \boldsymbol{x}_c = \boldsymbol{v} - EC^{-1}\boldsymbol{w}. \tag{9.59}$$

这个线性方程的维度和 B 矩阵一样。我们的做法是先求解这个方程，然后把解得的 $\Delta\boldsymbol{x}_c$ 代入原方程，求解 $\Delta\boldsymbol{x}_p$。这个过程称为 **Marginalization**[83]，或者 **Schur 消元**（Schur Elimination）。相比于直接解线性方程的做法，它的优势在于：

1. 在消元过程中，由于 C 为对角块，所以 C^{-1} 容易解出。

2. 求解了 $\Delta\boldsymbol{x}_c$ 之后，路标部分的增量方程由 $\Delta\boldsymbol{x}_p = C^{-1}(\boldsymbol{w} - E^{\mathrm{T}}\Delta\boldsymbol{x}_c)$ 给出。这依然用到了 C^{-1} 易于求解的特性。

于是，边缘化的主要计算量在于求解式 (9.59)。关于这个方程，我们能说的就不多了。它仅是一个普通的线性方程，没有特殊的结构可以利用。我们将此方程的系数记为 S，它的稀疏性如何呢？图 9-10 显示了对 H 矩阵进行 Schur 消元后的一个 S 实例，可以看到它的稀疏性是不规则的。

图 9-10   对 H 矩阵进行 Schur 消元后的 S 矩阵的稀疏状态

前面说到，H 矩阵的非对角块处的非零元素对应着相机和路标的关联。那么，进行了 Schur 消元后 S 的稀疏性是否具有物理意义呢？答案是肯定的。此处我们不加证明地说，S 矩阵的非对角线上的非零矩阵块，表示了该处对应的两个相机变量之间存在着共同观测的路标点，有时称为共视（Co-visibility）。反之，如果该块为零，则表示这两个相机没有共同观测。例如，图 9-11 所示的稀疏矩阵，左上角前 4×4 个矩阵块可以表示对应的相机变量 C_1, C_2, C_3, C_4 之间有共同观测。

于是，S 矩阵的稀疏性结构当取决于实际观测的结果，我们无法提前预知。在实践中，例如 ORB-SLAM[88] 中的 Local Mapping 环节，在做 BA 的时候刻意选择那些具有共同观测的帧作为关键帧，在这种情况下，Schur 消元后得到的 S 就是稠密矩阵。不过，由于这个模块并不是实时执行，所以这种做法也是可以接受的。但是有另一些方法，例如 DSO[70]、OKVIS[89] 等，它们采用了滑动窗口（Sliding Window）方法。这类方法对每一帧都要求做一次 BA 来防止误差的累积，因此它们也必须采用一些技巧来保持 S 矩阵的稀疏性。如果读者希望更加深入地学习这部分内容，可以参考关于它们的论文。这里就不谈这些过于细节的事情了。

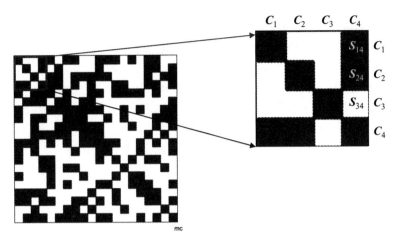

图 9-11 以 S 矩阵中前 4×4 个矩阵块为例,这个区域中的矩阵块 S_{14}, S_{24} 不为零,表示相机 C_4 和相机 C_1、C_2 之间有共同观测点;而 S_{34} 为零则表示 C_3 和 C_4 之间没有共同观测的路标

从概率角度来看,我们称这一步为边缘化,是因为我们实际上把求 $(\Delta \boldsymbol{x}_\mathrm{c}, \Delta \boldsymbol{x}_p)$ 的问题,转化成了先固定 $\Delta \boldsymbol{x}_p$,求出 $\Delta \boldsymbol{x}_\mathrm{c}$,再求 $\Delta \boldsymbol{x}_p$ 的过程。这一步相当于做了条件概率展开:

$$P(\boldsymbol{x}_\mathrm{c}, \boldsymbol{x}_p) = P(\boldsymbol{x}_\mathrm{c}|\boldsymbol{x}_p)P(\boldsymbol{x}_p), \tag{9.60}$$

结果是求出了关于 $\boldsymbol{x}_p$ 的边缘分布,故称边缘化。在前面介绍的边缘化过程中,实际上我们把所有的路标点都给边缘化了。根据实际情况,我们也能选择一部分进行边缘化。同时,Schur 消元只是实现边缘化的其中一种方式,同样可以使用 Cholesky 分解进行边缘化。

读者可能会继续问,在进行了 Schur 消元后,我们还需要求解线性方程组 (9.59),对它的求解是否有什么技巧呢? 很遗憾,这部分就属于传统的矩阵数值求解,通常是用分解来计算的。不管采用哪种求解办法,我们都建议利用 $\boldsymbol{H}$ 的稀疏性进行 Schur 消元。不光是因为这样可以提高速度,也因为消元后的 S 矩阵的条件数往往比之前的 $\boldsymbol{H}$ 矩阵要小。Schur 消元也并不意味着将所有路标消元,将相机变量消元也是 SLAM 中采用的手段。

9.2.4 鲁棒核函数

在前面的 BA 问题中,我们将最小化误差项的二范数平方和作为目标函数。这种做法虽然很直观,但存在一个严重的问题: 如果出于误匹配等原因,某个误差项给的数据是错误的,会发生什么呢? 我们把一条原本不应该加到图中的边给加进去了,然而优化算法并不能辨别出这是个错误数据,它会把所有的数据都当作误差来处理。在算法看来,这相当于我们突然观测到了一次很不可能产生的数据。这时,在图优化中会有一条误差很大的边,它的梯度也很大,意味着调整与它相关的变量会使目标函数下降更多。所以，算法将试图优先调整这条边所连接的节点的估计值，使它们顺应这条边的无理要求。由于这条边的误差真的很大，往往会抹平其他正确边的影响，使优化算法专注于调整一个错误的值。这显然不是我们希望看到的。

出现这种问题的原因是，当误差很大时，二范数增长得太快。于是就有了核函数的存在。核函数保证每条边的误差不会大得没边而掩盖其他的边。具体的方式是，把原先误差的二范数度量替换成一个增长没那么快的函数，同时保证自己的光滑性质（不然无法求导）。因为它们使得整个优化结果更为稳健，所以又叫它们鲁棒核函数（Robust Kernel）。

鲁棒核函数有许多种，例如最常用的 Huber 核：

$$H(e) = \begin{cases} \dfrac{1}{2}e^2 & \text{当} |e| \leqslant \delta, \\ \delta\left(|e| - \dfrac{1}{2}\delta\right) & \text{其他} \end{cases} \tag{9.61}$$

我们看到，当误差 e 大于某个阈值 δ 后，函数增长由二次形式变成了一次形式，相当于限制了梯度的最大值。同时，Huber 核函数又是光滑的，可以很方便地求导。图 9-12 显示了 Huber 核函数与二次函数的对比，可见在误差较大时 Huber 核函数增长明显低于二次函数。

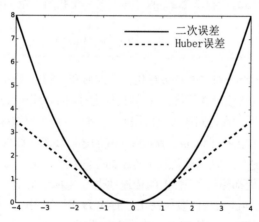

图 9-12　Huber 核函数与二次函数的对比

除了 Huber 核，还有 Cauchy 核、Tukey 核，等等，读者可以看看 g2o 和 Ceres 都提供了哪些核函数。

小结

本节我们重点介绍了 BA 中的稀疏性问题。不过，实践中，多数软件库已经为我们实现了细节操作，而我们需要做的主要是构造 BA 问题，设置 Schur 消元，然后调用稠密或者稀疏矩阵求解器对变量进行优化。如果读者希望更深入地了解 BA，可以在阅读完本节的基础上，进一步学习参考文献 [34]。

下面的两节，我们将使用 Ceres 和 g2o 两个库来做 BA。为了体现出它们的区别，我们会使用一个公开数据集 BAL[90]，并使用共用的读写代码。

9.3　实践：Ceres BA

9.3.1　BAL 数据集

我们用 BAL 数据集进行 BA 的演示实验。BAL 数据集提供若干个场景，每一个场景里的相机和路标点信息由一个文本文件给定。在本例中，使用 problem-16-22106-pre.txt 文件作为例子。该文件以行的方式存储 BA 问题的信息，详细格式见 https://grail.cs.washington.edu/projects/bal。我们用 common.h 中定义的 BALProblem 类读入该文件的内容，然后分别用 Ceres 和 g2o 求解。

需要注意的是，BAL 数据集有其自身的特殊之处：

1. BAL 的相机内参模型由焦距 f 和畸变参数 k_1, k_2 给出。f 类似于我们提到的 f_x 和 f_y。由于照片像素基本上是正方形，所以在很多实际场合中 f_x 非常接近 f_y，用同一个值也未尝不可。此外，这个模型中没有 c_x, c_y，因为存储的数据已经去掉了这两个值。

2. 因为 BAL 数据在投影时假设投影平面在相机光心之后，所以按照我们之前用的模型计算，需要在投影之后乘以系数 -1。不过，大部分数据集仍使用光心前面的投影平面，我们在使用数据集之前应该仔细阅读格式说明。

用 BALProblem 类读取数据之后，我们可以调用 Normalize 函数对原始数据进行归一化，或通过 Perturb 函数给数据加上噪声。归一化是指将所有路标点的中心置零，然后做一个合适尺度的缩放。这会使优化过程中数值更稳定，防止在极端情况下处理很大或者有很大偏移的 BA 问题。

请读者自行阅读 BALProblem 类的其他接口。由于这些代码只负责读写数据等外围功能，为节省篇幅，我们不在正文中给出。在解出 BA 之后，我们还可以用该类的函数将结果写入一个 ply 文件（一种点云文件格式），然后用 Meshlab 软件进行查看。Meshlab 可以通过 apt-get 安装，在此不赘述安装方式。

9.3.2　Ceres BA 的书写

在 bundle_adjustment_ceres.cpp 文件中，我们实现了 Ceres 求解 BA 的过程。用 Ceres 的关键是定义出投影误差模型，该部分代码在 SnavelyReprojectionError.h 中给出：

📖 **slambook2/ch9/SnavelyReprojectionError.cpp**（片段）

```cpp
class SnavelyReprojectionError {
public:
    SnavelyReprojectionError(double observation_x, double observation_y) : observed_x(
    observation_x),
    observed_y(observation_y) {}

    template<typename T>
    bool operator()(const T *const camera,
        const T *const point,
        T *residuals) const {
        // camera[0,1,2] are the angle-axis rotation
        T predictions[2];
        CamProjectionWithDistortion(camera, point, predictions);
        residuals[0] = predictions[0] - T(observed_x);
        residuals[1] = predictions[1] - T(observed_y);

        return true;
    }

    // camera : 9 dims array
    // [0-2] : angle-axis rotation
    // [3-5] : translation
    // [6-8] : camera parameter, [6] focal length, [7-8] second and forth order radial
    distortion
    // point : 3D location.
    // predictions : 2D predictions with center of the image plane.
    template<typename T>
    static inline bool CamProjectionWithDistortion(const T *camera, const T *point, T *
    predictions) {
        // Rodrigues' formula
        T p[3];
        AngleAxisRotatePoint(camera, point, p);
        // camera[3,4,5] are the translation
        p[0] += camera[3];
        p[1] += camera[4];
        p[2] += camera[5];

        // Compute the center fo distortion
        T xp = -p[0] / p[2];
        T yp = -p[1] / p[2];

        // Apply second and fourth order radial distortion
```

```
40      const T &l1 = camera[7];
41      const T &l2 = camera[8];
42
43      T r2 = xp * xp + yp * yp;
44      T distortion = T(1.0) + r2 * (l1 + l2 * r2);
45
46      const T &focal = camera[6];
47      predictions[0] = focal * distortion * xp;
48      predictions[1] = focal * distortion * yp;
49
50      return true;
51  }
52
53  static ceres::CostFunction *Create(const double observed_x, const double observed_y) {
54      return (new ceres::AutoDiffCostFunction<SnavelyReprojectionError, 2, 9, 3>(
55          new SnavelyReprojectionError(observed_x, observed_y)));
56  }
57
58 private:
59  double observed_x;
60  double observed_y;
61 };
```

该类的括号运算符实现了 Ceres 计算误差的接口，实际的计算在 CamProjectionWithDistortion 函数中。注意在 Ceres 中，我们必须以 double 数组形式存储优化变量。现在，每个相机一共有 6 维的姿态、1 维焦距和 2 维畸变参数，共 9 维参数来描述，我们在实际存储中也必须按照这个顺序。该类的静态函数 Create 作为外部调用接口，直接返回一个可自动求导的 Ceres 代价函数。我们只要调用 Create 函数，把代价函数放入 ceres::Problem 即可。

接下来，我们实现 BA 搭建和求解的部分：

📖 **slambook2/ch9/SnavelyReprojectionError.cpp**（片段）

```
1  void SolveBA(BALProblem &bal_problem) {
2      const int point_block_size = bal_problem.point_block_size();
3      const int camera_block_size = bal_problem.camera_block_size();
4      double *points = bal_problem.mutable_points();
5      double *cameras = bal_problem.mutable_cameras();
6
7      // Observations is 2 * num_observations long array observations
8      // [u_1, u_2, ... u_n], where each u_i is two dimensional, the x
9      // and y position of the observation.
10     const double *observations = bal_problem.observations();
11     ceres::Problem problem;
```

```
12
13   for (int i = 0; i < bal_problem.num_observations(); ++i) {
14       ceres::CostFunction *cost_function;
15
16       // Each Residual block takes a point and a camera as input
17       // and outputs a 2 dimensional Residual
18       cost_function =
19           SnavelyReprojectionError::Create(observations[2 * i + 0], observations[2 * i +
             1]);
20
21       // If enabled use Huber's loss function.
22       ceres::LossFunction *loss_function = new ceres::HuberLoss(1.0);
23
24       // Each observation corresponds to a pair of a camera and a point
25       // which are identified by camera_index()[i] and point_index()[i]
26       // respectively.
27       double *camera = cameras + camera_block_size * bal_problem.camera_index()[i];
28       double *point = points + point_block_size * bal_problem.point_index()[i];
29
30       problem.AddResidualBlock(cost_function, loss_function, camera, point);
31   }
32
33   std::cout << "Solving ceres BA ... " << endl;
34   ceres::Solver::Options options;
35   options.linear_solver_type = ceres::LinearSolverType::SPARSE_SCHUR;
36   options.minimizer_progress_to_stdout = true;
37   ceres::Solver::Summary summary;
38   ceres::Solve(options, &problem, &summary);
39   std::cout << summary.FullReport() << "\n";
40 }
```

可见问题搭建部分是相当简单的。如果要添加别的代价函数，整个流程也不会有太大的变化。最后，在 ceres::Solver::Options 中，我们可以设定求解的方法。使用 SPARSE_SCHUR 会让 Ceres 实际求解的过程和我们前面描述的一致，即先对路标部分进行 Schur 边缘化，以加速的方式求解此问题。不过，在 Ceres 中我们不能控制哪部分变量被边缘化，这是由 Ceres 求解器自动寻找并计算的。

Ceres 的 BA 求解输出如下：

<li> 终端输出

```
1  ./build/bundle_adjustment_ceres  problem-16-22106-pre.txt
2  Header: 16 22106 83718bal problem file loaded...
3  bal problem have 16 cameras and 22106 points.
```

```
4   Forming 83718 observations.
5   Solving ceres BA ...
6   iter      cost      cost_change  |gradient|    |step|     tr_ratio  tr_radius  ls_iter
    iter_time  total_time
7   0  1.842900e+07  0.00e+00   2.04e+06   0.00e+00   0.00e+00   1.00e+04      0    6.10e-02
       2.24e-01
8   1  1.449093e+06  1.70e+07   1.75e+06   2.16e+03   1.84e+00   3.00e+04      1    1.79e-01
       4.03e-01
9   2  5.848543e+04  1.39e+06   1.30e+06   1.55e+03   1.87e+00   9.00e+04      1    1.56e-01
       5.59e-01
10  3  1.581483e+04  4.27e+04   4.98e+05   4.98e+02   1.29e+00   2.70e+05      1    1.51e-01
       7.10e-01
11  ......
```

总体误差应该随着迭代次数的增长而不断下降。最后，我们将优化前和优化后的点云输出为 initial.ply 和 final.ply，用 Meshlab 可以直接打开这两个点云。结果图如图 9-13 所示。

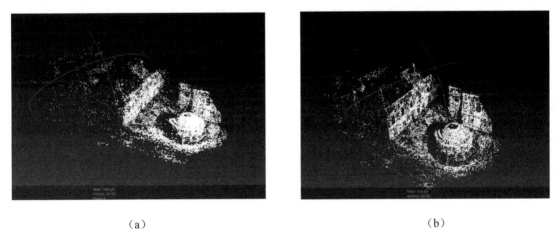

（a）　　　　　　　　　　　　　　　　　　　（b）

图 9-13　优化前后的可视化点云。（a）为优化前的初始值，（b）为优化后的优化值（见彩插）

9.4　实践：g2o 求解 BA

下面来考虑如何使用 g2o 求解这个 BA 问题。和以前一样，g2o 使用图模型来描述问题的结构，所以我们要用节点来表示相机和路标，然后用边来表示它们之间的观测。我们仍然使用自定义的点和边，只需覆盖一些关键函数即可。针对相机和路标，我们可以定义如下结构体，并使用 override 关键字表示对基类虚函数的覆盖：

📖 slambook2/ch9/bundle_adjustment_g2o.cpp（片段）

```cpp
/// 姿态和内参的结构
struct PoseAndIntrinsics {
    PoseAndIntrinsics() {}

    /// set from given data address
    explicit PoseAndIntrinsics(double *data_addr) {
        rotation = SO3d::exp(Vector3d(data_addr[0], data_addr[1], data_addr[2]));
        translation = Vector3d(data_addr[3], data_addr[4], data_addr[5]);
        focal = data_addr[6];
        k1 = data_addr[7];
        k2 = data_addr[8];
    }

    /// 将估计值放入内存
    void set_to(double *data_addr) {
        auto r = rotation.log();
        for (int i = 0; i < 3; ++i) data_addr[i] = r[i];
        for (int i = 0; i < 3; ++i) data_addr[i + 3] = translation[i];
        data_addr[6] = focal;
        data_addr[7] = k1;
        data_addr[8] = k2;
    }

    SO3d rotation;
    Vector3d translation = Vector3d::Zero();
    double focal = 0;
    double k1 = 0, k2 = 0;
};

/// 位姿加相机内参的顶点，9维，前三维为so3，接下来为t, f, k1, k2
class VertexPoseAndIntrinsics : public g2o::BaseVertex<9, PoseAndIntrinsics> {
public:
    EIGEN_MAKE_ALIGNED_OPERATOR_NEW;

    VertexPoseAndIntrinsics() {}

    virtual void setToOriginImpl() override {
        _estimate = PoseAndIntrinsics();
    }

    virtual void oplusImpl(const double *update) override {
        _estimate.rotation = SO3d::exp(Vector3d(update[0], update[1], update[2])) * _estimate
```

```
43        .rotation;
          _estimate.translation += Vector3d(update[3], update[4], update[5]);
44        _estimate.focal += update[6];
45        _estimate.k1 += update[7];
46        _estimate.k2 += update[8];
47    }
48
49    /// 根据估计值投影一个点
50    Vector2d project(const Vector3d &point) {
51        Vector3d pc = _estimate.rotation * point + _estimate.translation;
52        pc = -pc / pc[2];
53        double r2 = pc.squaredNorm();
54        double distortion = 1.0 + r2 * (_estimate.k1 + _estimate.k2 * r2);
55        return Vector2d(_estimate.focal * distortion * pc[0],
56            _estimate.focal * distortion * pc[1]);
57    }
58
59    virtual bool read(istream &in) {}
60
61    virtual bool write(ostream &out) const {}
62 };
63
64 class VertexPoint : public g2o::BaseVertex<3, Vector3d> {
65 public:
66    EIGEN_MAKE_ALIGNED_OPERATOR_NEW;
67
68    VertexPoint() {}
69
70    virtual void setToOriginImpl() override {
71        _estimate = Vector3d(0, 0, 0);
72    }
73
74    virtual void oplusImpl(const double *update) override {
75        _estimate += Vector3d(update[0], update[1], update[2]);
76    }
77
78    virtual bool read(istream &in) {}
79
80    virtual bool write(ostream &out) const {}
81 };
82
83 class EdgeProjection :
84 public g2o::BaseBinaryEdge<2, Vector2d, VertexPoseAndIntrinsics, VertexPoint> {
```

```
85  public:
86      EIGEN_MAKE_ALIGNED_OPERATOR_NEW;
87
88      virtual void computeError() override {
89          auto v0 = (VertexPoseAndIntrinsics *) _vertices[0];
90          auto v1 = (VertexPoint *) _vertices[1];
91          auto proj = v0->project(v1->estimate());
92          _error = proj - _measurement;
93      }
94
95      // use numeric derivatives
96      virtual bool read(istream &in) {}
97
98      virtual bool write(ostream &out) const {}
99  };
```

我们把旋转、平移、焦距和畸变参数定义在同一个相机顶点中，然后定义相机到路标点之间的观测边。这里，我们没有实现边的雅可比计算函数，这样 g2o 会自动提供一个数值计算的雅可比。最后，按照 BAL 中的数据，将 g2o 的优化问题搭建起来即可：

📖 **slambook2/ch9/bundle_adjustment_g2o.cpp**（片段）

```
1   void SolveBA(BALProblem &bal_problem) {
2       const int point_block_size = bal_problem.point_block_size();
3       const int camera_block_size = bal_problem.camera_block_size();
4       double *points = bal_problem.mutable_points();
5       double *cameras = bal_problem.mutable_cameras();
6
7       // pose dimension 9, landmark is 3
8       typedef g2o::BlockSolver<g2o::BlockSolverTraits<9, 3>> BlockSolverType;
9       typedef g2o::LinearSolverCSparse<BlockSolverType::PoseMatrixType> LinearSolverType;
10      // use LM
11      auto solver = new g2o::OptimizationAlgorithmLevenberg(
12      g2o::make_unique<BlockSolverType>(g2o::make_unique<LinearSolverType>()));
13      g2o::SparseOptimizer optimizer;
14      optimizer.setAlgorithm(solver);
15      optimizer.setVerbose(true);
16
17      /// build g2o problem
18      const double *observations = bal_problem.observations();
19      // vertex
20      vector<VertexPoseAndIntrinsics *> vertex_pose_intrinsics;
21      vector<VertexPoint *> vertex_points;
22      for (int i = 0; i < bal_problem.num_cameras(); ++i) {
```

```
23        VertexPoseAndIntrinsics *v = new VertexPoseAndIntrinsics();
24        double *camera = cameras + camera_block_size * i;
25        v->setId(i);
26        v->setEstimate(PoseAndIntrinsics(camera));
27        optimizer.addVertex(v);
28        vertex_pose_intrinsics.push_back(v);
29    }
30    for (int i = 0; i < bal_problem.num_points(); ++i) {
31        VertexPoint *v = new VertexPoint();
32        double *point = points + point_block_size * i;
33        v->setId(i + bal_problem.num_cameras());
34        v->setEstimate(Vector3d(point[0], point[1], point[2]));
35        // g2o在BA中需要手动设置待Marg的顶点
36        v->setMarginalized(true);
37        optimizer.addVertex(v);
38        vertex_points.push_back(v);
39    }
40
41    // edge
42    for (int i = 0; i < bal_problem.num_observations(); ++i) {
43        EdgeProjection *edge = new EdgeProjection;
44        edge->setVertex(0, vertex_pose_intrinsics[bal_problem.camera_index()[i]]);
45        edge->setVertex(1, vertex_points[bal_problem.point_index()[i]]);
46        edge->setMeasurement(Vector2d(observations[2 * i + 0], observations[2 * i + 1]));
47        edge->setInformation(Matrix2d::Identity());
48        edge->setRobustKernel(new g2o::RobustKernelHuber());
49        optimizer.addEdge(edge);
50    }
51
52    optimizer.initializeOptimization();
53    optimizer.optimize(40);
54
55    // set to bal problem
56    for (int i = 0; i < bal_problem.num_cameras(); ++i) {
57        double *camera = cameras + camera_block_size * i;
58        auto vertex = vertex_pose_intrinsics[i];
59        auto estimate = vertex->estimate();
60        estimate.set_to(camera);
61    }
62    for (int i = 0; i < bal_problem.num_points(); ++i) {
63        double *point = points + point_block_size * i;
64        auto vertex = vertex_points[i];
65        for (int k = 0; k < 3; ++k) point[k] = vertex->estimate()[k];
```

```
66        }
67    }
```

以上定义了本问题中使用的节点和边。下面需要根据 BALProblem 类中的实际数据生成一些节点和边，交给 g2o 进行优化。值得注意的是，为了充分利用 BA 中的稀疏性，需要在这里将路标中的 setMarginalized 属性设置为 true。代码的主要片段如下：

⟨𝕔⟩ slambook2/ch9/bundle_adjustment_g2o（片段）

```cpp
void SolveBA(BALProblem &bal_problem) {
    const int point_block_size = bal_problem.point_block_size();
    const int camera_block_size = bal_problem.camera_block_size();
    double *points = bal_problem.mutable_points();
    double *cameras = bal_problem.mutable_cameras();

    // pose dimension 9, landmark is 3
    typedef g2o::BlockSolver<g2o::BlockSolverTraits<9, 3>> BlockSolverType;
    typedef g2o::LinearSolverCSparse<BlockSolverType::PoseMatrixType> LinearSolverType;
    // use LM
    auto solver = new g2o::OptimizationAlgorithmLevenberg(
        g2o::make_unique<BlockSolverType>(g2o::make_unique<LinearSolverType>()));
    g2o::SparseOptimizer optimizer;
    optimizer.setAlgorithm(solver);
    optimizer.setVerbose(true);

    /// build g2o problem
    const double *observations = bal_problem.observations();
    // vertex
    vector<VertexPoseAndIntrinsics *> vertex_pose_intrinsics;
    vector<VertexPoint *> vertex_points;
    for (int i = 0; i < bal_problem.num_cameras(); ++i) {
        VertexPoseAndIntrinsics *v = new VertexPoseAndIntrinsics();
        double *camera = cameras + camera_block_size * i;
        v->setId(i);
        v->setEstimate(PoseAndIntrinsics(camera));
        optimizer.addVertex(v);
        vertex_pose_intrinsics.push_back(v);
    }
    for (int i = 0; i < bal_problem.num_points(); ++i) {
        VertexPoint *v = new VertexPoint();
        double *point = points + point_block_size * i;
        v->setId(i + bal_problem.num_cameras());
        v->setEstimate(Vector3d(point[0], point[1], point[2]));
        // g2o在BA中需要手动设置待Marg的顶点
```

```
36          v->setMarginalized(true);
37          optimizer.addVertex(v);
38          vertex_points.push_back(v);
39      }
40
41      // edge
42      for (int i = 0; i < bal_problem.num_observations(); ++i) {
43          EdgeProjection *edge = new EdgeProjection;
44          edge->setVertex(0, vertex_pose_intrinsics[bal_problem.camera_index()[i]]);
45          edge->setVertex(1, vertex_points[bal_problem.point_index()[i]]);
46          edge->setMeasurement(Vector2d(observations[2 * i + 0], observations[2 * i + 1]));
47          edge->setInformation(Matrix2d::Identity());
48          edge->setRobustKernel(new g2o::RobustKernelHuber());
49          optimizer.addEdge(edge);
50      }
51
52      optimizer.initializeOptimization();
53      optimizer.optimize(40);
54
55      // set to bal problem
56      for (int i = 0; i < bal_problem.num_cameras(); ++i) {
57          double *camera = cameras + camera_block_size * i;
58          auto vertex = vertex_pose_intrinsics[i];
59          auto estimate = vertex->estimate();
60          estimate.set_to(camera);
61      }
62      for (int i = 0; i < bal_problem.num_points(); ++i) {
63          double *point = points + point_block_size * i;
64          auto vertex = vertex_points[i];
65          for (int k = 0; k < 3; ++k) point[k] = vertex->estimate()[k];
66      }
67  }
```

g2o 和 Ceres 的一大不同点是，在使用稀疏优化时，g2o 必须手动设置哪些顶点为边缘化顶点，否则就会报运行时错误（读者可以尝试注释掉 v->setMarginalized(true) 这一行）。其余地方和 Ceres 实验大同小异，我们就不多加介绍了。g2o 实验也会输出优化前后点云，供对比查看。

9.5　小结

　　本讲比较深入地探讨了状态估计问题与图优化的求解。我们看到在经典模型中 SLAM 可以看成状态估计问题。如果我们假设了马尔可夫性，只考虑当前状态，则得到以 EKF 为代表的滤波器模型。如若不然，我们也可以选择考虑所有的运动和观测，它们构成一个最小二乘问题。在只有观测方程的情况下，这个问题称为 BA，并可利用非线性优化方法求解。我们仔细讨论了求解过程中的稀疏性问题，指出了该问题与图优化之间的联系。最后，我们演示了如何使用 g2o 和 Ceres 库求解同一个优化问题，让读者对 BA 有了一个直观的认识。

习题

1. 证明式 (9.25) 成立。提示：你可能会用到 SMW 公式，参考文献 [6, 76]。

2. 对比使用 g2o 和 Ceres 优化后目标函数的数值。指出为什么两者在 Meshlab 中效果一样但数值不同。

3. 对 Ceres 中的部分点云进行 Schur 消元，看看结果会有什么区别。

4. 证明 S 矩阵为半正定矩阵。

5. 阅读参考文献 [36]，看看 g2o 对核函数是如何处理的。与 Ceres 中的 Loss function 有何联系？

6.* 在两个示例中，我们优化了相机位姿、以 f, k_1, k_2 为参数的相机内参及路标点。请考虑使用第 5 讲介绍的完整的相机模型进行优化，即，至少考虑 $f_x, f_y, p_1, p_2, k_1, k_2$ 这些量。修改现在的 Ceres 和 g2o 程序以完成实验。

第 **10** 讲
后端 2

<table>
<tr><td>

主要目标

1. 理解滑动窗口优化。

2. 理解位姿图优化。

3. 理解带 IMU 紧耦合的优化。

4. 通过实验掌握 g2o 的位姿图。

</td></tr>
</table>

　　第 9 讲我们重点介绍了以 BA 为主的图优化。BA 能精确地优化每个相机位姿与特征点位置。不过在更大的场景中，大量特征点的存在会严重降低计算效率，导致计算量越来越大，以至于无法实时化。本讲的第一部分将介绍一种简化的 BA：位姿图。

10.1　滑动窗口滤波和优化

10.1.1　实际环境下的 BA 结构

带有相机位姿和空间点的图优化称为 BA，它能够有效地求解大规模的定位与建图问题。这在 SfM 问题中十分有用，但是在 SLAM 过程中，我们往往需要控制 BA 的规模，保持计算的实时性。倘若计算能力无限，那不妨每时每刻都计算整个 BA——但是那不符合现实需要。现实条件是，我们必须限制后端的计算时间，比如 BA 规模不能超过 1 万个路标点，迭代不超过 20 次，用时不超过 0.5 秒，等等。像 SfM 那样用一周时间重建一个城市地图的算法，在 SLAM 里不见得有效。

控制计算规模的做法有很多，比如从连续的视频中抽出一部分作为**关键帧**[89]，仅构造关键帧与路标点之间的 BA，于是非关键帧只用于定位，对建图则没有贡献。即便如此，随着时间的流逝，关键帧数量会越来越多，地图规模也将不断增长。像 BA 这样的批量优化方法，计算效率会（令人担忧地）不断下降。为了避免这种情况，我们需要用一定手段控制后端 BA 的规模。这些手段可以是理论上的，也可以是工程上的。

例如，最简单的控制 BA 规模的思路，是仅保留离当前时刻最近的 N 个关键帧，去掉时间上更早的关键帧。于是，我们的 BA 将被固定在一个时间窗口内，离开这个窗口的则被丢弃。这种方法称为滑动窗口法[91]。当然，取这 N 个关键帧的具体方法可以有一些改变，例如，不见得必须取时间上最近的，而可以按照某种原则，取时间上靠近，空间上又可以展开的关键帧，从而保证相机即使在停止不动时，BA 的结构也不至于缩成一团（这容易导致一些糟糕的退化情况）。如果我们在帧与帧的结构上再考虑得深一些，也可以像 ORB-SLAM2[88] 那样，定义一种称为"共视图"（Covisibility graph）的结构（如图 10-1 所示）。所谓共视图，就是指那些"与现在的相机存在共同观测的关键帧构成的图"）。于是，在 BA 优化时，我们按照某些原则在共视图内取一些关键帧和路标进行优化，例如，仅优化与当前帧有 20 个以上共视路标的关键帧，其余部分固定不变。当共视图关系能够正确构造的时候，基于共视图的优化也会在更长时间内保持最优。

滑动窗口也好，共视图也好，大体而言，都是我们对实时计算的某种工程上的折中。不过在理论上，它们也引入了一个新问题：刚才我们谈到要"丢弃"滑动窗口之外，或者"固定"共视图之外的变量，这个"丢弃"和"固定"具体怎样操作呢？"固定"似乎很容易理解，我们只需将共视图之外的关键帧估计值保持不变即可。但是"丢弃"，是指完全弃置不用，即窗口外的变量完全不对窗口内的变量产生任何影响，还是说窗口外的数据**应该**对窗口内的有一些影响，但实际上被我们忽略了？如果有影响，这种影响应该是什么样子？它够不够明显，能不能忽略？

接下来，我们就要谈谈这些问题。它们在理论上应该如何处理，以及在工程上能不能做一些简化手段。

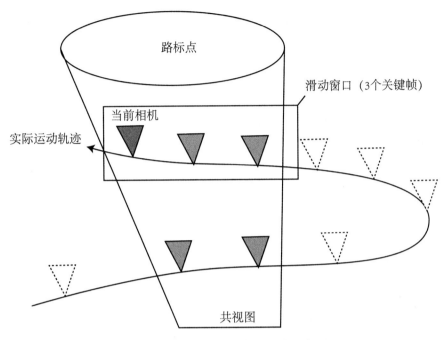

路标点

滑动窗口（3个关键帧）

当前相机

实际运动轨迹

共视图

图 10-1　滑动窗口和共视图的示意图

10.1.2　滑动窗口法

现在考虑一个滑动窗口。假设这个窗口内有 N 个关键帧，它们的位姿表达为：

$$\boldsymbol{x}_1, \ldots, \boldsymbol{x}_N,$$

我们假设它们在向量空间，即用李代数表达，那么，关于这几个关键帧，我们能谈论些什么呢？

显然，我们关心这几个关键帧的位置在哪里，以及它们的不确定度如何，这对应着它们在高斯分布假设下的均值协方差。如果这几个关键帧还对应着一个局部地图，则我们可以顺带着问整个局部系统的均值和方差应该是多少。设这个滑动窗口中还有 M 个路标点：$\boldsymbol{y}_1, \ldots, \boldsymbol{y}_N$，它们与 N 个关键帧组成了局部地图。显然我们可以用第 9 讲介绍的 BA 方法处理这个滑动窗口，包括建立图优化模型，构建整体的 Hessian 矩阵，然后边缘化所有路标点来加速求解。在边缘化时，我们考虑关键帧的位姿，即

$$[\boldsymbol{x}_1, \ldots, \boldsymbol{x}_N]^{\mathrm{T}} \sim N([\boldsymbol{\mu}_1, \ldots, \boldsymbol{\mu}_N]^{\mathrm{T}}, \boldsymbol{\Sigma}).$$

其中 $\boldsymbol{\mu}_k$ 为第 k 个关键帧的位姿均值，$\boldsymbol{\Sigma}$ 为所有关键帧的协方差矩阵，那么显然，均值部分就是

指 BA 迭代之后的结果，而 $\boldsymbol{\Sigma}$ 就是对整个 BA 的 $\boldsymbol{H}$ 矩阵进行边缘化之后的结果，即第 9 讲提到的矩阵 $\boldsymbol{S}$。我们认为读者已经熟悉这个流程了。

在滑动窗口中，当窗口结构发生改变，这些状态变量应该如何变化？这件事情可以分成两部分讨论：

1. 我们需要在窗口中新增一个关键帧，以及它观测到的路标点。
2. 我们需要把窗口中一个旧的关键帧删除，也可能删除它观测到的路标点。

这时，滑动窗口法和传统的 BA 的区别就显现出来了。显然，如果按照传统的 BA 来处理，那么这仅仅对应于两个不同结构的 BA，在求解上没有任何差别。但在滑动窗口的情况下，我们就要讨论具体的细节问题了。

新增一个关键帧和路标点

考虑在上个时刻，滑动窗口已经建立了 N 个关键帧，我们也已知道它们服从某个高斯分布，其均值和方差如前所述。此时，新来了一个关键帧 $\boldsymbol{x}_{N+1}$，那么整个问题中的变量变为 $N+1$ 个关键帧和更多路标点的集合。这实际上仍是平凡的，我们只需按照正常的 BA 流程处理即可。对所有点进行边缘化时，即得到这 $N+1$ 个关键帧的高斯分布参数。

删除一个旧的关键帧

当考虑删除旧关键帧时，一个理论问题将显现出来。例如我们要删除旧关键帧 $\boldsymbol{x}_1$，但是 $\boldsymbol{x}_1$ 并不是孤立的，它会和其他帧观测到同样的路标。将 $\boldsymbol{x}_1$ 边缘化之后将导致整个问题不再稀疏。和第 9 讲一样，我们举一个示意图，如图 10-2 所示。

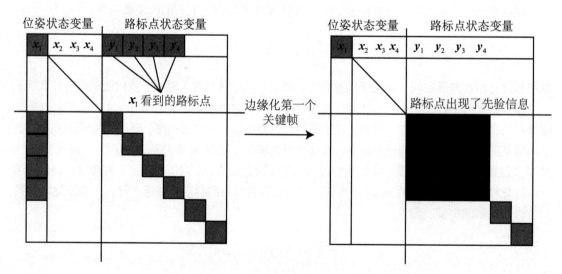

图 10-2　滑动窗口删除关键帧将破坏路标部分的对角块结构

在这个例子中，我们假设 x_1 看到了路标点 y_1 至 y_4，于是，在处理之前，BA 问题的 Hessian 矩阵应该像图 10-2 中的左图一样，在 x_1 行的 y_1 到 y_4 列存在着非零块，表示 x_1 看到了它们。这时考虑边缘化 x_1，那么 Schur 消元过程相当于通过矩阵行和列操作消去非对角线处几个非零矩阵块，显然这将导致右下角的路标点矩阵块不再是非对角矩阵。这个过程称为边缘化中的**填入**（Fill-in）[91]。

回顾第 9 讲中介绍的边缘化，当我们边缘化路标点时，Fill-in 将出现在左上角的位姿块中。不过，因为 BA 不要求位姿块为对角块，所以稀疏 BA 求解仍然可行。但是，当边缘化关键帧时，将破坏右下角路标点之间的对角块结构，这时 BA 就无法按照先前的稀疏方式迭代求解。这显然是个十分糟糕的问题。实际上，在早期的 EKF 滤波器后端中，人们确实保持着一个稠密的 Hessian 矩阵，这也使得 EKF 后端没法处理较大规模的滑动窗口。

不过，如果我们对边缘化的过程进行一些改造，也可以保持滑动窗口 BA 的稀疏性。例如，在边缘化某个旧的关键帧时，同时边缘化它观测到的路标点。这样，路标点的信息就会转换成剩下那些关键帧之间的共视信息，从而保持右下角部分的对角块结构。在某些 SLAM 框架[70, 89] 中，边缘化策略会更复杂。例如在 OKVIS 中，我们会判断要边缘化的那个关键帧，它看到的路标点是否在最新的关键帧中仍能看到。如果不能，就直接边缘化这个路标点；如果能，就丢弃被边缘化关键帧对这个路标点的观测，从而保持 BA 的稀疏性。

SWF 中边缘化的直观解释

我们知道边缘化在概率上的意义就是指条件概率。所以，当我们边缘化某个关键帧，即"保持这个关键帧当前的估计值，求其他状态变量以这个关键帧为条件的条件概率"。所以，当某个关键帧被边缘化，它观测到的路标点就会产生一个"**这些路标应该在哪里**"的先验信息，从而影响其余部分的估计值。如果再边缘化这些路标点，那么它们的观测者将得到一个"**观测它们的关键帧应该在哪里**"的先验信息。

从数学上看，当我们边缘化某个关键帧，整个窗口中的状态变量的描述方式，将从联合分布变成一个条件概率分布。以上面的例子来看，就是说：

$$p\left(\boldsymbol{x}_1, \ldots \boldsymbol{x}_4, \boldsymbol{y}_1, \ldots \boldsymbol{y}_6\right) = p\left(\boldsymbol{x}_2, \ldots, \boldsymbol{x}_4, \boldsymbol{y}_1, \ldots \boldsymbol{y}_6 | \boldsymbol{x}_1\right) \underbrace{p\left(\boldsymbol{x}_1\right)}_{\text{舍去}}. \tag{10.1}$$

然后舍去被边缘化部分的信息。在变量被边缘化之后，我们在工程中就不应再使用它。所以滑动窗口法比较适合 VO 系统，而不适合大规模建图的系统。

由于现在 g2o 和 Ceres 还未直接支持滑动窗口法中的边缘化操作[①]，我们略去本节对应的实验部分。希望理论部分可以帮助读者理解基于滑动窗口的 SLAM 系统。

---

①工程中我们可以通过某些巧妙的手段绕过 g2o 和 Ceres 的框架限制，但这往往非常烦琐，不适合在书中演示。

10.2　位姿图

10.2.1　位姿图的意义

　　根据前面的讨论，我们发现特征点在优化问题中占据了绝大部分。实际上，经过若干次观测之后，收敛的特征点位置变化很小，发散的外点则已被剔除。对收敛点再进行优化，似乎是有些费力不讨好的。因此，我们更倾向于在优化几次之后就把特征点固定住，只把它们看作位姿估计的约束，而不再实际地优化它们的位置估计。

　　沿着这个思路继续思考，我们会想到：是否能够完全不管路标而只管轨迹呢？我们完全可以构建一个只有轨迹的图优化，而位姿节点之间的边，可以由两个关键帧之间通过特征匹配之后得到的运动估计来给定初始值。不同的是，一旦初始估计完成，我们就不再优化那些路标点的位置，而只关心所有的相机位姿之间的联系。通过这种方式，我们省去了大量的特征点优化的计算，只保留了关键帧的轨迹，从而构建了所谓的位姿图（Pose Graph），如图 10-3 所示。

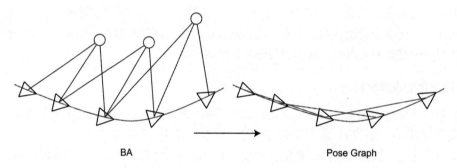

BA   Pose Graph

　　图 10-3　位姿图示意图。当我们不再优化 BA 中的路标点，仅把它们看成对姿态节点的约束时，就得到了一个计算规模减小很多的位姿图

　　我们知道，在 BA 中特征点数量远大于位姿节点。一个关键帧往往关联了数百个关键点，而实时 BA 的最大计算规模，即使利用稀疏性，在当前的主流 CPU 上一般也就是几万个点左右。这就限制了 SLAM 应用场景。所以，当机器人在更大范围的时间和空间中运动时，必须考虑一些解决方式：要么像滑动窗口法那样，丢弃一些历史数据[92]；要么像位姿图的做法那样，舍弃对路标点的优化，只保留 Pose 之间的边[93-95]。此外，如果我们有额外测量 Pose 的传感器，那么位姿图也是一种常见的融合 Pose 测量的方法。

10.2.2　位姿图的优化

　　那么，位姿图优化中的节点和边都是什么意思呢？这里的节点表示相机位姿，以 $T_1, \cdots, T_n$ 来表达。而边，则是两个位姿节点之间相对运动的估计，该估计可以来自于特征点法或直接法，也可以来自 GPS 或 IMU 积分。无论通过哪种手段，假设我们估计了 T_i 和 T_j 之间的一个运动

$\Delta\boldsymbol{T}_{ij}$。该运动可以有若干种表达方式，我们取比较自然的一种：

$$\Delta\boldsymbol{\xi}_{ij} = \boldsymbol{\xi}_i^{-1} \circ \boldsymbol{\xi}_j = \ln\left(\boldsymbol{T}_i^{-1}\boldsymbol{T}_j\right)^{\vee}, \tag{10.2}$$

或按李群的写法：

$$\boldsymbol{T}_{ij} = \boldsymbol{T}_i^{-1}\boldsymbol{T}_j. \tag{10.3}$$

按照图优化的思路，实际中该等式不会精确地成立，因此我们设立最小二乘误差，然后和以往一样，讨论误差关于优化变量的导数。这里，我们把上式的 $\boldsymbol{T}_{ij}$ 移至等式右侧，构建误差 $\boldsymbol{e}_{ij}$：

$$\boldsymbol{e}_{ij} = \Delta\boldsymbol{\xi}_{ij}\ln\left(\boldsymbol{T}_{ij}^{-1}\boldsymbol{T}_i^{-1}\boldsymbol{T}_j\right)^{\vee} \tag{10.4}$$

注意优化变量有两个：$\boldsymbol{\xi}_i$ 和 $\boldsymbol{\xi}_j$，因此我们求 $\boldsymbol{e}_{ij}$ 关于这两个变量的导数。按照李代数的求导方式，给 $\boldsymbol{\xi}_i$ 和 $\boldsymbol{\xi}_j$ 各一个左扰动：$\delta\boldsymbol{\xi}_i$ 和 $\delta\boldsymbol{\xi}_j$。于是误差变为

$$\hat{\boldsymbol{e}}_{ij} = \ln\left(\boldsymbol{T}_{ij}^{-1}\boldsymbol{T}_i^{-1}\exp((-\delta\boldsymbol{\xi}_i)^{\wedge})\exp(\delta\boldsymbol{\xi}_j^{\wedge})\boldsymbol{T}_j\right)^{\vee}. \tag{10.5}$$

该式中，两个扰动项被夹在了中间。为了利用 BCH 近似，我们希望把扰动项移至式子左侧或右侧。回忆第 4 讲习题中的伴随性质，即式 (4.55)。如果你没有做过这个习题，那就暂时把它当作是正确的结论来使用：

$$\exp\left((\mathrm{Ad}(\boldsymbol{T})\boldsymbol{\xi})^{\wedge}\right) = \boldsymbol{T}\exp(\boldsymbol{\xi}^{\wedge})\boldsymbol{T}^{-1}. \tag{10.6}$$

稍加改变，有

$$\exp(\boldsymbol{\xi}^{\wedge})\boldsymbol{T} = \boldsymbol{T}\exp\left(\left(\mathrm{Ad}(\boldsymbol{T}^{-1})\boldsymbol{\xi}\right)^{\wedge}\right). \tag{10.7}$$

该式表明，通过引入一个伴随项，我们能够"交换"扰动项左右侧的 $\boldsymbol{T}$。利用它，可以将扰动挪到最右（当然最左亦可），导出右乘形式的雅可比矩阵（挪到左边时形成左乘）：

$$
\begin{aligned}
\hat{\boldsymbol{e}}_{ij} &= \ln\left(\boldsymbol{T}_{ij}^{-1}\boldsymbol{T}_i^{-1}\exp((-\delta\boldsymbol{\xi}_i)^{\wedge})\exp(\delta\boldsymbol{\xi}_j^{\wedge})\boldsymbol{T}_j\right)^{\vee} \\
&= \ln\left(\boldsymbol{T}_{ij}^{-1}\boldsymbol{T}_i^{-1}\boldsymbol{T}_j\exp\left(\left(-\mathrm{Ad}(\boldsymbol{T}_j^{-1})\delta\boldsymbol{\xi}_i\right)^{\wedge}\right)\exp\left(\left(\mathrm{Ad}(\boldsymbol{T}_j^{-1})\delta\boldsymbol{\xi}_j\right)^{\wedge}\right)\right)^{\vee} \\
&\approx \ln\left(\boldsymbol{T}_{ij}^{-1}\boldsymbol{T}_i^{-1}\boldsymbol{T}_j\left[\boldsymbol{I} - (\mathrm{Ad}(\boldsymbol{T}_j^{-1})\delta\boldsymbol{\xi}_i)^{\wedge} + (\mathrm{Ad}(\boldsymbol{T}_j^{-1})\delta\boldsymbol{\xi}_j)^{\wedge}\right]\right)^{\vee} \\
&\approx \boldsymbol{e}_{ij} + \frac{\partial\boldsymbol{e}_{ij}}{\partial\delta\boldsymbol{\xi}_i}\delta\boldsymbol{\xi}_i + \frac{\partial\boldsymbol{e}_{ij}}{\partial\delta\boldsymbol{\xi}_j}\delta\boldsymbol{\xi}_j
\end{aligned}
\tag{10.8}
$$

因此，按照李代数上的求导法则，我们求出了误差关于两个位姿的雅可比矩阵。关于 $\boldsymbol{T}_i$ 的：

$$\frac{\partial e_{ij}}{\partial \delta \xi_i} = -\mathcal{J}_r^{-1}(e_{ij}) \mathrm{Ad}(T_j^{-1}). \tag{10.9}$$

以及关于 T_j 的：

$$\frac{\partial e_{ij}}{\partial \delta \xi_j} = \mathcal{J}_r^{-1}(e_{ij}) \mathrm{Ad}(T_j^{-1}). \tag{10.10}$$

如果读者觉得这部分求导理解起来有困难，可以回到第 4 讲温习李代数部分的内容。不过，前面也说过，由于 $\mathfrak{se}(3)$ 上的左右雅可比 $\mathcal{J}_r$ 形式过于复杂，我们通常取它们的近似。如果误差接近零，我们就可以设它们近似为 I 或

$$\mathcal{J}_r^{-1}(e_{ij}) \approx I + \frac{1}{2} \begin{bmatrix} \phi_e^\wedge & \rho_e^\wedge \\ 0 & \phi_e^\wedge \end{bmatrix}. \tag{10.11}$$

理论上，即使在优化之后，由于每条边给定的观测数据并不一致，误差也不见得近似于零，所以简单地把这里的 $\mathcal{J}_r$ 设置为 I 会有一定的损失。稍后我们将通过实践了解理论上的区别是否明显。

了解雅可比求导后，剩下的部分就和普通的图优化一样了。简而言之，所有的位姿顶点和位姿——位姿边构成了一个图优化，本质上是一个最小二乘问题，优化变量为各个顶点的位姿，边来自于位姿观测约束。记 $\mathcal{E}$ 为所有边的集合，那么总体目标函数为

$$\min \frac{1}{2} \sum_{i,j \in \mathcal{E}} e_{ij}^\mathsf{T} \Sigma_{ij}^{-1} e_{ij}. \tag{10.12}$$

我们依然可以用高斯牛顿法、列文伯格—马夸尔特方法等求解此问题，除了用李代数表示优化位姿，别的都是相似的。根据先前的经验，可以用 Ceres 或 g2o 进行求解。我们不再讨论优化的详细过程，第 9 讲已经讲清楚了。

10.3 实践：位姿图优化

10.3.1 g2o 原生位姿图

下面演示如何使用 g2o 进行位姿图优化。首先，请读者用 g2o_viewer 打开我们预先生成的仿真位姿图，位于 slambook2/ch10/sphere.g2o 中，如图 10-4 所示。

该位姿图是由 g2o 自带的 create sphere 程序仿真生成的。它的真实轨迹为一个球，由从下往上的多个层组成。每层为一个正圆形，很多个大小不一的圆形层组成了一个完整的球体，共包含 2500 个位姿节点（图 10-4 左上），可以看成一个转圈上升的过程。然后，仿真程序生成了 $t-1$

到 t 时刻的边，称为里程计边。此外，又生成层与层之间的边，称为回环（回环检测算法将在第 11 讲详细介绍）。随后，在每条边上添加观测噪声，并根据里程计边的噪声，重新设置节点的初始值。这样，就得到了带累积误差的位姿图数据（图 10-4 右下）。它局部看起来像球体的一部分，但整体形状与球体相差甚远。现在，我们从这些带噪声的边和节点初始值出发，尝试优化整个位姿图，得到近似真值的数据。

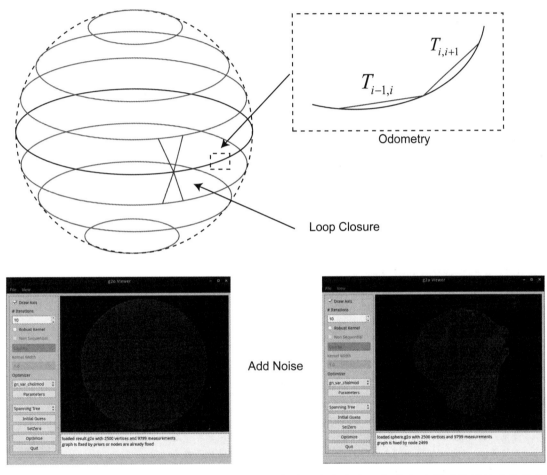

图 10-4　g2o 仿真产生的位姿图。真值是完整的球形，在真值上添加噪声后得到带累计误差的仿真数据

　　当然，实际中的机器人肯定不会出现这样正球形的运动轨迹，以及如此完整的里程计与回环观测数据。仿真成正球的好处是我们能够直观地看到优化结果是否正确（只要看它各个角度圆不圆就行了）。读者可以单击 g2o_viewer 中的 optimize 函数，看到每步的优化结果和收敛的过程。另外，sphere.g2o 也是一个文本文件，可以用文本编辑器打开，查看它里面的内容。文件前半部

分由节点组成，后半部分则是边：

```
VERTEX_SE3:QUAT 0 -0.125664 -1.53894e-17 99.9999 0.706662 4.32706e-17 0.707551 -4.3325e-17
......
EDGE_SE3:QUAT 1524 1574 -0.210399 -0.0101193 -6.28806 -0.00122939 0.0375067 -2.85291e-05
0.999296 10000 0 0 0 0 0 10000 0 0 0 0 10000 0 0 0 40000 0 0 40000 0 40000
```

可以看到，节点类型是 VERTEX_SE3，表达一个相机位姿。g2o 默认使用四元数和平移向量表达位姿，所以后面的字段意义为：ID, $t_x, t_y, t_z, q_x, q_y, q_z, q_w$。前 3 个为平移向量元素，后 4 个为表示旋转的单位四元数。同样，边的信息为两个节点的 ID, $t_x, t_y, t_z, q_x, q_y, q_z, q_w$，以及信息矩阵的右上角。可以看出，本例中信息矩阵大小为 6×6，且被设成了对角阵。

为了优化该位姿图，我们可以使用 g2o 默认的顶点和边，它们是由四元数表示的。由于仿真数据也是 g2o 生成的，所以用 g2o 本身优化就无须我们多做什么工作了，只需配置优化参数即可。程序 slambook2/ch10/pose_graph_g2o_SE3.cpp 演示了如何使用列文伯格—马夸尔特方法对该位姿图进行优化，并把结果存储至 result.g2o 文件中。

📖 **slambook2/ch10/pose_graph_g2o_SE3.cpp**

```cpp
#include <iostream>
#include <fstream>
#include <string>

#include <g2o/types/slam3d/types_slam3d.h>
#include <g2o/core/block_solver.h>
#include <g2o/core/optimization_algorithm_levenberg.h>
#include <g2o/solvers/eigen/linear_solver_eigen.h>

using namespace std;

/**********************************************
* 本程序演示如何用g2o solver进行位姿图优化
* sphere.g2o是人工生成的一个位姿图，我们来优化它。
* 尽管可以直接通过load函数读取整个图，但我们还是自己来实现读取代码，以期获得更深刻的理解
* 这里使用g2o/types/slam3d/中的SE3表示位姿，它实质上是四元数而非李代数
* **********************************************/

int main(int argc, char **argv) {
    if (argc != 2) {
        cout << "Usage: pose_graph_g2o_SE3 sphere.g2o" << endl;
        return 1;
    }
    ifstream fin(argv[1]);
    if (!fin) {
```

```
26          cout << "file " << argv[1] << " does not exist." << endl;
27          return 1;
28      }
29
30      // 设定g2o
31      typedef g2o::BlockSolver<g2o::BlockSolverTraits<6, 6>> BlockSolverType;
32      typedef g2o::LinearSolverEigen<BlockSolverType::PoseMatrixType> LinearSolverType;
33      auto solver = new g2o::OptimizationAlgorithmLevenberg(
34      g2o::make_unique<BlockSolverType>(g2o::make_unique<LinearSolverType>()));
35      g2o::SparseOptimizer optimizer;         // 图模型
36      optimizer.setAlgorithm(solver);     // 设置求解器
37      optimizer.setVerbose(true);         // 打开调试输出
38
39      int vertexCnt = 0, edgeCnt = 0; // 顶点和边的数量
40      while (!fin.eof()) {
41          string name;
42          fin >> name;
43          if (name == "VERTEX_SE3:QUAT") {
44              // SE3顶点
45              g2o::VertexSE3 *v = new g2o::VertexSE3();
46              int index = 0;
47              fin >> index;
48              v->setId(index);
49              v->read(fin);
50              optimizer.addVertex(v);
51              vertexCnt++;
52              if (index == 0)
53                  v->setFixed(true);
54          } else if (name == "EDGE_SE3:QUAT") {
55              // SE3-SE3边
56              g2o::EdgeSE3 *e = new g2o::EdgeSE3();
57              int idx1, idx2;         // 关联的两个顶点
58              fin >> idx1 >> idx2;
59              e->setId(edgeCnt++);
60              e->setVertex(0, optimizer.vertices()[idx1]);
61              e->setVertex(1, optimizer.vertices()[idx2]);
62              e->read(fin);
63              optimizer.addEdge(e);
64          }
65          if (!fin.good()) break;
66      }
67
68      cout << "read total " << vertexCnt << " vertices, " << edgeCnt << " edges." << endl;
```

```
69
70      cout << "optimizing ..." << endl;
71      optimizer.initializeOptimization();
72      optimizer.optimize(30);
73
74      cout << "saving optimization results ..." << endl;
75      optimizer.save("result.g2o");
76
77      return 0;
78  }
```

我们选择了 6×6 的块求解器，使用列文伯格—马夸尔特下降方式，迭代次数选择 30 次。调用此程序对位姿图进行优化：

终端输入：

```
1  $ build/pose_graph_g2o_SE3 sphere.g2o
2  read total 2500 vertices, 9799 edges.
3  optimizing ...
4  iteration= 0  chi2= 1023011093.851879 edges= 9799 schur= 0 lambda= 805.622433 levenbergIter=
   1
5  iteration= 1  chi2= 385118688.233188  time= 0.863567 cumTime= 1.71545  edges= 9799 schur= 0
   lambda= 537.081622 levenbergIter= 1
6  iteration= 2  chi2= 166223726.693659  time= 0.861235 cumTime= 2.57668  edges= 9799 schur= 0
   lambda= 358.054415 levenbergIter= 1
7  iteration= 3  chi2= 86610874.269316   time= 0.844105 cumTime= 3.42079  edges= 9799 schur= 0
   lambda= 238.702943 levenbergIter= 1
8  iteration= 4  chi2= 40582782.710190   time= 0.862221 cumTime= 4.28301  edges= 9799 schur= 0
   lambda= 159.135295 levenbergIter= 1
9  ......
10 iteration= 28 chi2= 45095.174398 time= 0.869451 cumTime= 30.0809 edges= 9799 schur= 0 lambda=
    0.003127 levenbergIter= 1
11 iteration= 29 chi2= 44811.248504 time= 1.76326  cumTime= 31.8442 edges= 9799 schur= 0 lambda=
    0.003785 levenbergIter= 2
12 saving optimization results ...
```

然后，用 g2o_viewer 打开 result.g2o 查看结果，如图 10-5 所示。

结果从一个不规则的形状优化成了一个看起来完整的球。这个过程实质上和我们单击 g2o_viewer 上的 Optimize 按钮没有区别。下面，我们根据前面的李代数推导来实现李代数上的优化。

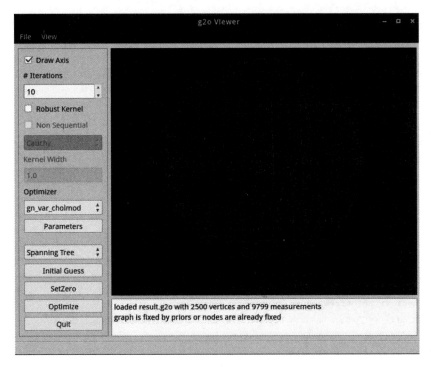

图 10-5　使用 g2o 自带的顶点与边求解的结果

10.3.2　李代数上的位姿图优化

还记得我们用 Sophus 表达李代数的事情吗？我们来试试把 Sophus 用到 g2o 中定义自己的顶点和边吧。

📖 **slambook2/ch10/pose_graph_g2o_lie_algebra.cpp**（片段）

```
typedef Matrix<double, 6, 6> Matrix6d;

// 给定误差求J_R^{-1}的近似
Matrix6d JRInv(const SE3d &e) {
    Matrix6d J;
    J.block(0, 0, 3, 3) = SO3d::hat(e.so3().log());
    J.block(0, 3, 3, 3) = SO3d::hat(e.translation());
    J.block(3, 0, 3, 3) = Matrix3d::Zero(3, 3);
    J.block(3, 3, 3, 3) = SO3d::hat(e.so3().log());
    J = J * 0.5 + Matrix6d::Identity();
    return J;
}

```

```
14  // 李代数顶点
15  typedef Matrix<double, 6, 1> Vector6d;
16
17  class VertexSE3LieAlgebra : public g2o::BaseVertex<6, SE3d> {
18      public:
19      EIGEN_MAKE_ALIGNED_OPERATOR_NEW
20
21      virtual bool read(istream &is) override {
22          double data[7];
23          for (int i = 0; i < 7; i++)
24          is >> data[i];
25          setEstimate(SE3d(
26          Quaterniond(data[6], data[3], data[4], data[5]),
27          Vector3d(data[0], data[1], data[2])
28          ));
29      }
30
31      virtual bool write(ostream &os) const override {
32          os << id() << " ";
33          Quaterniond q = _estimate.unit_quaternion();
34          os << _estimate.translation().transpose() << " ";
35          os << q.coeffs()[0] << " " << q.coeffs()[1] << " " << q.coeffs()[2] << " " << q.
            coeffs()[3] << endl;
36          return true;
37      }
38
39      virtual void setToOriginImpl() override {
40          _estimate = SE3d();
41      }
42
43      // 左乘更新
44      virtual void oplusImpl(const double *update) override {
45          Vector6d upd;
46          upd << update[0], update[1], update[2], update[3], update[4], update[5];
47          _estimate = SE3d::exp(upd) * _estimate;
48      }
49  };
50
51  // 两个李代数节点之边
52  class EdgeSE3LieAlgebra : public g2o::BaseBinaryEdge<6, SE3d, VertexSE3LieAlgebra,
    VertexSE3LieAlgebra> {
53      public:
54      EIGEN_MAKE_ALIGNED_OPERATOR_NEW
```

```
55
56   virtual bool read(istream &is) override {
57       double data[7];
58       for (int i = 0; i < 7; i++)
59       is >> data[i];
60       Quaterniond q(data[6], data[3], data[4], data[5]);
61       q.normalize();
62       setMeasurement(SE3d(q, Vector3d(data[0], data[1], data[2])));
63       for (int i = 0; i < information().rows() && is.good(); i++)
64       for (int j = i; j < information().cols() && is.good(); j++) {
65           is >> information()(i, j);
66           if (i != j)
67           information()(j, i) = information()(i, j);
68       }
69       return true;
70   }
71
72   virtual bool write(ostream &os) const override {
73       VertexSE3LieAlgebra *v1 = static_cast<VertexSE3LieAlgebra *> (_vertices[0]);
74       VertexSE3LieAlgebra *v2 = static_cast<VertexSE3LieAlgebra *> (_vertices[1]);
75       os << v1->id() << " " << v2->id() << " ";
76       SE3d m = _measurement;
77       Eigen::Quaterniond q = m.unit_quaternion();
78       os << m.translation().transpose() << " ";
79       os << q.coeffs()[0] << " " << q.coeffs()[1] << " " << q.coeffs()[2] << " " << q.
         coeffs()[3] << " ";
80
81       // information matrix
82       for (int i = 0; i < information().rows(); i++)
83       for (int j = i; j < information().cols(); j++) {
84           os << information()(i, j) << " ";
85       }
86       os << endl;
87       return true;
88   }
89
90   // 误差计算与书中推导一致
91   virtual void computeError() override {
92       SE3d v1 = (static_cast<VertexSE3LieAlgebra *> (_vertices[0]))->estimate();
93       SE3d v2 = (static_cast<VertexSE3LieAlgebra *> (_vertices[1]))->estimate();
94       _error = (_measurement.inverse() * v1.inverse() * v2).log();
95   }
96
```

```
97      // 雅可比计算
98      virtual void linearizeOplus() override {
99          SE3d v1 = (static_cast<VertexSE3LieAlgebra *> (_vertices[0]))->estimate();
100         SE3d v2 = (static_cast<VertexSE3LieAlgebra *> (_vertices[1]))->estimate();
101         Matrix6d J = JRInv(SE3d::exp(_error));
102         // 尝试把J近似为I?
103         _jacobianOplusXi = -J * v2.inverse().Adj();
104         _jacobianOplusXj = J * v2.inverse().Adj();
105     }
106 };
```

为了实现对 g2o 文件的存储和读取，本节例程实现了 read 和 write 函数，并且"伪装"成 g2o 内置的 SE3 顶点，使得 g2o_viewer 能够认识并渲染它。事实上，除了内部使用 Sophus 的李代数表示，从外部看起来没有什么区别。

值得注意的是这里雅可比的计算过程。我们有若干种选择：一是不提供雅可比计算函数，让 g2o 自动计算数值雅可比。二是提供完整或近似的雅可比计算过程。这里，我们用 JRInv() 函数提供近似的 $\mathcal{J}_r^{-1}$。读者可以尝试把它近似为 I，或者干脆注释掉 oplusImpl 函数，看看结果会有什么区别。

之后调用 g2o 进行优化问题：

終端输入：

```
1  $ build/pose_graph_g2o_lie sphere.g2o
2  read total 2500 vertices, 9799 edges.
3  optimizing ...
4  iteration= 0    chi2= 626657736.014949   time= 0.549125   cumTime= 0.549125   edges= 9799
   schur= 0    lambda= 6706.585223     levenbergIter= 1
5  iteration= 1    chi2= 233236853.521434   time= 0.510685   cumTime= 1.05981    edges= 9799
   schur= 0    lambda= 2235.528408     levenbergIter= 1
6  iteration= 2    chi2= 142629876.750105   time= 0.557893   cumTime= 1.6177     edges= 9799
   schur= 0    lambda= 745.176136   levenbergIter= 1
7  iteration= 3    chi2= 84218288.615592    time= 0.525079   cumTime= 2.14278    edges= 9799
   schur= 0    lambda= 248.392045   levenbergIter= 1
8  ......
```

我们发现，迭代 23 次后，总体误差保持不变，事实上可以让优化算法停止。而上一个实验中，用满了 30 次迭代后误差仍在下降[1]。在调用优化后，查看 result_lie.g2o 观察它的结果，如图 10-6 所示。从肉眼上看不出任何区别。

如果你在这个 g2o_viewer 界面单击"Optimize"按钮，g2o 将使用它自带的 SE3 顶点进行优

---

[1] 请注意，尽管数值上看此处的误差要大一些，但是由于我们自定义边时重新定义了误差的计算方式，所以此处数值的大小并不能直接用于比较。

化，你可以在下方文本框中看到：

```
1  loaded result_lie.g2o with 2500 vertices and 9799 measurements
2  graph is fixed by node 2499
3  # Using CHOLMOD poseDim -1 landMarkDim -1 blockordering 0
4  Preparing (no marginalization of Landmarks)
5  iteration= 0 chi2= 44360.509723 time= 0.567504 cumTime= 0.567504 edges= 9799 schur= 0
6  iteration= 1 chi2= 44360.471110 time= 0.595993 cumTime= 1.1635   edges= 9799 schur= 0
7  iteration= 2 chi2= 44360.471110 time= 0.582909 cumTime= 1.74641  edges= 9799 schur= 0
```

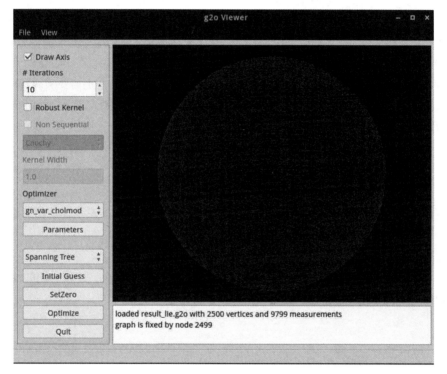

图 10-6　使用李代数自定义节点与边优化后的结果

　　整体误差在 SE3 边的度量下为 44360，略小于之前 30 次迭代时的 44811。这说明使用李代数进行优化后，我们在更少的迭代次数下得到了更好的结果[①]。实际上，即使我们用单位矩阵来近似 $\mathcal{J}_r^{-1}$，你也会收敛到类似的值。这主要是因为在误差接近零时，雅可比本来就和恒等矩阵十分接近。

---

①由于没有做更多的实验，所以该结论只在"球"这个例子上有效。

10.3.3 小结

球的例子是一个比较有代表性的案例。它具有和实际中相似的里程计边和回环边，这也正是实际 SLAM 中一个位姿图中可能有的东西。同时，"球"也具有一定的计算规模：一方面，它总共有 2,500 个位姿节点和近 10,000 条边，我们发现优化它花费了不少时间（相对于实时性要求很强的前端来说）。另一方面，一般认为位姿图是结构最简单的图之一。在我们不假设机器人如何运动的前提下，很难进一步讨论它的稀疏性——因为机器人可能会直线往前运动，形成带状的位姿图，是稀疏的；也可能是"左手右手一个慢动作"，形成来回往复的循环运动（Loopy motion），从而变成像"球"那样比较稠密的位姿图。无论如何，在没有进一步的信息之前，我们似乎无法再利用位姿图的求解结构了。

自 PTAM[96] 提出以来，人们就意识到，后端的优化没必要实时地响应前端的图像数据。人们倾向于把前端和后端分开，运行于两个独立线程之中，历史上称为跟踪（Tracking）和建图——虽然如此称呼，但是建图部分主要是指后端的优化内容。通俗地说，前端需要实时响应视频的速度，例如每秒 30 帧；而优化可以慢悠悠地运行，只要在优化完成时把结果返回给前端即可。所以我们通常不会对后端优化提出很高的速度要求。

习题

1. 将位姿图中的误差定义为 $\Delta \boldsymbol{\xi}_{ij} = \boldsymbol{\xi}_i \circ \boldsymbol{\xi}_j^{-1}$，推导按照此定义的左乘扰动雅可比矩阵。
2. 使用右乘更新，推导该情况下的雅可比矩阵。
3. 参照 g2o 的程序，在 Ceres 中实现对"球"位姿图的优化。
4. 对"球"中的信息按照时间排序，分别喂给 g2o 和 gtsam 优化，比较它们的性能差异。
5.* 阅读与 iSAM 相关的论文，理解它是如何实现增量式优化的。

第 **11** 讲

回环检测

主要目标

1. 理解回环检测的必要性。

2. 掌握基于词袋的外观式回环检测。

3. 通过 DBoW3 的实验，学习词袋模型的实际用途。

    本讲中，我们介绍 SLAM 中另一个主要模块：回环检测。我们知道 SLAM 主体（前端、后端）主要的目的在于估计相机运动，而回环检测模块，无论是目标上还是方法上，都与前面讲的内容相差较大，所以通常被认为是一个独立的模块。我们将介绍主流视觉 SLAM 中检测回环的方式：词袋模型，并通过 DBoW 库上的程序实验，使读者得到更加直观的理解。

11.1　概述

11.1.1　回环检测的意义

我们已然介绍了前端和后端：前端提供特征点的提取和轨迹、地图的初值，而后端负责对所有这些数据进行优化。然而，如果像视觉里程计那样仅考虑相邻时间上的关键帧，那么，之前产生的误差将不可避免地累积到下一个时刻，使得整个 SLAM 出现**累积误差**，长期估计的结果将不可靠，或者说，我们无法构建**全局一致**的轨迹和地图。

举个简单的例子：在自动驾驶的建图阶段，我们通常会指定采集车在某个给定区域绕若干圈以覆盖所有采集范围。假设我们在前端提取了特征，然后忽略特征点，在后端使用位姿图优化整个轨迹，如图 11-1（a）所示。前端给出的只是局部的位姿间约束，例如，可能是 $x_1 - x_2, x_2 - x_3$，等等。但是，由于 x_1 的估计存在误差，而 x_2 是根据 x_1 决定的，x_3 又是由 x_2 决定的。依此类推，误差就会被累积起来，使得后端优化的结果如图 11-1（b）所示，慢慢地趋向不准确。在这种应用场景下，我们应该保证，优化的轨迹和实际地点一致。当我们实际经过同一个地点时，估计轨迹也必定经过同一点。

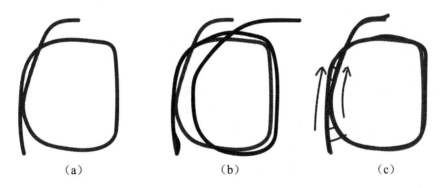

（a）　　　　　　　　　　（b）　　　　　　　　　　（c）

图 11-1　漂移示意图。（a）真实轨迹；（b）由于前端只给出相邻帧间的估计，优化后的位姿图出现漂移；（c）添加回环检测后的位姿图可以消除累积误差（见彩插）

虽然后端能够估计最大后验误差，但所谓"好模型架不住烂数据"，只有相邻关键帧数据时，我们能做的事情并不多，也无从消除累积误差。但是，回环检测模块能够给出除了相邻帧的一些**时隔更加久远**的约束：例如 $x_1 \sim x_{100}$ 之间的位姿变换。为什么它们之间会有约束呢？这是因为我们察觉到相机**经过了同一个地方，采集到了相似的数据**。而回环检测的关键，就是如何有效地检测出相机经过同一个地方这件事。如果我们能够成功地检测到这件事，就可以为后端的位姿图提供更多的有效数据，使之得到更好的估计，特别是得到一个**全局一致**的估计。由于位姿图可以看成一个质点——弹簧系统，所以回环检测相当于在图像中加入了额外的弹簧，提高了系统稳定性。读者也可直观地想象成回环边把带有累积误差的边"拉"到了正确的位置——如果回环本身正确的话。

回环检测对于 SLAM 系统意义重大。一方面，它关系到我们估计的轨迹和地图在**长时间下**的正确性。另一方面，由于回环检测提供了当前数据与所有历史数据的关联，我们还可以利用回环检测进行**重定位**。重定位的用处更多一些。例如，如果我们事先对某个场景录制了一条轨迹并建立了地图，那么之后在该场景中就可以一直跟随这条轨迹进行导航，而重定位可以帮助我们确定自身在这条轨迹上的位置。因此，回环检测对整个 SLAM 系统精度与稳健性的提升是非常明显的。甚至在某些时候，我们把仅有前端和局部后端的系统称为视觉里程计，而把带有回环检测和全局后端的系统称为 SLAM。

11.1.2　回环检测的方法

下面我们来考虑回环检测如何实现的问题。事实上存在若干种不同的思路来看待这个问题，包括理论上的和工程上的。

最简单的方式就是对任意两幅图像都做一遍特征匹配，根据正确匹配的数量确定哪两幅图像存在关联——这确实是一种朴素且有效的思想。缺点在于，我们盲目地假设了"任意两幅图像都可能存在回环"，使得要检测的数量实在太大：对于 N 个可能的回环，我们要检测 C_N^2 那么多次，这是 $O(N^2)$ 的复杂度，随着轨迹变长增长太快，在大多数实时系统中是不实用的。另一种朴素的方式是，随机抽取历史数据并进行回环检测，例如在 n 帧中随机抽 5 帧与当前帧比较。这种做法能够维持常数时间的运算量，但是这种盲目试探方法在帧数 N 增长时，抽到回环的概率又大幅下降，使得检测效率不高。

上面说的朴素思路都过于粗糙。尽管随机检测在有些实现中确实有用[97]，但我们至少希望有一个"**哪处可能出现回环**"的预计，才好不那么盲目地去检测。这样的方式大体有两种思路：基于里程计（Odometry based）的几何关系，或基于外观（Appearance based）的几何关系。基于里程计的几何关系是说，当我们发现当前相机运动到了之前的某个位置附近时，检测它们有没有回环关系[98]——这自然是一种直观的想法，但是由于累积误差的存在，我们往往没法正确地发现"运动到了之前的某个位置附近"这件事实，回环检测也无从谈起。因此，这种做法在逻辑上存在一点问题，因为回环检测的目标在于发现"相机回到之前位置"的事实，从而消除累积误差。而基于里程计的几何关系的做法假设了"相机回到之前位置附近"，这样才能检测回环。这是有倒果为因的嫌疑的，因而也无法在累积误差较大时工作[12]。

另一种方法是基于外观的。它和前端、后端的估计都无关，仅根据两幅图像的相似性确定回环检测关系。这种做法摆脱了累积误差，使回环检测模块成为 SLAM 系统中一个相对独立的模块（当然前端可以为它提供特征点）。自 21 世纪初被提出以来，基于外观的回环检测方式能够有效地在不同场景下工作，成了视觉 SLAM 中主流的做法，并被应用于实际的系统中[88, 95, 99]。

除此之外，从工程角度我们也能提出一些解决回环检测的办法。例如，室外的无人车通常会配备 GPS，可以提供全局的位置信息。利用 GPS 信息可以很轻松地判断汽车是否回到某个经过的点，但这类方法在室内就不怎么好用。

在基于外观的回环检测算法中,核心问题是**如何计算图像间的相似性**。例如,对于图像 A 和图像 B,我们要设计一种方法,计算它们之间的相似性评分:$s(A, B)$。当然,这个评分会在某个区间内取值,当它大于一定量后我们认为出现了一个回环。读者可能会有疑问:计算两幅图像之间的相似性很困难吗?例如直观上看,图像能够表示成矩阵,那么直接让两幅图像相减,然后取某种范数行不行呢?

$$s(A, B) = \|A - B\|. \tag{11.1}$$

为什么我们不这样做?

1. 前面也说过,像素灰度是一种不稳定的测量值,它严重地受环境光照和相机曝光的影响。假设相机未动,我们打开了一支电灯,那么图像会整体变亮。这样,即使对于同样的数据,我们也会得到一个很大的差异值。
2. 当相机视角发生少量变化时,即使每个物体的光度不变,它们的像素也会在图像中发生位移,造成一个很大的差异值。

由于这两种情况的存在,实际中,即使对于非常相似的图像,$A - B$ 也会经常得到一个(不符合实际的)很大的值。所以我们说,这个函数**不能很好地反映图像间的相似关系**。这里牵涉到一个"好"和"不好"的定义问题。我们要问,怎样的函数能够更好地反映相似关系,而怎样的函数不够好呢?从这里可以引出**感知偏差**(Perceptual Aliasing)和**感知变异**(Perceptual Variability)两个概念。现在我们来更详细地讨论。

11.1.3　准确率和召回率

从人类的角度看,(至少我们自认为)我们能够以很高的精确度,感觉到"两幅图像是否相似"或"这两张照片是从同一个地方拍摄的"这一事实,但由于目前尚未掌握人脑的工作原理,我们无法清楚地描述自己是如何完成这个判断的。从程序角度看,我们希望程序算法能够得出和人类,或者和事实一致的判断。当我们觉得,或者事实上就是,两幅图像从同一个地方拍摄,那么回环检测算法也应该给出"这是回环"的结果。反之,如果我们觉得,或事实上,两幅图像是从不同地方拍摄的,那么程序也应该给出"这不是回环"的判断。[①]当然,程序的判断并不总是与我们人类的想法一致,所以可能出现表 11-1 中的 4 种情况。

表 11-1　回环检测的结果分类

算法 / 事实	是回环	不是回环
是回环	真阳性	假阳性
不是回环	假阴性	真阴性

①有机器学习背景的读者,应该能感受出这段话与机器学习是何等相似。你是不是已经在想如何训练网络了呢?

　　这里阴性/阳性的说法是借用了医学上的说法。假阳性（False Positive）又称为感知偏差，而假阴性（False Negative）称为感知变异（如图 11-2 所示）。为方便书写，用缩写 TP 代表 True Positive（真阳性），用 TN 代表 True Negative（真阴性），其余类推。由于我们希望算法和人类的判断一致，所以希望 TP 和 TN 尽量高，而 FP 和 FN 尽可能低。所以，对于某种特定算法，我们可以统计它在某个数据集上的 TP、TN、FP、FN 的出现次数，并计算两个统计量：**准确率**和**召回率**（Precision & Recall）。

$$\text{Precision} = \text{TP}/(\text{TP} + \text{FP}), \quad \text{Recall} = \text{TP}/(\text{TP} + \text{FN}). \tag{11.2}$$

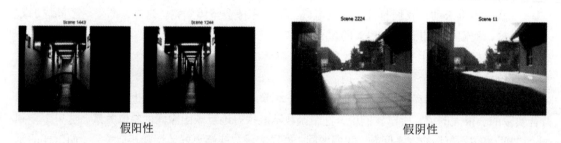

　　　　　　假阳性　　　　　　　　　　　　　　　　　　　　假阴性

图 11-2　假阳性与假阴性的例子。左侧为假阳性，两幅图像看起来很像，但并非同一走廊；右侧为假阴性，由于光照变化，同一地点不同时刻的照片看起来很不一样

　　从公式字面意义上看，准确率描述的是算法提取的所有回环中确实是真实回环的概率。而召回率则是指，在所有真实回环中被正确检测出来的概率。为什么取这两个统计量呢？因为它们有一定的代表性，并且通常是一对**矛盾**。

　　一个算法往往有许多的设置参数。例如，当提高某个阈值时，算法可能变得更加"严格"——它检出更少的回环，使准确率得以提高。同时，由于检出的数量变少了，许多原本是回环的地方就可能被漏掉，导致召回率下降。反之，如果我们选择更加宽松的配置，那么检出的回环数量将增加，得到更高的召回率，但其中可能混杂一些不是回环的情况，于是准确率下降。

　　为了评价算法的好坏，我们会测试它在各种配置下的 P 和 R 值，然后做 Precision-Recall 曲线（如图 11-3 所示）。当用召回率为横轴，用准确率为纵轴时，我们会关心整条曲线偏向右上方的程度、100% 准确率下的召回率或者 50% 召回率时的准确率，作为评价算法的指标。不过请注意，除了一些"天壤之别"的算法，我们通常不能一概而论地说算法 A 就是优于算法 B 的。我们可能会说 A 在准确率较高时还有很好的召回，而 B 在 70% 召回率的情况下还能保证较好的准确率，诸如此类。

　　值得一提的是，在 SLAM 中，我们对准确率的要求更高，而对召回率则相对宽容一些。由于假阳性的（检测结果是而实际不是的）回环将在后端的位姿图中添加根本错误的边，有些时候会导致优化算法给出完全错误的结果。想象一下，如果 SLAM 程序错误地将所有的办公桌当成了同一张，那建出来的图会怎么样呢？你可能会看到走廊不直了，墙壁被交错在一起了，最后整个地图都失效了。相比之下，召回率低一些，顶多有部分的回环没有被检测到，地图可能受一些累积误差的影响——然而仅需一两次回环就可以完全消除它们了。所以在选择回环检测算法时，我们更倾向于把参数设置得更严格，或者在检测之后再加上**回环验证**的步骤。

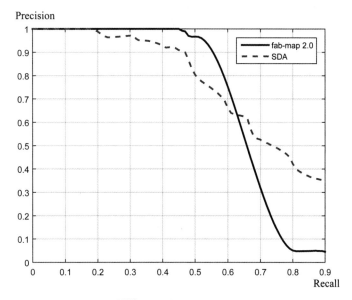

图 11-3　准确率–召回率曲线的例子[100]。随着召回率的上升，检测条件变得宽松，准确率随之下降。好的算法在较高召回率情况下仍能保证较好的准确率

那么，回到之前的问题，为什么不用 $A - B$ 来计算相似性呢？我们会发现它的准确率和召回率都很差，可能出现大量的假阳性或假阴性的情况，所以说这样做"不好"。那么，什么方法更好一些呢？

11.2　词袋模型

既然直接用两张图像相减的方式不够好，我们就需要一种更可靠的方式。结合前面几讲的内容，一种思路是：为何不像视觉里程计那样使用特征点来做回环检测呢？和视觉里程计一样，我们对两幅图像的特征点进行匹配，只要匹配数量大于一定值，就认为出现了回环。根据特征点匹配，我们还能计算出这两幅图像之间的运动关系。当然这种做法存在一些问题，例如，特征的匹配会比较费时、当光照变化时特征描述可能不稳定等，但离我们要介绍的词袋模型已经很相近了。下面我们先来介绍词袋的做法，再来讨论数据结构之类的实现细节。

词袋，也就是 Bag-of-Words（BoW），目的是用"图像上有哪几种特征"来描述一幅图像。例如，我们说某张照片中有一个人、一辆车；而另一张中有两个人、一只狗。根据这样的描述，就可以度量这两幅图像的相似性。再具体一些，我们要做以下三步：

1. 确定 "人" "车" "狗" 等概念——对应于 BoW 中的 "**单词**"（Word），许多单词放在一起，组成了 "**字典**"（Dictionary）。

2. 确定一幅图像中出现了哪些在字典中定义的概念——我们用单词出现的情况（或直方图）描述整幅图像。这就把一幅图像转换成了一个向量的描述。

3. 比较上一步中的描述的相似程度。

以上面举的例子来说，首先我们通过某种方式得到了一本 "字典"。字典上记录了许多单词，每个单词都有一定意义，例如 "人" "车" "狗" 都是记录在字典中的单词，我们不妨记为 w_1, w_2, w_3。然后，对于任意图像 A，根据它们含有的单词，可记为

$$A = 1 \cdot w_1 + 1 \cdot w_2 + 0 \cdot w_3. \tag{11.3}$$

字典是固定的，所以只要用 $[1, 1, 0]^\mathrm{T}$ 这个向量就可以表达 A 的意义。通过字典和单词，只需一个向量就可以描述整幅图像。该向量描述的是 "图像是否含有某类特征" 的信息，比单纯的灰度值更稳定。又因为描述向量说的是 "**是否出现**"，而不管它们 "**在哪儿出现**"，所以与物体的空间位置和排列顺序无关，因此在相机发生少量运动时，只要物体仍在视野中出现，我们就仍然保证描述向量不发生变化[1]。基于这种特性，我们称它为 Bag-of-Words 而不是什么 List-of-Words，强调的是 Words 的有无，而无关其顺序。因此，可以说字典类似于单词的一个集合。

回到上面的例子，同理，用 $[2, 0, 1]^\mathrm{T}$ 可以描述图像 B。如果只考虑 "是否出现" 而不考虑数量，也可以是 $[1, 0, 1]^\mathrm{T}$，这时候这个向量就是二值的。于是，根据这两个向量，设计一定的计算方式，就能确定图像间的相似性。当然，对两个向量求差仍然有一些不同的做法，例如对于 $\boldsymbol{a}, \boldsymbol{b} \in \mathbb{R}^W$，可以计算：

$$s(\boldsymbol{a}, \boldsymbol{b}) = 1 - \frac{1}{W} \|\boldsymbol{a} - \boldsymbol{b}\|_1. \tag{11.4}$$

其中范数取 L_1 范数，即各元素绝对值之和。请注意在两个向量完全一样时，我们将得到 1；完全相反时（ $\boldsymbol{a}$ 为 0 的地方 $\boldsymbol{b}$ 为 1）得到 0。这样就定义了两个描述向量的相似性，也就定义了图像之间的相似程度。

接下来的问题是什么呢？

1. 我们虽然清楚了字典的定义方式，但它到底是怎么来的呢？

2. 如果我们能够计算两幅图像间的相似程度评分，是否就足够判断回环了呢？

所以接下来，我们首先介绍字典的生成方式，然后介绍如何利用字典实际地计算两幅图像间的相似性。

---

[1]这种性质有时也会带来一些问题，例如，眼睛长在嘴巴下的脸仍是人脸吗？

11.3　字典

11.3.1　字典的结构

按照前面的介绍，字典由很多单词组成，而每一个单词代表了一个概念。一个单词与一个单独的特征点不同，它不是从单幅图像上提取出来的，而是某一类特征的组合。所以，字典生成问题类似于一个**聚类**（Clustering）问题。

聚类问题在无监督机器学习（Unsupervised ML）中特别常见，用于让机器自行寻找数据中的规律。BoW 的字典生成问题也属于其中之一。首先，假设我们对大量的图像提取了特征点，例如有 N 个。现在，我们想找一个有 k 个单词的字典，每个单词可以看作局部相邻特征点的集合，应该怎么做呢？这可以用经典的 K-means（K 均值）算法[101]解决。

K-means 是一个非常简单有效的方法，因此在无监督学习中广为使用，下面对其原理稍做介绍。简单的说，当有 N 个数据，想要归成 k 个类，那么用 K-means 来做主要包括如下步骤：

---

1. 随机选取 k 个中心点：$c_1, \cdots, c_k$。
2. 对每一个样本，计算它与每个中心点之间的距离，取最小的作为它的归类。
3. 重新计算每个类的中心点。
4. 如果每个中心点都变化很小，则算法收敛，退出；否则返回第 2 步。

K-means 的做法是朴素且简单有效的，不过也存在一些问题，例如，需要指定聚类数量、随机选取中心点使得每次聚类结果都不相同，以及一些效率上的问题。随后，研究者们也开发出了层次聚类法、K-means++[102] 等算法以弥补它的不足，不过这都是后话，我们就不详细讨论了。总之，根据 K-means，我们可以把已经提取的大量特征点聚类成一个含有 k 个单词的字典。现在的问题变成了如何根据图像中某个特征点查找字典中相应的单词。

仍然有朴素的思想：只要和每个单词进行比对，取最相似的那个就可以了——这当然是简单有效的做法。然而，考虑到字典的通用性①，我们通常会使用一个较大规模的字典，以保证当前使用环境中的图像特征都曾在字典里出现，或至少有相近的表达。如果你觉得对十个单词一一比较不是什么麻烦事，那么对于一万个呢？十万个呢？

也许读者学过数据结构，这种 $O(n)$ 的查找算法显然不是我们想要的。如果字典排过序，那么二分查找显然可以提升查找效率，达到对数级别的复杂度。而实践中，我们可能会用更复杂的数据结构，例如 Fabmap[103-105] 中的 Chou-Liu tree[106] 等。但我们不想把本书写成复杂细节的集合，所以介绍另一种较为简单实用的树结构[107]。

在参考文献 [107] 中，使用一种 k 叉树来表达字典。它的思路很简单（如图 11-4 所示），类似于层次聚类，是 K-means 的直接扩展。假定我们有 N 个特征点，希望构建一个深度为 d、每次

---

①你会把一页只有十个单词的纸叫作字典吗？笔者相信大多数人心目中的字典都是相当厚重的。

分叉为 k 的树，那么做法如下[①]：

> 1. 在根节点，用 K-means 把所有样本聚成 k 类（实际中为保证聚类均匀性会使用
>   K-means++）。这样就得到了第一层。
> 2. 对第一层的每个节点，把属于该节点的样本再聚成 k 类，得到下一层。
> 3. 依此类推，最后得到叶子层。叶子层即为所谓的 Words。

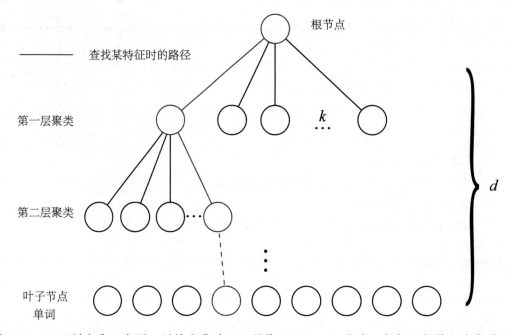

图 11-4 K 叉树字典示意图。训练字典时，逐层使用 K-means 聚类。根据已知特征查找单词时，
可逐层比对，找到对应的单词（见彩插）

实际上，最终我们仍在叶子层构建了单词，而树结构中的中间节点仅供快速查找时使用。这
样一个 k 分支、深度为 d 的树，可以容纳 k^d 个单词。另外，在查找某个给定特征对应的单词时，
只需将它与每个中间节点的聚类中心比较（一共 d 次），即可找到最后的单词，保证了对数级别
的查找效率。

11.3.2 实践：创建字典

既然讲到了字典生成，我们就来实际演示一下。前面的视觉里程计部分大量使用了 ORB 特
征描述，所以这里就来演示如何生成及使用 ORB 字典。

[①]我们用了 k 和 d 表达树的分支和深度，这可能会令你想到 k-d 树[108]。笔者认为虽然做法不尽相同，但它们表达的含义
确实是一致的。

本实验中，我们选取 TUM 数据集中的 10 幅图像（位于 slambook2/ch11/data 中，如图 11-5 所示），它们来自一组实际的相机运动轨迹。可以看出，第一幅图像与最后一幅图像明显采自同一个地方，我们来看算法能否检测到这个回环。根据词袋模型，我们先来生成这 10 张图像对应的字典。

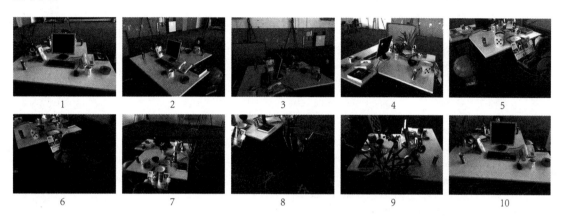

图 11-5　演示实验中使用的 10 幅图像，采集自不同时刻的轨迹

需要声明的是，实用的字典往往是在更大的数据集上训练而成的，并且数据应来自与目标环境类似的地方。我们通常使用较大规模的字典——越大代表字典单词量越丰富，越容易找到与当前图像对应的单词，但也不能大到超过我们的计算能力和内存。笔者不打算在 GitHub 上存放一个很大的字典文件，所以我们暂时从 10 幅图像训练一个小的字典。如果读者想追求更好的效果，应该下载更多的数据，训练更大的字典，这样程序才会实用。也可以使用别人训练好的字典，但请注意字典使用的特征类型是否一致。

下面开始训练字典。首先，请安装本程序使用的 BoW 库。我们使用的是 DBoW3[①]：https://github.com/rmsalinas/DBow3。读者也可从本书代码的 3rdparty 文件夹中找到它，它是一个 cmake 工程，请按照 cmake 流程对它进行编译安装。

接下来考虑训练字典：

📖 **slambook2/ch11/feature_training.cpp**

```
int main(int argc, char **argv) {
    // read the image
    cout << "reading images... " << endl;
    vector<Mat> images;
    for (int i = 0; i < 10; i++) {
        string path = "./data/" + to_string(i + 1) + ".png";
        images.push_back(imread(path));
```

---

①选用它的主要原因是其对 OpenCV3 兼容性较好，且编译和使用都容易上手。

```
8        }
9        // detect ORB features
10       cout << "detecting ORB features ... " << endl;
11       Ptr<Feature2D> detector = ORB::create();
12       vector<Mat> descriptors;
13       for (Mat &image:images) {
14           vector<KeyPoint> keypoints;
15           Mat descriptor;
16           detector->detectAndCompute(image, Mat(), keypoints, descriptor);
17           descriptors.push_back(descriptor);
18       }
19
20       // create vocabulary
21       cout << "creating vocabulary ... " << endl;
22       DBoW3::Vocabulary vocab;
23       vocab.create(descriptors);
24       cout << "vocabulary info: " << vocab << endl;
25       vocab.save("vocabulary.yml.gz");
26       cout << "done" << endl;
27
28       return 0;
29   }
```

DBoW3 的使用非常容易。我们对 10 张目标图像提取 ORB 特征并存放至 vector 容器中，然后调用 DBoW3 的字典生成接口即可。在 DBoW3::Vocabulary 对象的构造函数中，我们能够指定树的分叉数量及深度，不过这里使用了默认构造函数，也就是 $k = 10, d = 5$。这是一个小规模的字典，最大能容纳 100,000 个单词。对于图像特征，我们亦使用默认参数，即每幅图像 500 个特征点。最后，我们把字典存储为一个压缩文件。

运行此程序，将看到如下字典信息输出：

```
1   $ build/feature_training
2   reading images...
3   detecting ORB features ...
4   creating vocabulary ...
5   vocabulary info: Vocabulary: k = 10, L = 5, Weighting = tf-idf, Scoring = L1-norm, Number of
    words = 4983
6   done
```

我们看到：分支数量 k 为 10，深度 L 为 5[①]，单词数量为 4983，没有达到最大容量。但是，剩下的 Weighting 和 Scoring 是什么呢？从字面上看，Weighting 是权重，Scoring 似乎指的是评分，

---

①这里的 L 即前文说的 d。

但评分是如何计算的呢?

11.4　相似度计算

11.4.1　理论部分

下面我们来讨论相似度计算的问题。有了字典之后,给定任意特征 f_i,只要在字典树中逐层查找,最后都能找到与之对应的单词 w_j——当字典足够大时,我们可以认为 f_i 和 w_j 来自同一类物体(尽管没有理论上的保证,仅是在聚类意义下这样说)。那么,假设从一幅图像中提取了 N 个特征,找到这 N 个特征对应的单词之后,就相当于拥有了该图像在单词列表中的分布,或者直方图。理想情况下,相当于"这幅图里有一个人和一辆汽车"这样的意思。根据 BoW 的说法,不妨认为这是一个 Bag。

注意,这种做法中我们对所有单词都是"一视同仁"的——有就是有,没有就是没有。这样做好不好呢?我们应考虑部分单词具有更强区分性这一因素。例如,"的""是"这样的字可能在许许多多的句子中出现,我们无法根据它们判别句子的类型;但如果有"文档""足球"这样的单词,对判别句子的作用就大一些,可以说它们提供了更多信息。所以概括起来,我们希望对单词的区分性或重要性加以评估,给它们不同的权值以起到更好的效果。

TF-IDF(Term Frequency-Inverse Document Frequency)[109, 110],或译频率 – 逆文档频率①,是文本检索中常用的一种加权方式,也用于 BoW 模型中。TF 部分的思想是,某单词在一幅图像中经常出现,它的区分度就高。另外,IDF 的思想是,某单词在字典中出现的频率越低,分类图像时区分度越高。

我们可以在建立字典时计算 IDF:统计某个叶子节点 w_i 中的特征数量相对于所有特征数量的比例,作为 IDF 部分。假设所有特征数量为 n,w_i 数量为 n_i,那么该单词的 IDF 为

$$\text{IDF}_i = \log \frac{n}{n_i}. \tag{11.5}$$

TF 部分则是指某个特征在单幅图像中出现的频率。假设图像 A 中单词 w_i 出现了 n_i 次,而一共出现的单词次数为 n,那么 TF 为

$$\text{TF}_i = \frac{n_i}{n}. \tag{11.6}$$

于是,w_i 的权重等于 TF 乘 IDF 之积:

$$\eta_i = \text{TF}_i \times \text{IDF}_i. \tag{11.7}$$

---

①笔者觉得 TF-IDF 读起来更顺口,所以后文就用英文缩写而非中文译文了。

考虑权重以后，对于某幅图像 A，它的特征点可对应到许多个单词，组成它的 BoW：

$$A = \{(w_1, \eta_1), (w_2, \eta_2), \ldots, (w_N, \eta_N)\} \stackrel{\text{def}}{=} \boldsymbol{v}_A. \tag{11.8}$$

由于相似的特征可能落到同一个类中，因此实际的 $\boldsymbol{v}_A$ 中会存在大量的零。无论如何，通过词袋我们用单个向量 $\boldsymbol{v}_A$ 描述了一幅图像 A。这个向量 $\boldsymbol{v}_A$ 是一个稀疏的向量，它的非零部分指示了图像 A 中含有哪些单词，而这些部分的值为 TF-IDF 的值。

接下来的问题是：给定 $\boldsymbol{v}_A$ 和 $\boldsymbol{v}_B$，如何计算它们的差异呢？这个问题和范数定义的方式一样，存在若干种解决方式，例如参考文献 [111] 中提到的 L_1 范数形式：

$$s(\boldsymbol{v}_A - \boldsymbol{v}_B) = 2 \sum_{i=1}^{N} |\boldsymbol{v}_{Ai}| + |\boldsymbol{v}_{Bi}| - |\boldsymbol{v}_{Ai} - \boldsymbol{v}_{Bi}|. \tag{11.9}$$

当然也有很多种别的方式等你探索，在这里我们仅举一例作为演示。至此，我们已说明了如何通过词袋模型计算任意图像间的相似度。下面通过程序实际演练。

11.4.2　实践：相似度的计算

在 11.3 节的实践部分中，我们已对十幅图像生成了字典。本次我们使用此字典生成词袋并比较它们的差异，看看与实际有什么不同。

📄 **slambook/ch12/loop_closure.cpp**

```cpp
int main(int argc, char **argv) {
    // read the images and database
    cout << "reading database" << endl;
    DBoW3::Vocabulary vocab("./vocabulary.yml.gz");
    // DBoW3::Vocabulary vocab("./vocab_larger.yml.gz");  // use large vocab if you want:
    if (vocab.empty()) {
        cerr << "Vocabulary does not exist." << endl;
        return 1;
    }
    cout << "reading images... " << endl;
    vector<Mat> images;
    for (int i = 0; i < 10; i++) {
        string path = "./data/" + to_string(i + 1) + ".png";
        images.push_back(imread(path));
    }

    // NOTE: in this case we are comparing images with a vocabulary generated by themselves,
    this may lead to overfit.
```

```
18      // detect ORB features
19      cout << "detecting ORB features ... " << endl;
20      Ptr<Feature2D> detector = ORB::create();
21      vector<Mat> descriptors;
22      for (Mat &image:images) {
23          vector<KeyPoint> keypoints;
24          Mat descriptor;
25          detector->detectAndCompute(image, Mat(), keypoints, descriptor);
26          descriptors.push_back(descriptor);
27      }
28
29      // we can compare the images directly or we can compare one image to a database
30      // images :
31      cout << "comparing images with images " << endl;
32      for (int i = 0; i < images.size(); i++) {
33          DBoW3::BowVector v1;
34          vocab.transform(descriptors[i], v1);
35          for (int j = i; j < images.size(); j++) {
36              DBoW3::BowVector v2;
37              vocab.transform(descriptors[j], v2);
38              double score = vocab.score(v1, v2);
39              cout << "image " << i << " vs image " << j << " : " << score << endl;
40          }
41          cout << endl;
42      }
43
44      // or with database
45      cout << "comparing images with database " << endl;
46      DBoW3::Database db(vocab, false, 0);
47      for (int i = 0; i < descriptors.size(); i++)
48      db.add(descriptors[i]);
49      cout << "database info: " << db << endl;
50      for (int i = 0; i < descriptors.size(); i++) {
51          DBoW3::QueryResults ret;
52          db.query(descriptors[i], ret, 4);       // max result=4
53          cout << "searching for image " << i << " returns " << ret << endl << endl;
54      }
55      cout << "done." << endl;
56  }
```

　　本程序演示了两种比对方式：图像之间的直接比较，以及图像与数据库之间的比较——尽管它们是大同小异的。此外，我们输出了每幅图像对应的词袋描述向量，读者可以从输出数据中看到它们。

🎬 终端输出：

```
1  $ build/feature_training
2  reading database
3  reading images...
4  detecting ORB features ...
5  comparing images with images
6  desp 0 size: 500
7  transform image 0 into BoW vector: size = 455
8  key value pair = <1, 0.00155622>, <3, 0.00222645>, <12, 0.00222645>, <13, 0.00222645>, <14,
   0.00222645>, <22, 0.00222645>, <33, 0.00222645>, <37, 0.00155622>, <38, 0.00222645>, <39,
   0.00222645>, <43, 0.00222645>, <57, 0.00155622> ......
```

可以看到，BoW 描述向量中含有每个单词的 ID 和权重，它们构成了整个稀疏的向量。当我们比较两个向量时，DBoW3 会为我们计算一个分数，计算的方式由之前构造字典时定义：

🎬 终端输出：

```
1   image 0 vs image 0 : 1
2   image 0 vs image 1 : 0.0234552
3   image 0 vs image 2 : 0.0225237
4   image 0 vs image 3 : 0.0254611
5   image 0 vs image 4 : 0.0253451
6   image 0 vs image 5 : 0.0272257
7   image 0 vs image 6 : 0.0217745
8   image 0 vs image 7 : 0.0231948
9   image 0 vs image 8 : 0.0311284
10  image 0 vs image 9 : 0.0525447
```

在数据库查询时，DBoW 对上面的分数进行排序，给出最相似的结果：

🎬 终端输出：

```
1   searching for image 0 returns 4 results:
2   <EntryId: 0, Score: 1>
3   <EntryId: 9, Score: 0.0525447>
4   <EntryId: 8, Score: 0.0311284>
5   <EntryId: 5, Score: 0.0272257>
6
7   searching for image 1 returns 4 results:
8   <EntryId: 1, Score: 1>
9   <EntryId: 2, Score: 0.0339641>
10  <EntryId: 8, Score: 0.0299387>
11  <EntryId: 3, Score: 0.0256668>
12
```

```
13   searching for image 2 returns 4 results:
14   <EntryId: 2, Score: 1>
15   <EntryId: 7, Score: 0.036092>
16   <EntryId: 9, Score: 0.0348702>
17   <EntryId: 1, Score: 0.0339641>
18
19   searching for image 3 returns 4 results:
20   <EntryId: 3, Score: 1>
21   <EntryId: 9, Score: 0.0357317>
22   <EntryId: 8, Score: 0.0278496>
23   <EntryId: 5, Score: 0.0270168>
24
25   searching for image 4 returns 4 results:
26   <EntryId: 4, Score: 1>
27   <EntryId: 5, Score: 0.0493492>
28   <EntryId: 0, Score: 0.0253451>
29   <EntryId: 6, Score: 0.0253017>
30
31   searching for image 5 returns 4 results:
32   <EntryId: 5, Score: 1>
33   <EntryId: 4, Score: 0.0493492>
34   <EntryId: 9, Score: 0.028996>
35   <EntryId: 6, Score: 0.0277584>
36
37   searching for image 6 returns 4 results:
38   <EntryId: 6, Score: 1>
39   <EntryId: 8, Score: 0.0306241>
40   <EntryId: 5, Score: 0.0277584>
41   <EntryId: 3, Score: 0.0267135>
42
43   searching for image 7 returns 4 results:
44   <EntryId: 7, Score: 1>
45   <EntryId: 2, Score: 0.036092>
46   <EntryId: 1, Score: 0.0239091>
47   <EntryId: 0, Score: 0.0231948>
48
49   searching for image 8 returns 4 results:
50   <EntryId: 8, Score: 1>
51   <EntryId: 9, Score: 0.0329149>
52   <EntryId: 0, Score: 0.0311284>
53   <EntryId: 6, Score: 0.0306241>
54
55   searching for image 9 returns 4 results:
```

```
56  <EntryId: 9, Score: 1>
57  <EntryId: 0, Score: 0.0525447>
58  <EntryId: 3, Score: 0.0357317>
59  <EntryId: 2, Score: 0.0348702>
```

　　读者可以查看所有的输出，看看不同图像与相似图像的评分有多大差异。我们看到，明显相似的图 1 和图 10（在 C++ 中下标分别为 0 和 9），其相似度评分约为 0.0525；而其他图像约为 0.02。

　　在本节的演示实验中，我们看到相似图像 1 和 10 的评分明显高于其他图像对，然而单从数值上看并没有我们想象的那么明显。理论上，如果自己和自己比较的相似度为 100%，那么我们（从人类角度）认为图 1 和图 10 至少有百分之七八十的相似度，而其他图可能为百分之二三十。然而实验结果却是无关图像的相似度约为 2%，相似图像的相似度约为 5%，似乎没有我们想象的那么明显。这是否是我们想要看到的结果呢？

11.5　实验分析与评述

11.5.1　增加字典规模

　　在机器学习领域，代码没有出错而结果却无法令人满意，我们首先怀疑"网络结构是否够大，层数是否足够深，数据样本是否够多"，等等。这依然是出于"好模型敌不过'烂'数据"的大原则（也是因为缺乏更深层次的理论分析）。尽管我们现在是在研究 SLAM，但出现这种情况，我们首先会怀疑：是不是字典选得太小了？毕竟我们是从十幅图生成的字典，然后又根据这个字典计算图像相似性。

　　slambook2/ch11/vocab_larger.yml.gz 是我们生成的一个稍微大一点儿的字典——事实上是对同一个数据序列的所有图像生成的，大约有 2,900 幅图像。字典的规模仍然取 $k = 10, d = 5$，即最多一万个单词。读者可以使用同目录下的 gen_vocab_large.cpp 文件自行训练字典。请注意，若要训练大型字典，可能需要一台内存较大的机器，并且耐心等上一段时间。我们对 10.4 节的程序稍加修改，使用更大的字典检测图像相似性：

💬 终端输出：

```
1  comparing images with database
2  database info: Database: Entries = 10, Using direct index = no. Vocabulary: k = 10, L = 5,
   Weighting = tf-idf, Scoring = L1-norm, Number of words = 99566
3  searching for image 0 returns 4 results:
4  <EntryId: 0, Score: 1>
5  <EntryId: 9, Score: 0.0320906>
6  <EntryId: 8, Score: 0.0103268>
7  <EntryId: 4, Score: 0.0066729>
```

```
 8
 9   searching for image 1 returns 4 results:
10   <EntryId: 1, Score: 1>
11   <EntryId: 2, Score: 0.0238409>
12   <EntryId: 8, Score: 0.00814409>
13   <EntryId: 3, Score: 0.00697527>
14
15   searching for image 2 returns 4 results:
16   <EntryId: 2, Score: 1>
17   <EntryId: 1, Score: 0.0238409>
18   <EntryId: 5, Score: 0.00897928>
19   <EntryId: 8, Score: 0.00893477>
20
21   searching for image 3 returns 4 results:
22   <EntryId: 3, Score: 1>
23   <EntryId: 5, Score: 0.0107005>
24   <EntryId: 8, Score: 0.00870392>
25   <EntryId: 6, Score: 0.00720695>
26
27   searching for image 4 returns 4 results:
28   <EntryId: 4, Score: 1>
29   <EntryId: 6, Score: 0.0069998>
30   <EntryId: 0, Score: 0.0066729>
31   <EntryId: 5, Score: 0.0062834>
32
33   searching for image 5 returns 4 results:
34   <EntryId: 5, Score: 1>
35   <EntryId: 3, Score: 0.0107005>
36   <EntryId: 2, Score: 0.00897928>
37   <EntryId: 4, Score: 0.0062834>
38
39   searching for image 6 returns 4 results:
40   <EntryId: 6, Score: 1>
41   <EntryId: 7, Score: 0.00915307>
42   <EntryId: 3, Score: 0.00720695>
43   <EntryId: 4, Score: 0.0069998>
44
45   searching for image 7 returns 4 results:
46   <EntryId: 7, Score: 1>
47   <EntryId: 6, Score: 0.00915307>
48   <EntryId: 8, Score: 0.00814517>
49   <EntryId: 1, Score: 0.00538609>
50
```

```
51  searching for image 8 returns 4 results:
52  <EntryId: 8, Score: 1>
53  <EntryId: 0, Score: 0.0103268>
54  <EntryId: 2, Score: 0.00893477>
55  <EntryId: 3, Score: 0.00870392>
56
57  searching for image 9 returns 4 results:
58  <EntryId: 9, Score: 1>
59  <EntryId: 0, Score: 0.0320906>
60  <EntryId: 8, Score: 0.00636511>
61  <EntryId: 1, Score: 0.00587605>
```

可以看到，当增加字典规模时，无关图像的相似性明显变小。而相似的图像，例如图像 1 和 10，虽然分值也略微下降，但相对于其他图像的评分，却变得更为显著了。这说明增加字典训练样本是有益的。同理，读者可以尝试使用更大规模的字典，看看结果会发生怎样的变化。

11.5.2　相似性评分的处理

对任意两幅图像，我们都能给出一个相似性评分，但是只利用这个分值的绝对大小对我们并不一定有很好的帮助。例如，有些环境的外观本来就很相似，像办公室往往有很多同款式的桌椅一样；另一些环境则各个地方都有很大的不同。考虑到这种情况，我们会取一个**先验相似度** $s\left(\boldsymbol{v}_t, \boldsymbol{v}_{t-\Delta t}\right)$，它表示某时刻关键帧图像与上一时刻的关键帧的相似性。然后，其他的分值都参照这个值进行归一化：

$$s\left(\boldsymbol{v}_t, \boldsymbol{v}_{t_j}\right)' = s\left(\boldsymbol{v}_t, \boldsymbol{v}_{t_j}\right) / s\left(\boldsymbol{v}_t, \boldsymbol{v}_{t-\Delta t}\right). \tag{11.10}$$

站在这个角度上，我们说：如果当前帧与之前某关键帧的相似度超过当前帧与上一个关键帧相似度的 3 倍，就认为可能存在回环。这个步骤避免了引入绝对的相似性阈值，使得算法能够适应更多的环境。

11.5.3　关键帧的处理

在检测回环时，我们必须考虑到关键帧的选取。如果关键帧选得太近，那么将导致两个关键帧之间的相似性过高，相比之下不容易检测出历史数据中的回环。例如，检测结果经常是第 n 帧和第 $n-2$ 帧、第 $n-3$ 帧最为相似，这种结果似乎太平凡了，意义不大。所以从实践上说，用于回环检测的帧最好稀疏一些，彼此之间不太相同，又能涵盖整个环境。

另外，如果成功检测到了回环，例如，回环出现在第 1 帧和第 n 帧。那么很可能第 $n+1$ 帧、第 $n+2$ 帧都会和第 1 帧构成回环。确认第 1 帧和第 n 帧之间存在回环对轨迹优化是有帮助的，而接下去的第 $n+1$ 帧、第 $n+2$ 帧都会和第 1 帧构成回环产生的帮助就没那么大了，因为我们已经用之前的信息消除了累积误差，更多的回环并不会带来更多的信息。所以，我们会把"相近"的回环聚成一类，使算法不要反复地检测同一类的回环。

11.5.4　检测之后的验证

词袋的回环检测算法完全依赖于外观而没有利用任何的几何信息，这导致外观相似的图像容易被当成回环。并且，由于词袋不在乎单词顺序，只在意单词有无的表达方式，更容易引发感知偏差。所以，在回环检测之后，我们通常还会有一个验证步骤[95, 112]。

验证的方法有很多。一个方法是设立回环的缓存机制，认为单次检测到的回环并不足以构成良好的约束，而在一段时间中一直检测到的回环，才是正确的回环。这可以看成时间上的一致性检测。另一个方法是空间上的一致性检测，即对回环检测到的两个帧进行特征匹配，估计相机的运动。然后，把运动放到之前的位姿图中，检查与之前的估计是否有很大的出入。总之，验证部分通常是必需的，但如何实现却是见仁见智的问题。

11.5.5　与机器学习的关系

从前面的论述中可以看出，回环检测与机器学习有着千丝万缕的关联。回环检测本身非常像是一个分类问题。与传统模式识别的区别在于，回环中的类别数量很大，而每类的样本很少——极端情况下，当机器人发生运动后，图像发生变化，就产生了新的类别，我们甚至可以把类别当成连续变量而非离散变量；而回环检测，相当于两幅图像落入同一类，是很少出现的。从另一个角度看，回环检测也相当于对"图像间相似性"概念的一个学习。既然人类能够掌握图像是否相似的判断，让机器学习到这样的概念也是非常有可能的。

词袋模型本身是一个非监督的机器学习过程——构建词典相当于对特征描述子进行聚类，而树只是对所聚的类的一个快速查找的数据结构。既然是聚类，结合机器学习里的知识，我们至少可以问：

1. 是否能对机器学习的图像特征进行聚类，而不是对 SURF、ORB 这样的人工设计特征进行聚类？

2. 是否有更好的方式进行聚类，而不是用树结构加上 K-means 这些较朴素的方式？

结合目前机器学习的发展，二进制描述子的学习和无监督的聚类，都是非常有望在深度学习框架中得以解决的问题。我们也陆续看到了利用机器学习进行回环检测的工作。尽管目前词袋方法仍是主流，但笔者本人相信，未来深度学习方法很有希望打败这些人工设计特征的、"传统"的机器学习方法[113, 114]。毕竟词袋方法在物体识别问题上已经明显不如神经网络了，而回环检测又是非常相似的一个问题。例如，BoW 模型的改进形式 VLAD 就有基于 CNN 的实现[115, 116]，同时也有一些网格在训练之后，可以从图像直接计算采集时刻相机的位姿[117]，这些都可能成为新的回环检测算法。

习题

1. 请书写计算 PR 曲线的小程序。用 MATLAB 或 Python 可能更简便，因为它们擅长作图。

2. 验证回环检测算法，需要有人工标记回环的数据集，例如参考文献 [103]。然而人工标记回环是很不方便的，我们会考虑根据标准轨迹计算回环。即，如果轨迹中有两个帧的位姿非常相近，就认为它们是回环。请根据 TUM 数据集给出的标准轨迹，计算出一个数据集中的回环。这些回环的图像真的相似吗？

3. 学习 DBoW3 或 DBoW2 库，自己寻找几张图片，看能否从中正确检测出回环。

4. 调研相似性评分的常用度量方式，哪些比较常用？

5. Chow-Liu 树是什么原理？它是如何被用于构建字典和回环检测的？

6. 阅读参考文献 [118]，除了词袋模型，还有哪些用于回环检测的方法？

建图

主要目标

1. 理解单目 SLAM 中稠密深度估计的原理。
2. 通过实验了解单目稠密重建的过程。
3. 了解几种 RGB-D 重建中的地图形式。

　　本讲介绍建图部分的算法。在前端和后端中，我们重点关注同时估计相机运动轨迹与特征点空间位置的问题。然而，在实际使用 SLAM 时，除了对相机本体进行定位，还存在许多其他的需求。例如，考虑放在机器人上的 SLAM，那么我们会希望地图能够用于定位、导航、避障和交互，特征点地图显然不能满足所有的需求。所以，本讲我们将更详细地讨论各种形式的地图，并指出目前视觉 SLAM 地图中存在的缺陷。

12.1 概述

建图，本应该是 SLAM 的两大目标之一——因为 SLAM 被称为同时定位与建图。但是直到现在，我们讨论的都是定位问题，包括通过特征点的定位、直接法的定位，以及后端优化。那么，这是否暗示建图在 SLAM 里没有那么重要，所以直到本讲才开始讨论呢？

答案是否定的。事实上，在经典的 SLAM 模型中，我们所谓的地图，即所有路标点的集合。一旦确定了路标点的位置，就可以说我们完成了建图。于是，前面说的视觉里程计也好，BA 也好，事实上都建模了路标点的位置，并对它们进行了优化。从这个角度上说，我们已经探讨了建图问题。那么为何还要单独介绍建图呢？

这是因为人们对建图的需求不同。SLAM 作为一种底层技术，往往是用来为上层应用提供信息的。如果上层是机器人，那么应用层的开发者可能希望使用 SLAM 做全局的定位，并且让机器人在地图中导航——例如扫地机需要完成扫地工作，希望计算一条能够覆盖整张地图的路径。或者，如果上层是一个增强现实设备，那么开发者可能希望将虚拟物体叠加在现实物体之中，特别地，还可能需要处理虚拟物体和真实物体的遮挡关系。

我们发现，应用层面对于"定位"的需求是相似的，希望 SLAM 提供相机或搭载相机的主体的空间位姿信息。而对于地图，则存在着许多不同的需求。从视觉 SLAM 的角度看，"建图"是服务于"定位"的；但是从应用层面看，"建图"明显带有许多其他的需求。关于地图的用处，我们大致归纳如下：

1. **定位**。定位是地图的一项基本功能。在前面的视觉里程计部分，我们讨论了如何利用局部地图实现定位。在回环检测部分，我们也看到，只要有全局的描述子信息，我们也能通过回环检测确定机器人的位置。我们还希望能够把地图保存下来，让机器人在下次开机后依然能在地图中定位，这样只需对地图进行一次建模，而不是每次启动机器人都重新做一次完整的 SLAM。

2. **导航**。导航是指机器人能够在地图中进行路径规划，在任意两个地图点间寻找路径，然后控制自己运动到目标点的过程。在该过程中，我们至少需要知道**地图中哪些地方不可通过，而哪些地方是可以通过的**。这就超出了稀疏特征点地图的能力范围，必须有另外的地图形式。稍后我们会说，这至少得是一种**稠密**的地图。

3. **避障**。避障也是机器人经常碰到的一个问题。它与导航类似，但更注重局部的、动态的障碍物的处理。同样，仅有特征点，我们无法判断某个特征点是否为障碍物，所以需要**稠密**地图。

4. **重建**。有时，我们希望利用 SLAM 获得周围环境的重建效果。这种地图主要用于向人展示，所以希望它看上去比较舒服、美观。或者，我们也可以把该地图用于通信，使其他人能够远程观看我们重建得到的三维物体或场景——例如三维的视频通话或者网上购物等。这种地图亦是**稠密**的，并且还对它的外观有一些要求。我们可能不满足于稠密点云重建，更希望能够构建带纹理的平面，就像电子游戏中的三维场景那样。

5. **交互**。交互主要指人与地图之间的互动。例如，在增强现实中，我们会在房间里放置虚拟的物体，并与这些虚拟物体之间有一些互动——例如我们会点击墙面上放着的虚拟网页浏览器来观看视频，或者向墙面投掷物体，希望它们有（虚拟的）物理碰撞。另外，机器人应用中也会有与人、与地图之间的交互。例如，机器人可能会收到命令"取桌子上的报纸"，那么，除了有环境地图，机器人还需要知道哪一块地图是"桌子"，什么叫作"之上"，什么叫作"报纸"。这就需要机器人对地图有更高层面的认知——也称为语义地图。

图 12-1 形象地解释了上面讨论的各种地图类型与用途之间的关系。我们之前的讨论，基本集中于"稀疏路标地图"部分，还没有探讨稠密地图。所谓稠密地图是相对于稀疏地图而言的。稀疏地图只建模感兴趣的部分，也就是前面说了很久的特征点（路标点）。而稠密地图是指建模**所有**看到过的部分。对于同一张桌子，稀疏地图可能只建模了桌子的四个角，而稠密地图则会建模整个桌面。虽然从定位角度看，只有四个角的地图也可以用于对相机进行定位，但由于我们无法从四个角推断这几个点之间的空间结构，所以无法仅用四个角完成导航、避障等需要稠密地图才能完成的工作。

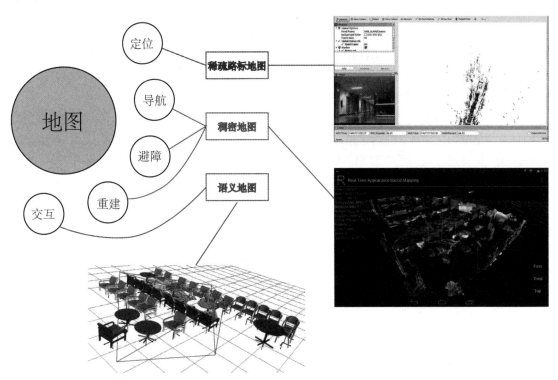

图 12-1　各种地图的示意图。例子分别来自参考文献 [88, 119, 120]（见彩插）

从上面的讨论中可以看出，稠密地图占据着一个非常重要的位置。于是，剩下的问题是：通过视觉 SLAM 能建立稠密地图吗？如果能，怎么建呢？

12.2 单目稠密重建

12.2.1 立体视觉

视觉 SLAM 的稠密重建问题是本讲的第一个重要话题。相机，被认为是只有角度的传感器（Bearing only）。单幅图像中的像素，只能提供物体与相机成像平面的角度及物体采集到的亮度，而无法提供物体的距离（Range）。而在稠密重建中，我们需要知道每一个像素点（或大部分像素点）的距离，对此大致上有如下解决方案：

1. 使用单目相机，估计相机运动，并且三角化计算像素的距离。
2. 使用双目相机，利用左右目的视差计算像素的距离（多目原理相同）。
3. 使用 RGB-D 相机直接获得像素距离。

前两种方式称为立体视觉（Stereo Vision），其中移动单目相机的又称为移动视角的立体视觉（Moving View Stereo，MVS）。相比于 RGB-D 直接测量的深度，使用单目和双目的方式对深度获取往往是"费力不讨好"的——计算量巨大，最后得到一些不怎么可靠的[①]深度估计。当然，RGB-D 也有一些量程、应用范围和光照的限制，不过相比于单目和双目的结果，使用 RGB-D 进行稠密重建往往是更常见的选择。而单目、双目的好处是，在目前 RGB-D 还无法被很好地应用的室外、大场景场合中，仍能通过立体视觉估计深度信息。

话虽如此，本节我们将带领读者实现一遍单目的稠密估计，体验为何说它是费力不讨好的。我们从最简单的情况讲起：在给定相机轨迹的基础上，如何根据一段时间的视频序列估计某幅图像的深度。换言之，我们不考虑 SLAM，先来考虑略为简单的建图问题。

假定有一段视频序列，我们通过某种魔法得到了每一帧对应的轨迹（当然也很可能是由视觉里程计前端估计所得）。现在以第一幅图像为参考帧，计算参考帧中每个像素的深度（或者距离）。首先，请回忆在特征点部分我们是如何完成该过程的：

1. 对图像提取特征，并根据描述子计算特征之间的匹配。换言之，通过特征，我们对某一个空间点进行了跟踪，知道了它在各个图像之间的位置。
2. 由于无法仅用一幅图像确定特征点的位置，所以必须通过不同视角下的观测估计它的深度，原理即前面讲过的三角测量。

在稠密深度图估计中，不同之处在于，我们无法把每个像素都当作特征点计算描述子。因此，稠密深度估计问题中，匹配就成为很重要的一环：如何确定第一幅图的某像素出现在其他图里的位置呢？这需要用到**极线搜索**和**块匹配技术**[121]。当我们知道了某个像素在各个图中的位置，就

---

①相比双目和 RGB-D 来说，单目测到的深度并不可靠。更准确地说，单目估计的深度比较弱（Fragile）。

能像特征点那样,利用三角测量法确定它的深度。不过不同的是,在这里要使用很多次三角测量法让深度估计收敛,而不仅使用一次。我们希望深度估计能够随着测量的增加从一个非常不确定的量,逐渐收敛到一个稳定值。这就是**深度滤波器技术**。所以,下面的内容将主要围绕这个主题展开。

12.2.2　极线搜索与块匹配

我们先来探讨不同视角下观察同一个点产生的几何关系。这非常像在 7.3 节讨论的对极几何关系。如图 12-2 所示,左边的相机观测到了某个像素 p_1。由于这是一个单目相机,无从知道它的深度,所以假设这个深度可能在某个区域之内,不妨说是某最小值到无穷远之间 $(d_{\min}, +\infty)$。因此,该像素对应的空间点就分布在某条线段(本例中是射线)上。从另一个视角(右侧相机)看,这条线段的投影也形成图像平面上的一条线,我们知道这称为**极线**。当知道两部相机间的运动时,这条极线也是能够确定的[①]。那么问题就是:极线上的哪一个点是我们刚才看到的 p_1 点呢?

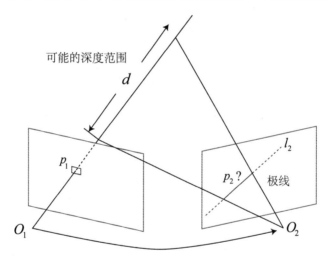

图 12-2　极线搜索示意图

重复一遍,在特征点方法中,通过特征匹配找到了 p_2 的位置。然而现在我们没有描述子,所以只能在极线上搜索和 p_1 长得比较相似的点。再具体地说,我们可能沿着第二幅图像中的极线的某一头走到另一头,逐个比较每个像素与 p_1 的相似程度。从直接比较像素的角度来看,这种做法和直接法有异曲同工之妙。

在直接法的讨论中我们了解到,比较单个像素的亮度值并不一定稳定可靠。一件很明显的事情就是:万一极线上有很多和 p_1 相似的点,怎么确定哪一个是真实的呢?这似乎回到了我们在回环检测中说到的问题:如何确定两幅图像(或两个点)的相似性?回环检测是通过词袋来解决

[①]反之,如果不知道两部相机间的运动,那么极线也无法确定。

的，但这里由于没有特征，所以只好寻求另外的解决途径。

一种直观的想法是：既然单个像素的亮度没有区分性，是否可以比较像素块呢？我们在 p_1 周围取一个大小为 $w \times w$ 的小块，然后在极线上也取很多同样大小的小块进行比较，就可以在一定程度上提高区分性。这就是所谓的**块匹配**。在这个过程中，只有假设在不同图像间整个小块的灰度值不变，这种比较才有意义。所以算法的假设，从像素的灰度不变性变成了图像块的灰度不变性——在一定程度上变得更强了。

现在我们取了 p_1 周围的小块，并且在极线上也取了很多个小块。不妨把 p_1 周围的小块记成 $\boldsymbol{A} \in \mathbb{R}^{w \times w}$，把极线上的 n 个小块记成 $\boldsymbol{B}_i, i = 1, \cdots, n$。那么，如何计算小块与小块间的差异呢？有若干种不同的计算方法：

1. SAD（Sum of Absolute Difference）。顾名思义，即取两个小块的差的绝对值之和：

$$S(\boldsymbol{A}, \boldsymbol{B})_{\text{SAD}} = \sum_{i,j} |\boldsymbol{A}(i,j) - \boldsymbol{B}(i,j)|. \tag{12.1}$$

2. SSD。这里的 SSD 并不是指大家熟悉的固态硬盘，而是平方和（Sum of Squared Distance）的意思：

$$S(\boldsymbol{A}, \boldsymbol{B})_{\text{SSD}} = \sum_{i,j} \left(\boldsymbol{A}(i,j) - \boldsymbol{B}(i,j)\right)^2. \tag{12.2}$$

3. NCC（Normalized Cross Correlation，归一化互相关）。这种方式比前两种要复杂，它计算的是两个小块的相关性：

$$S(\boldsymbol{A}, \boldsymbol{B})_{\text{NCC}} = \frac{\sum\limits_{i,j} \boldsymbol{A}(i,j)\boldsymbol{B}(i,j)}{\sqrt{\sum\limits_{i,j} \boldsymbol{A}(i,j)^2 \sum\limits_{i,j} \boldsymbol{B}(i,j)^2}}. \tag{12.3}$$

请注意，由于这里用的是相关性，所以相关性接近 0 表示两幅图像不相似，接近 1 表示相似。前面两种距离则是反过来的，接近 0 表示相似，而大的数值表示不相似。

和我们遇到过的许多情形一样，这些计算方式往往存在一个精度 – 效率之间的矛盾。精度好的方法往往需要复杂的计算，而简单的快速算法又往往效果不佳。这需要我们在实际工程中进行取舍。另外，除了这些简单版本，我们可以**先把每个小块的均值去掉**，称为去均值的 SSD、去均值的 NCC，等等。去掉均值之后，允许像"小块 $\boldsymbol{B}$ 比 $\boldsymbol{A}$ 整体上亮一些，但仍然很相似"这样的情况[1]，因此比之前的更可靠。如果读者对更多的块匹配度量方法感兴趣，建议阅读参考文献 [122, 123] 作为补充材料。

现在，我们在极线上计算了 $\boldsymbol{A}$ 与每一个 $\boldsymbol{B}_i$ 的相似性度量。为了方便叙述，假设我们用了

---

[1]整体亮一些可能由环境光照变亮或相机曝光参数升高导致。

NCC，那么，将得到一个沿着极线的 NCC 分布。这个分布的形状取决于图像数据，如图 12-3 所示。在搜索距离较长的情况下，通常会得到一个非凸函数：这个分布存在许多峰值，然而真实的对应点必定只有一个。在这种情况下，我们会倾向于使用概率分布描述深度值，而非用某个单一的数值来描述深度。于是，我们的问题就转到了在不断对不同图像进行极线搜索时，我们估计的深度分布将发生怎样的变化——这就是所谓的**深度滤波器**。

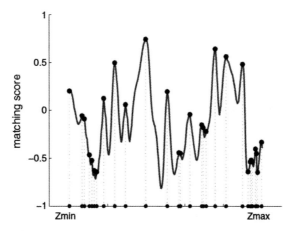

图 12-3　匹配得分沿距离的分布，图像来自参考文献 [124]

12.2.3　高斯分布的深度滤波器

对像素点深度的估计，本身也可建模为一个状态估计问题，于是就自然存在滤波器与非线性优化两种求解思路。虽然非线性优化效果较好，但是在 SLAM 这种实时性要求较强的场合，考虑到前端已经占据了不少的计算量，建图方面则通常采用计算量较少的滤波器方式。这也是本节讨论深度滤波器的目的。

对深度的分布假设存在若干种不同的做法。一方面，在比较简单的假设条件下，可以假设深度值服从高斯分布，得到一种类卡尔曼式的方法（但实际上只是归一化积，我们稍后会看到）。另一方面，在 [68, 124] 等参考文献中，也采用了均匀 – 高斯混合分布的假设，推导了另一种形式更为复杂的深度滤波器。本着简单易用的原则，我们先来介绍并演示高斯分布假设下的深度滤波器，然后把均匀 – 高斯混合分布的滤波器作为习题。

设某个像素点的深度 d 服从：

$$P(d) = N(\mu, \sigma^2). \tag{12.4}$$

每当新的数据到来，我们都会观测到它的深度。同样，假设这次观测也是一个高斯分布：

$$P(d_{\text{obs}}) = N(\mu_{\text{obs}}, \sigma_{\text{obs}}^2). \tag{12.5}$$

于是，我们的问题是，如何使用观测的信息更新原先 d 的分布。这正是一个信息融合问题。根据附录 A，我们明白两个高斯分布的乘积依然是一个高斯分布。设融合后的 d 的分布为 $N(\mu_{\text{fuse}}, \sigma_{\text{fuse}}^2)$，那么根据高斯分布的乘积，有

$$\mu_{\text{fuse}} = \frac{\sigma_{\text{obs}}^2 \mu + \sigma^2 \mu_{\text{obs}}}{\sigma^2 + \sigma_{\text{obs}}^2}, \quad \sigma_{\text{fuse}}^2 = \frac{\sigma^2 \sigma_{\text{obs}}^2}{\sigma^2 + \sigma_{\text{obs}}^2}. \tag{12.6}$$

由于我们仅有观测方程没有运动方程，所以这里深度仅用到了信息融合部分，而无须像完整的卡尔曼那样进行预测和更新（当然，可以把它看成"运动方程为深度值固定不动"的卡尔曼滤波器）。可以看到融合的方程确实浅显易懂，不过问题仍然存在：如何确定我们观测到深度的分布呢？即如何计算 $\mu_{\text{obs}}, \sigma_{\text{obs}}$ 呢？

关于 $\mu_{\text{obs}}, \sigma_{\text{obs}}$，也存在一些不同的处理方式。例如，参考文献 [75] 考虑了几何不确定性和光度不确定性二者之和，而参考文献 [124] 则仅考虑了几何不确定性。我们暂时只考虑由几何关系带来的不确定性。现在，假设我们通过极线搜索和块匹配确定了参考帧某个像素在当前帧的投影位置。那么，这个位置对深度的不确定性有多大呢？

以图 12-4 为例。考虑某次极线搜索，我们找到了 p_1 对应的 p_2 点，从而观测到了 p_1 的深度值，认为 p_1 对应的三维点为 P。从而，可记 O_1P 为 p，O_1O_2 为相机的平移 t，O_2P 记为 a。并且，把这个三角形的下面两个角记为 α, β。现在，考虑极线 l_2 上存在一个像素大小的误差，使得 β 角变成了 β'，而 p_2 也变成了 p_2'，并记上面那个角为 γ。我们要问的是，这个像素的误差会导致 p' 与 p 产生多大的差距呢？

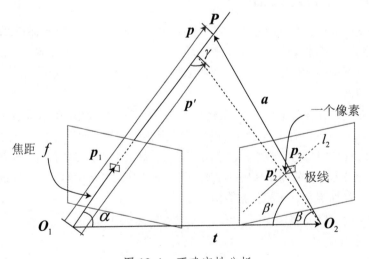

图 12-4　不确定性分析

这是一个典型的几何问题。我们来列写这些量之间的几何关系。显然有

$$
\begin{aligned}
\boldsymbol{a} &= \boldsymbol{p} - \boldsymbol{t} \\
\alpha &= \arccos \langle \boldsymbol{p}, \boldsymbol{t} \rangle \\
\beta &= \arccos \langle \boldsymbol{a}, -\boldsymbol{t} \rangle .
\end{aligned} \tag{12.7}
$$

对 $\boldsymbol{p}_2$ 扰动一个像素，将使得 β 产生一个变化量，成为 β'。根据几何关系，有

$$
\begin{aligned}
\beta' &= \arccos \langle \boldsymbol{O}_2 \boldsymbol{p}_2', -\boldsymbol{t} \rangle \\
\gamma &= \pi - \alpha - \beta' .
\end{aligned} \tag{12.8}
$$

于是，由正弦定理，$\boldsymbol{p}'$ 的大小可以求得

$$
\|\boldsymbol{p}'\| = \|\boldsymbol{t}\| \frac{\sin \beta'}{\sin \gamma} . \tag{12.9}
$$

由此，我们确定了由单个像素的不确定引起的深度不确定性。如果认为极线搜索的块匹配仅有一个像素的误差，那么就可以设：

$$
\sigma_{\text{obs}} = \|\boldsymbol{p}\| - \|\boldsymbol{p}'\| . \tag{12.10}
$$

当然，如果极线搜索的不确定性大于一个像素，则我们可按照此推导放大这个不确定性。接下来的深度数据融合已经在前面介绍过了。在实际工程中，当不确定性小于一定阈值时，就可以认为深度数据已经收敛了。

综上所述，我们给出了估计稠密深度的一个完整的过程：

---

1. 假设所有像素的深度满足某个初始的高斯分布。
2. 当新数据产生时，通过极线搜索和块匹配确定投影点位置。
3. 根据几何关系计算三角化后的深度及不确定性。
4. 将当前观测融合进上一次的估计中。若收敛则停止计算，否则返回第 2 步。

这些步骤组成了一套可行的深度估计方式。请注意这里说的深度值是 $O_1 P$ 的长度，它和我们在针孔相机模型里提到的"深度"有少许不同——针孔相机中的深度是指像素的 z 值。我们将在实践部分演示该算法的结果。

12.3 实践：单目稠密重建

本节的示例程序将使用 REMODE[121, 125] 的测试数据集。它提供了一架无人机采集的单目俯视图像，共有 200 张，同时提供了每张图像的真实位姿。下面我们来考虑如何在这些数据的基础上估算第一帧图像每个像素对应的深度值，即进行单目稠密重建。

首先，请读者从 http://rpg.ifi.uzh.ch/datasets/remode_test_data.zip 处下载示例程序所用的数据。可以使用网页浏览器或下载工具进行下载。解压后，将在 test_data/Images 中发现从 0 ~ 200 的所有图像，并在 test_data 目录下看到一个文本文件，它记录了每幅图像对应的位姿：

```
1  scene_000.png 1.086410 4.766730 -1.449960 0.789455 0.051299 -0.000779 0.611661
2  scene_001.png 1.086390 4.766370 -1.449530 0.789180 0.051881 -0.001131 0.611966
3  scene_002.png 1.086120 4.765520 -1.449090 0.788982 0.052159 -0.000735 0.612198
4  ......
```

图 12-5 展示了若干时刻的图像。可以看到场景主要由地面、桌子及桌子上的杂物组成。如果深度估计大致正确，那么我们至少可以看出桌子与地面的深度值不同。下面，我们按照之前的讲解书写稠密深度估计程序。为了方便理解，程序书写成了 C 语言风格，放在单个文件中。本程序稍微有点长，本书中重点讲解几个重要函数，其余内容请读者对照 GitHub 的源码进行阅读。

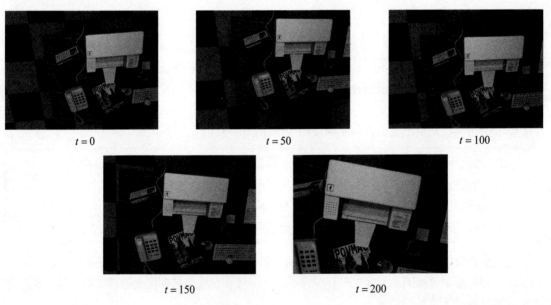

$t = 0$ $t = 50$ $t = 100$

$t = 150$ $t = 200$

图 12-5 某干时刻的图像

slambook2/ch12/dense_monocular/dense_mapping.cpp（片段）

```cpp
/*********************************************
* 本程序演示了单目相机在已知轨迹下的稠密深度估计
* 使用极线搜索 + NCC 匹配的方式，与书本的12.2节对应
* 请注意本程序并不完美，你完全可以改进它——笔者其实在故意暴露一些问题
*********************************************/

// ------------------------------------------------------------------
// parameters
const int boarder = 20;          // 边缘宽度
const int width = 640;           // 图像宽度
const int height = 480;          // 图像高度
const double fx = 481.2f;        // 相机内参
const double fy = -480.0f;
const double cx = 319.5f;
const double cy = 239.5f;
const int ncc_window_size = 3;      // NCC 取的窗口半宽度
const int ncc_area = (2 * ncc_window_size + 1) * (2 * ncc_window_size + 1); // NCC窗口面积
const double min_cov = 0.1;      // 收敛判定：最小方差
const double max_cov = 10;       // 发散判定：最大方差

// ------------------------------------------------------------------
// 重要的函数
/**
   * 根据新的图像更新深度估计
   * @param ref          参考图像
   * @param curr         当前图像
   * @param T_C_R        参考图像到当前图像的位姿
   * @param depth        深度
   * @param depth_cov    深度方差
   * @return             是否成功
   */
bool update(
    const Mat &ref, const Mat &curr, const SE3d &T_C_R,
    Mat &depth, Mat &depth_cov2);

/**
   * 极线搜索
   * @param ref          参考图像
   * @param curr         当前图像
   * @param T_C_R        位姿
   * @param pt_ref       参考图像中点的位置
   * @param depth_mu     深度均值
```

```
43      * @param depth_cov      深度方差
44      * @param pt_curr        当前点
45      * @param epipolar_direction  极线方向
46      * @return               是否成功
47      */
48  bool epipolarSearch(
49      const Mat &ref, const Mat &curr, const SE3d &T_C_R,
50      const Vector2d &pt_ref, const double &depth_mu, const double &depth_cov,
51      Vector2d &pt_curr, Vector2d &epipolar_direction);
52
53  /**
54      * 更新深度滤波器
55      * @param pt_ref     参考图像点
56      * @param pt_curr    当前图像点
57      * @param T_C_R      位姿
58      * @param epipolar_direction 极线方向
59      * @param depth      深度均值
60      * @param depth_cov2     深度方向
61      * @return           是否成功
62      */
63  bool updateDepthFilter(
64      const Vector2d &pt_ref, const Vector2d &pt_curr, const SE3d &T_C_R,
65      const Vector2d &epipolar_direction, Mat &depth, Mat &depth_cov2);
66
67  /**
68      * 计算NCC评分
69      * @param ref        参考图像
70      * @param curr       当前图像
71      * @param pt_ref     参考点
72      * @param pt_curr    当前点
73      * @return           NCC评分
74      */
75  double NCC(const Mat &ref, const Mat &curr, const Vector2d &pt_ref, const Vector2d &pt_curr);
76
77  // 双线性灰度插值
78  inline double getBilinearInterpolatedValue(const Mat &img, const Vector2d &pt) {
79      uchar *d = &img.data[int(pt(1, 0)) * img.step + int(pt(0, 0))];
80      double xx = pt(0, 0) - floor(pt(0, 0));
81      double yy = pt(1, 0) - floor(pt(1, 0));
82      return ((1 - xx) * (1 - yy) * double(d[0]) +
83      xx * (1 - yy) * double(d[1]) +
84      (1 - xx) * yy * double(d[img.step]) +
85      xx * yy * double(d[img.step + 1])) / 255.0;
```

```
86  }
87
88  int main(int argc, char **argv) {
89      if (argc != 2) {
90          cout << "Usage: dense_mapping path_to_test_dataset" << endl;
91          return -1;
92      }
93
94      // 从数据集读取数据
95      vector<string> color_image_files;
96      vector<SE3d> poses_TWC;
97      Mat ref_depth;
98      bool ret = readDatasetFiles(argv[1], color_image_files, poses_TWC, ref_depth);
99      if (ret == false) {
100         cout << "Reading image files failed!" << endl;
101         return -1;
102     }
103     cout << "read total " << color_image_files.size() << " files." << endl;
104
105     // 第一张图
106     Mat ref = imread(color_image_files[0], 0);               // gray-scale image
107     SE3d pose_ref_TWC = poses_TWC[0];
108     double init_depth = 3.0;      // 深度初始值
109     double init_cov2 = 3.0;       // 方差初始值
110     Mat depth(height, width, CV_64F, init_depth);           // 深度图
111     Mat depth_cov2(height, width, CV_64F, init_cov2);       // 深度图方差
112
113     for (int index = 1; index < color_image_files.size(); index++) {
114         cout << "*** loop " << index << " ***" << endl;
115         Mat curr = imread(color_image_files[index], 0);
116         if (curr.data == nullptr) continue;
117         SE3d pose_curr_TWC = poses_TWC[index];
118         SE3d pose_T_C_R = pose_curr_TWC.inverse() * pose_ref_TWC;   // T_C_W * T_W_R = T_C_R
119         update(ref, curr, pose_T_C_R, depth, depth_cov2);
120         evaludateDepth(ref_depth, depth);
121         plotDepth(ref_depth, depth);
122         imshow("image", curr);
123         waitKey(1);
124     }
125
126     cout << "estimation returns, saving depth map ..." << endl;
127     imwrite("depth.png", depth);
128     cout << "done." << endl;
```

```
129
130      return 0;
131  }
132
133
134  bool update(const Mat &ref, const Mat &curr, const SE3d &T_C_R, Mat &depth, Mat &depth_cov2)
     {
135      for (int x = boarder; x < width - boarder; x++)
136      for (int y = boarder; y < height - boarder; y++) {
137          // 遍历每个像素
138          if (depth_cov2.ptr<double>(y)[x] < min_cov || depth_cov2.ptr<double>(y)[x] > max_cov)
             // 深度已收敛或发散
139          continue;
140          // 在极线上搜索(x,y)的匹配
141          Vector2d pt_curr;
142          Vector2d epipolar_direction;
143          bool ret = epipolarSearch(
144              ref, curr, T_C_R, Vector2d(x, y), depth.ptr<double>(y)[x],              sqrt(
                 depth_cov2.ptr<double>(y)[x]), pt_curr, epipolar_direction);
145
146          if (ret == false) // 匹配失败
147              continue;
148
149          // 取消该注释以显示匹配
150          // showEpipolarMatch(ref, curr, Vector2d(x, y), pt_curr);
151
152          // 匹配成功，更新深度图
153          updateDepthFilter(Vector2d(x, y), pt_curr, T_C_R, epipolar_direction, depth,
             depth_cov2);
154      }
155  }
156
157  // 极线搜索
158  // 方法见12.2节和12.3节
159  bool epipolarSearch(
160      const Mat &ref, const Mat &curr,
161      const SE3d &T_C_R, const Vector2d &pt_ref,
162      const double &depth_mu, const double &depth_cov,
163      Vector2d &pt_curr, Vector2d &epipolar_direction) {
164      Vector3d f_ref = px2cam(pt_ref);
165      f_ref.normalize();
166      Vector3d P_ref = f_ref * depth_mu;       // 参考帧的P向量
167
```

```
168         Vector2d px_mean_curr = cam2px(T_C_R * P_ref); // 按深度均值投影的像素
169         double d_min = depth_mu - 3 * depth_cov, d_max = depth_mu + 3 * depth_cov;
170         if (d_min < 0.1) d_min = 0.1;
171         Vector2d px_min_curr = cam2px(T_C_R * (f_ref * d_min));    // 按最小深度投影的像素
172         Vector2d px_max_curr = cam2px(T_C_R * (f_ref * d_max));    // 按最大深度投影的像素
173
174         Vector2d epipolar_line = px_max_curr - px_min_curr;    // 极线（线段形式）
175         epipolar_direction = epipolar_line;          // 极线方向
176         epipolar_direction.normalize();
177         double half_length = 0.5 * epipolar_line.norm();    // 极线线段的半长度
178         if (half_length > 100) half_length = 100;    // 我们不希望搜索太多东西
179
180         // 取消此句注释以显示极线（线段）
181         // showEpipolarLine( ref, curr, pt_ref, px_min_curr, px_max_curr );
182
183         // 在极线上搜索，以深度均值点为中心，左右各取半长度
184         double best_ncc = -1.0;
185         Vector2d best_px_curr;
186         for (double l = -half_length; l <= half_length; l += 0.7) { // l+=sqrt(2)
187             Vector2d px_curr = px_mean_curr + l * epipolar_direction;  // 待匹配点
188             if (!inside(px_curr))
189             continue;
190             // 计算待匹配点与参考帧的NCC
191             double ncc = NCC(ref, curr, pt_ref, px_curr);
192             if (ncc > best_ncc) {
193                 best_ncc = ncc;
194                 best_px_curr = px_curr;
195             }
196         }
197         if (best_ncc < 0.85f)        // 只相信NCC很高的匹配
198             return false;
199         pt_curr = best_px_curr;
200         return true;
201 }
202
203 double NCC(
204     const Mat &ref, const Mat &curr,
205     const Vector2d &pt_ref, const Vector2d &pt_curr) {
206     // 零均值-归一化互相关
207     // 先算均值
208     double mean_ref = 0, mean_curr = 0;
209     vector<double> values_ref, values_curr; // 参考帧和当前帧的均值
210     for (int x = -ncc_window_size; x <= ncc_window_size; x++)
```

```
211    for (int y = -ncc_window_size; y <= ncc_window_size; y++) {
212        double value_ref = double(ref.ptr<uchar>(int(y + pt_ref(1, 0)))[int(x + pt_ref(0, 0))
           ]) / 255.0;
213        mean_ref += value_ref;
214
215        double value_curr = getBilinearInterpolatedValue(curr, pt_curr + Vector2d(x, y));
216        mean_curr += value_curr;
217
218        values_ref.push_back(value_ref);
219        values_curr.push_back(value_curr);
220    }
221
222    mean_ref /= ncc_area;
223    mean_curr /= ncc_area;
224
225    // 计算Zero mean NCC
226    double numerator = 0, demoniator1 = 0, demoniator2 = 0;
227    for (int i = 0; i < values_ref.size(); i++) {
228        double n = (values_ref[i] - mean_ref) * (values_curr[i] - mean_curr);
229        numerator += n;
230        demoniator1 += (values_ref[i] - mean_ref) * (values_ref[i] - mean_ref);
231        demoniator2 += (values_curr[i] - mean_curr) * (values_curr[i] - mean_curr);
232    }
233    return numerator / sqrt(demoniator1 * demoniator2 + 1e-10);     // 防止分母出现零
234 }
235
236 bool updateDepthFilter(
237    const Vector2d &pt_ref, const Vector2d &pt_curr, const SE3d &T_C_R,
238    const Vector2d &epipolar_direction, Mat &depth, Mat &depth_cov2) {
239    // 不知道这段还有没有人看
240    // 用三角化计算深度
241    SE3d T_R_C = T_C_R.inverse();
242    Vector3d f_ref = px2cam(pt_ref);
243    f_ref.normalize();
244    Vector3d f_curr = px2cam(pt_curr);
245    f_curr.normalize();
246
247    // 方程
248    // d_ref * f_ref = d_cur * ( R_RC * f_cur ) + t_RC
249    // f2 = R_RC * f_cur
250    // 转化成下面这个矩阵方程组
251    // => [ f_ref^T f_ref, -f_ref^T f2 ] [d_ref]    [f_ref^T t]
252    //    [ f_cur^T f_ref, -f2^T f2    ] [d_cur] = [f2^T t    ]
```

```
253        Vector3d t = T_R_C.translation();
254        Vector3d f2 = T_R_C.so3() * f_curr;
255        Vector2d b = Vector2d(t.dot(f_ref), t.dot(f2));
256        Matrix2d A;
257        A(0, 0) = f_ref.dot(f_ref);
258        A(0, 1) = -f_ref.dot(f2);
259        A(1, 0) = -A(0, 1);
260        A(1, 1) = -f2.dot(f2);
261        Vector2d ans = A.inverse() * b;
262        Vector3d xm = ans[0] * f_ref;          // ref侧的结果
263        Vector3d xn = t + ans[1] * f2;          // cur结果
264        Vector3d p_esti = (xm + xn) / 2.0;      // P的位置，取两者的平均
265        double depth_estimation = p_esti.norm();   // 深度值
266
267        // 计算不确定性（以一个像素为误差）
268        Vector3d p = f_ref * depth_estimation;
269        Vector3d a = p - t;
270        double t_norm = t.norm();
271        double a_norm = a.norm();
272        double alpha = acos(f_ref.dot(t) / t_norm);
273        double beta = acos(-a.dot(t) / (a_norm * t_norm));
274        Vector3d f_curr_prime = px2cam(pt_curr + epipolar_direction);
275        f_curr_prime.normalize();
276        double beta_prime = acos(f_curr_prime.dot(-t) / t_norm);
277        double gamma = M_PI - alpha - beta_prime;
278        double p_prime = t_norm * sin(beta_prime) / sin(gamma);
279        double d_cov = p_prime - depth_estimation;
280        double d_cov2 = d_cov * d_cov;
281
282        // 高斯融合
283        double mu = depth.ptr<double>(int(pt_ref(1, 0)))[int(pt_ref(0, 0))];
284        double sigma2 = depth_cov2.ptr<double>(int(pt_ref(1, 0)))[int(pt_ref(0, 0))];
285
286        double mu_fuse = (d_cov2 * mu + sigma2 * depth_estimation) / (sigma2 + d_cov2);
287        double sigma_fuse2 = (sigma2 * d_cov2) / (sigma2 + d_cov2);
288
289        depth.ptr<double>(int(pt_ref(1, 0)))[int(pt_ref(0, 0))] = mu_fuse;
290        depth_cov2.ptr<double>(int(pt_ref(1, 0)))[int(pt_ref(0, 0))] = sigma_fuse2;
291
292        return true;
293    }
```

我们省略了诸如画图、读数据之类的函数，仅显示了计算深度相关的部分。如果读者理解了 12.2 节的内容，相信读懂此处源代码不是难事。尽管如此，我们还是要对几个关键函数稍做说明：

1. main 函数非常简单。它只负责从数据集中读取图像，然后交给 update 函数，对深度图进行更新。

2. 在 update 函数中，我们遍历了参考帧的每个像素，先在当前帧中寻找极线匹配，若能匹配上，则利用极线匹配的结果更新深度图的估计。

3. 极线搜索原理大致和 12.2 节介绍的相同，但实现上添加了一些细节：因为假设深度值服从高斯分布，所以我们以均值为中心，左右各取 $\pm 3\sigma$ 作为半径，在当前帧中寻找极线的投影。然后，遍历此极线上的像素（步长取 $\sqrt{2}/2$ 的近似值 0.7），寻找 NCC 最高的点作为匹配点。如果最高的 NCC 也低于阈值（这里取 0.85），则认为匹配失败。

4. NCC 的计算使用了去均值化后的做法，即对于图像块 $\boldsymbol{A}, \boldsymbol{B}$，取：

$$\mathrm{NCC}_z(\boldsymbol{A}, \boldsymbol{B}) = \frac{\sum\limits_{i,j} \left(\boldsymbol{A}(i,j) - \bar{\boldsymbol{A}}(i,j)\right) \left(\boldsymbol{B}(i,j) - \bar{\boldsymbol{B}}(i,j)\right)}{\sqrt{\sum\limits_{i,j} \left(\boldsymbol{A}(i,j) - \bar{\boldsymbol{A}}(i,j)\right)^2 \sum\limits_{i,j} \left(\boldsymbol{B}(i,j) - \bar{\boldsymbol{B}}(i,j)\right)^2}}. \tag{12.11}$$

5. 三角化的计算方式与 7.5 节一致，不确定性的计算与高斯融合方法和 12.2 节一致。

虽然程序有些长，相信读者根据上面的提示能读懂。下面我们来看它的实际运行效果。

实验结果

编译此程序后，以数据集目录作为参数运行之[①]：

```
1  $ build/dense_mapping ~/dataset/test_data
2  read total 202 files.
3  *** loop 1 ***
4  *** loop 2 ***
5  ......
```

程序输出的信息比较简洁，仅显示了迭代次数、当前图像和深度图。关于深度图，我们显示的是深度值乘以 0.4 后的结果——也就是纯白点（数值为 1.0）的深度约 2.5 米，颜色越深表示深度值越小，也就是物体离我们越近。如果实际运行了程序，则应该会发现深度估计是一个动态的过程——从一个不怎么确定的初始值逐渐收敛到稳定值的过程。我们的初始值使用了均值和方差均为 3.0 的分布。当然，也可以修改初始分布，看看对结果会产生怎样的影响。

从图 12-6 可以发现，当迭代次数超过一定值之后，深度图趋于稳定，不再因新的数据产生变化。观察稳定之后的深度图，发现大致可以看出地板和桌子的区别，而桌上的物体深度则接近

①请注意，稠密深度估计运行比较费时，如果计算机比较老，请耐心等候一段时间。

于桌子。整个估计大部分是正确的，但也存在着大量错误估计。它们表现为深度图中与周围数据不一致的地方，为过大或过小的估计。此外，位于边缘处的地方，由于运动过程中看到的次数较少，所以亦没有得到正确的估计。综上所述，我们认为这个深度图的大部分是正确的，但没有达到预想的效果。接下来我们将分析出现这些情况的原因，并讨论有哪些可以改进的地方。

图 12-6　演示程序运行时截图，两图分别是迭代 10 次和 30 次的结果

12.3.1　实验分析与讨论

我们已经演示了移动单目相机的稠密建图，估计了参考帧的每个像素深度。我们的代码是相对简单直接的，没有使用许多的技巧（trick），因此出现了实际工程中常见的情形——简单的往往并不是最有效的。

由于真实数据的复杂性，能够在实际环境中工作的程序往往需要大量的工程技巧，这使得每种实际可行的代码都极其复杂——很难向初学者解释清楚，所以我们只好使用不那么有效，但相对易读易写的实现方式。我们当然可以提出若干种对演示程序加以改进的意见，不过这里并不打算把已经改好的（非常复杂的）程序直接呈现给读者。

下面对上一节实验的结果进行初步分析。我们将从计算机视觉和滤波器两个角度分析演示实验的结果。

12.3.2 像素梯度的问题

对深度图像进行观察，会发现一件明显的事实。块匹配的正确与否依赖于图像块是否具有区分度。显然，如果图像块仅是一片黑或者一片白，缺少有效的信息，那么在 NCC 计算中就很可能错误地将它与周围的某块像素匹配。请读者观察演示程序中的打印机表面。它是均匀的白色，非常容易引起误匹配，因此打印机表面的深度信息多半是不正确的——示例程序的空间表面出现了明显不该有的条纹状深度估计，而根据我们的直观想象，打印机表面肯定是光滑的。

这里牵涉一个问题，该问题在直接法中已经见过一次。在进行块匹配（和 NCC 的计算）时，我们必须假设小块不变，然后将该小块与其他小块进行对比。这时，有**明显梯度**的小块将具有良好的区分度，不易引起误匹配。对于**梯度不明显的像素**，由于在块匹配时没有区分性，将难以有效地估计其深度。反之，像素梯度比较明显的地方，我们得到的深度信息也相对准确，例如桌面上的杂志、电话等具有明显**纹理**的物体。因此，演示程序反映了立体视觉中一个非常常见的问题：**对物体纹理的依赖性**。该问题在双目视觉中也极其常见，体现了立体视觉的重建质量十分依赖于环境纹理。

我们的演示程序刻意使用了纹理较好的环境，例如，像棋盘格一般的地板，带有木纹的桌面，等等，因此能得到一个看似不错的结果。然而在实际中，像墙面、光滑物体表面等亮度均匀的地方将经常出现，影响我们对它的深度估计。从某种角度来说，该问题是**无法在现有的算法流程上加以改进并解决的**——如果我们依然只关心某个像素周围的邻域（小块）的话。

进一步讨论像素梯度问题，还会发现像素梯度和极线之间的联系。参考文献 [75] 详细讨论过它们的关系，在我们的演示程序里也有直观的体现。

以图 12-7 为例，我们举两种比较极端的情况：像素梯度平行于极线方向，以及垂直于极线方向。先来看垂直的情况。在垂直的例子里，即使小块有明显梯度，当我们沿着极线做块匹配时，会发现匹配程度都是一样的，因此得不到有效的匹配。反之，在平行的例子里，我们能够精确地确定匹配度最高点出现在何处。而实际中，梯度与极线的情况很可能介于二者之间：既不是完全垂直也不是完全平行。这时，我们说，当像素梯度与极线夹角较大时，极线匹配的不确定性大；而当夹角较小时，匹配的不确定性变小。而在演示程序中，我们把这些情况都当成一个像素的误差，实际是不够精细的。考虑到极线与像素梯度的关系，应该使用更精确的不确定性模型。具体的调整和改进留作习题。

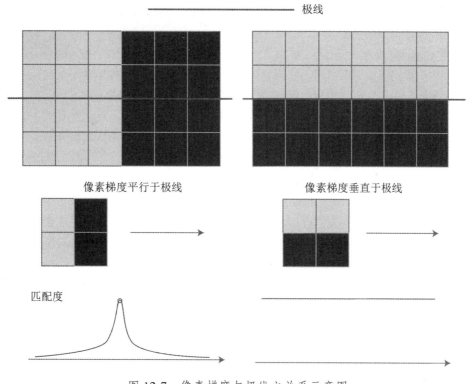

图 12-7　像素梯度与极线之关系示意图

12.3.3　逆深度

从另一个角度看，我们不妨问：把像素深度假设成高斯分布是否合适呢？这里关系到一个参数化的问题。

在前面的内容中，我们经常用一个点的世界坐标 x, y, z 三个量来描述它，这是一种参数化形式。我们认为 x, y, z 三个量都是随机的，它们服从（三维的）高斯分布。然而，本讲使用了图像坐标 u, v 和深度值 d 来描述某个空间点（即稠密建图）。我们认为 u, v 不动，而 d 服从（一维的）高斯分布，这是另一种参数化形式。那么我们要问：这两种参数化形式有什么不同吗？我们是否也能假设 u, v 服从高斯分布，从而形成另一种参数化形式呢？

不同的参数化形式，实际都描述了同一个量，也就是某个三维空间点。考虑到当在相机中看到某个点时，它的图像坐标 u, v 是比较确定的[①]，而深度值 d 则是非常不确定的。此时，若用世界坐标 x, y, z 描述这个点，根据相机当前的位姿，x, y, z 三个量之间可能存在明显的相关性。反映在协方差矩阵中，表现为非对角元素不为零。而如果用 u, v, d 参数化一个点，那么它的 u, v 和 d

①u, v 的不确定性取决于图像的分辨率。

至少是近似独立的，甚至我们还能认为 u, v 也是独立的——从而它的协方差矩阵近似为对角阵，更为简洁。

逆深度（Inverse depth）是近年来 SLAM 研究中出现的一种广泛使用的参数化技巧[126, 127]。在演示程序中，我们假设深度值满足高斯分布 $d \sim N(\mu, \sigma^2)$。然而这样做合不合理呢？深度真的近似于一个高斯分布吗？仔细想想，深度的正态分布确实存在一些问题：

1. 我们实际想表达的是：这个场景深度大概是 5~10 米，可能有一些更远的点，但近处肯定不会小于相机焦距（或认为深度不会小于 0）。这个分布并不是像高斯分布那样，形成一个对称的形状。它的尾部可能稍长，而负数区域则为零。

2. 在一些室外应用中，可能存在距离非常远，乃至无穷远处的点。我们的初始值中难以涵盖这些点，并且用高斯分布描述它们会有一些数值计算上的困难。

于是，逆深度应运而生。人们在仿真中发现，假设深度的倒数，也就是**逆深度**，为高斯分布是比较有效的[127]。随后，在实际应用中，逆深度也具有更好的数值稳定性，从而逐渐成为一种通用的技巧，存在于现有 SLAM 方案中的标准做法中[68, 69, 88]。

把演示程序从正深度改成逆深度亦不复杂。只要在前面出现深度的推导中，将 d 改成逆深度 d^{-1} 即可。我们把这个改动留作习题，交给读者完成。

12.3.4　图像间的变换

在块匹配之前，做一次图像到图像间的变换是一种常见的预处理方式。这是因为，我们假设了图像小块在相机运动时保持不变，而这个假设在相机平移时（示例数据集基本都是这样的例子）能够保持成立，但当相机发生明显的旋转时，就难以继续保持了。特别地，当相机绕光心旋转时，一块下黑上白的图像可能会变成一个上黑下白的图像块，导致相关性直接变成了负数（尽管仍然是同一个块）。

为了防止这种情况的出现，通常需要在块匹配之前，把参考帧与当前帧之间的运动考虑进来。根据相机模型，参考帧上的一个像素 P_R 与真实的三维点世界坐标 P_W 有以下关系：

$$d_R P_R = K\left(R_{RW}P_W + t_{RW}\right). \tag{12.12}$$

类似地，对于当前帧，亦有 P_W 在它上边的投影，记作 P_C：

$$d_C P_C = K\left(R_{CW}P_W + t_{CW}\right). \tag{12.13}$$

代入并消去 P_W，即得两幅图像之间的像素关系：

$$d_C P_C = d_R K R_{CW} R_{RW}^{\mathsf{T}} K^{-1} P_R + K t_{CW} - K R_{CW} R_{RW}^{\mathsf{T}} t_{RW}. \tag{12.14}$$

当知道 d_R, P_R 时，可以计算出 P_C 的投影位置。此时，再给 P_R 两个分量各一个增量 du, dv，就可以求得 P_C 的增量 du_c, dv_c。通过这种方式，算出在局部范围内参考帧和当前帧图像坐标变换的一个线性关系构成仿射变换：

$$\begin{bmatrix} du_c \\ dv_c \end{bmatrix} = \begin{bmatrix} \dfrac{du_c}{du} & \dfrac{du_c}{dv} \\ \dfrac{dv_c}{du} & \dfrac{dv_c}{dv} \end{bmatrix} \begin{bmatrix} du \\ dv \end{bmatrix} \tag{12.15}$$

根据仿射变换矩阵，我们可以将当前帧（或参考帧）的像素进行变换，再进行块匹配，以期获得对旋转更好的效果。

12.3.5　并行化：效率的问题

在实验中我们也看到，稠密深度图的估计非常费时，这是因为要估计的点从原先的数百个特征点一下子变成了几十万个像素点，即使现在主流的 CPU 也无法实时地计算那样庞大的数量。不过，该问题亦有另一个性质：这几十万个像素点的深度估计是彼此无关的！这使并行化有了用武之地。

在示例程序中，我们在一个二重循环里遍历了所有像素，并逐个对它们进行极线搜索。当使用 CPU 时，这个过程是串行进行的：必须是上一个像素计算完毕后，再计算下一个像素。然而实际上，下一个像素完全没有必要等待上一个像素计算结束，因为它们之间并没有明显的联系，所以可以用多个线程，分别计算每个像素，然后将结果统一起来。理论上，如果我们有 30 万个线程，那么该问题的计算时间和计算一个像素是一样的。

GPU 的并行计算架构非常适合这样的问题，因此，在单双和双目的稠密重建中，经常看到利用 GPU 进行并行加速的方式。当然，本书不准备涉及 GPU 编程，所以我们在这里仅指出利用 GPU 加速的可能性，具体实践留给读者作为验证。根据一些类似的工作，利用 GPU 的稠密深度估计是可以在主流 GPU 上实时化的。

12.3.6　其他的改进

事实上，我们还能提出许多对本例程进行改进的方案，例如：

1. 现在各像素完全是独立计算的，可能存在这个像素深度很小，边上一个又很大的情况。我们可以假设深度图中相邻的深度变化不会太大，从而给深度估计加上了空间正则项。这种做法会使得到的深度图更加平滑。

2. 我们没有显式地处理外点（Outlier）的情况。事实上，由于遮挡、光照、运动模糊等各种因素的影响，不可能对每个像素都保持成功匹配。而演示程序的做法中，只要 NCC 大于一定值，就认为出现了成功的匹配，没有考虑到错误匹配的情况。

3. 处理错误匹配亦有若干种方式。例如，参考文献 [124] 提出的均匀 – 高斯混合分布下的深度滤波器，显式地将内点与外点进行区别并进行概率建模，能够较好地处理外点数据。然而这种类型的滤波器理论较为复杂，本书不想过多涉及，读者可以阅读原始论文。

从上面的讨论可以看出，存在许多可能的改进方案。如果我们细致地改进每一步的做法，最后是有希望得到一个良好的稠密建图的方案的。然而，正如我们所讨论的，有一些问题**存在理论上的困难**，例如对环境纹理的依赖，又如像素梯度与极线方向的关联（以及平行的情况）。这些问题**很难通过调整代码实现来解决**。所以，直到目前为止，虽然双目和移动单目相机能够建立稠密的地图，但是我们通常认为它们过于依赖环境纹理和光照，不够可靠。

12.4　RGB-D 稠密建图

除了使用单目和双目相机进行稠密重建，在适用范围内，RGB-D 相机是一种更好的选择。在第 11 讲中详细讨论的深度估计问题，在 RGB-D 相机中可以完全通过传感器中硬件的测量得到，无须消耗大量的计算资源来估计。并且，RGB-D 的结构光或飞时原理，保证了深度数据对纹理的无关性。即使面对纯色的物体，只要它能够反射光，我们就能测量到它的深度。这也是 RGB-D 传感器的一大优势。

利用 RGB-D 进行稠密建图是相对容易的。不过，根据地图形式不同，也存在着若干种不同的主流建图方式。最直观、最简单的方法就是根据估算的相机位姿，将 RGB-D 数据转化为点云，然后进行拼接，最后得到一个由离散的点组成的点云地图（Point Cloud Map）。在此基础上，如果我们对外观有进一步的要求，希望估计物体的表面，则可以使用三角网格（Mesh）、面片（Surfel）进行建图。另外，如果希望知道地图的障碍物信息并在地图上导航，也可通过体素（Voxel）建立占据网格地图（Occupancy Map）。

我们似乎引入了很多新概念。请读者不要着急，我们将逐一加以介绍。对于部分适合进行实验的，我们会像往常一样，提供若干个演示程序。由于 RGB-D 建图涉及的理论知识并不很多，所以下面几节就直接以实践部分来介绍。GPU 建图超出了本书的范围，我们就简单讲解其原理，不做演示。

12.4.1　实践：点云地图

首先，我们讲解最简单的点云地图。所谓点云，就是由一组离散的点表示的地图。最基本的点包含 x, y, z 三维坐标，也可以带有 r, g, b 的彩色信息。RGB-D 相机提供了彩色图和深度图，因此很容易根据相机内参来计算 RGB-D 点云。如果通过某种手段得到了相机的位姿，那么只要直接把点云进行加和，就可以获得全局的点云。在本书的 5.4.2 节，曾给出了一个通过相机内外参拼接点云的例子。不过，那个例子主要是为了让读者理解相机的内外参，而在实际建图当中，我们还会对点云加一些滤波处理，以获得更好的视觉效果。在本程序中，我们主要使用两种滤波器：

外点去除滤波器和体素网格的降采样滤波器（Voxel grid filter）。示例程序的代码如下（由于部分代码与之前的相同，我们主要看改变的部分）：

⬡ **slambook/ch12/dense_RGBD/pointcloud_mapping.cpp**（片段）

```
int main(int argc, char **argv) {
    vector<cv::Mat> colorImgs, depthImgs;    // 彩色图和深度图
    vector<Eigen::Isometry3d> poses;         // 相机位姿

    ifstream fin("./data/pose.txt");
    if (!fin) {
        cerr << "cannot find pose file" << endl;
        return 1;
    }

    for (int i = 0; i < 5; i++) {
        boost::format fmt("./data/%s/%d.%s"); //图像文件格式
        colorImgs.push_back(cv::imread((fmt % "color" % (i + 1) % "png").str()));
        depthImgs.push_back(cv::imread((fmt % "depth" % (i + 1) % "png").str(), -1)); // 使用
        -1读取原始图像

        double data[7] = {0};
        for (int i = 0; i < 7; i++) {
            fin >> data[i];
        }
        Eigen::Quaterniond q(data[6], data[3], data[4], data[5]);
        Eigen::Isometry3d T(q);
        T.pretranslate(Eigen::Vector3d(data[0], data[1], data[2]));
        poses.push_back(T);
    }

    // 计算点云并拼接
    // 相机内参
    double cx = 319.5;
    double cy = 239.5;
    double fx = 481.2;
    double fy = -480.0;
    double depthScale = 5000.0;

    cout << "正在将图像转换为点云..." << endl;

    // 定义点云使用的格式：这里用的是XYZRGB
    typedef pcl::PointXYZRGB PointT;
    typedef pcl::PointCloud<PointT> PointCloud;
```

```
39
40      // 新建一个点云
41      PointCloud::Ptr pointCloud(new PointCloud);
42      for (int i = 0; i < 5; i++) {
43          PointCloud::Ptr current(new PointCloud);
44          cout << "转换图像中: " << i + 1 << endl;
45          cv::Mat color = colorImgs[i];
46          cv::Mat depth = depthImgs[i];
47          Eigen::Isometry3d T = poses[i];
48          for (int v = 0; v < color.rows; v++)
49          for (int u = 0; u < color.cols; u++) {
50              unsigned int d = depth.ptr<unsigned short>(v)[u]; // 深度值
51              if (d == 0) continue; // 为0表示没有测量到
52              Eigen::Vector3d point;
53              point[2] = double(d) / depthScale;
54              point[0] = (u - cx) * point[2] / fx;
55              point[1] = (v - cy) * point[2] / fy;
56              Eigen::Vector3d pointWorld = T * point;
57
58              PointT p;
59              p.x = pointWorld[0];
60              p.y = pointWorld[1];
61              p.z = pointWorld[2];
62              p.b = color.data[v * color.step + u * color.channels()];
63              p.g = color.data[v * color.step + u * color.channels() + 1];
64              p.r = color.data[v * color.step + u * color.channels() + 2];
65              current->points.push_back(p);
66          }
67          // depth filter and statistical removal
68          PointCloud::Ptr tmp(new PointCloud);
69          pcl::StatisticalOutlierRemoval<PointT> statistical_filter;
70          statistical_filter.setMeanK(50);
71          statistical_filter.setStddevMulThresh(1.0);
72          statistical_filter.setInputCloud(current);
73          statistical_filter.filter(*tmp);
74          (*pointCloud) += *tmp;
75      }
76
77      pointCloud->is_dense = false;
78      cout << "点云共有" << pointCloud->size() << "个点." << endl;
79
80      // voxel filter
81      pcl::VoxelGrid<PointT> voxel_filter;
```

```
82    double resolution = 0.03;
83    voxel_filter.setLeafSize(resolution, resolution, resolution);        // resolution
84    PointCloud::Ptr tmp(new PointCloud);
85    voxel_filter.setInputCloud(pointCloud);
86    voxel_filter.filter(*tmp);
87    tmp->swap(*pointCloud);
88
89    cout << "滤波之后，点云共有" << pointCloud->size() << "个点." << endl;
90
91    pcl::io::savePCDFileBinary("map.pcd", *pointCloud);
92    return 0;
93 }
```

这段代码需要安装点云库 PCL。在 Ubuntu 18.04 中，只需一句命令：

📖 终端输入：

```
1  sudo apt-get install libpcl-dev pcl-tools
```

即能安装 PCL 及对应的工具。代码方面，我们的思路与第 5 讲的没有太大变化，主要不同之处在于：

1. 在生成每帧点云时，去掉深度值无效的点。这主要是考虑到 Kinect 的有效量程，超过量程之后的深度值会有较大误差或返回一个零。

2. 利用统计滤波器方法去除孤立点。该滤波器统计每个点与距离它最近的 N 个点的距离值的分布，去除距离均值过大的点。这样，就保留了那些"粘在一起"的点，去掉了孤立的噪声点。

3. 利用体素网络滤波器进行降采样。由于多个视角存在视野重叠，在重叠区域会存在大量的位置十分相近的点。这会占用许多内存空间。体素滤波保证了在某个一定大小的立方体（或称体素）内仅有一个点，相当于对三维空间进行了降采样，从而节省了很多存储空间。

在本书中，我们使用 ICL-NUIM 数据集作为示例。该数据集是一个仿真的 RGB-D 数据集，允许我们拿到无噪声的深度数据，方便实验。我们在 data/ 目录下存放了五张图像和深度图，以及对应的相机位姿。在体素滤波器中，我们把分辨率设成 0.03，表示每个 $0.03 \times 0.03 \times 0.03$ 的格子中只存一个点。这是一个比较高的分辨率，所以实际中我们感觉不出地图的差异，然而从程序输出中可以看到点数明显减少了许多（从 130 万个点减少到了 3 万个点，只需要 2% 的存储空间）。

在 dense_RGBD 目录下执行：

📖 终端输入：

```
1  ./build/pointcloud_mapping
```

可在同目录下得到点云文件 map.pcd。随后，用 pcl_viewer 工具打开这个 pcd，即可看到内容，如图 12-8 所示。

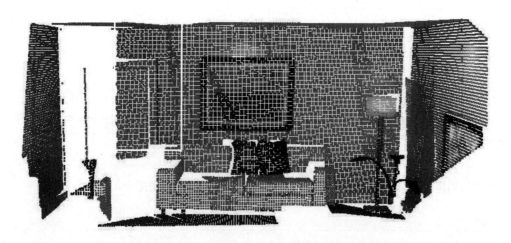

体素滤波之后的点云

图 12-8　ICL-NUIM 五张图像重建的结果

点云地图提供了比较基本的可视化地图，让我们能够大致了解环境的样子。它以三维方式存储，使我们能够快速地浏览场景的各个角落，乃至在场景中进行漫游。点云的一大优势是可以直接由 RGB-D 图像高效地生成，不需要额外处理。它的滤波操作也非常直观，且处理效率尚能接受。不过，使用点云表达地图仍然是十分初级的，我们不妨按照之前提的对地图的需求，看看点云地图是否能满足这些需求。

1. 定位需求：取决于前端视觉里程计的处理方式。如果是基于特征点的视觉里程计，由于点云中没有存储特征点信息，则无法用于基于特征点的定位方法。如果前端是点云的 ICP，那么可以考虑将局部点云对全局点云进行 ICP 以估计位姿。然而，这要求全局点云具有较好的精度。我们处理点云的方式并没有对点云本身进行优化，所以是不够的。

2. 导航与避障的需求：无法直接用于导航和避障。纯粹的点云无法表示"是否有障碍物"的信息，我们也无法在点云中做"任意空间点是否被占据"这样的查询，而这是导航和避障的基本需要。不过，可以在点云基础上进行加工，得到更适合导航与避障的地图形式。

3. 可视化和交互：具有基本的可视化与交互能力。我们能够看到场景的外观，也能在场景里漫游。从可视化角度来说，由于点云只含有离散的点，没有物体表面信息（例如法线），所以不太符合人们的可视化习惯。例如，从正面和背面看点云地图的物体是一样的，而且还能透过物体看到它背后的东西：这些都不太符合我们日常的经验。

综上所述，我们说点云地图是"基础的"或"初级的"，是指它更接近传感器读取的原始数据。它具有一些基本的功能，但通常用于调试和基本的显示，不便直接用于应用程序。如果我们希望地图有更高级的功能，那么点云地图是一个不错的出发点。例如，针对导航功能，可以从点云出发，构建占据网格（Occupancy Grid）地图，以供导航算法查询某点是否可以通过。再如，SfM 中常用的泊松重建[128]方法，就能通过基本的点云重建物体网格地图，得到物体的表面信息。除了泊松重建，Surfel 也是一种表达物体表面的方式，以面元作为地图的基本单位，能够建立漂亮的可视化地图[129]。

　　图 12-9 显示了泊松重建和 Surfel 重建的一个样例，可以看到它们的视觉效果明显优于纯粹的点云建图，同时它们也可以通过点云进行构建。大部分由点云转换得到的地图形式都在 PCL 库中提供，感兴趣的读者可以进一步探索 PCL 库中的内容。本书作为入门材料，就不详尽地介绍每一种地图形式了。

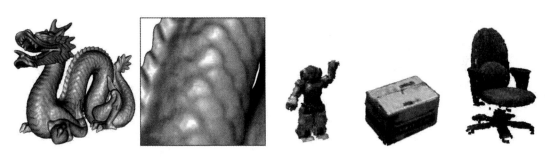

泊松重建示例　　　　　　　　　　　　　　　　　Surfel重建示例

图 12-9　泊松重建与 Surfel 重建的示意图

12.4.2　从点云重建网格

　　从点云重建网格也是一件比较容易的事，下面我们来演示如何在刚才的点云文件基础上建立网格。大致思路是先计算点云的法线，再从法线计算网格。

📖 **slambook2/ch12/dense_RGBD/surfel_mapping.cpp**

```
#include <pcl/point_cloud.h>
#include <pcl/point_types.h>
#include <pcl/io/pcd_io.h>
#include <pcl/visualization/pcl_visualizer.h>
#include <pcl/kdtree/kdtree_flann.h>
#include <pcl/surface/surfel_smoothing.h>
#include <pcl/surface/mls.h>
#include <pcl/surface/gp3.h>
#include <pcl/surface/impl/mls.hpp>

// typedefs
typedef pcl::PointXYZRGB PointT;
```

```
13   typedef pcl::PointCloud<PointT> PointCloud;
14   typedef pcl::PointCloud<PointT>::Ptr PointCloudPtr;
15   typedef pcl::PointXYZRGBNormal SurfelT;
16   typedef pcl::PointCloud<SurfelT> SurfelCloud;
17   typedef pcl::PointCloud<SurfelT>::Ptr SurfelCloudPtr;
18
19   SurfelCloudPtr reconstructSurface(
20   const PointCloudPtr &input, float radius, int polynomial_order) {
21       pcl::MovingLeastSquares<PointT, SurfelT> mls;
22       pcl::search::KdTree<PointT>::Ptr tree(new pcl::search::KdTree<PointT>);
23       mls.setSearchMethod(tree);
24       mls.setSearchRadius(radius);
25       mls.setComputeNormals(true);
26       mls.setSqrGaussParam(radius * radius);
27       mls.setPolynomialFit(polynomial_order > 1);
28       mls.setPolynomialOrder(polynomial_order);
29       mls.setInputCloud(input);
30       SurfelCloudPtr output(new SurfelCloud);
31       mls.process(*output);
32       return (output);
33   }
34
35   pcl::PolygonMeshPtr triangulateMesh(const SurfelCloudPtr &surfels) {
36       // Create search tree*
37       pcl::search::KdTree<SurfelT>::Ptr tree(new pcl::search::KdTree<SurfelT>);
38       tree->setInputCloud(surfels);
39
40       // Initialize objects
41       pcl::GreedyProjectionTriangulation<SurfelT> gp3;
42       pcl::PolygonMeshPtr triangles(new pcl::PolygonMesh);
43
44       // Set the maximum distance between connected points (maximum edge length)
45       gp3.setSearchRadius(0.05);
46
47       // Set typical values for the parameters
48       gp3.setMu(2.5);
49       gp3.setMaximumNearestNeighbors(100);
50       gp3.setMaximumSurfaceAngle(M_PI / 4); // 45 degrees
51       gp3.setMinimumAngle(M_PI / 18); // 10 degrees
52       gp3.setMaximumAngle(2 * M_PI / 3); // 120 degrees
53       gp3.setNormalConsistency(true);
54
55       // Get result
```

```
56      gp3.setInputCloud(surfels);
57      gp3.setSearchMethod(tree);
58      gp3.reconstruct(*triangles);
59
60      return triangles;
61  }
62
63  int main(int argc, char **argv) {
64      // Load the points
65      PointCloudPtr cloud(new PointCloud);
66      if (argc == 0 || pcl::io::loadPCDFile(argv[1], *cloud)) {
67          cout << "failed to load point cloud!";
68          return 1;
69      }
70      cout << "point cloud loaded, points: " << cloud->points.size() << endl;
71
72      // Compute surface elements
73      cout << "computing normals ... " << endl;
74      double mls_radius = 0.05, polynomial_order = 2;
75      auto surfels = reconstructSurface(cloud, mls_radius, polynomial_order);
76
77      // Compute a greedy surface triangulation
78      cout << "computing mesh ... " << endl;
79      pcl::PolygonMeshPtr mesh = triangulateMesh(surfels);
80
81      cout << "display mesh ... " << endl;
82      pcl::visualization::PCLVisualizer vis;
83      vis.addPolylineFromPolygonMesh(*mesh, "mesh frame");
84      vis.addPolygonMesh(*mesh, "mesh");
85      vis.resetCamera();
86      vis.spin();
87  }
```

该程序演示了计算法线和网格的过程。使用：

🅐 终端输入：

```
1   ./build/surfel_mapping map.pcd
```

即可将点云转换为网格地图，它的局部如图 12-10 所示。可以看到，在重建网格之后，原本没有表面信息的点云就可以构建出法线、纹理等信息了。本节演示的点云重建算法（Moving Least Square 和 Greedy Projection），读者可以在参考文献 [130] 和 [131] 中找到，它们都是比较经典的重建算法。

图 12-10   从点云重建得到的表面和网格模型

12.4.3   八叉树地图

下面介绍一种在导航中比较常用的、本身有较好的压缩性能的地图形式：**八叉树地图**（Octo-map）。在点云地图中，我们虽然有了三维结构，也进行了体素滤波以调整分辨率，但是点云有几个明显的缺陷：

- 点云地图通常规模很大，所以 pcd 文件也会很大。一幅 640 像素 ×480 像素的图像，会产生 30 万个空间点，需要大量的存储空间。即使经过一些滤波后，pcd 文件也是很大的。而且讨厌之处在于，它的"大"并不是必需的。点云地图提供了很多不必要的细节。我们并不特别关心地毯上的褶皱、阴暗处的影子这类东西，把它们放在地图里是在浪费空间。由于这些空间的占用，除非我们降低分辨率，否则在有限的内存中无法建模较大的环境，然而降低分辨率会导致地图质量下降。有没有什么方式对地图进行压缩存储，舍弃一些重复的信息呢？

- 点云地图无法处理运动物体。因为我们的做法里只有"添加点"，而没有"当点消失时把它移除"的做法。而在实际环境中，运动物体的普遍存在，使得点云地图变得不够实用。

接下来我们要介绍的就是一种灵活的、压缩的、能随时更新的地图形式：八叉树（Octo-tree）[132]。

我们知道，把三维空间建模为许多个小方块（或体素）是一种常见的做法。如果我们把一个小方块的每个面平均切成两片，那么这个小方块就会变成同样大小的八个小方块。这个步骤可以不断地重复，直到最后的方块大小达到建模的最高精度。在这个过程中，把"将一个小方块分成同样大小的八个"这件事，看成"从一个节点展开成八个子节点"，那么，整个从最大空间细分到最小空间的过程，就是一棵八叉树。

如图 12-11 所示，左侧显示了一个大立方体不断地均匀分成八块，直到变成最小的方块为止。于是，整个大方块可以看作根节点，而最小的块可以看作"叶子节点"。于是，在八叉树中，当我们由下一层节点往上走一层时，地图的体积就能扩大为原来的八倍。我们不妨做一点简单的计算：如果叶子节点的方块大小为 1 cm^3，那么当我们限制八叉树为 10 层时，总共能建模的体积大约为 8^{10} cm^3 = 1,073m^3，这足够建模一间屋子了。由于体积与深度呈指数关系，所以当我们用更大的深度时，建模的体积会增长得非常快。

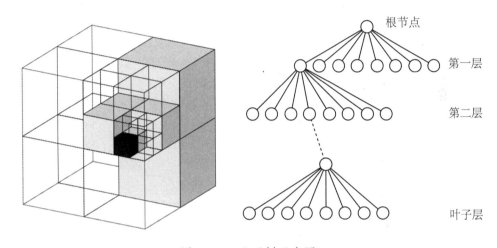

图 12-11　八叉树示意图

读者可能会疑惑，在点云的体素滤波器中，我们不是也限制了一个体素中只有一个点吗？为何我们说点云占空间，而八叉树比较节省空间呢？这是因为，在八叉树中，在节点中存储它是否被占据的信息。当某个方块的所有子节点都被占据或都不被占据时，就**没必要展开这个节点**。例如，一开始地图为空白时，我们只需一个根节点，不需要完整的树。当向地图中添加信息时，由于实际的物体经常连在一起，空白的地方也会常常连在一起，所以大多数八叉树节点无须展开到叶子层面。所以说，八叉树比点云节省大量的存储空间。

前面说八叉树的节点存储了它是否被占据的信息。从点云层面来讲，自然可以用 0 表示空白，1 表示被占据。这种 0-1 的表示可以用一个比特来存储，节省空间，不过显得有些过于简单了。由于噪声的影响，可能会看到某个点一会儿为 0，一会儿为 1；或者多数时刻为 0，少数时刻为 1；或者除了"是""否"两种情况，还有一个"未知"的状态。能否更精细地描述这件事呢？我们会选择用**概率**形式表达某节点是否被占据的事情。例如，用一个浮点数 $x \in [0, 1]$ 来表达。这个 x 一开始取 0.5。如果不断观测到它被占据，那么让这个值不断增加；反之，如果不断观测到它是空白，那就让它不断减小即可。

通过这种方式，我们动态地建模了地图中的障碍物信息。不过，现在的方式有一点小问题：

如果让 x 不断增加或减小，它可能跑到 $[0,1]$ 区间之外，带来处理上的不便。所以我们不是直接用概率来描述某节点被占据，而是用概率对数值（Log-odds）来描述。设 $y \in \mathbb{R}$ 为概率对数值，x 为 0~1 的概率，那么它们之间的变换由 logit 变换描述：

$$y = \text{logit}(x) = \log\left(\frac{x}{1-x}\right). \tag{12.16}$$

其反变换为

$$x = \text{logit}^{-1}(y) = \frac{\exp(y)}{\exp(y) + 1}. \tag{12.17}$$

可以看到，当 y 从 $-\infty$ 变到 $+\infty$ 时，x 相应地从 0 变到了 1。而当 y 取 0 时，x 取 0.5。因此，我们不妨存储 y 来表达节点是否被占据。当不断观测到"占据"时，让 y 增加一个值；否则就让 y 减小一个值。当查询概率时，再用逆 logit 变换，将 y 转换至概率即可。用数学形式来说，设某节点为 n，观测数据为 z。那么从开始到 t 时刻某节点的概率对数值为 $L(n|z_{1:t})$，$t+1$ 时刻为

$$L(n|z_{1:t+1}) = L(n|z_{1:t-1}) + L(n|z_t). \tag{12.18}$$

如果写成概率形式而不是概率对数形式，就会有一点复杂：

$$P(n|z_{1:T}) = \left[1 + \frac{1 - P(n|z_T)}{P(n|z_T)}\frac{1 - P(n|z_{1:T-1})}{P(n|z_{1:T-1})}\frac{P(n)}{1 - P(n)}\right]^{-1}. \tag{12.19}$$

有了对数概率，就可以根据 RGB-D 数据更新整个八叉树地图了。假设在 RGB-D 图像中观测到某个像素带有深度 d，就说明：**在深度值对应的空间点上观察到了一个占据数据，并且，从相机光心出发到这个点的线段上应该是没有物体的**（否则会被遮挡）。利用这个信息，可以很好地对八叉树地图进行更新，并且能处理运动的结构。

12.4.4 实践：八叉树地图

下面通过程序演示八叉树地图的建图过程。首先，请读者安装 octomap 库，在 Ubuntu 18.04 版本之后，八叉树地图和对应的可视化工具 octovis 已经集成在仓库中，可以通过如下命令安装：

🔲 终端输入：

```
1  sudo apt-get install liboctomap-dev octovis
```

我们直接演示如何通过前面的 5 张图像生成八叉树地图，然后将它画出来。

slambook/ch13/dense_RGBD/octomap_mapping.cpp（片段）

```
1   // octomap tree
2   octomap::OcTree tree(0.01); // 参数为分辨率
3
4   for (int i = 0; i < 5; i++) {
5       cout << "转换图像中: " << i + 1 << endl;
6       cv::Mat color = colorImgs[i];
7       cv::Mat depth = depthImgs[i];
8       Eigen::Isometry3d T = poses[i];
9
10      octomap::Pointcloud cloud;  // the point cloud in octomap
11
12      for (int v = 0; v < color.rows; v++)
13      for (int u = 0; u < color.cols; u++) {
14          unsigned int d = depth.ptr<unsigned short>(v)[u]; // 深度值
15          if (d == 0) continue; // 为0表示没有测量到
16          Eigen::Vector3d point;
17          point[2] = double(d) / depthScale;
18          point[0] = (u - cx) * point[2] / fx;
19          point[1] = (v - cy) * point[2] / fy;
20          Eigen::Vector3d pointWorld = T * point;
21          // 将世界坐标系的点放入点云
22          cloud.push_back(pointWorld[0], pointWorld[1], pointWorld[2]);
23      }
24
25      // 将点云存入八叉树地图, 给定原点, 这样可以计算投射线
26      tree.insertPointCloud(cloud, octomap::point3d(T(0, 3), T(1, 3), T(2, 3)));
27  }
28
29  // 更新中间节点的占据信息并写入磁盘
30  tree.updateInnerOccupancy();
31  cout << "saving octomap ... " << endl;
32  tree.writeBinary("octomap.bt");
```

我们使用 octomap::OcTree 构建整张地图。实际上，八叉树地图提供了许多种八叉树：有带地图的，有带占据信息的，也可以自己定义每个节点需要携带哪些变量。简单起见，我们使用了不带颜色信息的、最基本的八叉树地图。

八叉树地图内部提供了一个点云结构。它比 PCL 的点云稍微简单一些，只携带点的空间位置信息。我们根据 RGB-D 图像和相机位姿信息，先将点的坐标转至世界坐标，然后放入八叉树地图的点云，最后交给八叉树地图。之后，八叉树地图会根据之前介绍的投影信息，更新内部的占据概率，最后保存成压缩后的八叉树地图。我们把生成的地图存成 octomap.bt 文件。在之前编

译 octovis 时，我们实际上安装了一个可视化程序，即 octovis。现在，调用它打开地图文件，就能看到地图的实际样子了。

图 12-12 显示了我们构建的地图结果。由于没有在地图中加入颜色信息，所以打开地图时显示为灰色，按"1"键可以根据高度信息进行染色。读者可以慢慢熟悉 octovis 的操作界面，包括地图的查看、旋转、缩放等操作。

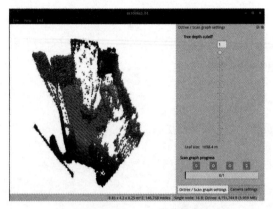
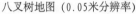
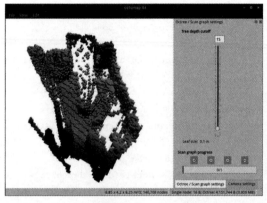

八叉树地图（0.05米分辨率）   八叉树地图（0.1米分辨率）

图 12-12   八叉树地图在不同分辨率下的显示结果

操作界面的右侧是八叉树的深度限制条，这里可以调节地图的分辨率。由于构造时使用的默认深度是 16 层，所以这里显示 16 层即最高分辨率，也就是每个小块的边长为 0.05m。当将深度减少一层时，八叉树的叶子节点往上提一层，每个小块的边长就增加一倍，变成 0.1m。可以看到，我们能够很容易地调节地图分辨率以适应不同的场合。

八叉树地图还有一些可以探索的地方，例如，可以方便地查询任意点的占据概率，以此设计在地图中进行导航的方法[133]。读者亦可比较点云地图与八叉树地图的文件大小。12.3 节生成的点云地图的磁盘文件大小约为 6.9MB，而使用八叉树地图的磁盘文件大小只有 56KB，连点云地图的 1% 都不到，可以有效地建模较大的场景。

12.5   * TSDF 地图和 Fusion 系列

在本讲的最后，我们介绍一个与 SLAM 非常相似但又有稍许不同的研究方向：实时三维重建。本节内容涉及 GPU 编程，并未提供参考例子，所以作为可选的阅读材料。

在前面的地图模型中，**以定位为主体**。地图的拼接是作为后续加工步骤放在 SLAM 框架中的。这种框架成为主流的原因是定位算法可以满足实时性的需求，而地图的加工可以在关键帧处进行处理，无须实时响应。定位通常是轻量级的，特别是当使用稀疏特征或稀疏直接法时；相应地，地图的表达与存储则是重量级的。它们的规模和计算需求较大，不利于实时处理。特别是稠密地图，往往只能在关键帧层面进行计算。

但是，现有做法中并没有对稠密地图进行优化。例如，当两幅图像都观察到同一把椅子时，我们只根据两幅图像的位姿把两处的点云进行叠加，生成了地图。由于位姿估计通常是带有误差的，这种直接拼接往往不够准确，比如同一把椅子的点云无法完美地叠加在一起。这时，地图中会出现这把椅子的两个重影——这种现象被形象地称为"鬼影"。

这种现象显然不是我们想要的，我们希望重建结果是光滑的、完整的，是符合我们对地图的认识的。在这种思想下，出现了一种以"建图"为主体，定位居于次要地位的做法，也就是本节要介绍的实时三维重建。由于三维重建把重建准确地图作为主要目标，所以需要利用 GPU 进行加速，甚至需要非常高级的 GPU 或多个 GPU 进行并行加速，通常需要较重的计算设备。与之相反，SLAM 是朝轻量级、小型化方向发展的，有些方案甚至放弃了建图和回环检测部分，只保留了视觉里程计。而实时重建则正在朝大规模、大型动态场景的重建方向发展。

自从 RGB-D 传感器出现以来，利用 RGB-D 图像进行实时重建成为了一个重要的发展方向，陆续产生了 Kinect Fusion[134]、Dynamic Fusion[135]、Elastic Fusion[136]、Fusion4D[137]、Volumn Deform[138] 等成果。其中，Kinect Fusion 完成了基本的模型重建，但仅限于小型场景；后续的工作则是将它向大型的、运动的，甚至变形场景下拓展。我们把它们看成实时重建一个大类的工作，但由于种类繁多，不可能详细讨论每一种的工作原理。图 12-13 展示了一部分重建结果，可以看到这些建模结果非常精细，比单纯拼接点云要细腻得多。

我们以经典的 TSDF 地图为代表进行介绍。TSDF 是 Truncated Signed Distance Function 的缩写，不妨译作**截断符号距离函数**。虽然把"函数"称为"地图"似乎不太妥当，但是在没有更好的翻译之前，我们还是暂时称它为 TSDF 地图、TSDF 重建等，只要不产生理解上的偏差即可。

与八叉树相似，TSDF 地图也是一种网格式（或者说方块式）的地图，如图 12-14 所示。先选定要建模的三维空间，比如 3m × 3m × 3m 那么大，按照一定分辨率将这个空间分成许多小块，存储每个小块内部的信息。不同的是，TSDF 地图整个存储在显存而不是内存中。利用 GPU 的并行特性，我们可以并行地对每个体素进行计算和更新，而不像 CPU 遍历内存区域那样不得不串行。

每个 TSDF 体素内存储了该小块与距其最近的物体表面的距离。如果小块在该物体表面的前方，则它有一个正值；反之，如果该小块位于表面之后，那么就为负值。由于物体表面通常是很薄的一层，所以就把值太大的和太小的都取成 1 和 −1，这样就得到了截断之后的距离，也就是所谓的 TSDF。那么按照定义，TSDF 为 0 的地方就是表面本身——或者，由于数值误差的存在，TSDF 由负号变成正号的地方就是表面本身。在图 12-14 的下部，我们看到一个类似人脸的表面出现在 TSDF 改变符号的地方。

TSDF 也有"定位"与"建图"两个问题，与 SLAM 非常相似，不过具体的形式与本书前面几讲介绍的稍有不同。在这里，定位问题主要指如何把当前的 RGB-D 图像与 GPU 中的 TSDF 地图进行比较，估计相机位姿。而建图问题就是如何根据估计的相机位姿，对 TSDF 地图进行更新。传统做法中，我们还会对 RGB-D 图像进行一次双边贝叶斯滤波，以去除深度图中的噪声。

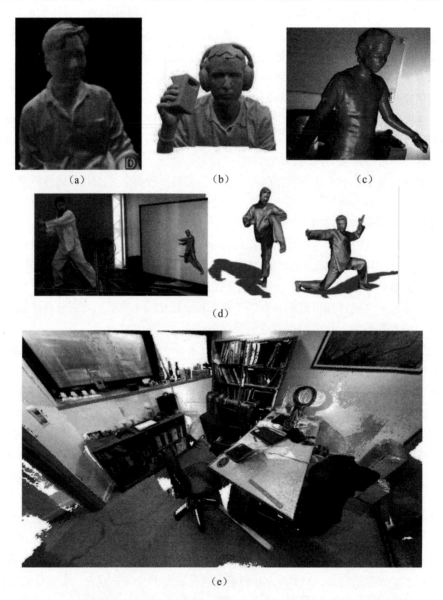

图 12-13　各种实时三维重建的模型（a）Kinect Fusion；（b）Dynamic Fusion；（c）Volumn De-form；（d）Fusion4D；（e）Elastic Fusion

　　TSDF 的定位类似于前面介绍的 ICP，不过由于 GPU 的并行化，我们可以对整张深度图和 TSDF 地图进行 ICP 计算，而不必像传统视觉里程计那样必须先计算特征点。同时，由于 TSDF

没有颜色信息，意味着我们可以**只使用深度图**，不使用彩色图就完成位姿估计，这在一定程度上摆脱了视觉里程计算法对光照和纹理的依赖性，使得 RGB-D 重建更加稳健[①]。另外，建图部分也是一种并行地对 TSDF 中的数值进行更新的过程，使得所估计的表面更加平滑可靠。由于我们并不过多介绍 GPU 相关的内容，所以具体的方法就不展开了，请感兴趣的读者参阅相关文献。

$d_x = d_y = d_z = 3\ [meters]$

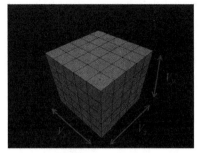

$V_x = V_y = V_z = \{32, 64, 128, 256, 512\}\ [voxels]$

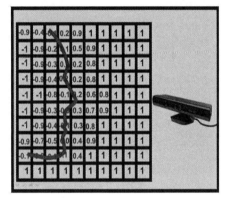

相机观察到物体表面时形成的截断距离值

图 12-14　TSDF 示意图

12.6　小结

本讲介绍了一些常见的地图类型，尤其是稠密地图形式。我们看到根据单目相机或双目相机可以构建稠密地图，相比之下，RGB-D 地图往往更容易、稳定一些。本讲的地图偏重于度量地图，而拓扑地图形式由于和 SLAM 研究差别比较大，所以没有详细地展开探讨。

---

①话说回来，对深度图就更加依赖了。

习题

1. 推导式 (12.6)。
2. 把本讲的稠密深度估计改成半稠密，你可以先把梯度明显的地方筛选出来。
3.* 把本讲演示的单目稠密重建代码从正深度改成逆深度，并添加仿射变换。实验效果是否有改进？
4. 你能论证如何在八叉树中进行导航或路径规划吗？
5. 研究参考文献 [134]，探讨 TSDF 地图是如何进行位姿估计和更新的，它和我们之前讲过的定位建图算法有何异同？
6.* 研究均匀 – 高斯混合滤波器的原理与实现。

第**13**讲

实践：设计 SLAM 系统

主要目标

1. 实际设计一个视觉里程计。
2. 理解 SLAM 软件框架是如何搭建的。
3. 理解在视觉里程计设计中容易出现的问题，以及修补的方式。

本讲是全书的总结部分。我们将用到前面所学的知识，实际书写一个视觉里程计程序。你会管理局部的机器人轨迹与路标点，并体验一个软件框架是如何组成的。在操作过程中，我们会遇到许多实际问题：如何对图像进行连续的追踪，如何控制 BA 的规模，等等。为了让程序稳定运行，我们需要处理以上的种种情况，这将带来许多工程实现方面的、有益的讨论。

13.1　为什么要单独列工程章节

知晓砖头和水泥的原理，并不代表能够建造伟大的宫殿。

在笔者深爱的《我的世界》游戏中，玩家拥有的只是一些色彩、纹理不同的方块。其性质极其简单，而玩家所要做的只是把这些方块放在空地上。理解一个方块极为简单，但实际拿起它们时，初学者往往只能搭建简单的火柴盒房屋，而有经验、有创造力的玩家则可用这些简单的方块建造民居、园林、楼台亭榭，乃至城市（如图 13-1 所示）[①]。

图 13-1　从简单的事物出发，逐渐搭建复杂但优秀的作品（见彩插）

在 SLAM 中，我们认为工程实现和理解算法原理至少是同等重要的，甚至更应强调如何书写实际可用的程序。算法的原理就像一个个方块一样，我们可以清楚明确地讨论它们的原理和性质，但仅仅理解了一个个方块并不能帮你建造真正的建筑：建造建筑需要大量的尝试、时间和经验，我们鼓励读者朝更为实际的方向努力——当然这是十分复杂的。就像在《我的世界》里那样，你需要掌握各种立柱、墙面、屋顶的结构，墙面的雕花，几何形体角度的计算，这些远远不像讨论每个方块的性质那样简单。

SLAM 的具体实现亦是如此，一个实用的程序会有很多的工程设计和技巧，还需要讨论每一步出现问题之后该如何处理。原则上，每个人实现的 SLAM 都会有所不同，多数时候我们并不能说哪种实现方式就一定是最好的。但是，我们通常会遇到一些共同的问题："怎么管理地图点""如何处理误匹配""如何选择关键帧"，等等。希望读者能对这些可能出现的问题产生一些直观的感觉——我们认为这种感觉是非常重要的。

[①]左下是笔者的练习作品。右下是来自 Epicwork 团队的作品《圆明园》。笔者曾经在 Epicwork 团队学习过一段时间，那里的年轻人甚至小朋友的创造力给笔者留下了深刻的印象。

　　所以，出于对实践的重视，本讲我们将带领读者领略搭建 SLAM 框架的过程。就像建筑那样，我们要讨论柱间距、门面宽高比等琐碎但重要的问题。SLAM 工程是复杂的，即使我们只保留核心的部分，也会占用大量的篇幅，使本书变得过于繁冗。不过，请注意，尽管完成之后的工程是复杂的，但是中间"由简到繁"的过程是值得详细讨论、有学习价值的。所以，我们要从简单的数据结构出发，先来做一个简单的视觉里程计，再慢慢地把一些额外的功能加进来。换言之，我们要把**从简单到复杂**的过程展现给读者，这样读者才会明白一个库是如何像雪人那样慢慢堆起来的。

　　本讲的代码放在 slambook2/ch13 中。我们将实现一个精简版的双目视觉里程计，然后看看它在 Kitti 数据集中的运行效果。这个视觉里程计由一个光流追踪的前端和一个局部 BA 的后端组成。为什么要选双目视觉里程计呢？其一是双目实现相对简单，只需单帧即可完成初始化；其二是双目存在 3D 观测，实现效果也会比单目好。

13.2　工程框架

　　我们讨论的是一个工程实现，而工程通常有一个框架的概念。大多数 Linux 库都会按照模块对算法代码文件进行分类存放，譬如头文件会放在头文件目录中，源代码则放在源代码目录中。此外，可能还有配置文件、测试文件、三方库，等等。现在我们按照小型算法库的普遍做法分类我们的文件：

1. 在 bin 下存储编译好的二进制文件。
2. include/myslam 存放 SLAM 模块的头文件，主要是.h 文件。这种做法的目的是，当把包含目录设到 include，引用自己的头文件时，需要写 include "myslam/xxx.h"，这样不容易和别的库混淆。
3. src 存放源代码文件，主要是.cpp 文件。
4. test 存放测试用的文件，也是.cpp 文件。
5. config 存放配置文件。
6. cmake_modules 存放第三方库的 cmake 文件，在使用 g2o 之类的库时会用到它。

这样就确定了代码文件的位置。接下来我们要讨论视觉里程计涉及的基础数据结构。

确定核心算法结构

　　在写代码之前，我们应该明确自己要写什么内容。很久之前，有一种老的观点认为，程序就是**数据结构 + 算法**，所以针对视觉里程计，我们要问：视觉里程计需要处理怎样的数据？涉及的关键算法有哪些？它们之间是怎样的关系？

　　经过简单的思考，我们很容易总结得出：

- 我们处理的最基本单元是**图像**。在双目视觉里，那就是**一对图像**，我们不妨称为一**帧**。
- 我们会对帧提取**特征**。这些特征是很多 2D 的点。
- 我们在图像之间寻找特征的关联。如果能多次看到某个特征，就可以用三角化方法计算它的 3D 位置，即**路标**。

显然，**图像**、**特征**和**路标**是这个系统中最基本的结构。它们之间的关系如图 13-2 所示。在后续的说明中，**路标**、**路标点**或**地图点**均指代 3D 空间中的点，它们的语义是一样的。

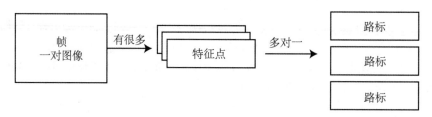

图 13-2　基本数据结构及关系

接下来我们要问，哪些算法负责提取特征，哪些算法负责做三角化，又有哪些算法负责处理优化问题呢？根据本书先前的介绍，我们认为 SLAM 由前后端组成。前端负责计算相邻图像的特征匹配，后端负责优化整个问题。在典型的实现中，二者应该有各自的线程。前端快速处理保证实时性，后端优化关键帧以保证良好的结果。所以整体来说，我们的程序有两个重要模块：

- 前端。我们往前端插入图像帧，前端负责提取图像中的特征，然后与上一帧进行光流追踪，通过光流结果计算该帧的定位。必要时，应该补充新的特征点并做三角化。前端处理的结果将作为后端优化的初始值。
- 后端。后端是一个较慢的线程，它拿到处理之后的关键帧和路标点，对它们进行优化，然后返回优化结果。后端应该控制优化问题的规模在一定范围内，不能随时间一直增长。

通过这样的分析，我们可以确定整个算法的框架，然后以喜闻乐见的流水线框图表示，如图 13-3 所示。我们在前后端之间放了一个**地图**模块来处理它们之间的数据流动。前后端在分别的线程中处理数据，我们预想的流程应该是前端提取了关键帧后，往地图中添加新数据；后端检测到地图更新时，运行一次优化，然后把地图中旧的关键帧和地图点去掉，保持优化的规模。

这样我们就确定了大体上的系统流程，这有助于后续的编码实现。当然，除了核心算法，我们还需要一些周边的小模块让系统更加方便，例如：

- 应该有一个相机类来管理相机的内外参和投影函数。
- 需要一个配置文件管理类，方便从配置文件中读取内容。配置文件中可以记录一些重要参数，方便我们做调整。
- 因为算法在 Kitti 数据集上运行，所以需要按照 Kitti 的存储格式读取图像数据，这也应该由一个单独的类来处理。
- 需要一个可视化模块来观察系统的运行状态，否则就得对着一串串的数值挠头。

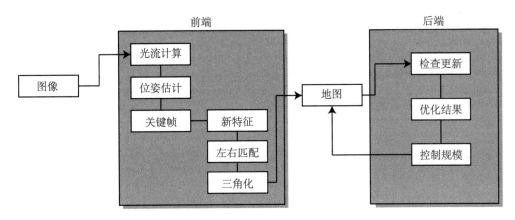

图 13-3　算法框架图

　　这些模块虽然不算核心内容，但不可或缺。限于篇幅，我们将周边代码交给读者自行阅读，在书中只介绍核心部分。

13.3　实现

13.3.1　实现基本数据结构

　　我们先来实现帧、特征和路标点这三个类。对于基本数据结构，通常建议将它们设成 struct，无须定义复杂的私有变量和接口。考虑到这些数据可能被多个线程访问和修改，在关键部分我们需要加上线程锁。

　　Frame 结构设计如下：

slambook2/ch13/include/myslam/frame.h

```
1   struct Frame {
2   public:
3       EIGEN_MAKE_ALIGNED_OPERATOR_NEW;
4       typedef std::shared_ptr<Frame> Ptr;
5
6       unsigned long id_ = 0;              // id of this frame
7       unsigned long keyframe_id_ = 0;     // id of key frame
8       bool is_keyframe_ = false;          // 是否为关键帧
9       double time_stamp_;                 // 时间戳，暂不使用
10      SE3 pose_;                          // Tcw形式Pose
11      std::mutex pose_mutex_;             // Pose数据锁
12      cv::Mat left_img_, right_img_;      // stereo images
13
```

```
14      // extracted features in left image
15      std::vector<std::shared_ptr<Feature>> features_left_;
16      // corresponding features in right image, set to nullptr if no corresponding
17      std::vector<std::shared_ptr<Feature>> features_right_;
18
19  public:  // data members
20      Frame() {}
21
22      Frame(long id, double time_stamp, const SE3 &pose, const Mat &left,
23      const Mat &right);
24
25      // set and get pose, thread safe
26      SE3 Pose() {
27          std::unique_lock<std::mutex> lck(pose_mutex_);
28          return pose_;
29      }
30
31      void SetPose(const SE3 &pose) {
32          std::unique_lock<std::mutex> lck(pose_mutex_);
33          pose_ = pose;
34      }
35
36      /// 设置关键帧并分配关键帧id
37      void SetKeyFrame();
38
39      /// 工厂构建模式，分配id
40      static std::shared_ptr<Frame> CreateFrame();
41  };
```

我们定义 Frame 含有 id、位姿、图像及左右图像中的特征点。其中 Pose 会被前后端同时设置或访问，所以定义 Pose 的 Set 和 Get 函数，在函数内加锁。同时，Frame 可以由静态函数构建，在静态函数中可以自动分配 id。

然后是 Feature 类：

slambook2/ch13/include/myslam/feature.h

```
1   struct Feature {
2   public:
3       EIGEN_MAKE_ALIGNED_OPERATOR_NEW;
4       typedef std::shared_ptr<Feature> Ptr;
5
6       std::weak_ptr<Frame> frame_;        // 持有该feature的frame
7       cv::KeyPoint position_;             // 2D提取位置
8       std::weak_ptr<MapPoint> map_point_; // 关联地图点
```

```
9
10        bool is_outlier_ = false;        // 是否为异常点
11        bool is_on_left_image_ = true;   // 标识是否提在左图, false为右图
12
13  public:
14        Feature() {}
15
16        Feature(std::shared_ptr<Frame> frame, const cv::KeyPoint &kp)
17        : frame_(frame), position_(kp) {}
18  };
```

Feature 类最主要的信息是自身的 2D 位置，此外，is_outlier 为异常点的标志位，is_on_left_image 为它是否在左侧相机提取的标志位。我们可以通过一个 Feature 对象访问持有它的 Frame 及它对应的路标。不过，Frame 和 MapPoint 的实际持有权归地图所有，为了避免 shared_ptr 产生的循环引用[①]，这里使用了 weak_ptr。

最后是 MapPoint，即路标点：

📖 **slambook2/ch13/include/myslam/mappoint.h**

```
1   struct MapPoint {
2   public:
3        EIGEN_MAKE_ALIGNED_OPERATOR_NEW;
4        typedef std::shared_ptr<MapPoint> Ptr;
5        unsigned long id_ = 0;  // ID
6        bool is_outlier_ = false;
7        Vec3 pos_ = Vec3::Zero();  // Position in world
8        std::mutex data_mutex_;
9        int observed_times_ = 0;  // being observed by feature matching algo.
10       std::list<std::weak_ptr<Feature>> observations_;
11
12       MapPoint() {}
13
14       MapPoint(long id, Vec3 position);
15
16       Vec3 Pos() {
17            std::unique_lock<std::mutex> lck(data_mutex_);
18            return pos_;
19       }
20
21       void SetPos(const Vec3 &pos) {
```

[①]简而言之，Frame 持有了 Feature 的 shared_ptr，那么应避免 Feature 再持有 Frame 的 shared_ptr，否则两者相互引用，将导致智能指针无法自动析构。

```
22          std::unique_lock<std::mutex> lck(data_mutex_);
23          pos_ = pos;
24      };
25
26      void AddObservation(std::shared_ptr<Feature> feature) {
27          std::unique_lock<std::mutex> lck(data_mutex_);
28          observations_.push_back(feature);
29          observed_times_++;
30      }
31
32      void RemoveObservation(std::shared_ptr<Feature> feat);
33
34      std::list<std::weak_ptr<Feature>> GetObs() {
35          std::unique_lock<std::mutex> lck(data_mutex_);
36          return observations_;
37      }
38
39      // factory function
40      static MapPoint::Ptr CreateNewMappoint();
41  };
```

　　MapPoint 最主要的信息是它的 3D 位置，即 pos_ 变量，同样需要对它上锁。它的 observation_ 变量记录了自己被哪些 Feature 观察。因为 Feature 可能被判断为 outlier，所以 observation 部分发生改动时也需要锁定。

　　至此，我们就实现了基础的数据结构。在框架中，我们让地图类实际持有这些 Frame 和 Map-Point 的对象，所以还需要定义一个地图类：

📖 **slambook2/ch13/include/myslam/map.h**

```
1   class Map {
2   public:
3       EIGEN_MAKE_ALIGNED_OPERATOR_NEW;
4       typedef std::shared_ptr<Map> Ptr;
5       typedef std::unordered_map<unsigned long, MapPoint::Ptr> LandmarksType;
6       typedef std::unordered_map<unsigned long, Frame::Ptr> KeyframesType;
7
8       Map() {}
9
10      /// 增加一个关键帧
11      void InsertKeyFrame(Frame::Ptr frame);
12      /// 增加一个地图顶点
13      void InsertMapPoint(MapPoint::Ptr map_point);
14
```

```
15      /// 获取所有地图点
16      LandmarksType GetAllMapPoints() {
17          std::unique_lock<std::mutex> lck(data_mutex_);
18          return landmarks_;
19      }
20      /// 获取所有关键帧
21      KeyframesType GetAllKeyFrames() {
22          std::unique_lock<std::mutex> lck(data_mutex_);
23          return keyframes_;
24      }
25
26      /// 获取激活地图点
27      LandmarksType GetActiveMapPoints() {
28          std::unique_lock<std::mutex> lck(data_mutex_);
29          return active_landmarks_;
30      }
31
32      /// 获取激活关键帧
33      KeyframesType GetActiveKeyFrames() {
34          std::unique_lock<std::mutex> lck(data_mutex_);
35          return active_keyframes_;
36      }
37
38      /// 清理map中观测数量为零的点
39      void CleanMap();
40
41  private:
42      // 将旧的关键帧置为不活跃状态
43      void RemoveOldKeyframe();
44
45      std::mutex data_mutex_;
46      LandmarksType landmarks_;            // all landmarks
47      LandmarksType active_landmarks_;    // active landmarks
48      KeyframesType keyframes_;            // all key-frames
49      KeyframesType active_keyframes_;    // all key-frames
50
51      Frame::Ptr current_frame_ = nullptr;
52
53      // settings
54      int num_active_keyframes_ = 7;  // 激活的关键帧数量
55  };
```

地图以散列形式记录了所有的关键帧和对应的路标点，同时维护一个被激活的关键帧和地图点。这里**激活**的概念即我们所谓的**窗口**，它会随着时间往前推动。后端将从地图中取出激活的关键帧、路标点进行优化，忽略其余的部分，达到控制优化规模的效果。当然，激活的策略是由我们自己定义的，简单的激活策略就是去除最旧的关键帧而保持时间上最新的若干个关键帧。在本书的实现中，我们只保留最新的 7 个关键帧。

13.3.2 前端

在定义了基本数据结构之后，我们来考虑前端的功能。前端需要根据双目图像确定该帧的位姿，不过实际实现的时候还存在一些不同的方法。例如，我们应该怎样使用右目的图像呢？是每一帧都和左右目各比较一遍，还是仅比较左右目之一呢？在三角化的时候，我们是考虑左右目图像的三角化，还是考虑时间上前后帧的三角化呢？实际中任意两张图像都可以做三角化（比如前一帧的左图对下一帧的右图），所以每个人实现起来也会不太一样。

为简单起见，我们先确定前端的处理逻辑：

1. 前端本身有**初始化**、**正常追踪**、**追踪丢失**三种状态。
2. 在初始化状态中，根据左右目之间的光流匹配，寻找可以三角化的地图点，成功时建立初始地图。
3. 追踪阶段中，前端计算上一帧的特征点到当前帧的光流，根据光流结果计算图像位姿。该计算只使用左目图像，不使用右目。
4. 如果追踪到的点较少，就判定当前帧为关键帧。对于关键帧，做以下几件事：
   - 提取新的特征点；
   - 找到这些点在右图的对应点，用三角化建立新的路标点；
   - 将新的关键帧和路标点加入地图，并触发一次后端优化。
5. 如果追踪丢失，就重置前端系统，重新初始化。

根据这个逻辑，前端处理流程大致如下：

📖 **slambook2/ch13/src/frontend.cpp**

```
1   bool Frontend::AddFrame(myslam::Frame::Ptr frame) {
2       current_frame_ = frame;
3       switch (status_) {
4           case FrontendStatus::INITING:
5               StereoInit();
6               break;
7           case FrontendStatus::TRACKING_GOOD:
8           case FrontendStatus::TRACKING_BAD:
9               Track();
10              break;
11          case FrontendStatus::LOST:
12              Reset();
```

```
13              break;
14          }
15
16      last_frame_ = current_frame_;
17      return true;
18  }
```

Track 函数实现如下：

📖 **slambook2/ch13/src/frontend.cpp**

```
1   bool Frontend::Track() {
2       if (last_frame_) {
3           current_frame_->SetPose(relative_motion_ * last_frame_->Pose());
4       }
5
6       int num_track_last = TrackLastFrame();
7       tracking_inliers_ = EstimateCurrentPose();
8
9       if (tracking_inliers_ > num_features_tracking_) {
10          // tracking good
11          status_ = FrontendStatus::TRACKING_GOOD;
12      } else if (tracking_inliers_ > num_features_tracking_bad_) {
13          // tracking bad
14          status_ = FrontendStatus::TRACKING_BAD;
15      } else {
16          // lost
17          status_ = FrontendStatus::LOST;
18      }
19
20      InsertKeyframe();
21      relative_motion_ = current_frame_->Pose() * last_frame_->Pose().inverse();
22
23      if (viewer_) viewer_->AddCurrentFrame(current_frame_);
24      return true;
25  }
```

在 TrackLastFrame 函数中，我们实际调用 OpenCV 的光流来追踪特征点：

📖 **slambook2/ch13/src/frontend.cpp**

```
1   int Frontend::TrackLastFrame() {
2       // use LK flow to estimate points in the right image
3       std::vector<cv::Point2f> kps_last, kps_current;
4       for (auto &kp : last_frame_->features_left_) {
```

```
5          if (kp->map_point_.lock()) {
6              // use project point
7              auto mp = kp->map_point_.lock();
8              auto px =
9                  camera_left_->world2pixel(mp->pos_, current_frame_->Pose());
10             kps_last.push_back(kp->position_.pt);
11             kps_current.push_back(cv::Point2f(px[0], px[1]));
12         } else {
13             kps_last.push_back(kp->position_.pt);
14             kps_current.push_back(kp->position_.pt);
15         }
16     }
17
18     std::vector<uchar> status;
19     Mat error;
20     cv::calcOpticalFlowPyrLK(
21         last_frame_->left_img_, current_frame_->left_img_, kps_last,
22         kps_current, status, error, cv::Size(21, 21), 3,
23         cv::TermCriteria(cv::TermCriteria::COUNT + cv::TermCriteria::EPS, 30, 0.01),
24         cv::OPTFLOW_USE_INITIAL_FLOW);
25
26     int num_good_pts = 0;
27
28     for (size_t i = 0; i < status.size(); ++i) {
29         if (status[i]) {
30             cv::KeyPoint kp(kps_current[i], 7);
31             Feature::Ptr feature(new Feature(current_frame_, kp));
32             feature->map_point_ = last_frame_->features_left_[i]->map_point_;
33             current_frame_->features_left_.push_back(feature);
34             num_good_pts++;
35         }
36     }
37
38     LOG(INFO) << "Find " << num_good_pts << " in the last image.";
39     return num_good_pts;
40 }
```

　　实现时，尽量利用逻辑上的分拆，把复杂功能拆成一些短小的函数，直到底层才调用 OpenCV 或 g2o 实现特定功能。这样有利于提升程序的可读性和复用性，比如初始化阶段的提特征和关键帧的提特征就可以使用同一个函数。我们建议读者自行阅读以节省篇幅（实际上前端一共不到 400 行代码）。

13.3.3　后端

相比前端，后端实现的逻辑会复杂一些，后端整体实现如下：

📖 **slambook2/ch13/include/myslam/backend.h**

```cpp
class Backend {
public:
    EIGEN_MAKE_ALIGNED_OPERATOR_NEW;
    typedef std::shared_ptr<Backend> Ptr;

    /// 构造函数中启动优化线程并挂起
    Backend();

    // 设置左右目的相机，用于获得内外参
    void SetCameras(Camera::Ptr left, Camera::Ptr right) {
        cam_left_ = left;
        cam_right_ = right;
    }

    /// 设置地图
    void SetMap(std::shared_ptr<Map> map) { map_ = map; }

    /// 触发地图更新，启动优化
    void UpdateMap();

    /// 关闭后端线程
    void Stop();

private:
    /// 后端线程
    void BackendLoop();

    /// 对给定关键帧和路标点进行优化
    void Optimize(Map::KeyframesType& keyframes, Map::LandmarksType& landmarks);

    std::shared_ptr<Map> map_;
    std::thread backend_thread_;
    std::mutex data_mutex_;

    std::condition_variable map_update_;
    std::atomic<bool> backend_running_;

    Camera::Ptr cam_left_ = nullptr, cam_right_ = nullptr;
```

```
39    };
```

后端在启动之后，将等待 map_update_的条件变量。当地图更新被触发时，从地图中拿取激活的关键帧和地图点，执行优化：

📖 **slambook2/ch13/src/backend.cpp**

```
1    void Backend::BackendLoop() {
2        while (backend_running_.load()) {
3            std::unique_lock<std::mutex> lock(data_mutex_);
4            map_update_.wait(lock);
5
6            /// 后端仅优化激活的Frames和Landmarks
7            Map::KeyframesType active_kfs = map_->GetActiveKeyFrames();
8            Map::LandmarksType active_landmarks = map_->GetActiveMapPoints();
9            Optimize(active_kfs, active_landmarks);
10       }
11   }
```

优化函数和我们之前使用的 BA 类似，只是数据要从 Frame、MapPoint 对象中获得：

📖 **slambook2/ch13/src/backend.cpp**

```
1    void Backend::Optimize(Map::KeyframesType &keyframes,
2        Map::LandmarksType &landmarks) {
3        // setup g2o
4        typedef g2o::BlockSolver_6_3 BlockSolverType;
5        typedef g2o::LinearSolverCSparse<BlockSolverType::PoseMatrixType>
6        LinearSolverType;
7        auto solver = new g2o::OptimizationAlgorithmLevenberg(
8        g2o::make_unique<BlockSolverType>(
9        g2o::make_unique<LinearSolverType>()));
10       g2o::SparseOptimizer optimizer;
11       optimizer.setAlgorithm(solver);
12
13       // pose顶点，使用Keyframe id
14       std::map<unsigned long, VertexPose *> vertices;
15       unsigned long max_kf_id = 0;
16       for (auto &keyframe : keyframes) {
17           auto kf = keyframe.second;
18           VertexPose *vertex_pose = new VertexPose();  // camera vertex_pose
19           vertex_pose->setId(kf->keyframe_id_);
20           vertex_pose->setEstimate(kf->Pose());
21           optimizer.addVertex(vertex_pose);
22           if (kf->keyframe_id_ > max_kf_id) {
```

```
23              max_kf_id = kf->keyframe_id_;
24          }
25
26          vertices.insert({kf->keyframe_id_, vertex_pose});
27      }
28
29      // 路标顶点，使用路标id索引
30      std::map<unsigned long, VertexXYZ *> vertices_landmarks;
31
32      // K和左右外参
33      Mat33 K = cam_left_->K();
34      SE3 left_ext = cam_left_->pose();
35      SE3 right_ext = cam_right_->pose();
36
37      // edges
38      int index = 1;
39      double chi2_th = 5.991;  // robust kernel阈值
40      std::map<EdgeProjection *, Feature::Ptr> edges_and_features;
41
42      for (auto &landmark : landmarks) {
43          if (landmark.second->is_outlier_) continue;
44          unsigned long landmark_id = landmark.second->id_;
45          auto observations = landmark.second->GetObs();
46          for (auto &obs : observations) {
47              if (obs.lock() == nullptr) continue;
48              auto feat = obs.lock();
49              if (feat->is_outlier_ || feat->frame_.lock() == nullptr) continue;
50
51              auto frame = feat->frame_.lock();
52              EdgeProjection *edge = nullptr;
53              if (feat->is_on_left_image_) {
54                  edge = new EdgeProjection(K, left_ext);
55              } else {
56                  edge = new EdgeProjection(K, right_ext);
57              }
58
59              // 如果landmark还没有被加入优化，则新加一个顶点
60              if (vertices_landmarks.find(landmark_id) ==
61              vertices_landmarks.end()) {
62                  VertexXYZ *v = new VertexXYZ;
63                  v->setEstimate(landmark.second->Pos());
64                  v->setId(landmark_id + max_kf_id + 1);
65                  v->setMarginalized(true);
```

```
66              vertices_landmarks.insert({landmark_id, v});
67              optimizer.addVertex(v);
68          }
69
70          edge->setId(index);
71          edge->setVertex(0, vertices.at(frame->keyframe_id_));    // pose
72          edge->setVertex(1, vertices_landmarks.at(landmark_id));  // landmark
73          edge->setMeasurement(toVec2(feat->position_.pt));
74          edge->setInformation(Mat22::Identity());
75          auto rk = new g2o::RobustKernelHuber();
76          rk->setDelta(chi2_th);
77          edge->setRobustKernel(rk);
78          edges_and_features.insert({edge, feat});
79
80          optimizer.addEdge(edge);
81
82          index++;
83      }
84  }
85
86  // do optimization and eliminate the outliers
87  optimizer.initializeOptimization();
88  optimizer.optimize(10);
89
90  int cnt_outlier = 0, cnt_inlier = 0;
91  int iteration = 0;
92  while (iteration < 5) {
93      cnt_outlier = 0;
94      cnt_inlier = 0;
95      // determine if we want to adjust the outlier threshold
96      for (auto &ef : edges_and_features) {
97          if (ef.first->chi2() > chi2_th) {
98              cnt_outlier++;
99          } else {
100              cnt_inlier++;
101          }
102      }
103      double inlier_ratio = cnt_inlier / double(cnt_inlier + cnt_outlier);
104      if (inlier_ratio > 0.5) {
105          break;
106      } else {
107          chi2_th *= 2;
108          iteration++;
```

```
109              }
110          }
111
112      for (auto &ef : edges_and_features) {
113          if (ef.first->chi2() > chi2_th) {
114              ef.second->is_outlier_ = true;
115              // remove the observation
116              ef.second->map_point_.lock()->RemoveObservation(ef.second);
117          } else {
118              ef.second->is_outlier_ = false;
119          }
120      }
121
122      LOG(INFO) << "Outlier/Inlier in optimization: " << cnt_outlier << "/"
123      << cnt_inlier;
124
125      // Set pose and lanrmark position
126      for (auto &v : vertices) {
127          keyframes.at(v.first)->SetPose(v.second->estimate());
128      }
129      for (auto &v : vertices_landmarks) {
130          landmarks.at(v.first)->SetPos(v.second->estimate());
131      }
132  }
```

后端相比前端在代码上更加简短，只有不到 200 行。

13.4　实验效果

最后我们来看这个视觉里程计的实际运行效果。首先我们需要下载 Kitti 数据集：http://www.cvlibs.net/datasets/kitti/eval_odometry.php。它的 odometry 数据大约有 22GB。下载之后解压得到若干个视频段，我们以第 0 段为例。编译本节程序之后，在配置文件 config/default.yaml 中填上数据对应的路径，在笔者的计算机上为：dataset_dir:/media/xiang/Data/Dataset/Kitti/dataset/sequences/00。

然后，运行：

终端输入：

```
1  bin/run_kitti_stereo
```

即可看到定位输出，如图 13-4 所示。运行期间，程序将显示激活的关键帧和地图，它们应该随着镜头运动不断增长和消失。

图 13-4　视觉里程计运行截图（见彩插）

　　我们输出了该程序的单次运行耗时。在处理非关键帧时，耗时约为 16 毫秒。处理关键帧时，由于新增了提取特征点和寻找右图匹配的步骤，耗时会适当增多。并且，由于我们的地图目前会存储所有关键帧和地图点，在运行一段时间之后将导致内存增长。如果读者不需要全部地图，则可以只保留激活的部分。

习题

1. 本书使用的 C++ 技巧你都看懂了吗？如果有不明白的地方，使用搜索引擎补习相关的知识，包括基于范围的 for 循环、智能指针、设计模式中的单例模式，等等。
2. 考虑对本讲介绍的系统进行优化。例如，使用更快的提特征点方式（本节使用了 GFTT，它并不算快），在左右匹配时使用一维的搜索而非二维的光流，使用直接法同时估计位姿与特征点对应关系，等等。
3. * 为本节代码添加回环检测模块，在检测到回环时使用位姿图进行优化以消除累积误差。

第 **14** 讲

SLAM：现在与未来

主要目标

1. 了解经典的 SLAM 实现方案。
2. 通过实验，比较各种 SLAM 方案的异同。
3. 探讨 SLAM 的未来发展方向。

　　前面介绍了一个 SLAM 系统中的各个模块的工作原理，这是研究者们多年工作的结晶。目前，除了这些理论框架，我们也积累了许多优秀的开源 SLAM 方案。不过，由于它们大部分的实现都比较复杂，不适合作为初学者的上手材料，所以我们放到了本书的最后加以介绍。相信读者通过阅读之前的内容，应该能明白其基本原理。

14.1 当前的开源方案

本讲是全书的总结，我们将带着读者去看看现有的 SLAM 方案能做到怎样的程度。特别地，我们重点关注那些提供开源实现的方案。在 SLAM 研究领域中，能见到开源方案是很不容易的。往往论文中介绍理论的内容只占 20%，余下的 80% 都写在代码中。正是这些研究者的无私奉献，推动了整个 SLAM 行业的快速前进，使后续研究者有了更高的起点。在我们开始做 SLAM 之前，应该对相似的方案有深入的了解，再进行自己的研究，这样才会更有意义。

本讲的前半部分将带领读者参观当前的视觉 SLAM 方案，评述其历史地位和优缺点。表 14-1 列举了一些常见的开源 SLAM 方案，读者可以选择感兴趣的方案进行研究和实验。限于篇幅，我们只选了一部分有代表性的方案。在后半部分，我们将探讨未来 SLAM 可能的发展方向，并给出一些当前的研究成果。

表 14-1　常见的开源 SLAM 方案

方案名称	传感器形式	地址
MonoSLAM	单目	https://github.com/hanmekim/SceneLib2
PTAM	单目	http://www.robots.ox.ac.uk/~gk/PTAM/
ORB-SLAM	单目为主	http://webdiis.unizar.es/~raulmur/orbslam/
LSD-SLAM	单目为主	http://vision.in.tum.de/research/vslam/lsdslam
SVO	单目	https://github.com/uzh-rpg/rpg_svo
DTAM	RGB-D	https://github.com/anuranbaka/OpenDTAM
DVO	RGB-D	https://github.com/tum-vision/dvo_slam
DSO	单目	https://github.com/JakobEngel/dso
VINS 系列	单目 + IMU 为主	https://github.com/HKUST-Aerial-Robotics/VINS-Mono
RTAB-MAP	双目/RGB-D	https://github.com/introlab/rtabmap
RGBD-SLAM-V2	RGB-D	https://github.com/felixendres/rgbdslam_v2
Elastic Fusion	RGB-D	https://github.com/mp3guy/ElasticFusion
Hector SLAM	激光	http://wiki.ros.org/hector_slam
GMapping	激光	http://wiki.ros.org/gmapping
OKVIS	多目 + IMU	https://github.com/ethz-asl/okvis
ROVIO	单目 + IMU	https://github.com/ethz-asl/rovio

14.1.1 MonoSLAM

说到视觉 SLAM，很多研究者第一个想到的是 A. J. Davison 的单目 SLAM 工作[2, 55]。Davison 教授是视觉 SLAM 研究领域的先驱，他在 2007 年提出的 MonoSLAM 是第一个实时的单目视觉

SLAM 系统[2]，被认为是许多工作的发源地①。MonoSLAM 以扩展卡尔曼滤波为后端，追踪前端非常稀疏的特征点。由于 EKF 在早期 SLAM 中占据着明显主导地位，所以 MonoSLAM 也是建立在 EKF 的基础之上，以相机的当前状态和所有路标点为状态量，更新其均值和协方差的。

图 14-1 所示是 MonoSLAM 在运行时的情形。可以看到，单目相机在一幅图像中追踪了非常稀疏的特征点（且用到了主动追踪技术）。在 EKF 中，每个特征点的位置服从高斯分布，所以我们能够以一个椭球的形式表达它的均值和不确定性。在该图的右半部分，我们可以找到一些在空间中分布着的小球。它们在某个方向上显得越长，越说明在该方向的位置不确定。我们可以想象，如果一个特征点收敛，我们应该能看到它从一个很长的椭球（相机在 Z 方向上非常不确定）变成一个小点的样子。

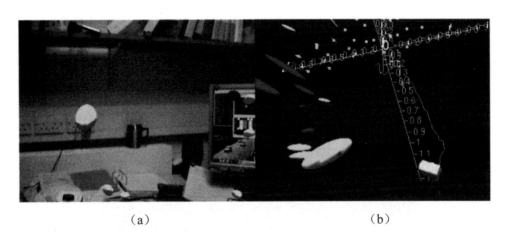

（a）　　　　　　　　　　　　　　　　　　　　　（b）

图 14-1　MonoSLAM 的运行时截图。（a）追踪特征点在图像中的表示；（b）特征点在三维空间中的表示（见彩插）

这种做法在今天看来固然存在许多弊端，但在当时已经是里程碑式的工作了，因为在此之前的视觉 SLAM 系统基本不能在线运行，只能靠机器人携带相机采集数据，再离线地进行定位与建图。计算机性能的进步，以及用稀疏的方式处理图像，加在一起才使得一个 SLAM 系统能够在线地运行。从现代的角度看，MonoSLAM 存在诸如应用场景很窄，路标数量有限，稀疏特征点非常容易丢失的情况，对它的开发也已经停止，取而代之的是更先进的理论和编程工具。不过这并不妨碍我们对前人工作的理解和尊敬。

14.1.2　PTAM

2007 年，Klein 等人提出了 PTAM（Parallel Tracking and Mapping）[96]，这也是视觉 SLAM 发展过程中的重要事件。PTAM 的重要意义在于以下两点：

---

①这是他博士期间工作的延续。他现在也在致力于将 SLAM 小型化、低功率化。

1. PTAM 提出并实现了跟踪与建图过程的并行化。我们现在已然清楚，跟踪部分需要实时响应图像数据，而对地图的优化则没必要实时地计算。后端优化可以在后台慢慢进行，在必要时进行线程同步即可。这是视觉 SLAM 中首次区分出前后端的概念，引领了后来许多视觉 SLAM 系统的设计（我们现在看到的 SLAM 多半都分前后端）。

2. PTAM 是第一个使用非线性优化，而不是使用传统的滤波器作为后端的方案。它引入了关键帧机制：我们不必精细地处理每一幅图像，而是把几个关键图像串起来，然后优化其轨迹和地图。早期的 SLAM 大多数使用 EKF 滤波器或其变种，以及粒子滤波器等；在 PTAM 之后，视觉 SLAM 研究逐渐转向了以非线性优化为主导的后端。由于之前人们未认识到后端优化的稀疏性，所以觉得优化后端无法实时处理那样大规模的数据，而 PTAM 则是一个典型的反例。

PTAM 同时是一个增强现实软件，演示了酷炫的 AR 效果（如图 14-2 所示）。根据 PTAM 估计的相机位姿，我们可以在一个虚拟的平面上放置虚拟物体，看起来就像在真实的场景中一样。

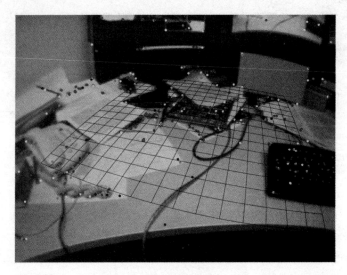

图 14-2 PTAM 的演示截图。它既可以提供实时的定位和建图，也可以在虚拟平面上叠加虚拟物体

PTAM 算是早期的结合 AR 的 SLAM 工作之一。与许多早期工作相似，存在着明显的缺陷：场景小，跟踪容易丢失，等等。这些又在后续的方案中得以修正。

14.1.3 ORB-SLAM

介绍了历史上的几种方案之后，我们来看一些现代的 SLAM 系统。ORB-SLAM 是 PTAM 的继承者中非常有名的一位[88]（如图 14-3 所示）。它提出于 2015 年，是现代 SLAM 系统中做得非常完善、非常易用的系统之一。ORB-SLAM 代表着主流的特征点 SLAM 的一个高峰。相比于之前的工作，ORB-SLAM 具有以下几条明显的优势。

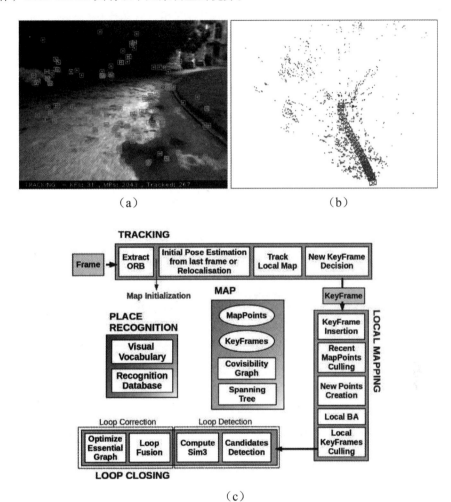

图 14-3　ORB-SLAM 运行截图。（a）为图像与追踪到的特征点，（b）为相机轨迹与建模的特征点地图，（c）为其标志性的三线程结构

1. 支持单目、双目、RGB-D 三种模式。这使得无论我们拿到了哪种常见的传感器，都可以先放到 ORB-SLAM 上测试，它具有良好的泛用性。

2. 整个系统围绕 ORB 特征进行计算，包括视觉里程计与回环检测的 ORB 字典。它体现出 ORB 特征是现阶段计算平台的一种优秀的效率与精度之间的折中方式。ORB 不像 SIFT 或 SURF 那样费时，在 CPU 上面即可实时计算；相比 Harris 角点等简单角点特征，又具有良好的旋转和缩放不变性。并且，ORB 提供描述子，使我们在大范围运动时能够进行回环检测和重定位。

3. ORB 的回环检测是它的亮点。优秀的回环检测算法保证了 ORB-SLAM 有效地防止累积误差，并且在丢失之后还能迅速找回，许多现有的 SLAM 系统在这一点上做得不够完善。为此，在运行之前 ORB-SLAM 必须加载一个很大的 ORB 字典文件[①]。

4. ORB-SLAM 创新式地使用了三个线程完成 SLAM：实时跟踪特征点的 Tracking 线程，局部 BA 的优化线程（Co-visibility Graph，俗称**小图**），以及全局位姿图的回环检测与优化线程（Essential Graph 俗称**大图**）。其中，Tracking 线程负责对每幅新来的图像提取 ORB 特征点，并与最近的关键帧进行比较，计算特征点的位置并粗略估计相机位姿。小图线程求解一个 BA 问题，它包括局部空间内的特征点与相机位姿。这个线程负责求解更精细的相机位姿与特征点空间位置。仅有前两个线程，只能算完成了一个比较好的视觉里程计。第三个线程，也就是大图线程，对全局的地图与关键帧进行回环检测，消除累积误差。由于全局地图中的地图点太多，所以这个线程的优化不包括地图点，而只有相机位姿组成的位姿图。

继 PTAM 的双线程结构之后，ORB-SLAM 的三线程结构取得了非常好的跟踪和建图效果，能够保证轨迹与地图的全局一致性。这种三线程结构也将被后续的研究者认同和采用。

5. ORB-SLAM 围绕特征点进行了不少的优化。例如，在 OpenCV 的特征提取基础上保证了特征点的均匀分布，在优化位姿时使用了一种循环优化 4 遍以得到更多正确匹配的方法，比 PTAM 更为宽松的关键帧选取策略，等等。这些细小的改进使得 ORB-SLAM 具有远超其他方案的稳健性：即使在较差的场景中，或标定的内参较差的情况下，ORB-SLAM 都能够顺利地工作。

上述优势使得 ORB-SLAM 在特征点 SLAM 中达到顶峰，许多研究工作都以 ORB-SLAM 作为标准，或者在它的基础上进行后续的开发。它的代码以清晰易读著称，有着完善的注释，可供后来的研究者进一步理解。

当然，ORB-SLAM 也存在一些不足之处。首先，由于整个 SLAM 系统都采用特征点进行计算，我们必须对每幅图像都计算一遍 ORB 特征，这是非常耗时的。ORB-SLAM 的三线程结构也给 CPU 带来了较重的负担，使得它只有在当前计算机架构的 CPU 上才能实时运算，移植到嵌入式设备上则有一定困难。其次，ORB-SLAM 的建图为稀疏特征点，目前还没有开放存储和读取地图后重新定位的功能（虽然从实现上讲并不困难）。根据我们在建图部分的分析，稀疏特征点地图只能满足我们对定位的需求，而无法提供导航、避障、交互等诸多功能。然而，如果我们仅用 ORB-SLAM 处理定位问题，似乎又显得过于重量级了。相比之下，另外一些方案提供了更为轻量级的定位，使我们能够在低端的处理器上运行 SLAM，或者让 CPU 有余力处理其他的事务。

[①]目前开源版 ORB-SLAM 使用了文本格式的字典，改成二进制格式字典之后可以加速不少。

14.1.4　LSD-SLAM

LSD-SLAM（Large Scale Direct monocular SLAM）是 J. Engel 等人于 2014 年提出的 SLAM 工作[69, 75]。类比于 ORB-SLAM 之于特征点，LSD-SLAM 标志着单目直接法在 SLAM 中的成功应用。LSD-SLAM 的核心贡献是将直接法应用到了半稠密的单目 SLAM 中。它不仅不需要计算特征点，还能构建半稠密的地图——这里半稠密的意思主要是指估计梯度明显的像素位置。它的主要优点如下：

1. LSD-SLAM 的直接法是针对像素进行的。作者有创见地提出了像素梯度与直接法的关系，以及像素梯度与极线方向在稠密重建中的角度关系。这些在本书的第 8 讲和第 13 讲中均有讨论。不过，LSD-SLAM 是在单目图像进行半稠密的跟踪，实现原理要比本书的例程复杂。

2. LSD-SLAM 在 CPU 上实现了半稠密场景的重建，这在之前的方案中是很少见到的。基于特征点的方法只能是稀疏的，而进行稠密重建的方案大多要使用 RGB-D 传感器，或者使用 GPU 构建稠密地图[139]。TUM 计算机视觉组在多年对直接法研究的基础上，实现了这种 CPU 上的实时半稠密 SLAM。

3. 之前也说过，LSD-SLAM 的半稠密追踪使用了一些精妙的手段来保证追踪的实时性与稳定性。例如，LSD-SLAM 既不是利用单个像素，也不是利用图像块，而是在极线上等距离取 5 个点，度量其 SSD；在深度估计时，LSD-SLAM 首先用随机数初始化深度，在估计完后又把深度均值归一化，以调整尺度；在度量深度不确定性时，不仅考虑了三角化的几何关系，而且考虑了极线与深度的夹角，归纳成一个光度不确定性项；关键帧之间的约束使用了相似变换群及与之对应的李代数 $\zeta \in \mathrm{sim}(3)$ 显式地表达出尺度，在后端优化中可以将不同尺度的场景考虑进来，减小了尺度飘移现象。

图 14-4 显示了 LSD-SLAM 的运行情况。我们可以观察这种微妙的半稠密地图是怎样一种介于稀疏地图与稠密地图之间的形式。半稠密地图建模了灰度图中有明显梯度的部分，显示在地图中，很大一部分都是物体的边缘或表面上带纹理的部分。LSD-SLAM 对它们进行跟踪并建立关键帧，最后优化得到这样的地图。看起来比稀疏的地图具有更多的信息，但又不像稠密地图那样拥有完整的表面（一般认为稠密地图无法仅用 CPU 实现实时性）。

由于 LSD-SLAM 使用了直接法进行跟踪，所以它既有直接法的优点（对特征缺失区域不敏感），又继承了直接法的缺点。例如，LSD-SLAM 对相机内参和曝光非常敏感，并且在相机快速运动时容易丢失。另外，在回环检测部分，由于目前并没有基于直接法实现的回环检测方式，因此 LSD-SLAM 必须依赖于特征点方法进行回环检测，尚未完全摆脱特征点的计算。

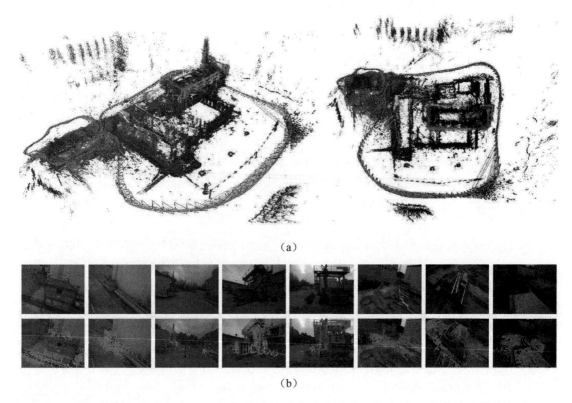

（a）

（b）

图 14-4　LSD-SLAM 的运行情况。（a）为估计的轨迹与地图；（b）为图像中被建模的部分，即
　　　　　具有较好的像素梯度的部分（见彩插）

14.1.5　SVO

　　SVO 是 Semi-direct Visual Odoemtry 的缩写[68]。它是由 Forster 等人于 2014 年提出的一种基于稀疏直接法的视觉里程计。按作者的称呼应该叫"半直接"法，然而按照本书的理念框架，称为"稀疏直接法"可能更好一些。**半直接**在原文中是指特征点与直接法的混合使用：SVO 跟踪了一些关键点（角点，没有描述子），然后像直接法那样，根据这些关键点周围的信息估计相机运动及其位置（如图 14-4 所示）。在实现中，SVO 使用了关键点周围的 4×4 的小块进行块匹配，估计相机自身的运动。

　　相比于其他方案，SVO 的最大优势是速度极快。由于使用稀疏的直接法，它既不必费力去计算描述子，也不必处理稠密和半稠密的信息，因此，即使在低端计算平台上也能达到实时性，在计算机上则可以达到每秒 100 多帧的速度。在后续的 SVO 2.0 中，速度更是达到了惊人的每秒 400 帧。这使得 SVO 非常适用于计算平台受限的场合，例如无人机、手持 AR/VR 设备的定位。无人机也是作者开发 SVO 的目标应用平台。

图 14-5　SVO 跟踪关键点的图片（见彩插）

SVO 的另一个创新之处是提出了深度滤波器的概念，并推导了基于均匀 – 高斯混合分布的深度滤波器。这在本书的第 13 讲有提及，但由于原理较为复杂，我们没有详细解释。SVO 将这种滤波器用于关键点的位置估计，并使用了逆深度作为参数化形式，使之能够更好地计算特征点位置。

开源版的 SVO 代码清晰易读，十分适合读者作为第一个 SLAM 实例进行分析。不过，开源版 SVO 也存在一些问题：

1. 由于目标应用平台为无人机的俯视相机，其视野内的物体主要是地面，而且相机的运动主要为水平和上下的移动，所以 SVO 的许多细节是围绕这个应用设计的，这使得它在平视相机中表现不佳。例如，SVO 在单目初始化时，使用了分解 $\boldsymbol{H}$ 矩阵而不是传统的 $\boldsymbol{F}$ 或 $\boldsymbol{E}$ 矩阵的方式，这需要假设特征点位于平面上。该假设对俯视相机是成立的，但对平视相机通常是不成立的，可能导致初始化失败。再如，SVO 在关键帧选择时，使用了平移量作为确定新的关键帧的策略，而没有考虑旋转量。这同样在无人机俯视配置下是有效的，但在平视相机中则容易丢失。所以，如果读者想要在平视相机中使用 SVO，则必须自己加以修改。

2. SVO 在追求速度和轻量化的同时，舍弃了后端优化和回环检测部分，也基本没有建图功能。这意味着 SVO 的位姿估计必然存在累积误差，而且丢失后不太容易进行重定位（因为没有描述子用来回环检测）。所以，我们称它为一个视觉里程计，而不是完整的 SLAM。

14.1.6　RTAB-MAP

介绍了几款单目 SLAM 方案后，我们再来看一些 RGB-D 传感器上的 SLAM 方案。相比于单目和双目，RGB-D SLAM 的原理要简单很多（尽管实现上不一定），而且能够在 CPU 上实时建立稠密的地图。

RTAB-MAP（Real Time Appearance-Based Mapping）[119] 是 RGB-D SLAM 中比较经典的一个方案。它实现了 RGB-D SLAM 中所有应该有的东西：基于特征的视觉里程计、基于词袋的回环检测、后端的位姿图优化，以及点云和三角网格地图。因此，RTAB-MAP 给出了一套完整的（但有些庞大的）RGB-D SLAM 方案。目前，我们已经可以直接从 ROS 中获得其二进制程序，此外，在 Google Project Tango 上也可以获取其 App（如图 14-6 所示）。

图 14-6　RTAB-MAP 在 Google Project Tango 上的运行样例（见彩插）

RTAB-MAP 支持一些常见的 RGB-D 和双目传感器，像 Kinect、Xtion 等，且提供实时的定位和建图功能。不过由于集成度较高，使得其他开发者在它的基础上进行二次开发变得困难，所以 RTAB-MAP 更适合作为 SLAM 应用而非研究使用。

14.1.7　其他

除了这些开源方案，读者还能在 openslam.org 之类的网站上找到许多其他的研究，例如，DVO-SLAM[140]、RGBD-SLAM-V2[97]、DSO[70]，以及一些 Kinect Fusion 相关的工作，等等。随着时代发展，更新颖、更优秀的开源 SLAM 作品也将出现在人们的视野中，限于篇幅这里就不逐一介绍了。

14.2　未来的 SLAM 话题

看过了现有的方案，我们再来讨论一些未来的发展方向①。大体上讲，SLAM 将来的发展趋势有两大类：一是朝轻量级、小型化方向发展，让 SLAM 能够在嵌入式或手机等小型设备上良好运行，然后考虑以它为底层功能的应用。毕竟，大部分场合中，我们的真正目的是实现机器人、

①这里有一部分是笔者个人的理解，不一定完全正确。

AR/VR 设备的功能，例如运动、导航、教学、娱乐，而 SLAM 是为上层应用提供自身的一个位姿估计。在这些应用中，我们不希望 SLAM 占用所有计算资源，所以对 SLAM 的小型化和轻量化有非常强烈的需求。二是利用高性能计算设备，实现精密的三维重建、场景理解等功能。在这些应用中，我们的目的是完美地重建场景，而对于计算资源和设备的便携性则没有多大限制。由于可以利用 GPU，这个方向和深度学习也有结合点。

14.2.1　视觉 + 惯性导航 SLAM

首先，我们要谈一个有很强应用背景的方向：视觉 – 惯性导航融合 SLAM 方案。实际的机器人也好，硬件设备也好，通常都不会只携带一种传感器，往往是多种传感器的融合。学术界的研究人员喜爱"大而且干净的问题"（Big Clean Problem），例如仅用单个摄像头实现视觉 SLAM。但产业界的朋友们则更注重让算法更加实用，不得不面对一些复杂而琐碎的场景。在这种应用背景下，将视觉与惯性导航融合进行 SLAM 成了一个关注热点。

IMU 能够测量传感器本体的角速度和加速度，被认为与相机传感器具有明显的互补性，而且极有可能在融合之后得到更完善的 SLAM 系统[141]。为什么这么说呢？

1. IMU 虽然可以测得角速度和加速度，但这些量都存在明显的漂移（Drift），使得积分两次得到的位姿数据非常不可靠。例如，我们将 IMU 放在桌上不动，用它的读数积分得到的位姿也会漂出十万八千里。但是，对于短时间内的快速运动，IMU 能够提供一些较好的估计。这正是相机的弱点。

   当运动过快时，（卷帘快门的）相机会出现运动模糊，或者两帧之间重叠区域太少以至于无法进行特征匹配，所以纯视觉 SLAM 非常害怕快速的运动。而有了 IMU，即使在相机数据无效的那段时间内，我们也能保持一个较好的位姿估计，这是纯视觉 SLAM 无法做到的。

2. 相比于 IMU，相机数据基本不会有漂移。如果相机放在原地固定不动，那么（在静态场景下）视觉 SLAM 的位姿估计也是固定不动的。所以，相机数据可以有效地估计并修正 IMU 读数中的漂移，使得在慢速运动后的位姿估计依然有效。

3. 当图像发生变化时，本质上我们没法知道是相机自身发生了运动，还是外界条件发生了变化，所以纯视觉 SLAM 难以处理动态的障碍物。而 IMU 能够感受到自己的运动信息，从某种程度上减轻动态物体的影响。

总而言之，我们看到 IMU 为快速运动提供了较好的解决方式，而相机又能在慢速运动下解决 IMU 的漂移问题——在这个意义下，它们二者是互补的。

当然，不管是理论还是实践，VIO（Visual Inertial Odometry，视觉惯性里程计）都是相当复杂的。其复杂性主要来源于 IMU 测量加速度和角速度这两个量的事实，所以不得不引入运动学计算。目前，VIO 的框架已经定型为两大类：松耦合（Loosely Coupled）和紧耦合（Tightly Coupled）[142]。松耦合是指 IMU 和相机分别进行自身的运动估计，然后对其位姿估计结果进行融合。紧耦合是指把 IMU 的状态与相机的状态合并在一起，共同构建运动方程和观测方程，然后进行状态估计——这和我们之前介绍的理论非常相似。我们可以预见，紧耦合理论也必将分为基于滤波和基于优化两个方向。在滤波方面，传统的 EKF[143] 以及改进的 MSCKF（Multi-State Constraint KF）[144] 都取得了一定的成果，研究者对 EKF 也进行了深入的讨论（例如能观性[145]）；优化方面也有相应的方案[89, 146]。值得一提的是，尽管在纯视觉 SLAM 中优化方法已经占了主流，但在 VIO 中，IMU 的数据频率非常高，对状态进行优化需要的计算量就更大，因此目前仍处于滤波与优化并存的阶段[147, 148]。由于过于复杂，限于篇幅，这里就只能大概地介绍这个方向了。

VIO 为将来 SLAM 的小型化与低成本化提供了一个非常有效的方向（例如图 14-7 中提供了 VIO 相机硬件）。而且结合稀疏直接法，我们有望在低端硬件上取得良好的 SLAM 或视觉里程计效果，是非常有前景的。

VI-Sensor   DUO 3D

图 14-7   越来越多的相机开始集成 IMU 设备

14.2.2   语义 SLAM

SLAM 的另一个大方向就是和深度学习技术结合。到目前为止，SLAM 的方案都处于特征点或者像素的层级，而关于这些特征点或像素到底来自于哪儿，我们一无所知。这使得计算机视觉中的 SLAM 与我们人类的做法不怎么相似，至少我们自己从来看不到特征点，也不会去根据特征点判断自身的运动方向。我们看到的是一个个物体，通过左右眼判断它们的远近，然后基于它们在图像中的运动推测相机的移动。

很久之前，研究者就试图将物体信息结合到 SLAM 中，如图 14-8 所示。例如，参考文献 [149–152] 中就曾把物体识别与视觉 SLAM 结合起来，构建带物体标签的地图。另外，把标签信息引入 BA 或优化端的目标函数和约束中，我们可以结合特征点的位置与标签信息进行优化[153]。这些工作都可以称为语义 SLAM。综合来说，SLAM 和语义的结合点主要有两个方面[9]：

1. 语义帮助 SLAM。传统的物体识别、分割算法往往只考虑一幅图，而在 SLAM 中我们拥有一台移动的相机。如果我们给运动过程中的图片都带上物体标签，就能得到一个带有标签的地图。另外，物体信息也可为回环检测、BA 优化带来更多的条件。

2. SLAM 帮助语义。物体识别和分割都需要大量的训练数据。要让分类器识别各个角度的物体，需要从不同视角采集该物体的数据，然后进行人工标定，非常辛苦。而 SLAM 中，由于我们可以估计相机的运动，可以自动地计算物体在图像中的位置，所以节省了人工标定的成本。如果有自动生成的带高质量标注的样本数据，则能够很大程度上加速分类器的训练过程。

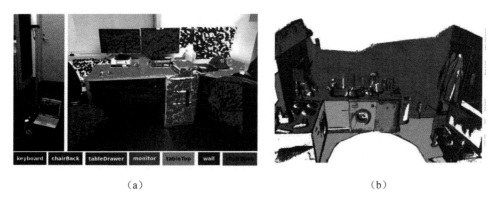

图 14-8　语义 SLAM 的一些结果，（a）和（b）分别来自文献 [152, 154]（见彩插）

在深度学习广泛应用之前，我们只能利用支持向量机、条件随机场等传统工具对物体或场景进行分割和识别，或者直接将观测数据与数据库中的样本进行比较[120, 154]，尝试构建语义地图[152, 155–157]。由于这些工具本身在分类正确率上存在限制，所以效果往往不尽如人意。随着深度学习的发展，我们开始使用网络，越来越准确地对图像进行识别、检测和分割[158–163]。这为构建准确的语义地图打下了更好的基础[164]。我们正看到，逐渐开始有学者将神经网络方法引入 SLAM 的物体识别和分割中，甚至 SLAM 本身的位姿估计与回环检测中[117, 165, 166]。虽然这些方法目前还没有成为主流，但将 SLAM 与深度学习结合来处理图像，也是一个很有前景的研究方向。

14.2.3　SLAM 的未来

除此之外，基于线/面特征的 SLAM[167–169]、动态场景下的 SLAM[170–172]、多机器人的 SLAM[82, 173, 174]，等等，都是研究者感兴趣并发力的地方。按照参考文献 [9] 的观点，视觉 SLAM 经过了三个大时代：提出问题、寻找算法、完善算法。而我们目前正处于第三个时代，面对着如何在已有的框架中进一步改善，使视觉 SLAM 系统能够在各种干扰的条件下稳定运行。这一步需要许多研究者的不懈努力。

当然，没有人能够预测未来，也没准突然有一天，整个框架都被新的技术推倒重写。不过即使是那样，今天我们的付出仍将是有意义的。没有今天的研究，就不会有将来的发展。最后，希望读者能在读完本书之后，对现有的整个 SLAM 系统有充分的认识。我们也期待你能够为 SLAM 研究做出贡献！

习题

1. 选择本讲提到的任意一个开源 SLAM 系统，在你的机器上编译运行它，直观体验其过程。
2. 你应该已经能够看懂绝大多数 SLAM 相关论文了。拿起纸和笔，开始你的研究吧！

高斯分布的性质

我们先总结常见的高斯分布的性质，它在本书的很多地方都会用到。

A.1 高斯分布

如果一个随机变量 x 服从高斯分布 $N(\mu, \sigma^2)$，那么它的概率密度函数为

$$p(x) = \frac{1}{\sqrt{2\pi}\sigma} \exp\left(-\frac{1}{2}\frac{(x-\mu)^2}{\sigma^2}\right). \tag{A.1}$$

其高维形式为

$$p(x) = \frac{1}{\sqrt{(2\pi)^N \det(\boldsymbol{\Sigma})}} \exp\left(-\frac{1}{2}(\boldsymbol{x}-\boldsymbol{\mu})^{\mathrm{T}}\boldsymbol{\Sigma}^{-1}(\boldsymbol{x}-\boldsymbol{\mu})\right). \tag{A.2}$$

A.2 高斯分布的运算

A.2.1 线性运算

设两个独立的高斯分布：

$$\boldsymbol{x} \sim N(\boldsymbol{\mu}_x, \boldsymbol{\Sigma}_{xx}), \quad \boldsymbol{y} \sim N(\boldsymbol{\mu}_y, \boldsymbol{\Sigma}_{yy}),$$

那么，它们的和仍是高斯分布：

$$\boldsymbol{x} + \boldsymbol{y} \sim N(\boldsymbol{\mu}_x + \boldsymbol{\mu}_y, \boldsymbol{\Sigma}_{xx} + \boldsymbol{\Sigma}_{yy}). \tag{A.3}$$

如果以常数 a 乘以 $\boldsymbol{x}$，那么 $a\boldsymbol{x}$ 满足：

$$a\boldsymbol{x} \sim N(a\boldsymbol{\mu}_x, a^2 \boldsymbol{\Sigma}_{xx}). \tag{A.4}$$

如果取 $\boldsymbol{y} = \boldsymbol{A}\boldsymbol{x}$，那么 $\boldsymbol{y}$ 满足：

$$\boldsymbol{y} \sim N(\boldsymbol{A}\boldsymbol{\mu}_x, \boldsymbol{A}\boldsymbol{\Sigma}_{xx}\boldsymbol{A}^{\mathrm{T}}). \tag{A.5}$$

A.2.2　乘积

设两个高斯分布的乘积满足 $p(\boldsymbol{xy}) = N(\boldsymbol{\mu}, \boldsymbol{\Sigma})$，那么：

$$\begin{aligned} \boldsymbol{\Sigma}^{-1} &= \boldsymbol{\Sigma}_{xx}^{-1} + \boldsymbol{\Sigma}_{yy}^{-1} \\ \boldsymbol{\Sigma}^{-1}\boldsymbol{\mu} &= \boldsymbol{\Sigma}_{xx}^{-1}\boldsymbol{\mu}_x + \boldsymbol{\Sigma}_{yy}^{-1}\boldsymbol{\mu}_y. \end{aligned} \tag{A.6}$$

该公式可以推广到任意多个高斯分布之乘积。

A.2.3　复合运算

同样，考虑 $\boldsymbol{x}$ 和 $\boldsymbol{y}$，若其不独立，则其复合分布为

$$p(\boldsymbol{x}, \boldsymbol{y}) = N\left(\begin{bmatrix} \boldsymbol{\mu}_x \\ \boldsymbol{\mu}_y \end{bmatrix}, \begin{bmatrix} \boldsymbol{\Sigma}_{xx} & \boldsymbol{\Sigma}_{xy} \\ \boldsymbol{\Sigma}_{yx} & \boldsymbol{\Sigma}_{yy} \end{bmatrix} \right). \tag{A.7}$$

由条件分布展开式 $p(\boldsymbol{x}, \boldsymbol{y}) = p(\boldsymbol{x}|\boldsymbol{y})\,p(\boldsymbol{y})$ 可以推出，条件概率 $p(\boldsymbol{x}|\boldsymbol{y})$ 满足：

$$p(\boldsymbol{x}|\boldsymbol{y}) = N\left(\boldsymbol{\mu}_x + \boldsymbol{\Sigma}_{xy}\boldsymbol{\Sigma}_{yy}^{-1}\left(\boldsymbol{y} - \boldsymbol{\mu}_y\right), \boldsymbol{\Sigma}_{xx} - \boldsymbol{\Sigma}_{xy}\boldsymbol{\Sigma}_{yy}^{-1}\boldsymbol{\Sigma}_{yx} \right). \tag{A.8}$$

A.3　复合的例子

下面举一个和卡尔曼滤波器相关的例子。考虑随机变量 $\boldsymbol{x} \sim N(\boldsymbol{\mu}_x, \boldsymbol{\Sigma}_{xx})$，另一变量 $\boldsymbol{y}$ 满足：

$$\boldsymbol{y} = \boldsymbol{A}\boldsymbol{x} + \boldsymbol{b} + \boldsymbol{w} \tag{A.9}$$

其中 $\boldsymbol{A}, \boldsymbol{b}$ 为线性变量的系数矩阵和偏移量，$\boldsymbol{w}$ 为噪声项，为零均值的高斯分布：$\boldsymbol{w} \sim N(\boldsymbol{0}, \boldsymbol{R})$。
我们来看 $\boldsymbol{y}$ 的分布。根据前面的介绍，可以推出：

$$p\left(\boldsymbol{y}\right) = N\left(\boldsymbol{A}\boldsymbol{\mu}_x + \boldsymbol{b}, \boldsymbol{R} + \boldsymbol{A}\boldsymbol{\Sigma}_{xx}\boldsymbol{A}^{\mathrm{T}}\right). \tag{A.10}$$

这为卡尔曼滤波器的预测部分提供了理论基础。

B

附录

矩阵求导

本节我们简单回顾有关矩阵求导方面的知识。

首先，标量函数的求导是显然的。假设一个函数 $f(x)$ 对 x 求导，那么将得到 $\frac{\mathrm{d}f}{\mathrm{d}x}$ 这样一个导数，显然它仍然是一个标量。下面我们分别讨论当 x 为向量或者 f 为向量函数的情况。

B.1　标量函数对向量求导

先考虑 $\boldsymbol{x}$ 为向量的情况。假设 $\boldsymbol{x} \in \mathbb{R}^m$，为列向量，那么：

$$\frac{\mathrm{d}f}{\mathrm{d}\boldsymbol{x}} = \left[\frac{\mathrm{d}f}{\mathrm{d}x_1}, \cdots, \frac{\mathrm{d}f}{\mathrm{d}x_m}\right]^{\mathrm{T}} \in \mathbb{R}^m. \tag{B.1}$$

这将得到一个 $m \times 1$ 的向量。有时，我们也写成对 $\boldsymbol{x}^{\mathrm{T}}$ 的求导：

$$\frac{\mathrm{d}f}{\mathrm{d}\boldsymbol{x}^{\mathrm{T}}} = \left[\frac{\mathrm{d}f}{\mathrm{d}x_1}, \cdots, \frac{\mathrm{d}f}{\mathrm{d}x_m}\right]. \tag{B.2}$$

这得到一个行向量。我们一般称 $\frac{\mathrm{d}f}{\mathrm{d}\boldsymbol{x}}$ 为梯度或者 Jacobian，但要注意，在不同的领域中，人们使用的习惯并不完全相同。

B.2　向量函数对向量求导

一个向量函数也可以对向量求导。考虑 $\boldsymbol{F}(\boldsymbol{x})$ 为一个向量函数：

$$\boldsymbol{F}(\boldsymbol{x}) = [f_1(\boldsymbol{x}), \cdots, f_n(\boldsymbol{x})]^{\mathrm{T}},$$

其中每一个 f_k 都是一个自变量为向量，取值为标量的函数。考虑这样的函数对 $\boldsymbol{x}$ 求导时，通常的做法是写为

$$\frac{\partial \boldsymbol{F}}{\partial \boldsymbol{x}^{\mathrm{T}}} = \begin{bmatrix} \dfrac{\partial f_1}{\partial \boldsymbol{x}^{\mathrm{T}}} \\ \vdots \\ \dfrac{\partial f_n}{\partial \boldsymbol{x}^{\mathrm{T}}} \end{bmatrix} = \begin{bmatrix} \dfrac{\partial f_1}{\partial x_1} & \dfrac{\partial f_1}{\partial x_2} & \cdots & \dfrac{\partial f_1}{\partial x_m} \\ \dfrac{\partial f_2}{\partial x_1} & \dfrac{\partial f_2}{\partial x_2} & \cdots & \dfrac{\partial f_2}{\partial x_m} \\ \vdots & \vdots & \ddots & \vdots \\ \dfrac{\partial f_n}{\partial x_1} & \dfrac{\partial f_n}{\partial x_2} & \cdots & \dfrac{\partial f_n}{\partial x_m} \end{bmatrix} \in \mathbb{R}^{n \times m}, \tag{B.3}$$

也就是写成列函数对行向量求导的形式，这将得到一个 $n \times m$ 的雅可比矩阵。这种写法是规范的，典型的例子就是：

$$\frac{\partial \boldsymbol{A}\boldsymbol{x}}{\partial \boldsymbol{x}^{\mathrm{T}}} = \boldsymbol{A}. \tag{B.4}$$

反之，一个行向量函数也可以对列向量求导，结果为之前的转置：

$$\frac{\partial \boldsymbol{F}^{\mathrm{T}}}{\partial \boldsymbol{x}} = \left(\frac{\partial \boldsymbol{F}}{\partial \boldsymbol{x}^{\mathrm{T}}} \right)^{\mathrm{T}}. \tag{B.5}$$

在本书中，我们习惯使用前者，即列向量对行向量求导。但是这种写法要求每次都对被求导变量加上转置符号，比较烦琐。在不引起歧义的情况下，我们将忽略分母上的转置符号，简单地记作：

$$\frac{\partial \boldsymbol{A}\boldsymbol{x}}{\partial \boldsymbol{x}} = \boldsymbol{A}. \tag{B.6}$$

我们也可以定义矩阵函数对矩阵的求导，但这在本书中并没有用到，在此略过。

附录 C

ROS 入门

ROS 是机器人研究领域一个广为探讨的主题。为了避免使本书阅读门槛太高，我们没有在正文和例程中提到它。然而近年来，ROS 正逐步在各大高校的学生中间得到推广，渐渐为人们所熟知和接受，所以这里也简单介绍 ROS，希望能对读者有所帮助。

C.1 ROS 是什么

ROS（Robot Operating System）是 Willow Garage 公司于 2007 年发布的一个开源机器人操作系统，它为软件开发人员开发机器人应用程序提供了许多优秀的工具和库。同时，还有优秀的开发者不断地为它贡献代码。本质上，ROS 并不是一个真正意义上的操作系统，而更像是基于操作系统之上的一个软件包。它提供了众多在实际机器人中可能遇到的算法：导航、通信、路径规划，等等。

ROS 的版本代号是按照字母顺序编排的，并随着 Ubuntu 系统发布的更新而更新。通常，一个 ROS 版本会支持两到三个 Ubuntu 系统版本。ROS 从 Box Turtle 开始，截至本书写作时，已经更新到了 Kinetic Kame（ROS 的各个版本如图 C-1 所示）。同时，ROS 也已经彻底重构，推出了实时性更强的 2.0 版本。

ROS 支持很多操作系统，支持最完善的是 Ubuntu 及其衍生版本（Kubuntu、Linux Mint、Ubuntu GNOME 等），也支持其他 Linux 发布版本、Windows 等，不过没有那么完善。因此，推荐读者使用 Ubuntu 操作系统进行开发和研究。

ROS 支持目前被广泛使用的面向对象的编程语言 C++，以及脚本语言 Python。你可以选择自己喜欢的语言进行开发。

图 C-1   ROS 的各个版本

C.2   ROS 的特点

ROS 的设计初衷，就是使机器人开发能够像计算机开发一样，屏蔽底层硬件及其接口的不一致性，最终使得软件可以复用。

而软件复用也正是软件工程优美性最集中的体现之一，ROS 能够以统一消息格式使大家只需要关注算法层面的设计，而底层硬件的根本目的是接收各种各样的消息，如图像、数据等。各个硬件厂商将接收到的数据统一到 ROS 所规定的统一消息格式下，即可让用户方便地使用各种开源的机器人相关算法。

在第 14 讲中提到的常见的开源 SLAM 方案中，ORB-SLAM、ORB-SLAM2、LSD-SLAM、SVO、DVO、RTAB-MAP、RGBD-SLAM-V2、Hector SLAM、Gmapping、ROVIO 等均有 ROS 版本的开源代码，你可以很方便地在 ROS 中运行、调试和修改它们。

在调试 SLAM 程序时，数据的来源通常有 3 种：传感器、数据集，以及 bag 文件。若手头没有相应的传感器，通常就需要利用虚拟的数据运行 SLAM 程序。其中，最方便的方式当属利用 ROS 下的 bag 文件发布 topic，然后 SLAM 程序就可以监视 topic 发出的数据，就像使用真实的传感器采集数据一样。后面我们会简单介绍如何利用 bag 文件模拟真实的传感器数据。

C.3   如何快速上手 ROS

ROS 有完善的维基系统。首先，按照官网的介绍在机器上安装对应版本的 ROS：`http://wiki.ros.org/ROS/Installation`；然后，阅读 ROS 自带的教学程序即可。你会学习到 ROS 的基本概念、主题的发布和订阅，以及如何用 Python 和 C++ 控制它们。如果你觉得麻烦，则可以使用针对 ROS 定制的 Ubuntu 系统：`http://www.aicrobo.com/ubuntu_for_ros.html`。

除了基本知识，你还可以学着使用一些 ROS 的常用工具，例如：

1. rqt。rqt 是 ROS 下的一个软件框架，它以插件的方式提供了各种各样方便好用的 GUI（用户图形界面）。rqt 的功能非常强大，可以实时地查看 ROS 中流动的消息。

2. rosbag。rosbag 是 ROS 提供的一个非常好用的录制及播放 topic 数据的工具。当你想实际运行 SLAM 程序，但囿于手头没有实际的传感器时，可以考虑使用公开提供的 bag 文件进行图像或者数据的模拟，这种方式与使用一个真实的传感器在感觉上并无不同。rosbag 的使用方式请参考 ROS 的维基页面。此外，许多公开数据集也会提供 bag 格式的数据文件。

3. rviz。rviz 是 ROS 提供的可视化模块，你可以通过它实时地查看 ROS 中的图像、点云、地图、规划的路径，等等，从而更方便地调试程序。

我们相信，机器人的硬件层面和软件层面一定都会向着统一架构的方向前行，而 ROS 正是软件架构层面标准化的一个重要里程碑。其中，ROS 1.x 在之前被大量用于实验室的研究，或者公司产品 demo 的研发阶段，而 ROS 2 则解决了 ROS 实时性的问题，未来很有可能被直接用于实际产品的研发，为推进工业级机器人和服务机器人的应用做出重要的贡献。

本附录概述性地介绍了有关 ROS 的历史、优点，以及如何利用 ROS 中的一些可视化工具辅助 SLAM 程序开发等。我们希望读者系统地学习 ROS，并使用 ROS 开发自己的 SLAM 程序。

参考文献

[1] L. Haomin, Z. Guofeng, and B. Hujun, A survey of monocular simultaneous localization and mapping, Journal of Computer-Aided Design and Compute Graphics, vol. 28, no. 6, pp. 855–868, 2016. in Chinese.

[2] A. Davison, I. Reid, N. Molton, et al., Monoslam:Real-time single camera SLAM, IEEE Transactions on Pattern Analysis and Machine Intelligence, vol. 29, no. 6, pp. 1052–1067, 2007.

[3] R. Hartley and A. Zisserman, Multiple View Geometry in Computer Vision. Cambridge University Press, 2003.

[4] R. C. Smith and P. Cheeseman, On the representation and estimation of spatial uncertainty, International Journal of Robotics Research, vol. 5, no. 4, pp. 56–68, 1986.

[5] S. Thrun, W. Burgard, and D. Fox, Probabilistic robotics. MIT Press, 2005.

[6] T. Barfoot, State estimation for robotics: A matrix lie group approach, 2016.

[7] A. Pretto, E. Menegatti, and E. Pagello, Omnidirectional dense large-scale mapping and navigation based on meaningful triangulation, 2011 IEEE International Conference on Robotics and Automation (ICRA 2011), pp. 3289–96, 2011.

[8] B. Rueckauer and T. Delbruck, Evaluation of event-based algorithms for optical flow with ground-truth from inertial measurement sensor, Frontiers in neuroscience, vol. 10, 2016.

[9] C. Cesar, L. Carlone, H. C., et al., Past, present, and future of simultaneous localization and mapping: Towards the robust-perception age, arXiv preprint arXiv:1606.05830, 2016.

[10] P. Newman and K. Ho, Slam-loop closing with visually salient features, in proceedings of the 2005 IEEE International Conference on Robotics and Automation, pp. 635–642, IEEE, 2005.

[11] R. Smith, M. Self, and P. Cheeseman, Estimating uncertain spatial relationships in robotics, in Autonomous robot vehicles, pp. 167–193, Springer, 1990.

[12] P. Beeson, J. Modayil, and B. Kuipers, Factoring the mapping problem: Mobile robot map-building in the hybrid spatial semantic hierarchy, International Journal of Robotics Research, vol. 29, no. 4, pp. 428–459, 2010.

[13] H. Strasdat, J. M. Montiel, and A. J. Davison, Visual slam: Why filter?, Image and Vision Computing, vol. 30, no. 2, pp. 65–77, 2012.

[14] M. Liang, H. Min, and R. Luo, Graph-based slam: A survey, ROBOT, vol. 35, no. 4, pp. 500–512, 2013. in Chinese.

[15] J. Fuentes-Pacheco, J. Ruiz-Ascencio, and J. M. Rendón-Mancha, Visual simultaneous localization and mapping: a survey, Artificial Intelligence Review, vol. 43, no. 1, pp. 55–81, 2015.

[16] J. Boal, Á. Sánchez-Miralles, and Á. Arranz, Topological simultaneous localization and mapping: a survey, Robotica, vol. 32, pp. 803–821, 2014.

[17] S. Y. Chen, Kalman filter for robot vision: A survey, IEEE Transactions on Industrial Electronics, vol. 59, no. 11, pp. 4409–4420, 2012.

[18] Z. Chen, J. Samarabandu, and R. Rodrigo, Recent advances in simultaneous localization and map-building using computer vision, Advanced Robotics, vol. 21, no. 3-4, pp. 233–265, 2007.

[19] J. Stuelpnagel, On the parametrization of the three-dimensional rotation group, SIAM Review, vol. 6, no. 4, pp. 422–430, 1964.

[20] T. Barfoot, J. R. Forbes, and P. T. Furgale, Pose estimation using linearized rotations and quaternion algebra, Acta Astronautica, vol. 68, no. 1-2, pp. 101–112, 2011.

[21] V. S. Varadarajan, Lie groups, Lie algebras, and their representations, vol. 102. Springer Science & Business Media, 2013.

[22] Y. Ma, S. Soatto, J. Kosecka, et al., Sastry, An invitation to 3-d vision: from images to geometric models, vol. 26. Springer Science & Business Media, 2012.

[23] J. Sturm, N. Engelhard, F. Endres, et al., A benchmark for the evaluation of rgb-d SLAM systems, in 2012 IEEE/RSJ International Conference on Intelligent Robots and Systems (IROS), pp. 573–580, IEEE, 2012.

[24] H. Strasdat, Local accuracy and global consistency for efficient visual slam. PhD thesis, Citeseer, 2012.

[25] Z. Zhang, Flexible camera calibration by viewing a plane from unknown orientations, in Computer Vision, 1999. The Proceedings of the Seventh IEEE International Conference on, vol. 1, pp. 666–673, IEEE, 1999.

[26] H. Hirschmuller, Stereo processing by semiglobal matching and mutual information, IEEE Transactions on pattern analysis and machine intelligence, vol. 30, no. 2, pp. 328–341, 2008.

[27] D. Scharstein and R. Szeliski, A taxonomy and evaluation of dense two-frame stereo correspondence algorithms, International journal of computer vision, vol. 47, no. 1-3, pp. 7–42, 2002.

[28] S. M. Seitz, B. Curless, J. Diebel, et al., A comparison and evaluation of multi-view stereo reconstruction algorithms, in null, pp. 519–528, IEEE, 2006.

[29] S. Agarwal, N. Snavely, I. Simon, et al., Building rome in a day, in 2009 IEEE 12th international conference on computer vision, pp. 72–79, IEEE, 2009.

[30] P. Wolfe, Convergence conditions for ascent methods, SIAM review, vol. 11, no. 2, pp. 226–235, 1969.

[31] J. Nocedal and S. Wright, Numerical Optimization. Springer Science & Business Media, 2006.

[32] M. I. Lourakis and A. A. Argyros, Sba:A software package for generic sparse bundle adjustment, ACM Transactions on Mathematical Software (TOMS), vol. 36, no. 1, pp. 2, 2009.

[33] G. Sibley, Relative bundle adjustment, Department of Engineering Science, Oxford University, Tech. Rep, vol. 2307, no. 09, 2009.

[34] B. Triggs, P. F. McLauchlan, R. I. Hartley, et al., Bundle adjustment: a modern synthesis, in Vision algorithms: theory and practice, pp. 298–372, Springer, 2000.

[35] S. Agarwal, K. Mierle, and Others, Ceres solver. http://ceres-solver.org.

[36] R. Kummerle, G. Grisetti, H. Strasdat, et al., G2o:a general framework for graph optimization, in IEEE International Conference on Robotics and Automation (ICRA), pp. 3607–3613, IEEE, 2011.

[37] Wikipedia, Feature (computer vision). https://en.wikipedia.org/wiki/Feature_(computer_vision), 2016. [Online; accessed 09-July-2016].

[38] C. Harris and M. Stephens, A combined corner and edge detector., in Alvey vision conference, vol. 15, pp. 10–5244, Citeseer, 1988.

[39] E. Rosten and T. Drummond, Machine learning for high-speed corner detection, in Computer Vision–ECCV 2006, pp. 430–443, Springer, 2006.

[40] J. Shi and C. Tomasi, Good features to track, in Computer Vision and Pattern Recognition, 1994. Proceedings CVPR'94., 1994 IEEE Computer Society Conference on, pp. 593–600, IEEE, 1994.

[41] D. G. Lowe, Distinctive image features from scale-invariant keypoints, International Journal of Computer Vision, vol. 60, no. 2, pp. 91–110, 2004.

[42] H. Bay, T. Tuytelaars, and L. Van Gool, Surf: Speeded up robust features, in Computer Vision–ECCV 2006, pp. 404–417, Springer, 2006.

[43] E. Rublee, V. Rabaud, K. Konolige, and G. Bradski, Orb: an efficient alternative to sift or surf, in 2011 IEEE International Conference on Computer Vision (ICCV), pp. 2564–2571, IEEE, 2011.

[44] M. Calonder, V. Lepetit, C. Strecha, et al., Brief: Binary robust independent elementary features, in European conference on computer vision, pp. 778–792, Springer, 2010.

[45] M. Nixon and A. S. Aguado, Feature extraction and image processing for computer vision. Academic Press, 2012.

[46] P. L. Rosin, Measuring corner properties, Computer Vision and Image Understanding, vol. 73, no. 2, pp. 291–307, 1999.

[47] M. Muja and D. G. Lowe, Fast approximate nearest neighbors with automatic algorithm configuration., in VISAPP (1), pp. 331–340, 2009.

[48] R. I. Hartley, In defense of the eight-point algorithm, IEEE Transactions on pattern analysis and machine intelligence, vol. 19, no. 6, pp. 580–593, 1997.

[49] H. C. Longuet-Higgins, A computer algorithm for reconstructing a scene from two projections, Readings in Computer Vision: Issues, Problems, Principles, and Paradigms, MA Fischler and O. Firschein, eds, pp. 61–62, 1987.

[50] H. Li and R. Hartley, Five-point motion estimation made easy, in 18th International Conference on Pattern Recognition (ICPR'06), vol. 1, pp. 630–633, IEEE, 2006.

[51] D. Nistér, An efficient solution to the five-point relative pose problem, IEEE Transactions on Pattern Analysis and Machine Intelligence, vol. 26, no. 6, pp. 756–770, 2004.

[52] O. D. Faugeras and F. Lustman, Motion and structure from motion in a piecewise planar environment, International Journal of Pattern Recognition and Artificial Intelligence, vol. 2, no. 03, pp. 485–508, 1988.

[53] Z. Zhang and A. R. Hanson, 3d reconstruction based on homography mapping, ARPA Image Understanding Workshop, pp. 1007–1012, 1996.

[54] E. Malis and M. Vargas, Deeper understanding of the homography decomposition for vision-based control. PhD thesis, INRIA, 2007.

[55] A. J. Davison, Real-time simultaneous localisation and mapping with a single camera, in Computer Vision, 2003. Proceedings. Ninth IEEE International Conference on, pp. 1403–1410, IEEE, 2003.

[56] X.-S. Gao, X.-R. Hou, J. Tang, et al., Complete solution classification for the perspective-three-point problem, IEEE Transactions on Pattern Analysis and Machine Intelligence, vol. 25, pp. 930–943, 2003.

[57] V. Lepetit, F. Moreno-Noguer, and P. Fua, Epnp: An accurate o(n) solution to the pnp problem, International Journal of Computer Vision, vol. 81, no. 2, pp. 155–166, 2008.

[58] A. Penate-Sanchez, J. Andrade-Cetto, and F. Moreno-Noguer, Exhaustive linearization for robust camera pose and focal length estimation, IEEE Transactions on Pattern Analysis and Machine Intelligence, vol. 35, no. 10, pp. 2387–2400, 2013.

[59] L. Chen, C. W. Armstrong, and D. D. Raftopoulos, An investigation on the accuracy of three-dimensional space reconstruction using the direct linear transformation technique, Journal of Biomechanics, vol. 27, no. 4, pp. 493–500, 1994.

[60] B. F. Green, The orthogonal approximation of an oblique structure in factor analysis, Psychometrika, vol. 17, no. 4, pp. 429–440, 1952.

[61] iplimage, P3p(blog). http://iplimage.com/blog/p3p-perspective-point-overview/, 2016.【已过期】

[62] K. S. Arun, T. S. Huang, and S. D. Blostein, Least-squares fitting of two 3-d point sets, Pattern Analysis and Machine Intelligence, IEEE Transactions on, no. 5, pp. 698–700, 1987.

[63] F. Pomerleau, F. Colas, and R. Siegwart, A review of point cloud registration algorithms for mobile robotics, Foundations and Trends in Robotics (FnTROB), vol. 4, no. 1, pp. 1–104, 2015.

[64] O. D. Faugeras and M. Hebert, The representation, recognition, and locating of 3-d objects, The International Journal of Robotics Research, vol. 5, no. 3, pp. 27–52, 1986.

[65] B. K. Horn, Closed-form solution of absolute orientation using unit quaternions, JOSA A, vol. 4, no. 4, pp. 629–642, 1987.

[66] G. C. Sharp, S. W. Lee, and D. K. Wehe, Icp registration using invariant features, IEEE Transactions on Pattern Analysis and Machine Intelligence, vol. 24, no. 1, pp. 90–102, 2002.

[67] G. Silveira, E. Malis, and P. Rives, An efficient direct approach to visual slam, IEEE Transactions on Robotics, vol. 24, no. 5, pp. 969–979, 2008.

[68] C. Forster, M. Pizzoli, and D. Scaramuzza, Svo: Fast semi-direct monocular visual odometry, in Robotics and Automation (ICRA), 2014 IEEE International Conference on (rs, ed.), pp. 15–22, IEEE, 2014.

[69] J. Engel, T. Schöps, and D. Cremers, Lsd-slam: Large-scale direct monocular slam, in Computer Vision–ECCV 2014, pp. 834–849, Springer, 2014.

[70] J. Engel, V. Koltun, and D. Cremers, Direct sparse odometry, arXiv preprint arXiv:1607.02565, 2016.

[71] B. D. Lucas, T. Kanade, et al., An iterative image registration technique with an application to stereo vision, 1981.

[72] B. K. Horn and B. G. Schunck, Determining optical flow, Artificial intelligence, vol. 17, no. 1-3, pp. 185–203, 1981.

[73] S. Baker and I. Matthews, Lucas-kanade 20 years on: A unifying framework, International journal of computer vision, vol. 56, no. 3, pp. 221–255, 2004.

[74] A. Geiger, P. Lenz, C. Stiller, et al., Vision meets robotics: The kitti dataset, The International Journal of Robotics Research, 2013.

[75] J. Engel, J. Sturm, and D. Cremers, Semi-dense visual odometry for a monocular camera, in Proceedings of the IEEE International Conference on Computer Vision, pp. 1449–1456, 2013.

[76] J. Sherman and W. J. Morrison, Adjustment of an inverse matrix corresponding to a change in one element of a given matrix, The Annals of Mathematical Statistics, vol. 21, no. 1, pp. 124–127, 1950.

[77] V. Sujan and S. Dubowsky, Efficient information-based visual robotic mapping in unstructured environments, International Journal of Robotics Research, vol. 24, no. 4, pp. 275–293, 2005.

[78] F. Janabi-Sharifi and M. Marey, A kalman-filter-based method for pose estimation in visual servoing, IEEE Transactions on Robotics, vol. 26, no. 5, pp. 939–947, 2010.

[79] S. Li and P. Ni, Square-root unscented kalman filter based simultaneous localization and mapping, in Information and Automation (ICIA), 2010 IEEE International Conference on, pp. 2384–2388, IEEE, 2010.

[80] R. Sim, P. Elinas, and J. Little, A study of the rao-blackwellised particle filter for efficient and accurate vision-based slam, International Journal of Computer Vision, vol. 74, no. 3, pp. 303–318, 2007.

[81] J. S. Lee, S. Y. Nam, and W. K. Chung, Robust rbpf-slam for indoor mobile robots using sonar sensors in non-static environments, Advanced Robotics, vol. 25, no. 9-10, pp. 1227–1248, 2011.

[82] A. Gil, O. Reinoso, M. Ballesta, et al., Multi-robot visual slam using a rao-blackwellized particle filter, Robotics and Autonomous Systems, vol. 58, no. 1, pp. 68–80, 2010.

[83] G. Sibley, L. Matthies, and G. Sukhatme, Sliding window filter with application to planetary landing, Journal of Field Robotics, vol. 27, no. 5, pp. 587–608, 2010.

[84] L. M. Paz, J. D. Tardós, and J. Neira, Divide and conquer: Ekf slam in o(n), IEEE Transactions on Robotics, vol. 24, no. 5, pp. 1107–1120, 2008.

[85] O. G. Grasa, J. Civera, and J. Montiel, Ekf monocular slam with relocalization for laparoscopic sequences, in Robotics and Automation (ICRA), 2011 IEEE International Conference on, pp. 4816–4821, IEEE, 2011.

[86] E. Süli and D. F. Mayers, An Introduction to Numerical Analysis. Cambridge University Press, 2003.

[87] L. Polok, V. Ila, M. Solony, et al., Incremental block cholesky factorization for nonlinear least squares in robotics., in Robotics: Science and Systems, 2013.

[88] R. Mur-Artal, J. Montiel, and J. D. Tardos, Orb-slam: a versatile and accurate monocular slam system, arXiv preprint arXiv:1502.00956, 2015.

[89] S. Leutenegger, S. Lynen, M. Bosse, et al., Keyframe-based visual–inertial odometry using nonlinear opti-
     mization, The International Journal of Robotics Research, vol. 34, no. 3, pp. 314–334, 2015.

[90] Bundle adjustment in the large. http://grail.cs.washington.edu/projects/bal/.

[91] G. Sibley, L. Matthies, and G. Sukhatme, A sliding window filter for incremental slam, in Unifying perspectives
     in computational and robot vision, pp. 103–112, Springer, 2008.

[92] H. Strasdat, A. J. Davison, J. M. M. Montiel, et al., Double window optimisation for constant time visual
     SLAM, 2011 IEEE International Conference On Computer Vision (ICCV), pp. 2352–2359, 2011.

[93] G. Dubbelman and B. Browning, Cop-slam: Closed-form online pose-chain optimization for visual slam,
     Robotics, IEEE Transactions on, vol. 31, pp. 1194–1213, Oct 2015.

[94] D. Lee and H. Myung, Solution to the slam problem in low dynamic environments using a pose graph and an
     rgb-d sensor, Sensors, vol. 14, no. 7, pp. 12467–12496, 2014.

[95] Y. Latif, C. Cadena, and J. Neira, Robust loop closing over time for pose graph slam, The International Journal
     of Robotics Research, vol. 32, no. 14, pp. 1611–1626, 2013.

[96] G. Klein and D. Murray, Parallel tracking and mapping for small ar workspaces, in Mixed and Augmented
     Reality, 2007. ISMAR 2007. 6th IEEE and ACM International Symposium on, pp. 225–234, IEEE, 2007.

[97] F. Endres, J. Hess, J. Sturm, et al., 3-d mapping with an rgb-d camera, IEEE Transactions on Robotics, vol. 30,
     no. 1, pp. 177–187, 2014.

[98] D. Hahnel, W. Burgard, D. Fox, et al., An efficient fastslam algorithm for generating maps of large-scale cyclic
     environments from raw laser range measurements, in Intelligent Robots and Systems, 2003.(IROS 2003).
     Proceedings. 2003 IEEE/RSJ International Conference on, vol. 1, pp. 206–211, IEEE, 2003.

[99] I. Ulrich and I. Nourbakhsh, Appearance-based place recognition for topological localization, in Robotics and
     Automation, 2000. Proceedings. ICRA'00. IEEE International Conference on, vol. 2, pp. 1023–1029, Ieee,
     2000.

[100] X. Gao and T. Zhang, Robust rgb-d simultaneous localization and mapping using planar point features,
      Robotics and Autonomous Systems, vol. 72, pp. 1–14, 2015.

[101] S. Lloyd, Least squares quantization in pcm, IEEE transactions on information theory, vol. 28, no. 2, pp. 129–
      137, 1982.

[102] D. Arthur and S. Vassilvitskii, K-means++: The advantages of careful seeding, in Proceedings of the eighteenth
      annual ACM-SIAM symposium on Discrete algorithms, pp. 1027–1035, Society for Industrial and Applied
      Mathematics, 2007.

[103] M. Cummins and P. Newman, Fab-map: Probabilistic localization and mapping in the space of appearance, The International Journal of Robotics Research, vol. 27, no. 6, pp. 647–665, 2008.

[104] M. Cummins and P. Newman, Accelerating fab-MAP with concentration inequalities, IEEE Transactions On Robotics, vol. 26, no. 6, pp. 1042–1050, 2010.

[105] M. Cummins and P. Newman, Appearance-only slam at large scale with fab-map 2.0, International Journal of Robotics Research, vol. 30, no. 9, pp. 1100–1123, 2011.

[106] C. Chow and C. Liu, Approximating discrete probability distributions with dependence trees, IEEE transactions on Information Theory, vol. 14, no. 3, pp. 462–467, 1968.

[107] D. Galvez-Lopez and J. D. Tardos, Bags of binary words for fast place recognition in image sequences, IEEE Transactions On Robotics, vol. 28, no. 5, pp. 1188–1197, 2012.

[108] J. L. Bentley, Multidimensional binary search trees used for associative searching, Communications of the ACM, vol. 18, no. 9, pp. 509–517, 1975.

[109] J. Sivic and A. Zisserman, Video google: A text retrieval approach to object matching in videos, in Computer Vision, 2003. Proceedings. Ninth IEEE International Conference on, pp. 1470–1477, IEEE, 2003.

[110] S. Robertson, Understanding inverse document frequency: on theoretical arguments for idf, Journal of documentation, vol. 60, no. 5, pp. 503–520, 2004.

[111] D. Nister and H. Stewenius, Scalable recognition with a vocabulary tree, in 2006 IEEE Computer Society Conference on Computer Vision and Pattern Recognition (CVPR'06), vol. 2, pp. 2161–2168, IEEE, 2006.

[112] C. Cadena, D. Galvez-Lopez, J. D. Tardos, et al., Robust place recognition with stereo sequences, IEEE Transactions on Robotics, vol. 28, no. 4, pp. 871–885, 2012.

[113] X. Gao and T. Zhang, Loop closure detection for visual slam systems using deep neural networks, in Control Conference (CCC), 2015 34th Chinese, pp. 5851–5856, IEEE, 2015.

[114] X. Gao and T. Zhang, Unsupervised learning to detect loops using deep neural networks for visual slam system, Autonomous Robots, pp. 1–18, 2015.

[115] R. Arandjelovic, P. Gronat, A. Torii, et al., Netvlad: Cnn architecture for weakly supervised place recognition, in Proceedings of the IEEE Conference on Computer Vision and Pattern Recognition, pp. 5297–5307, 2016.

[116] M. Angelina Uy and G. Hee Lee, Pointnetvlad: Deep point cloud based retrieval for large-scale place recognition, in Proceedings of the IEEE Conference on Computer Vision and Pattern Recognition, pp. 4470–4479, 2018.

[117] A. Kendall, M. Grimes, and R. Cipolla, Posenet: A convolutional network for real-time 6-dof camera relocalization, in Proceedings of the IEEE International Conference on Computer Vision, pp. 2938–2946, 2015.

[118] B. Williams, M. Cummins, J. Neira, et al., A comparison of loop closing techniques in monocular slam, Robotics and Autonomous Systems, vol. 57, no. 12, pp. 1188–1197, 2009.

[119] M. Labbé and F. Michaud, Online global loop closure detection for large-scale multi-session graph-based slam, in 2014 IEEE/RSJ International Conference on Intelligent Robots and Systems, pp. 2661–2666, IEEE, 2014.

[120] R. F. Salas-Moreno, R. A. Newcombe, H. Strasdat, et al., Slam++: Simultaneous localisation and mapping at the level of objects, 2013 IEEE Conference on Computer Vision and Pattern Recognition (CVPR), pp. 1352–9, 2013.

[121] M. Pizzoli, C. Forster, and D. Scaramuzza, Remode: Probabilistic, monocular dense reconstruction in real time, in 2014 IEEE International Conference on Robotics and Automation (ICRA), pp. 2609–2616, IEEE, 2014.

[122] Correlation based similarity measure-summary. https://siddhantahuja.wordpress.com/tag/stereo-matching/.

[123] H. Hirschmuller and D. Scharstein, Evaluation of cost functions for stereo matching, in 2007 IEEE Conference on Computer Vision and Pattern Recognition, pp. 1–8, IEEE, 2007.

[124] G. Vogiatzis and C. Hernández, Video-based, real-time multi-view stereo, Image and Vision Computing, vol. 29, no. 7, pp. 434–441, 2011.

[125] A. Handa, R. A. Newcombe, A. Angeli, et al., Real-time camera tracking: When is high frame-rate best?, in European Conference on Computer Vision, pp. 222–235, Springer, 2012.

[126] J. Montiel, J. Civera, and A. J. Davison, Unified inverse depth parametrization for monocular slam, analysis, vol. 9, p. 1, 2006.

[127] J. Civera, A. J. Davison, and J. M. Montiel, Inverse depth parametrization for monocular slam, IEEE transactions on robotics, vol. 24, no. 5, pp. 932–945, 2008.

[128] M. Kazhdan, M. Bolitho, and H. Hoppe, Poisson surface reconstruction, in Proceedings of the fourth Eurographics symposium on Geometry processing, vol. 7, 2006.

[129] J. Stuckler and S. Behnke, Multi-resolution surfel maps for efficient dense 3d modeling and tracking, Journal of Visual Communication and Image Representation, vol. 25, no. 1, pp. 137–147, 2014.

[130] M. Alexa, J. Behr, D. Cohen-Or, et al., Computing and rendering point set surfaces, IEEE Transactions on visualization and computer graphics, vol. 9, no. 1, pp. 3–15, 2003.

[131] Z. C. Marton, R. B. Rusu, and M. Beetz, On Fast Surface Reconstruction Methods for Large and Noisy Datasets, in Proceedings of the IEEE International Conference on Robotics and Automation (ICRA), (Kobe, Japan), May 12-17 2009.

[132] A. Hornung, K. M. Wurm, M. Bennewitz, et al., Octomap: An efficient probabilistic 3d mapping framework based on octrees, Autonomous Robots, vol. 34, no. 3, pp. 189–206, 2013.

[133] M. Burri, H. Oleynikova, M. W. Achtelik, et al., Real-time visual-inertial mapping, re-localization and planning onboard mavs in unknown environments, in Intelligent Robots and Systems (IROS), 2015 IEEE/RSJ International Conference on, pp. 1872–1878, IEEE, 2015.

[134] R. A. Newcombe, A. J. Davison, S. Izadi, et al., Kinectfusion: Real-time dense surface mapping and tracking, in 2011 10th IEEE international symposium on Mixed and augmented reality (ISMAR), pp. 127–136, IEEE, 2011.

[135] R. A. Newcombe, D. Fox, and S. M. Seitz, Dynamicfusion: Reconstruction and tracking of non-rigid scenes in real-time, in Proceedings of the IEEE conference on computer vision and pattern recognition, pp. 343–352, 2015.

[136] T. Whelan, S. Leutenegger, R. F. Salas-Moreno, et al., Elasticfusion: Dense slam without a pose graph, Proc. Robotics: Science and Systems, Rome, Italy, 2015.

[137] M. Dou, S. Khamis, Y. Degtyarev, et al., Fusion4d: real-time performance capture of challenging scenes, ACM Transactions on Graphics (TOG), vol. 35, no. 4, p. 114, 2016.

[138] M. Innmann, M. Zollhöfer, M. Nießner, et al., Volumedeform: Real-time volumetric non-rigid reconstruction, arXiv preprint arXiv:1603.08161, 2016.

[139] C. Kerl, J. Sturm, and D. Cremers, Robust odometry estimation for rgb-d cameras, in Robotics and Automation (ICRA), 2013 IEEE International Conference on, pp. 3748–3754, IEEE, 2013.

[140] C. Kerl, J. Sturm, and D. Cremers, Dense visual slam for rgb-d cameras, in 2013 IEEE/RSJ International Conference on Intelligent Robots and Systems, pp. 2100–2106, IEEE, 2013.

[141] J. Gui, D. Gu, S. Wang, et al., A review of visual inertial odometry from filtering and optimisation perspectives, Advanced Robotics, vol. 29, pp. 1289–1301, Oct 18 2015.

[142] A. Martinelli, Closed-form solution of visual-inertial structure from motion, International Journal of Computer Vision, vol. 106, no. 2, pp. 138–152, 2014.

[143] M. Bloesch, S. Omari, M. Hutter, et al., Robust visual inertial odometry using a direct ekf-based approach, in Intelligent Robots and Systems (IROS), 2015 IEEE/RSJ International Conference on, pp. 298–304, IEEE, 2015.

[144] M. Li and A. I. Mourikis, High-precision, consistent ekf-based visual-inertial odometry, International Journal of Robotics Research, vol. 32, pp. 690–711, MAY 2013.

[145] G. Huang, M. Kaess, and J. J. Leonard, Towards consistent visual-inertial navigation, in 2014 IEEE International Conference on Robotics and Automation (icra), IEEE International Conference on Robotics and Automation ICRA, pp. 4926–4933, 2014. IEEE International Conference on Robotics and Automation (ICRA), Hong Kong, PEOPLES R CHINA, MAY 31-JUN 07, 2014.

[146] C. Forster, L. Carlone, F. Dellaert, et al., Imu preintegration on manifold for efficient visual-inertial maximum-a-posteriori estimation, in Robotics: Science and Systems XI, no. EPFL-CONF-214687, 2015.

[147] M. Tkocz and K. Janschek, Towards consistent state and covariance initialization for monocular slam filters, Journal of Intelligent & Robotic Systems, vol. 80, pp. 475–489, DEC 2015.

[148] V. Usenko, J. Engel, J. Stueckler, et al., Direct visual-inertial odometry with stereo cameras, in IEEE International Conference on Robotics and Automation (ICRA), May 2016.

[149] A. Nüchter and J. Hertzberg, Towards semantic maps for mobile robots, Robotics and Autonomous Systems, vol. 56, no. 11, pp. 915–926, 2008.

[150] J. Civera, D. Gálvez-López, L. Riazuelo, et al., Towards semantic slam using a monocular camera, in Intelligent Robots and Systems (IROS), 2011 IEEE/RSJ International Conference on, pp. 1277–1284, IEEE, 2011.

[151] H. S. Koppula, A. Anand, T. Joachims, et al., Semantic labeling of 3d point clouds for indoor scenes, in Advances in Neural Information Processing Systems, pp. 244–252, 2011.

[152] A. Anand, H. S. Koppula, T. Joachims, et al., Contextually guided semantic labeling and search for three-dimensional point clouds, The International Journal of Robotics Research, p. 0278364912461538, 2012.

[153] N. Fioraio and L. Di Stefano, Joint detection, tracking and mapping by semantic bundle adjustment, 2013 IEEE Conference on Computer Vision and Pattern Recognition (CVPR), pp. 1538–45, 2013.

[154] R. F. Salas-Moreno, B. Glocken, P. H. Kelly, et al., Dense planar slam, in Mixed and Augmented Reality (ISMAR), 2014 IEEE International Symposium on, pp. 157–164, IEEE, 2014.

[155] J. Stückler, N. Biresev, and S. Behnke, Semantic mapping using object-class segmentation of rgb-d images, in 2012 IEEE/RSJ International Conference on Intelligent Robots and Systems, pp. 3005–3010, IEEE, 2012.

[156] I. Kostavelis and A. Gasteratos, Learning spatially semantic representations for cognitive robot navigation, Robotics and Autonomous Systems, vol. 61, no. 12, pp. 1460–1475, 2013.

[157] C. Couprie, C. Farabet, L. Najman, et al., Indoor semantic segmentation using depth information, arXiv preprint arXiv:1301.3572, 2013.

[158] J. Deng, W. Dong, R. Socher, et al., Imagenet: A large-scale hierarchical image database, in CVPR09, 2009.

[159] A. Krizhevsky, I. Sutskever, and G. E. Hinton, Imagenet classification with deep convolutional neural networks, in Advances in neural information processing systems, pp. 1097–1105, 2012.

[160] K. He, X. Zhang, S. Ren, et al., Deep residual learning for image recognition, arXiv preprint arXiv:1512.03385, 2015.

[161] S. Ren, K. He, R. Girshick, et al., Faster r-cnn: Towards real-time object detection with region proposal networks, in Advances in neural information processing systems, pp. 91–99, 2015.

[162] J. Long, E. Shelhamer, and T. Darrell, Fully convolutional networks for semantic segmentation, arXiv preprint arXiv:1411.4038, 2014.

[163] S. Zheng, S. Jayasumana, B. Romera-Paredes, et al., Conditional random fields as recurrent neural networks, in International Conference on Computer Vision (ICCV), 2015.

[164] S. Gupta, P. Arbeláez, R. Girshick, et al., Indoor scene understanding with rgb-d images: Bottom-up segmentation, object detection and semantic segmentation, International Journal of Computer Vision, pp. 1–17, 2014.

[165] K. Konda and R. Memisevic, Learning visual odometry with a convolutional network, in International Conference on Computer Vision Theory and Applications, 2015.

[166] Y. Hou, H. Zhang, and S. Zhou, Convolutional neural network-based image representation for visual loop closure detection, arXiv preprint arXiv:1504.05241, 2015.

[167] S. Y. An, J. G. Kang, L. K. Lee, et al., Oh, Line segment-based indoor mapping with salient line feature extraction, Advanced Robotics, vol. 26, no. 5-6, pp. 437–460, 2012.

[168] H. Zhou, D. Zou, L. Pei, et al., Structslam: Visual slam with building structure lines, Vehicular Technology, IEEE Transactions on, vol. 64, pp. 1364–1375, April 2015.

[169] D. Benedettelli, A. Garulli, and A. Giannitrapani, Cooperative slam using m-space representation of linear features, Robotics and Autonomous Systems, vol. 60, no. 10, pp. 1267–1278, 2012.

[170] J. P. Saarinen, H. Andreasson, T. Stoyanov, et al., 3d normal distributions transform occupancy maps: An efficient representation for mapping in dynamic environments, The International Journal of Robotics Research, vol. 32, no. 14, pp. 1627–1644, 2013.

[171] W. Maddern, M. Milford, and G. Wyeth, Cat-slam: probabilistic localisation and mapping using a continuous appearance-based trajectory, International Journal of Robotics Research, vol. 31, no. 4SI, pp. 429–451, 2012.

[172] H. Wang, Z.-G. Hou, L. Cheng, et al., Online mapping with a mobile robot in dynamic and unknown environments, International Journal of Modelling, Identification and Control, vol. 4, no. 4, pp. 415–423, 2008.

[173] D. Zou and P. Tan, Coslam: Collaborative visual SLAM in dynamic environments, IEEE Transactions On Pattern Analysis And Machine Intelligence, vol. 35, no. 2, pp. 354–366, 2013.

[174] T. A. Vidal-Calleja, C. Berger, J. Sola, et al., Large scale multiple robot visual mapping with heterogeneous landmarks in semi-structured terrain, Robotics and Autonomous Systems, vol. 59, no. 9, pp. 654–674, 2011.